国家重点基础研究发展计划(973 计划)项目资助研究成果

国家自然科学基金(高铁联合基金)重点项目资助研究成果

车辆—轨道耦合动力学

（第四版）

上册

Vehicle-Track Coupled Dynamics

（Fourth Edition）

Volume 1

翟婉明　著

by Zhai Wanming

科学出版社

北　京

内 容 简 介

本书系统而全面地阐述了作者提出的车辆一轨道耦合动力学理论及其在现代铁路工程中的应用实践。全书共十九章，分上、下两册。上册（前十章）完整论述了车辆一轨道耦合动力学的理论体系，包括学术思想、理论模型、求解方法、仿真方法、试验方法及评价方法等；下册（后九章）介绍车辆一轨道耦合动力学的工程应用，以机车车辆与线路动态性能匹配设计为主线，重点围绕机车车辆与轨道结构动态相互作用安全问题，紧密结合中国铁路发展实际，全面阐述该理论在现代高速铁路、重载铁路、提速铁路及城市地铁工程中的应用概况，并选取一系列典型工程应用实例予以介绍。

本书不仅理论学术水平高，而且工程实用性强，适合于机车车辆和铁路轨道专业的科研、设计人员及工程技术人员阅读参考，并可兼作高等院校车辆工程、铁道工程、载运工具运用工程等专业相关方向的博士、硕士研究生教学用书。

图书在版编目(CIP)数据

车辆一轨道耦合动力学（上册）＝Vehicle-Track Coupled Dynamics (Volume 1)/翟婉明著. —4版. —北京：科学出版社，2015

ISBN 978-7-03-042601-7

Ⅰ.①车… Ⅱ.①翟… Ⅲ.①轮轨关系-耦合-动力学 Ⅳ.①U211.5

中国版本图书馆 CIP 数据核字(2014)第 278732 号

责任编辑：余　丁 / 责任校对：郭瑞芝
责任印制：吴兆东 / 封面设计：陈　敬

科 学 出 版 社 出版
北京东黄城根北街 16 号
邮政编码：100717
http://www.sciencep.com
北京厚诚则铭印刷科技有限公司印刷
科学出版社发行　各地新华书店经销
*
1997 年 6 月中国铁道出版社第一版
2002 年 1 月中国铁道出版社第二版
2007 年 2 月科 学 出 版 社 第 三 版
2015 年 1 月第　四　版　开本：720×1000 1/16
2025 年 1 月第十三次印刷　印张：17
字数：320 000

定价：150.00 元

（如有印装质量问题，我社负责调换）

第一版序

《车辆—轨道耦合动力学》是我国运用大系统观点研究铁路轮轨接触式运输系统相互作用的第一部著作，标志着我国机车车辆—轨道相互作用研究已经从独立子系统简化研究的初级层次跨入了完整大系统综合研究的高层次。毫无疑问，我们已经与国际系统铁路动力学站在了同一水平线上。

世界机车车辆—轨道系统动力学的发展，只有到了现代计算机技术日臻完善的今天，才有可能不完全依赖实验动力学的唯一手段，而进入仿真模拟的高级阶段。借助于模拟方法的日益逼近真实，加之计算机可以包容庞大的自由度，系统的仿真模拟有可能完全取代昂贵的实验。当然，要实现这一最终目标，尚须经历相当长的艰苦历程。

仿真模拟取代实验的关键，除了必需的实验支持之外，是要从大系统的综合和概括的观点出发，对系统每一环节以及环节与环节之间相互联系的性状，用普遍成立的规则和定理予以逼真的描述。只要有效地控制系统的运作条件在科学界定的范围之内，这一前景会确定无疑给我们的事业带来不可估量的效益。

传统的子系统简化研究是历史的局限，也是大系统综合研究的必由之路。无论是机车车辆子系统还是轨道子系统，我国的实验动力学和仿真模拟都已积累了丰富的和有效的经验。在这一基础上，学科发展的必然趋势，一定要向大系统综合模拟进军。

该书的贡献在于不失时机地迎接这种大趋势的挑战，有效地在子系统研究成果的基础上开发了大系统仿真模拟的模型，并取得一批有价值的基础成果。它不仅与国内实验动力学的结果有较好的一致性，而且也与国际现有的专业基础成果相容。无论是从学科建设的角度，还是从工程应用的角度，本书都显示了广阔的应用价值和发展潜力。尤其是重载货运和高速客运的历史使命，已为本书的出版提供了浓郁的环境氛围和坚实的社会基础。

著者作为机车车辆动力学领域内卓有成效的研究工作者，无疑拥有机车车辆动力学的深厚根基。问题是如何把轨道子系统真实地模型化，并有机地将其与机车车辆子系统对接，并构成反映真实物理过程的统一数学大系统，还不能不说是一件非常艰巨的工程。据我所知，德、英、日、美、瑞典、波兰、加拿大等国的许多著名学者都在试图建立这种物理真实的轨道数学模型，其中以德国的 Knothe 和英国的 Grassie 最为著名。因此，当著者翟婉明教授（孙翔教授为其导师）的博士论文在第十三届 IAVSD（国际车辆系统动力学协会）学术年会上一经发表，立刻在国际铁路动力学学术界引起反响，除了在国际车辆系统动力学协会论文集、《Vehicle System Dynamics》学报上刊载外，1994 年 9 月在捷克举行的“车辆/轨道相互作用”会议上被列入专题报告，其垂向统一模型被英、德、瑞典和加拿大等国学者广泛引用，并被誉为当代轮轨相互作用的四大典型模型之一。

模型的正确性首先取决于物理逼真性。显然，传统的集总参数法是出于人工计算的无奈，它与复杂分散参数体系的轨道结构相距甚远，集总参数描述的实际上是一种理想的均匀分布条件。把钢轨作为连续均匀弹性基础梁来模拟，虽然比集总参数模型更接近真实，但却无法描述由轨枕间距所确定的分布支承特性，而轨下基础各组成部件，如轨枕、垫层、道床和路基在实现轨道功能中所扮演的角色是互不相同的。无疑，离散点支承的分层连续弹性梁模型最能逼近轨道结构的真实情况，现代计算机技术也完全有可能胜任如此庞大系统的仿真计算。

该书的研究表明，轨道模型的细化揭示了工程上早已公认的真理，即轨道柔度参数激励具有很强的动力学效应，因为它的响应频带很窄，而由轨道不平顺引起的动态作用力却有一个很宽的频率范围，因此，避开共振区将是轮轨耦合系统设计的重要课题。此外，作为一种启迪，利用有理分式函数，在充分研究了 0～2000Hz 频带内的响应特性的共性和个性之后，用一种既简单又真实的轨道模型取代细化的轨道模型，恐怕会有特殊的价值。西南交通大学的吴永芳在柏林工业大学的工作，已经取得了可喜的初步成果。

正确的模型需要正确的计算分析方法。如此庞大自由度的模型，无疑要耗费巨大的计算机机时和内存。利用国外现成的方法，要在普通微机上实施仿真，似乎是不可能的。尤其是，当时正值“七五”国家重载动力学攻关之际，极需适时输出分析结果，否则机车操纵模拟器就将无法实时运作。尽管显式法可以实现快速运算，但稳定性和精度稍差，而隐式法虽然稳定性和精度都好，但运算极慢。针对这种两难的选择，著者创造了一类新型显式两步数值积分方法，在质量矩阵为对角阵的条件下，可以省去高阶线性代数方程组的联立求解过程，大幅度地提高了计算速度，有效地节省了计算机内存。在此基础上，著者又构造了一类显—隐式预测—校正积分格式，既充分发挥了显式法快速运算的潜力，又保持了隐式积分的精度和稳定性功能。这种显—隐式预测—校正积分法是对著名 Newmark-β 法的创造性发展，在国际上具有十分重要的学术价值，尤其是在处理大型非线性动力学的系统分析方面，它显著地优于目前广泛使用的 Newmark-β 法、Wilson-θ 法、Park 法、Runge-Kutta 法以及 Gill 法。此两种方法被国际权威刊物《国际工程中的数值方法学报》刊载。

模型的正确仿真，还必须解决耦合系统激励源的数学和物理描述。著者对车轮和轨道不平顺激励源的所有可能形态都作了数学逼近描述。因此所得到的响应几乎包罗了铁路运用和维护的所有可能状态，而在此基础上提出的评价程序和判据都具有强烈的工程应用针对性，物理概念一目了然，具体指标可操作性强。

应该说，该书的前五章是基础，而研究工作的指导意义在于后五章，体现了研究工作的归宿是应用的思想。后五章以常见轮轨激励源及曲线激扰所导致的耦合振动规律为纲，具体地对低动力作用的轮轨系统设计和系统维护、大轴重货车动态作用及其改善途径、高速机车车辆簧下质量控制和轨道结构减振措施，以及实际轨道结构不平顺安全限度等，提出了耦合大系统综合模拟的建设性建议，将无疑会对我国重载货运和高速客运的系统规划起到指导和参考作用。当然，这些建议的普遍正确性以及理论框架的完善，还有待于未来实践和试验验证的不断积累和修正，对此，我们拭目以待。

必须指出，该书的学术和应用潜力还相当深广。至少在下列两个方面还大有发展前景：

1. 在模型中进一步考虑轮轨表面的粗糙度。由于轮轨之间的干摩擦作用，高频接触振动和机车的张弛振动响应，有可能发展成一种稳定和不稳定极限环的交替或交错状态；

2. 高速条件的脱轨条件在本质上有别于低速的爬轨形态。当钢轨的横向阻抗受到大规模削弱时，有可能发展成为一种混沌状态。

当然，上述内容的研究将涉及更深层次的基础科学研究发展问题，模型的适用性将会受到更严峻的考验。但因为它们同隶属于耦合大系统，提出这些问题，在逻辑上是合乎情理的。

热忱地期望本书能对关心这一命题的读者有所教益。

铁道科学研究院研究员，博士生导师

詹斐生

1995 年 12 月 31 日于北京

前　　言

随着铁路列车提速及高速、重载铁路的迅速发展，机车车辆与轨道结构之间的动态相互作用日益增强，由此而引发的动力学与振动问题更加严重，也更趋复杂。列车运行速度越高，机车车辆在线路上的行车安全性与运行平稳性问题越显突出，既要保证机车车辆高速(快速)运行时不颠覆、不脱轨，又要确保提速列车、高速列车具有良好的乘坐舒适度；车辆运载重量越大，轮轨之间的动力作用越强，车辆对线路结构的动力破坏作用也越严重，这就要求减轻重载列车与线路之间的动态相互作用。中国铁路长期处于高负荷运输状态，导致了更为突出的车辆/轨道相互作用问题。显然，解决上述复杂、大系统、动态相互作用问题，单单从车辆系统或轨道系统本身研究，已难以胜任；而将车辆系统与轨道系统作为一个相互作用、相互依存的整体大系统加以考察，则为研究此类耦合动力学问题开辟了新途径，也使理论研究更能反映铁路轮轨系统实际。这便是本书所论述的车辆—轨道耦合动力学理论之初衷。

笔者提出开展车辆—轨道耦合动力学的研究设想始于 1989 年，并于次年得到国家自然科学基金的资助，1991 年完成了博士学位论文《车辆—轨道垂向耦合动力学》，1992 年在《铁道学报》上首次公开发表并阐述了车辆—轨道耦合动力学的基本原理，1993 年在第十三届国际车辆系统动力学协会学术年会上宣读了相关研究论文并被收入《Vehicle System Dynamics》专刊。紧接着，笔者及其研究组在原国家教委“跨世纪优秀人才计划”首批专项基金资助下，着重开展了车辆—轨道横向耦合动力学的研究工作。1995 年底，笔者完成了《车辆—轨道耦合动力学》书稿，于 1997 年夏由中国铁道出版社出版发行，1998 年该书获得第十一届“中国图书奖”。1996～2001 年间，笔者带领研究组(包括研究生们)在国家杰出青年科学基金、高等学校博士学科点科研基金、霍英东教育基金、四川省青年科技基金、教育部“高等学校骨干教师资助计划”及铁道部科技研究开发计划等不断资助下，进行了多方面的后续研究工作，主要包括客车—轨道空间耦合模型、轮轨空间动态耦合模型及其试验验证、车辆—轨道随机耦合振动、车辆与道岔相互作用、轮轨相互作用脱轨等方面的研究，并于 2002 年 1 月由中国铁道出版社出版了本书第二版。在随后的几年中，笔者在该研究领域继续得到了国家自然科学基金创新研究群体项目(50521503)、教育部长江学者和创新团队计划(IRT0452)及国家自然科学基金项目(50475111)的进一步资助，对车辆—轨道耦合动力学理论体系框架进行了研究与完善，于 2007 年 2 月诞生了系统介绍该理论体系和工程应用的第三版

《车辆—轨道耦合动力学》。

近年来，随着我国铁路跨越式发展，特别是高速铁路的迅猛发展，车辆—轨道耦合动力学有了更多、更广的应用需求。同时，新的问题也不断涌现，例如，既有线提速至 200～250km/h 后的行车安全问题、高速行车条件下轨道几何不平顺的影响及敏感波长问题、新一代时速 120km 重载货运机车通过小半径曲线的动态安全问题、30t 轴重货车对线路的动力作用问题、大运量重载铁路曲线钢轨侧磨问题、城市地铁线路轮轨动态相互作用相关问题等。通过对这些实际工程问题的广泛研究，一方面车辆—轨道耦合动力学理论研究更加深入、更加完善；另一方面，其应用范围更加广泛，应用范例更加丰富，而且紧密结合中国铁路工程实际。在此背景下，才催生了这本新的第四版《车辆—轨道耦合动力学》。

本书共十九章，分上、下两册。上册（前十章）论述车辆—轨道耦合动力学的理论体系，包括学术思想、理论模型、求解方法、计算机仿真方法、现场试验方法、动力性能评价方法、模型验证及其与传统模型的分析比较、车辆与轨道的耦合振动特征等；下册（后九章）介绍车辆—轨道耦合动力学的工程应用，以机车车辆与线路动态性能最佳匹配设计为主线，重点围绕车辆与轨道动态作用安全问题，阐述该理论在现代高速铁路、重载铁路、提速铁路及城市地铁工程中的应用，并选取有代表性的一系列具体工程应用实例予以介绍。书末附录还给出了常见铁道机车车辆和轨道结构基本参数。

借本书出版之机，作者要向资助、支持和关心过本研究工作及本书出版的各有关单位和个人致以诚挚的谢意！首先要感谢国家自然科学基金，国家博士学科点基金，霍英东教育基金，科技部基础司，教育部人事司、科技司、人才办，铁道部科技司（现中国铁路总公司科技部），四川省科技厅以及有关机车车辆工厂、铁道设计院、铁路局和朔黄铁路公司等应用部门对本研究工作所提供的各方资助，尤其是近年来新获得的国家重点基础研究发展计划（973 计划）项目（2013CB036200）资助和国家自然科学基金（高铁联合基金）重点项目（U1234209）资助。其次要感谢中国铁道科学研究院对作者的大力支持，特别是钱立新研究员、康熊研究员、徐涌研究员、黎国清研究员、江成研究员、王卫东研究员、倪纯双研究员、黄成荣研究员、姚建伟研究员、韩自力研究员、张格明研究员等，他们为作者提供了相关铁路现场动力学试验报告及一些十分宝贵的第一手测试数据，或为作者提供了现场试验上的帮助，为验证和完善车辆—轨道耦合动力学理论起到了十分关键的作用。还要感谢中国科学院院士、中国工程院院士沈志云教授，中国工程院院士曾庆元教授和已故的中国铁道科学研究院詹斐生研究员等前辈长期以来对作者的关心、指导与帮助。最后特别要感谢我的研究团队（包括历届研究生），特别是王开云研究员、蔡成标研究员、高建敏副研究员以及博士后韦凯、博士生刘鹏飞、硕士生涂贵军，他们全程参与了本书的修订（包括大量的算例分析）工作,为书稿的整理和图表制作付出了辛勤劳动,本书的出版是大家共同努力的结果。

限于作者水平,书中不妥之处在所难免,敬请广大读者批评指正。

翟婉明

2014 年 5 月 22 日于成都西南交通大学

目　　录

第一版序
前言
第一章　车辆—轨道耦合动力学导论 …… 1
1.1　车辆—轨道耦合动力学的研究背景 …… 1
1.2　车辆—轨道耦合动力学的学术思想 …… 3
1.3　车辆—轨道耦合动力学的基本范畴 …… 5
1.4　车辆—轨道耦合动力学的研究方法 …… 7
参考文献 …… 10
第二章　车辆—轨道耦合动力学模型 …… 11
2.1　论车辆—轨道耦合系统的模型化 …… 11
2.1.1　轮轨动力分析模型的演进 …… 11
2.1.2　关于轨道结构的建模问题 …… 14
2.1.3　关于轮轨动力分析中机车车辆的模型化问题 …… 18
2.1.4　车辆—轨道耦合系统建模的一般原则 …… 19
2.2　车辆—轨道垂向系统统一模型 …… 20
2.2.1　物理模型 …… 20
2.2.2　数学模型 …… 26
2.3　车辆—轨道空间耦合系统动力学模型 …… 41
2.3.1　物理模型 …… 42
2.3.2　数学模型 …… 51
2.4　轮轨空间动态耦合模型 …… 77
2.4.1　轮轨系统坐标系及其变换 …… 77
2.4.2　轮轨空间动态耦合模型 …… 79
参考文献 …… 89
第三章　车辆—轨道耦合系统激励模型 …… 95
3.1　车辆—轨道耦合动力学模型中激励的输入方法 …… 95
3.1.1　定点激振输入法 …… 95
3.1.2　移动车辆激励输入法 …… 96
3.2　脉冲型激扰模型 …… 97
3.2.1　车轮扁疤冲击模型 …… 97

3.2.2 钢轨错牙接头模型 …… 101
3.2.3 轨道低接头模型 …… 102
3.2.4 道岔冲击模型 …… 103
3.2.5 其他脉冲激扰模型 …… 106
3.3 谐波型激扰模型 …… 107
3.3.1 谐波激扰位移输入模式 …… 107
3.3.2 轨道常见几何不平顺的输入模式 …… 113
3.3.3 周期性简谐力输入函数 …… 115
3.4 动力型轨道刚度不平顺模型 …… 116
3.4.1 轨道过渡段刚度不平顺 …… 116
3.4.2 道岔区轨道刚度不平顺 …… 118
3.4.3 轨下基础结构缺陷的模拟 …… 119
3.5 轨道随机不平顺激扰模型 …… 120
3.5.1 美国轨道谱 …… 121
3.5.2 德国轨道谱 …… 122
3.5.3 中国轨道谱 …… 123
3.5.4 中国轨道谱与国外典型轨道谱的比较 …… 125
3.5.5 轨道随机不平顺时域样本的数值模拟方法 …… 128
参考文献 …… 131
第四章 车辆—轨道耦合动力学数值求解方法 …… 133
4.1 大型非线性动力学系统的数值求解问题 …… 133
4.2 大系统动态分析的新型快速数值积分方法 …… 135
4.2.1 新型快速显式积分法(翟方法) …… 135
4.2.2 新型预测—校正积分法 …… 140
4.2.3 非线性问题的数值积分形式 …… 141
4.2.4 新型数值积分方法的数值精度考核 …… 142
4.2.5 结论 …… 145
4.3 复杂非线性问题计算稳定性的数值试验方法 …… 146
4.3.1 关于非线性系统的数值积分稳定性 …… 146
4.3.2 数值试验方法 …… 146
4.4 新方法在车辆—轨道耦合动力学数值分析中的应用 …… 147
4.4.1 数值积分步长的确定 …… 148
4.4.2 轨道计算长度的确定 …… 149
4.4.3 钢轨模态阶数的确定 …… 150
参考文献 …… 150

第五章　车辆—轨道耦合动力学的计算机仿真 …… 153
5.1　车辆—轨道垂向相互作用仿真分析系统 VICT …… 153
5.1.1　VICT 系统的结构 …… 153
5.1.2　VICT 系统的仿真计算流程 …… 154
5.1.3　VICT 系统的功能 …… 155
5.2　车辆—轨道空间耦合动力学仿真分析系统 TTISIM …… 156
5.2.1　TTISIM 系统的结构 …… 156
5.2.2　TTISIM 系统计算流程 …… 158
5.2.3　TTISIM 系统的功能 …… 158
5.3　机车车辆在线路上动态运行行为的可视仿真 …… 160
参考文献 …… 164
第六章　车辆—轨道耦合动力学现场试验 …… 165
6.1　车辆—轨道耦合动力学现场试验方法 …… 165
6.1.1　车辆在线路上运行动力学现场试验方法 …… 165
6.1.2　车辆与轨道动态作用现场试验方法 …… 166
6.2　车辆在线路上动态运行行为的典型现场试验 …… 171
6.2.1　典型高速动车组车辆运行动力学试验 …… 171
6.2.2　典型货车车辆运行动力学试验 …… 176
6.3　车辆与轨道动态作用的典型现场试验 …… 179
6.3.1　秦沈客运专线高速列车轮轨动态作用现场试验 …… 179
6.3.2　大秦重载铁路万吨列车对轨道动态作用现场试验 …… 184
6.3.3　山区铁路(成渝线)小半径曲线轮轨动态相互作用现场试验 …… 186
参考文献 …… 191
第七章　车辆—轨道耦合动力学模型的试验验证 …… 192
7.1　车辆—轨道垂向统一模型的试验验证 …… 192
7.1.1　车辆振动的理论分析结果与试验结果对照 …… 192
7.1.2　轨道结构振动的理论分析结果与试验结果对照 …… 193
7.1.3　轮轨动作用力的理论分析结果与试验结果对照 …… 196
7.1.4　车辆—轨道垂向统一模型验证结论 …… 198
7.2　车辆—轨道空间耦合模型的试验验证 …… 198
7.2.1　京秦线时速 200km 提速试验验证 …… 198
7.2.2　秦沈客运专线高速试验验证 …… 202
7.2.3　货物列车直线段脱轨试验验证 …… 204
7.2.4　山区铁路小半径曲线轮轨动态作用试验验证 …… 205
7.2.5　车辆—轨道空间耦合模型验证结论 …… 206

参考文献 …… 206
第八章　车辆—轨道耦合模型与传统模型结果比较 …… 208
8.1　车辆运动稳定性计算结果的比较 …… 208
8.1.1　车辆运动稳定性的数值计算方法 …… 208
8.1.2　耦合模型与传统模型计算的临界速度结果比较 …… 209
8.1.3　小结 …… 211
8.2　车辆运行平稳性计算结果的比较 …… 211
8.3　车辆曲线通过性能计算结果的比较 …… 213
8.3.1　车辆低速通过小半径曲线时动力性能计算结果之比较 …… 213
8.3.2　车辆高速通过大半径曲线时动力性能计算结果之比较 …… 216
8.3.3　几点结论 …… 217
参考文献 …… 217
第九章　车辆—轨道耦合振动的基本特征 …… 219
9.1　车辆—轨道耦合系统的冲击响应 …… 219
9.1.1　垂向冲击振动响应 …… 219
9.1.2　横向冲击振动响应 …… 222
9.2　车辆—轨道耦合系统对谐波型激扰的振动响应 …… 224
9.2.1　垂向谐波振动响应 …… 224
9.2.2　横向谐波振动响应 …… 226
9.3　轨道动力型不平顺对车辆—轨道耦合振动的影响 …… 228
9.3.1　扣件失效的影响 …… 228
9.3.2　轨枕空吊的影响 …… 229
9.3.3　道床板结的影响 …… 229
9.4　车辆—轨道耦合系统随机振动响应 …… 230
9.4.1　车辆—轨道耦合系统随机振动分析方法 …… 230
9.4.2　车辆—轨道耦合系统随机振动响应特征 …… 231
9.4.3　轨道随机不平顺对车辆—轨道耦合系统横向随机响应的影响 …… 235
参考文献 …… 238
第十章　车辆—轨道耦合系统动力学性能评价 …… 240
10.1　车辆—轨道耦合系统动力学性能评价指标体系 …… 240
10.1.1　关于车辆运行安全性的评价 …… 240
10.1.2　关于车辆运行平稳性的评价 …… 241
10.1.3　关于车辆与轨道动态作用性能的评价 …… 241
10.1.4　车辆—轨道耦合系统动力学性能评价指标体系 …… 243
10.2　车辆运行安全性评价标准 …… 243

10.2.1 脱轨系数 …… 243
10.2.2 轮重减载率 …… 245
10.2.3 倾覆系数 …… 246
10.3 车辆运行平稳性评价标准 …… 246
10.3.1 车体振动加速度 …… 246
10.3.2 平稳性指标 …… 248
10.3.3 车辆通过曲线时的舒适度标准 …… 250
10.4 车辆与轨道动态作用性能评价标准 …… 250
10.4.1 轮轨垂向力 …… 250
10.4.2 轮轨横向力 …… 251
10.4.3 轮轴横向力 …… 251
10.4.4 线路横向稳定性系数 …… 252
10.4.5 轮轨接触应力 …… 252
10.4.6 道床应力 …… 252
10.4.7 路基应力 …… 253
参考文献 …… 253

第一章 车辆—轨道耦合动力学导论

车辆—轨道耦合动力学作为一种全新的理论体系，是在什么样的背景下开展研究的？其学术思想是什么？它的研究范畴及研究方法又是怎样？本章将一一予以阐述。

1.1 车辆—轨道耦合动力学的研究背景

铁路是交通运输的大动脉，对社会经济的发展起着十分重要的作用。铁路运输系统属轮轨接触式运输系统（简称“轮轨系统”），铁道机车车辆（本书统称为“车辆”）①和轨道是其核心组成部分，二者通过轮轨相互作用实现轮轨运输功能。轮轨相互作用是铁路运输区别于其他运输方式的本质特征。

长期以来，针对铁道车辆动力学和轨道结构振动问题的研究一直是分开进行的，由此形成了车辆动力学、轨道动力学两个相对独立的学科领域[1~6]。经典的车辆动力学[1~3]，以车辆系统为研究对象，将轨道结构视为“刚性支承基础”（即刚性固定边界），不考虑轨道系统振动对车辆系统的动态影响，而将轨面几何不平顺视为车辆系统的外部激扰，研究车辆在刚性轨面上的运动稳定性、运行安全性与平稳性，其基本模型如图 1.1 所示；经典的轨道动力学[4~6]，常常将车辆简化为轨道系统的外部激振荷载 $Pe^{i\omega t}$（简谐变化的车辆荷载 P 定点激振或以车速 v 移动激振），分析轨道结构振动响应特性及变形特性，其基础模型如图 1.2 所示。通过世界各国铁路科学工作者的长期研究与实践，车辆动力学理论和轨道动力学理论日臻成熟，在车辆动力学模型、轮轨接触几何学、轮轨蠕滑理论、车辆运动稳定性、车辆曲线通过性能及轨道结构振动特性、轨道受力与变形特性等方面取得了系统性研究成果，为揭示和认识车辆动力学性能、轨道动力特性奠定了理论基础，对铁路运输事业的发展起到了极大的推动作用。

现代轨道交通运输的飞速发展，特别是列车运行速度、运载重量和运输密度的大幅度提高，使得铁路车辆与轨道系统动力学问题更加突出，也更趋复杂。列车运行速度越高，车辆与轨道之间的动态相互作用越强，行车安全性与乘车舒适性问题越显突出，既要保证列车高速（快速）通过线路平纵断面曲线、道岔及桥头过渡段等关键路段时不颠覆、不脱轨，又要保证机车车辆在线路激扰下能平稳运

---

① 按国际惯例，机车、车辆（包括客车和货车）常通称为“车辆”。

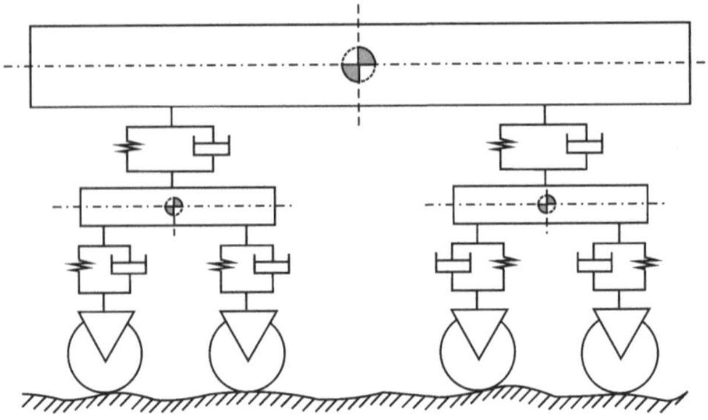

图 1.1　经典的车辆动力学模型

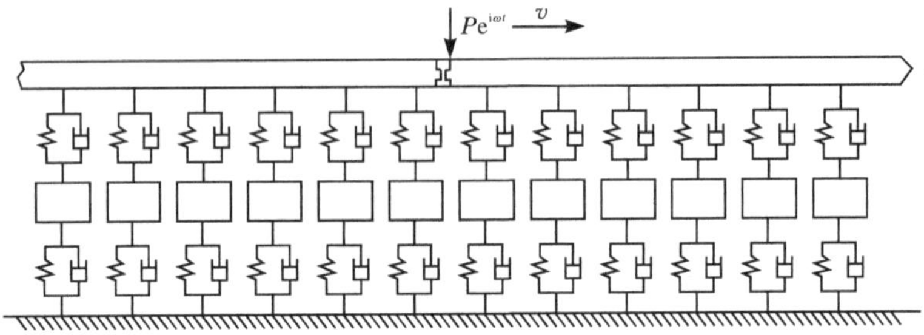

图 1.2　经典的轨道动力学模型

行、乘坐舒适；车辆运载重量越大，轮轨之间的动力作用越强，车辆对线路结构的动力破坏作用也越严重，必须最大限度地减轻轮轨之间的动力作用。总之，客运高速化、货运重载化大大加剧了车辆与轨道的动态相互作用。中国铁路由于其自身特点及其发展需要导致了更为突出的车辆/轨道相互作用问题。

中国铁路长期处于高负荷运输状态。一方面，路网密度极低，仅为欧美发达国家的 1/5～1/10；另一方面，运量大、运输密度高，居世界铁路之首。目前，中国铁路以 6%的世界铁路营业里程，完成了世界铁路 1/4 的运量！就这样也只能满足社会需求的 60%。而中国既有铁路①网的运输模式一直是“客货共线”，即客、货列车在同一线路上运营，且既有铁路设计标准低。为了适应社会经济快速发展的需要，中国铁路还不得不在结构薄弱的轨道上反复提速，并发展重载货运。其结果是，在有效提高运能的同时，严重加剧了机车车辆与线路结构之间的动态相互作用。一方面，列车对轨道的动力破坏作用加剧，直接影响线路结构疲劳寿命及养护维修成本；另一方面，线路几何变形及下沉增大，线路结构振动对列车系统的振动影响增强，从而恶化了列车运行动态环境；特别是，轮轨界面伤损及磨耗引发

① “既有铁路”泛指原有的旧铁路(不包含新建的高速铁路)。

的振动冲击问题更显突出，导致轮轨动态安全问题突出。

因此，深入细致地开展机车车辆与轨道系统动态相互作用研究，显得十分必要。只有深刻认识车辆—轨道动态作用机制，掌握车辆与轨道系统相互作用规律，才有可能获得最大限度地减轻轮轨动力作用的途径，实现现代铁路机车车辆与轨道结构的最佳匹配设计，确保列车安全、平稳、高效运营。由于经典的车辆动力学、轨道动力学理论体系采用的是将机车车辆和铁路轨道分离成两个相对独立的子系统的研究方法，不能解决上述复杂、大系统、动态相互作用问题，如机车车辆对轨道结构的动力作用问题。在此背景下，作者于 20 世纪 80 年代末、90 年代初提出了从车辆、轨道整体系统的角度开展车辆—轨道耦合动力学研究的设想，并付诸实践[7~12]。1991 年，作者完成了博士学位论文《车辆—轨道垂向耦合动力学》[7]；1992 年首次公开发表并阐述了车辆—轨道耦合动力学的基本原理[8]；1993 年在第十三届国际车辆系统动力学协会学术年会上宣读了相关研究论文并被收入《Vehicle System Dynamics》专刊[9]；1997 年，出版了本领域第一本学术专著《车辆—轨道耦合动力学》(第一版)[12]。

1.2　车辆—轨道耦合动力学的学术思想

概括地说，车辆—轨道耦合动力学的基本学术思想是，将车辆系统和轨道系统视为一个相互作用、相互耦合的整体大系统，将轮轨相互作用关系作为连接这两个子系统的“纽带”，综合考察车辆在弹性(阻尼)轨道结构上的动态运行行为、轮轨动态相互作用特性，以及车辆对线路的动力作用规律。

事实上，铁道车辆与轨道是铁路轮轨运输系统中密不可分的两大组成部分，二者通过轮轨相互作用系统构成一个整体，如图 1.3 所示。车辆在轨道上的运动是一个复杂的动力学相互作用过程，牵涉众多因素，既有车辆方面的，又有轨道方面的，而且还相互渗透、互相影响。例如，轨道的几何变形会激起车辆系统振动，而车辆振动经由轮轨接触界面作用力的传递，又会引起轨道结构振动的加剧，反过来助长了轨道的几何变形。可见，影响和控制这一动态相互作用行为的根源在于轮轨之间的动态作用力。

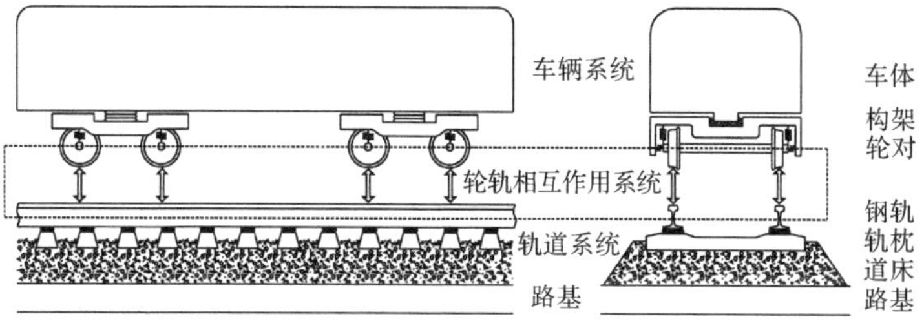

图 1.3　铁路轮轨运输系统构成

图 1.4 进一步诠释了车辆系统与轨道系统之间通过轮轨界面而形成的动态耦合作用机制。在轮轨系统激扰下，轮轨之间的作用力将出现动态变化；轮轨动作用力向上传递引起车辆系统振动，向下传递致使轨道结构振动；而车辆系统中轮对的振动和轨道系统中钢轨的振动，将直接引起轮轨接触几何关系的动态变化；在轮轨接触点的法向平面上导致轮轨弹性压缩变形量的变化，从而进一步导致轮轨法向接触力的变化；在轮轨接触点的切向平面内引起轮轨蠕滑率（取决于轮、轨相对运动速度）的变化，从而进一步引起轮轨切向蠕滑力的变化；而轮轨接触点处作用力（轮轨法向力、轮轨蠕滑力）的动态变化，反过来又会影响车辆、轨道系统振动（包括轮对和钢轨的振动）；如此循环，耦合叠加，这种相互反馈作用将使车辆—轨道系统处于特定的耦合振动形态之中，最终决定着整个车辆—轨道系统的动态行为特征。

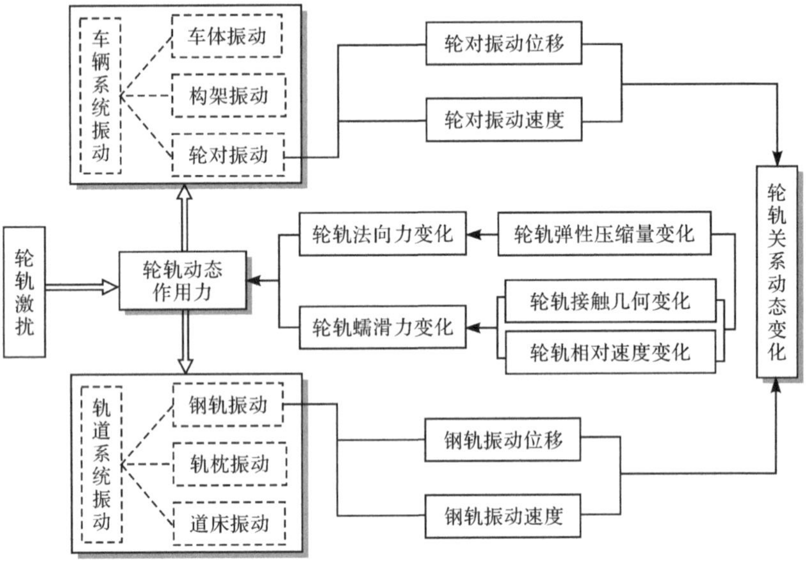

图 1.4　车辆—轨道动态耦合作用机制

显然，轮轨关系是车辆—轨道耦合的核心环节，车辆系统和轨道系统之间的动态反馈作用均由轮轨关系的动态变化来实现，具体是通过轮对和钢轨的振动变形进而引起轮轨接触变形及接触几何状态变化而产生作用的。为了直观地说明轮轨系统振动对轮轨接触关系的影响，也为了进一步说明考虑轨道体系振动效应的重要性，这里仅举一例。图 1.5 是我国普通货车通过小半径（$R=350\text{m}$）曲线轨道过程中轮轨接触点在车轮踏面上的动态变化历程，其中实线为考虑轨道振动效应时的计算结果，虚线是假设整个轨道体系固定不动时的计算结果，二者之间具有显著差异。轮轨接触点位置的显著变化将直接导致轮轨作用力大小、方向的显著变化，进而影响到车辆、轨道系统振动形态的变化。我国铁路现场实测结果显示[13,14]，钢轨在轮轨横向力作用下将产生不同程度的横向弹性位移，相应地引起轨距动态扩大。在高速行车条件下，钢轨横向位移在1mm左右、轨距动态扩大1～2mm(秦皇岛—沈阳客运专线高速试验结果)[13]；当机车车辆低速通过小半径曲线时，混凝土轨枕线路上钢轨横向位移及轨距动态扩大量分别为1～3mm和2～4mm，而木枕线路上钢轨动态横移量及轨距动态扩大量竟达到6mm左右和10mm左右(成都—重庆既有铁路测试结果)[14]。所以，对于这些强相互作用状况，若仍假设钢轨固定不动将会导致理论计算结果与实际情况较大偏离，应考虑实际弹性轨道系统参振作用，采用车辆—轨道耦合动力学的研究方法。

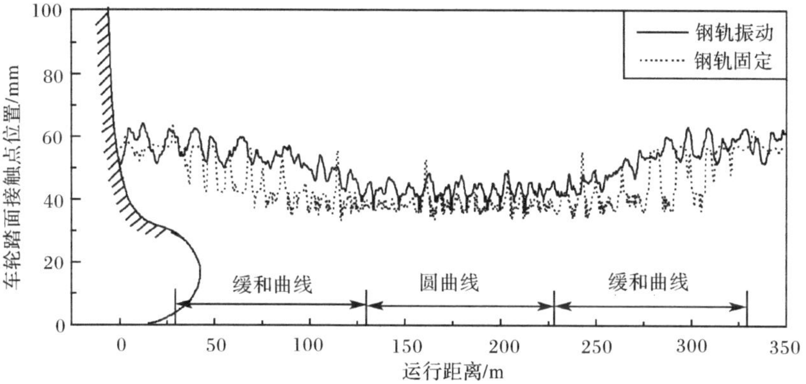

图1.5　轨道体系振动效应对轮轨动态接触几何关系的影响

车辆—轨道动态耦合动力学是在经典的车辆动力学、轨道动力学基础上发展起来的交叉学科领域。从学科发展的角度来看，在车辆动力学、轨道动力学日趋成熟的前提下，在数值计算技术日益进步及电子计算机技术高速发展的今天，开展车辆—轨道耦合动力学的研究，不仅十分必要，而且切实可行。

1.3　车辆—轨道耦合动力学的基本范畴

车辆—轨道耦合动力学涉及车辆动力学、轨道动力学及轮轨关系三方面研究内容，而其突出特点是从轮轨大系统角度，考察铁道车辆和轨道结构的动态行为，并重点研究车辆与轨道系统之间的动态相互作用问题。

一般而言，车辆—轨道耦合动力学可分为垂向、横向和纵向耦合动力学三个方面。由于轮轨滚动所产生的纵向耦合效应较弱，常可视为准静态作用，主要关心车辆对轨道的纵向作用以及无缝线路的稳定性，而从动力学角度来讲，轮轨黏滑振动、擦伤机理和钢轨波浪形磨耗成因则是其主要研究课题。显然，垂向与横向动力学是车辆—轨道耦合动力学的主要研究内容。若从系统激扰类型来看，车辆—轨道耦合振动又可区分为确定性耦合振动和随机耦合振动两大类。

车辆—轨道垂向耦合动力学主要研究车辆—轨道耦合系统在各种垂向轮轨激扰作用下的动力响应及其轮轨动力作用特性，特别是车辆对轨道的动力作用特性。在轮轨系统的垂向纵平面内，广泛存在着各种各样的振动激扰源。既有轨面的局部凹凸不平顺，如轨头压陷或轨面剥离等；又含有周期性不平顺，如波形线路、波浪形磨耗钢轨、偏心车轮等；特别是，在钢轨接头处，像低接头、错牙接头、大轨缝以及焊缝之类的脉冲型不平顺，更具有普遍性；此外，轨下基础也可能存在诸如扣件失效、轨枕空吊、道床板结等缺陷以及路桥连接段和不同轨道结构连接段基础刚度突变现象，形成轨下基础支承弹性不均匀的动力型不平顺。所有这些不平顺都能导致轮轨系统的垂向动态作用，并以轮轨接触面为界面，向上传递给车辆子系统，向下施加于轨道子系统，激起车辆和轨道结构的耦合振动与冲击，导致轮轨系统的状态变化和功能下降，恶化车辆运行平稳性，甚至危及行车安全，并直接影响轮轨系统的日常养护维修工作量。在高速、重载运输条件下，这种动力作用将进一步加强，其危害性也显得更为突出。所以，弄清各种形态的轮轨垂向动态相互作用特征及其影响因素，进而寻求抑制策略，如探索减轻车辆对轨道的动力作用途径及寻找轮轨系统的减振措施等，是车辆—轨道垂向耦合动力学所要解决的重要课题。

车辆—轨道横向耦合动力学除了研究系统横向耦合振动响应之外，更主要的是要考察车辆在弹性(阻尼)轨道结构上运行安全性问题。首先需要研究的是，考虑轨道基础结构弹性与阻尼后，车辆的横向蛇行运动稳定性相比传统的“刚性轨道”分析法有何变化。其次是曲线通过性能，如上节(1.2 节)所述，实际中车辆通过曲线轨道时，钢轨不可避免地产生弹性横移，轨距瞬态扩大，这一因素对轮轨动态接触关系具有不可忽视的影响，而经典的车辆动力学理论不考虑这一影响因素，因而需要研究该因素对车辆通过曲线(特别是小半径曲线)轨道时的动态安全性影响问题。第三是关于轨道几何不平顺的安全限值，这是我国铁路技术规程中尚待确定的问题。轨道高低、水平、方向及扭曲不平顺对行车安全有重要影响，单从某一系统(车辆或轨道)难以分析这种由车辆—轨道系统共同决定的动态运行安全问题，而车辆—轨道耦合动力学为综合研究此类不平顺的安全限值提供了恰当的理论方法。当两种不同类型的几何不平顺同时存在于轨道的同一处所时，对行车安全将造成更大的影响，此时的轮轨动态作用也更为复杂，只有采用充分考虑各种因素共同作用的车辆—轨道耦合动力学方法才能得出这种复合不平顺的安全限度值。此外，车辆通过道岔、线路平纵断面组合曲线时的运行安全性(特别是高速运行安全性)也是车辆—轨道横向耦合动力学的研究范畴。

车辆—轨道随机耦合动力学主要研究车辆—轨道耦合系统在轨道随机不平

顺激发下的振动响应特性，揭示车辆系统、轨道结构系统和轮轨作用系统的频域特性以及诱发车辆—轨道垂向、横向耦合振动的激振源（亦即轨道几何不平顺的诱因），从而能够有针对性地抑制和减轻不同情形下的有害振动，提高列车运行平稳性和旅客乘坐舒适性，降低机车车辆和轨道结构部件的疲劳破坏。

车辆—轨道耦合动力学，作为一种不同于经典理论的新体系，在铁路车辆、轨道系统动力学及其相关问题的研究领域中，具有十分广阔的应用前景。众所周知，我国铁路反复实施提速策略，取得了显著成效。由于提速是在既有铁路上进行的，线路结构未作大的改变，而既有铁路设计标准并不高，提速后列车对线路的动力影响将大为增强，因此，如何降低提速线路的动力作用，防止线路变形恶化，确保提速安全，成为普遍关心的重大问题，这需要从车辆与线路整体系统的角度研究并提出相应对策，而车辆—轨道耦合动力学为其提供了恰当的理论分析工具。另一方面，高速旅客运输和重载货物运输已成为当今铁路运输业的两大特征。然而，高速、重载铁路加剧了轮轨间的动力作用，传统的铁路系统已越来越不适应这种发展趋势。最大限度地降低轮轨相互动力作用，已成为发展经济安全的现代化铁路轮轨运输系统之关键。而欲实现轮轨系统的最低动力作用，必须要从系统工程的角度，综合考虑车辆、轨道及轮轨界面三个方面的因素，寻求整个系统结构与参数的最佳匹配。应用车辆—轨道耦合动力学理论，可望很好地实现这一点。通过对车辆—轨道整体系统进行详细的参数研究或灵敏度分析，可以寻找出减轻轮轨相互动力作用的基本途径及其相应的技术措施，提出新型铁道机车车辆与轨道结构最佳匹配设计原则及参数选择准则，为高速、重载车辆及轨道设计提供理论指导。除此之外，车辆—轨道耦合动力学的计算机仿真系统，可以用于预测、评估新型（或既有）机车车辆或轨道的动力学性能，从而为高速铁路客运专线设计安全性评价、既有铁路提速改造安全评估及机车车辆动力性能优化设计提供关键技术平台，并可用于机车车辆颠覆、脱轨及轨道破损等重大事故分析，特别是为研究轮轨相互作用所引发的脱轨提供新途径，由此可以克服经典方法仅从车辆（或轨道）单个系统研究脱轨的片面性。

1.4　车辆—轨道耦合动力学的研究方法

车辆—轨道耦合动力学属于工程应用针对性极强的技术学科，涉及车辆工程、轨道工程、振动力学、数值分析方法及计算机仿真技术等多个学科领域，学科交叉性强。研究这样的复杂问题，一般需要从理论模型、数值仿真和现场试验三方面入手，采用理论与试验相结合的研究方法，并以理论分析为主体，通过现场试验对理论模型及仿真系统加以验证，从而尽可能减少昂贵的铁路现场试验，而对于理论在实际工程中的具体应用研究则必须经过最终的现场试验考核。

由于轮轨大系统的复杂性,进行车辆—轨道耦合动力学的分析,已远远超出了理论解析的范畴,必须要借助于电子计算机进行数值求解。对于大型复杂系统来说,计算机仿真研究具有很大的优越性,被广泛应用于现代工程领域。首先,数值仿真可以用较少的投资获取复杂问题的详细数值解答,而不只是有限的试验数据,这就有效地减少了对大量昂贵试验的依赖。对于车辆—轨道耦合动力学研究而言,其意义更为重大,因为铁路现场实车试验不仅规模大而且影响正常的铁路运营,所需费用极高,而且试验中一旦出现翻车脱轨等重大事故,其经济损失更为惨重。而仿真研究方便易行,还可对诸如超高速、超轴载以及线路严重破损变形等极端情形随意进行模拟,不冒任何风险。其次,数值仿真能够迅速地进行系统参数研究或灵敏度分析,易于实现新型低动力作用轮轨系统的最优参数设计。因此,一旦计算机仿真分析系统得到试验校核、验证,将具有强大的生命力和实际应用价值,从而在很大程度上减少甚至取代许多中间试验,节约巨额研究开支,缩短工程设计时间。

实现车辆—轨道耦合动力学数值仿真,其关键有三:一是建立合理的数学模型,以反映车辆—轨道耦合系统的物理本质;二是选择高效的数值仿真算法,以适应这种复杂大系统非线性求解;三是正确确定车辆—轨道系统模型参数。

数学模型是数值仿真的基础。针对车辆—轨道耦合大系统中各种复杂因素,首先需要界定它们各自的影响范围;其次分析系统各组成部件的模型化方法,通过分析比较,提出相应的建模原则;在此基础上建立车辆—轨道相互作用的垂向、横向耦合模型,包括轮轨动态耦合模型,并分别建立车辆运动微分方程和轨道结构振动微分方程,同时确立轮轨动态耦合关系;此外,还需针对实际铁路轮轨系统中客观存在的各种激扰因素,建立相应的激扰模型,以提供车辆—轨道耦合系统模型的输入激励。

数值仿真算法必须具备高效、实用的特点。由于车辆—轨道耦合动力学数学模型最终归结为具有非线性特性的二阶微分方程组,其自由度高达 500 个左右,且轮轨接触振动频率又很高(高频成分大于 500Hz),势必要求采用极小的数值计算步长,因此数值计算速度成为仿真中所关心的关键问题。在现有的数值积分方法中,Newmark-β 法、Wilson-θ 法及四阶 Runge-Kutta 法等是最为常用的几种。然而,这些方法在分析大型工程动力学问题时,往往需要耗费惊人的计算时间,特别是在车辆—轨道耦合动力学研究初期(20 世纪 90 年代初),计算速度与计算装备之间的矛盾更显突出。因此,发展新型快速实用的数值积分方法是在普通微型计算机上实施车辆—轨道耦合动力学仿真的前提。作者早先研究提出的一种新型显式数值积分法和一种新的预测—校正积分法[15,16],因无需联立求解大型代数方程组,在大系统动态问题数值求解上具有明显优越性,可成功解决上述问题。

模型参数准确与否，直接影响到数值仿真计算结果的精度与可靠性。对于车辆—轨道耦合系统而言，由于系统组成复杂，特别是轨道结构的特殊性，要想详尽精确确定各个物理参数确非易事，这也是所有工程计算分析所面临的共性难题。事实上，这样做也并非十分必要，问题的关键是要把握能表征系统特性的一系列主控参数。对于车辆系统，目前已有足够详细、足够精确的参数确定办法，各部件的几何尺寸、质量、惯量参数以及悬挂系统刚度与阻尼参数基本上都可根据设计图纸和设计技术条件等确定或推算出来。对于轨道系统，情况要复杂得多，但是经过多年来的仿真实践与试验测量，已积累了大量基础数据，并逐步形成了一套参数识别办法。首先，钢轨物理参数及轨头型面参数是准确无误的；其次，轨枕参数也是由设计标准准确确定的；第三，轨下胶垫动力参数(刚度和阻尼)，一方面可根据其型号标准查明范围，另一方面可由室内加载(振动)试验实物测取。除此之外，道床厚度、道床密度等参数也易于准确测量或由设计规范确定。问题的难点在于道床和路基的刚度和阻尼参数的识别。经典的落轴试验技术[5]和近年来发展起来的轨道刚度连续测量技术(特别是轨道弹性检测车)[17~20]已为我们测取轨道整体刚度(乃至阻尼)提供了有效方法。然而，要从轨道整体刚度中准确分离出道床刚度、路基刚度仍有一定困难，但有其可行性。作者认为，在现有条件下，通过测取道床和路基弹性模量(均易于测量)，再根据受力体尺寸反求其刚度参数，不失为一种行之有效的间接确定方法。本书将尝试这一方法。

诚然，仿真研究必须要建立在一定的试验研究基础上。仿真计算结果正确与否，必须经过必要的试验验证，而对于着眼于实际铁路工程应用的车辆—轨道耦合动力学仿真来说，更是必须经过铁路现场试验验证。一方面可以对国内外历次具有代表性的轮轨动力学大型试验进行仿真分析并加以对比；另一方面通过精心组织典型试验，如车辆通过轨道接头的动力学试验和车辆通过曲线轨道的动力学试验等，测取轮轨系统关键部件振动加速度及轮轨动作用力等主要指标，并与计算结果比较，从而验证并修改和完善车辆—轨道耦合动力学模型与仿真软件。此外，结合我国铁路提速及高速铁路发展进程中组织实施的大规模提速综合试验、高速行车试验及脱轨综合试验等测试结果，广泛进行各种特殊行车条件下的试验验证，对确认模型的完备性，完善仿真系统的功能，扩大其适应性，具有更为重要的作用。经过系统试验验证的车辆—轨道耦合动力学仿真系统必将具有强大的生命力和实际应用价值。

最后需要强调指出的是，尽管仿真系统经过了试验验证，但在应用该仿真系统开展实际重要工程应用研究时，对研究确定的具体技术方案(措施)的现实有效性，最终还必须经过现场试验考核环节，以进一步确保重大工程安全可靠性。

参 考 文 献

[1] Garg V K, Dukkipati R V. Dynamics of Railway Vehicle Systems. Ontario: Academic Press,1984
[2] 詹斐生. 机车动力学. 北京:中国铁道出版社,1990
[3] 王福天. 车辆系统动力学. 北京:中国铁道出版社,1994
[4] Knothe K. Gleisdynamik. Berlin:Ernst & Sohn,2001
[5] 左藤裕. 轨道力学. 卢肇英译. 北京:中国铁道出版社,1981
[6] 练松良. 轨道动力学. 上海:同济大学出版社,2003
[7] 翟婉明. 车辆—轨道垂向耦合动力学. 成都:西南交通大学博士学位论文,1991
[8] 翟婉明. 车辆—轨道垂向系统的统一模型及其耦合动力学原理. 铁道学报,1992,14(3):10~21
[9] Zhai W M, Sun X. A detailed model for investigating vertical interaction between railway vehicle and track. Vehicle System Dynamics,1994,23(Suppl):603~615
[10] Zhai W M, Cai C B, Guo S Z. Coupling model of vertical and lateral vehicle/track interactions. Vehicle System Dynamics,1996,26(1):61~79
[11] 翟婉明,机车—轨道耦合动力学理论及其应用. 中国铁道科学,1996,17(2):58~73
[12] 翟婉明. 车辆—轨道耦合动力学. 第一版. 北京:中国铁道出版社,1997
[13] 江成,翟婉明. 秦沈客运专线桥上无砟轨道综合试验研究报告. TY-1728. 北京:铁道科学研究院,2003
[14] 翟婉明,王开云,等. 山区铁路小半径曲线强化轨道的动力试验研究报告. TTRI-2003-11. 成都:西南交通大学列车与线路研究所,2003
[15] Zhai W M. Two simple fast integration methods for large-scale dynamic problems in engineering. International Journal for Numerical Methods in Engineering, 1996, 39 (24): 4199~4214
[16] 翟婉明. 非线性结构动力分析的 Newmark 预测—校正积分模式. 计算结构力学及其应用,1990,7(2):51~58
[17] Wu W Q, Zhang G M, Zhu K M, et al. Development of inspection car for measuring railway track elasticity. *In*: Proceedings of the 6th International Heavy Haul Conference, Cape Town,1997
[18] Li D, Thompson R, Kalay S. Development of continuous lateral and vertical track stiffness measurement techniques. *In*: Proceedings of Railway Engineering Conference, London,2002
[19] Berggren E, Jahlénius Å, Bengtsson B E. Continuous track stiffness measurement: An effective method to investigate the structural conditions of the track. *In*: Proceedings of Railway Engineering Conference, London,2002
[20] Norman C, Farritor S, Arnold R, et al. Design of a system to measure track modulus from a moving railcar. *In*: Proceedings of Railway Engineering Conference, London,2004

第二章　车辆—轨道耦合动力学模型

理论模型是车辆—轨道耦合动力学研究的基础。本章在充分讨论车辆—轨道系统建模方法及建模原则的基础上，分别建立了车辆—轨道垂向系统统一模型、车辆—轨道空间耦合系统动力学模型，包括各种典型客车、货车、机车模型，有砟、无砟轨道模型，以及轮轨动态耦合模型，详细给出了车辆系统振动微分方程和轨道结构振动微分方程，并给出了轮轨动态耦合关系的数学描述。

2.1　论车辆—轨道耦合系统的模型化

2.1.1　轮轨动力分析模型的演进

最早开始涉及轨道动力分析可追溯到 1867 年，当时文克勒(Winkler)提出了弹性地基梁理论，这一理论很快被用于轨道建模。1926 年，铁木辛柯(Timoshenko)应用弹性地基梁模型首先研究了钢轨的动应力问题，这便是今天广泛采用的经典方法。自 1943 年 Dörr 提出应建立更好的轨道模型以适应列车运行速度的增长，直到 50 年代，很少见到有应用新的模型解决轨道实际问题的成果。虽然 50 年代苏联的沙湖年慈等对轨道不平顺引起的轮轨动荷载作了不少理论计算和试验研究，并将随机理论引入轮轨相互作用分析，但所用分析模型并无本质变化。在此期间人们更多地关心移动荷载(机车车辆)在梁(钢轨)上的动力学稳定性问题。一个重要的原因是，1954 年法国国家铁路公司(SNCF)在进行最高速度 330km/h 的高速行车试验中，出现了严重的轨道正弦型方向不平顺，以至造成了轨道结构横向损害。这一实践经验引起了 50 年代末和 60 年代初对机车车辆横向运行稳定性的广泛关注。1960～1965 年间 SNCF 在试验基础上诞生了关于机车行驶稳定性的“Prud’homme 极值准则”[1]。

20 世纪 70 年代，铁路运输业的迅猛发展，极大地推动了轮轨相互作用研究的开展，特别是在应用数学力学模型解决铁路实际问题方面取得显著成效。可以说，英国 Derby 铁路技术研究中心开展的轨道接头处轮轨动作用力试验与理论研究[2,3]，标志着轮轨动力作用研究进入了实质性阶段。当时，英国铁路为防止和整治轨道接头区病害，率先进行了车辆通过轨道低接头的轮轨动力试验，并由此定义了轮轨冲击作用过程中客观存在的两种特殊类型的作用力——高频冲击力 P_1 和中低频响应力 P_2。同时由 Lyon[2] 和 Jenkins 等[3] 建立了轮轨动力作用分析的基本模型(图 2.1),并首次研究了车辆与轨道基本参数(如簧下质量、轨道刚度等)对轮轨动作用力的影响。这一基本模型将轨道描述成连续弹性基础支承的欧拉(Euler)梁,将车辆简化为簧下质量,并考虑了一系悬挂特性,轮轨接触采用 Hertz 非线性弹簧模型。1979 年,Newton 等[4]为了研究车轮踏面擦伤对轨道的动力作用,又进行了一次轨道动力测试,并对模型作了局部改进,以 Timoshenko 梁计算钢轨的动态应力,从而使计算所得钢轨剪应变参数能直接同现场实测参量相比较,理论与试验取得了较好的一致性。1982 年,Clark 等[5]为研究车辆在波浪形磨耗钢轨上行驶的动态效应,采用了弹性点支承连续梁模拟轨道,并单独考虑了轨枕振动的影响,使模拟接近于轨道结构的实际支承状态。

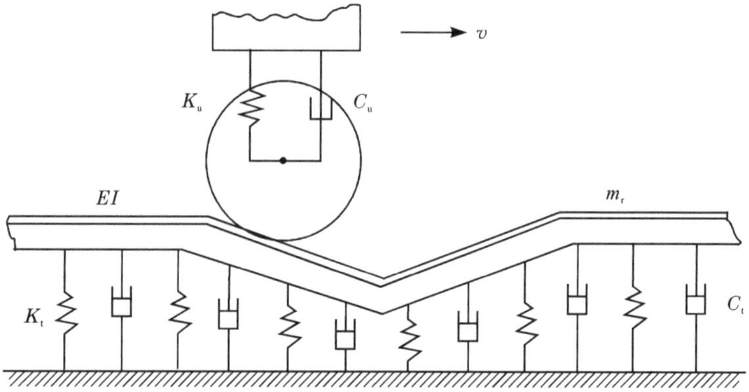

图 2.1　最基本的轮轨动力分析模型

K_u、C_u—车辆悬挂刚度与阻尼;K_t、C_t—轨道支承刚度与阻尼;
EI—钢轨抗弯刚度;m_r—单位长钢轨质量;v—车辆运行速度

同一时期,日本学者佐藤裕和佐藤吉彦(Sato Y)、美国的 Ahlbeck、德国 Birmann、法国 Gent 等采用了更为简化的集总参数模型模拟具有分布参数特征的轨道结构,并考虑车辆簧下、簧上质量的影响,建立轮轨集总参数模型,开展轮轨动力作用研究[6,7]。图 2.2 是最简单的轮轨集总参数分析模型,其中钢轨被简化为一个集中质量块,轨下基础被简化为一个支承弹簧和阻尼元件。

随后,我国学者在轮轨动力分析模型方面也开展了一系列基础研究工作。文献[8]采用最简单的轮轨集总参数模型(图 2.2)计算了轨道低接头处轮轨冲击力;文献[9]给出了图 2.1 基本模型的有限元分析列式,并考虑了接头区接头夹板的作用;文献[10]采用连续弹性地基上的 Timoshenko 梁进行了钢轨接头处轮轨冲击力的模拟分析;文献[11]采用较细致的轨道模型研究了轨道结构本身的随机振动。

进入 20 世纪 90 年代,随着高速、重载铁路的进一步发展,特别是中国铁路的

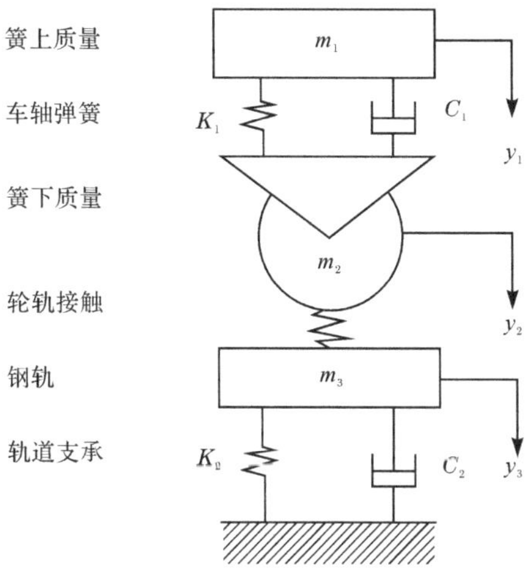

图 2.2　最简单的轮轨集总参数分析模型

蓬勃发展，轮轨动力作用研究异常活跃。为了适应铁路发展应用需要，作者于1990年开始将车辆系统和轨道系统作为一个相互耦合的整体系统，率先提出并开展了车辆—轨道耦合动力学的理论研究，相继建立了一系列机车车辆—轨道相互作用统一模型[12～18]，其特点是详细考虑了机车车辆和轨道结构系统各种主要动态因素，从车辆/轨道相互作用整体系统角度研究轮轨动力作用问题，并且建立了车辆/轨道横向动力作用模型(而前述轮轨动力作用模型均限于垂向)。随后，国内众多铁路科研单位的研究人员陆续开展了大量有关车辆—轨道耦合动力学领域的理论与应用研究[19～30]，特别是应用车辆—轨道耦合动力学模型研究各种轮轨系统动力作用实际问题。在模型上也有许多改进及扩展，如采用 Timoshenko 梁模拟钢轨从而使钢轨的受力分析更加细致[19]；采用有限元离散轨道结构[20]；详细考虑路基结构的参振作用[22]；考虑路基—桥梁过渡段轨道刚度变化影响[23～26]；建立车辆与道岔结构动态相互作用模型[27,28]；等等。与此同时，国际上有关车辆/轨道相互作用及轮轨系统动力学研究同样十分活跃[31～44]，建立了各种繁简不一的分析模型，从转向架—轨道双层分布参数模型[31,32]，到整车—轨道相互作用模型[34,35,37,44]，并开始考虑道床参振影响[36,40,43]。其总体趋势是越来越综合地考虑车辆系统和轨道系统的动力学影响因素。

历经漫长的发展与演变，步入21世纪的今天，车辆—轨道耦合动力学的理论体系及分析框架已经成熟[45]，成为机车车辆与轨道相互作用系统动力学研究的基本理论方法。前期的车辆—轨道垂向相互作用分析模型在铁路工程动力学领域已得到广泛采用[46～55]，而近期的横向相互作用研究模型也已开始普遍应用[56～72]。研究方法开始同有限元方法[47,49,64]、边界元方法[69]、多体系统动力学方法[57,72,73]

等结合。研究所涉及的问题也越来越广泛、越来越复杂，相继涉及：道岔区的轮轨动力作用问题[64]、曲线地段的轮轨横向相互作用问题[61,62,68]、钢轨波浪形磨耗问题[50,62]、弹性轨道基础上的车辆运动稳定性问题[63,67,70]、轨枕空吊引起的动力作用问题[48,53]、轨道沉陷的动态效应问题[46]、车辆及轨道结构长期服役过程中性能劣化问题[49,57]、车辆运行引起的环境振动问题[47,52,54,55]和轮轨噪声问题[58,66]等，覆盖了高、中、低频域的动力学相互作用问题，并且开始考虑轨道结构参数的随机特性、轨道结构材料的非线性特性，以及长期运营条件下轨道结构及路基材料动力特性的演变等影响因素。

2.1.2 关于轨道结构的建模问题

1. 关于等效集总参数轨道模型

等效集总参数模型是依据一定等效性原则，把一个具有复杂分散参数体系的轨道结构，变换成为一个具有少数自由度的质量—弹簧—阻尼集总参数简化模型。

常用的等效变换原则有两种。一种是由轨道结构的实测自振频率推算等效质量和等效弹簧刚度，由轨道结构的实测幅频响应的对数衰减率推算等效阻尼系数；另一种变换原则是在确定等效质量时，要求弹性基础梁分布质量的动能与集总质量的动能相等，而在确定等效弹簧刚度时，要求荷载作用点下弹性基础梁的静挠度与集总参数模型的静挠度相等。

显然，集总参数模型较之分布参数模型具有很大的局限性，一般只能分析轨道参数均匀分布条件（这是等效变换成立的前提）下的轮轨动力问题，且集总简化所导致的数值误差难免较大。文献[74]通过具体计算比较得出的结论是：集总参数轨道模型只能用于定性分析轮轨系统动力学问题。

2. 连续弹性基础梁模型与连续弹性离散点支承梁模型的比较

连续弹性基础梁模型（图 2.3）与连续弹性离散点支承梁模型（图 2.4）的不同之处在于前者将轨下基础作为均匀分布的整体地基，地基特性符合 Winkler 假定；而后者则把轨下结构描述成为一系列按轨枕间距相隔的离散弹性—阻尼点支承体系。很显然，前者着重反映的是轨道系统的最基本特征，而且是总体上的效果；而后者还可以进一步描述各个轨枕支承点的局部影响（如轨枕质量对振动的影响），能够更客观地反映“钢轨是靠各个轨枕沿纵向支承于道床和路基”的事实。不仅如此，弹性点支承梁模型可以较为方便地考虑轨道系统参数沿纵向非均匀分布的情形。例如可以反映轨道接头区轨枕非等间距支承的情形；又如可以反映非均匀弹性支承情形，现场为改善接头区受力状态，在接头区段铺设高弹性橡胶垫板或改铺弹性轨枕等，将导致轨下支承刚度非均匀变化；此外，对于模型轨下基础缺陷如扣件松脱、空吊板及道床板结等纵向动力型不平顺，弹性点支承梁模型也颇为奏效。

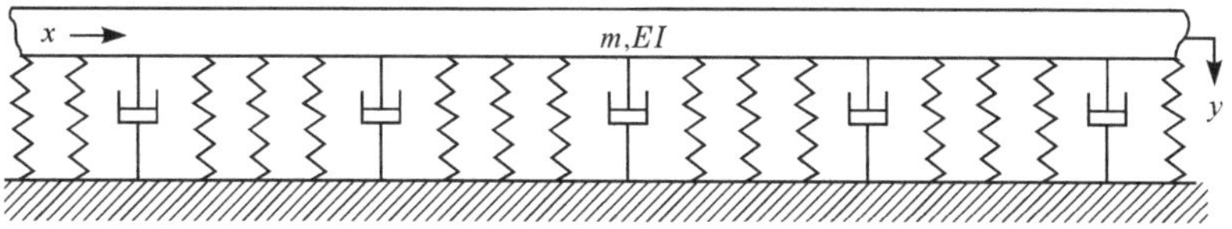

图 2.3　连续弹性基础梁轨道模型

m—单位长轨道质量；EI—抗弯刚度

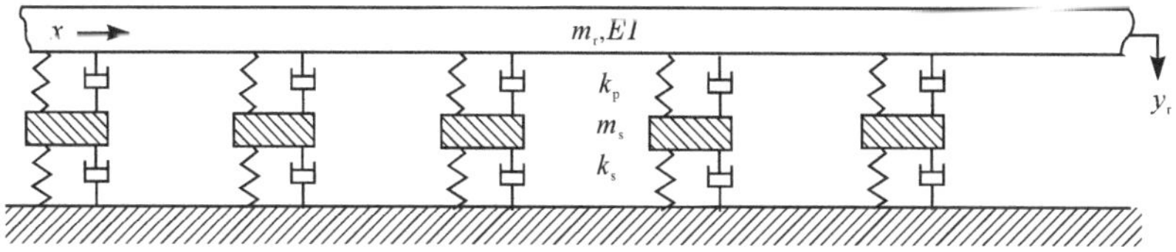

图 2.4　连续弹性离散点支承梁轨道模型

m_r—单位长钢轨质量；m_s—轨枕质量；k_p—轨下垫层刚度；k_s—枕下支承刚度

关于连续弹性基础梁模型与连续弹性点支承梁模型的分析结果，英国铁路曾专门做过比较，认为低速范围内，两种模型的预测结果相差不大；而在高速时，连续弹性基础梁模型会过高地估计轮轨动力作用，实测结果也证实了模型预测值高于实际值这一客观情形(图 2.5)[4]。连续弹性点支承梁模型所得结果在整个速度范围内均能基本吻合。

3. Euler 梁模型与 Timoshenko 梁模型的比较

描述连续弹性体的钢轨普遍采用两种形式的梁模型，即 Euler 梁模型和 Timoshenko 梁模型。Euler 梁模型考虑钢轨的弯曲变形而不考虑其剪切变形。Timoshenko 梁模型引入了梁的剪切应变，并考虑梁的旋转惯性，从而使梁的受力分析更加完整，分析频率更高，同时，其剪切应变参数也便于同现场实测参量相比较。但是，Timoshenko 梁模型理论分析甚为复杂，而 Euler 梁模型因简化了计算过程，故为工程界普遍采用。

数值分析结果表明，用 Timoshenko 梁模型和 Euler 梁两种模型计算所得高频力 P_1 和低频力 P_2，其频率范围大致相同，P_2 力数值几乎完全一致，仅 P_1 力在数值上略有差异，前者比后者大 7%～11%[图 2.6(a)]。文献[4]所介绍的英国 Derby 铁路技术中心关于连续弹性基础上的 Euler 梁模型和 Timoshenko 梁模型分析得出的轮轨力比较[图 2.6(b)]，也充分说明其差异是不大的。

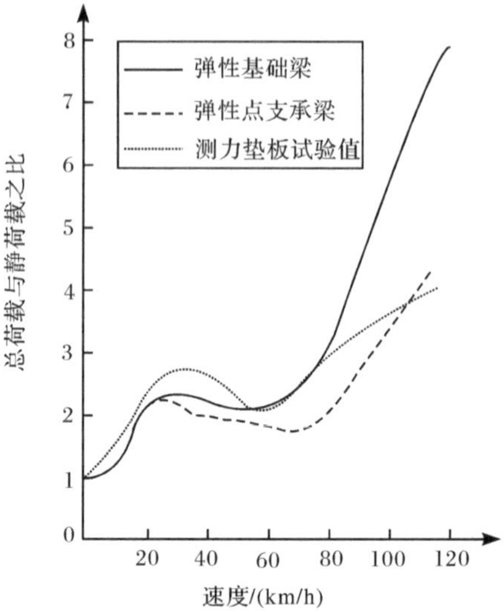

图 2.5　弹性基础梁模型与弹性点支承梁模型分析结果的比较

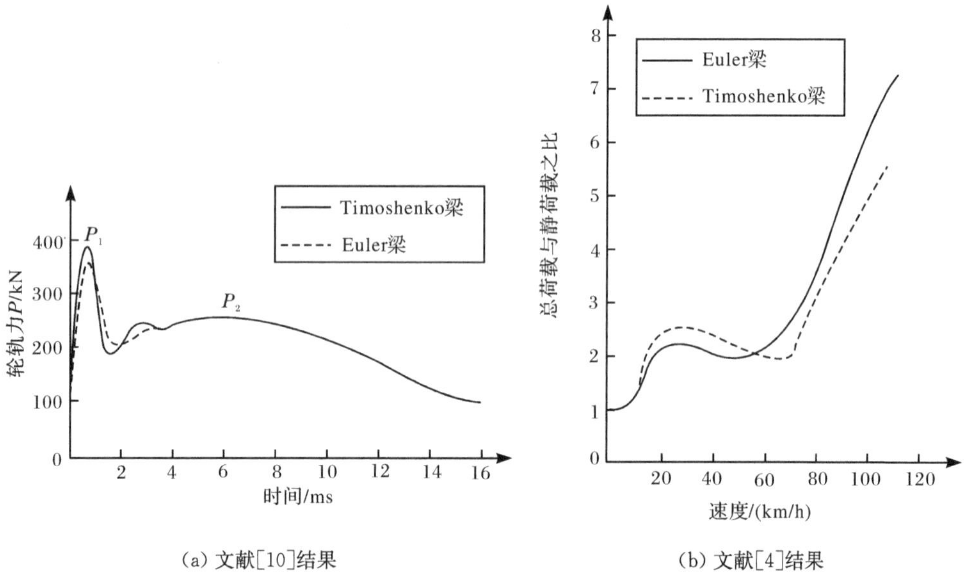

图 2.6　Euler 梁模型和 Timoshenko 梁模型结果的比较

4. 单层点支承梁模型与多层点支承梁模型比较

连续弹性离散点支承梁轨道模型，根据对轨下基础结构描述详细程度不同，可以分为单层、双层及多层点支承模型。单层支承模型将整个轨下基础在垂向视为一种等效弹性—阻尼支承方式，而不单独考虑轨枕、道床的作用；双层支承模型考虑了轨枕的作用，包括轨枕质量、轨下垫层的影响；而三层支承模型则进一步考虑了道床的动力影响，模型对道床质量、弹性乃至路基弹性作用等均有充分反映。三层以上的支承模型主要是对道床进一步分层，这与“道床这一连续松散介质体在振动过程中基本是作为一个整体参与振动”这一试验事实[75]不符，而且道床“各层”振动参数也无法合理确定，因此被认为无明显意义而极少出现。

由于轨下基础各组成部件（轨枕、垫层、道床、路基）在实现轨道功能中所起的作用各不相同，它们对轮轨动力作用的影响也互不一致，因此只有将它们分开考虑，模型才更符合实际；从这个意义上说，三层支承模型优于双层支承模型，双层支承模型优于单层支承模型；另一方面，从动力作用的模拟分析角度来看，只有将钢轨、轨枕、道床及路基分开考虑，才能获得各自的振动响应，也才能较为全面地了解轨道结构的振动规律。例如，在轨道的破坏过程中，道床起着重要影响，而道床的破坏应以道床振动加速度来衡量[75]。可见，在轮轨动力分析中，道床加速度是一项重要评价指标，掌握其数量大小及变化规律至关重要。因此动力分析模型应能预测道床加速度响应。从这个角度而言，三层支承模型又优于双层及单层支承模型。此外，多层支承模型还能模拟轨下深层基础具有缺陷如道床空洞或板结等特殊类型的动力问题。

我们曾对单层、双层及三层弹性点支承 Euler 梁三种模型分别作了数值结果比较，计算条件均为 C_{62A} 车辆在铺设 50kg/m 钢轨的轨道上以 80km/h 速度通过钢轨低接头（总折角 0.02rad），计算结果如表 2.1 所示。

表 2.1　分层点支承轨道模型数值结果的比较

比较指标	三层点支承模型	双层点支承模型	单层点支承模型
高频力 P_1/kN	306.49	306.49	313.14
低频力 P_2/kN	226.87	253.60	288.52
轨枕动反力/kN	54.43	54.46	68.19
钢轨加速度/(m/s²)	1063.85	1063.83	1003.01
轨枕加速度/(m/s²)	351.16	349.79	—*
道床加速度/(m/s²)	69.45	—*	—*

* 该指标本模型无法反映。

由表 2.1 可见，双层点支承模型的计算结果除 P_2 力有所增大及道床加速度不能获得之外，其余结果均与三层点支承模型几乎一致，而单层点支承模型结果偏差普遍较大，如钢轨—轨枕支点动反力和 P_2 力偏差均达 25%之多。这一结果与文献[4]得出的“不考虑轨枕、垫层作用的单层连续支承模型会过高地估计冲击力”的结论是一致的。

2.1.3　关于轮轨动力分析中机车车辆的模型化问题

长期以来，在轮轨动力分析模型中，人们较多地注重于轨道结构的详细描述，而对机车车辆部分考虑较少。事实上，机车车辆与轨道是互相作用、互为因果的统一体，二者具有同等重要的地位。机车车辆与轨道的耦合作用对轮轨动力效应影响显著。对机车车辆模型的各种简化，虽能大大简化分析计算工作量，但难免会导致不同程度的分析误差。Kisilowski 和 Knothe 在文献[76]中曾专门讨论过机车车辆相邻轮对之间的动力耦合关系，其分析模型如图 2.7 所示。分析结果表明，在轨道弹性良好的情况下，邻轮对本位轮处轨道位移的影响较大(约为 37%)；各轮对经由钢轨波传递而引起的相互动力作用在 200Hz 的强迫振动频率附近显得十分明显。由此可见，将车辆简化为单轮对模型是不甚合理的。

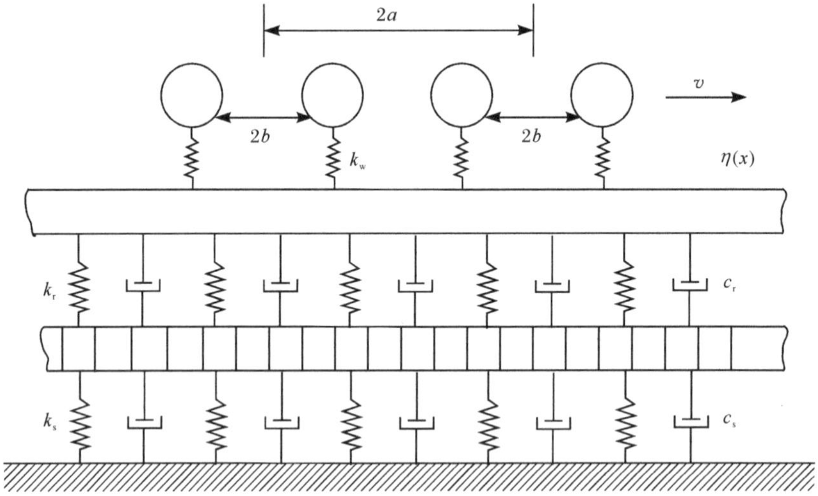

图 2.7　研究相邻轮对相互动力影响的模型

作者在文献[74]中所作的数值分析显示，不考虑邻轮影响所引起的分析误差，对高频脉冲振动而言，轮轨力为 7%，道床加速度为 11%左右；而对正弦型激扰来说，其影响较大。表 2.2 列出了单轮对、转向架和整车三种车辆模型对连续正弦型激扰(波长 250mm，波深 1mm)的轮轨动力响应比较。由表 2.2 可见，未考虑四轮对相互动力影响的单轮对—轨道模型，其谐波响应数值偏小很多，轮轨力小 13%，道床加速度小 35.7%；而仅考虑二轮对影响的转向架模型，此二数值依次是 9%和 19%，计算误差虽有所减小，但仍较大。导致计算误差的原因主要是，轮对与轨道的动力作用经由车辆(构架及车体)和轨道(钢轨)两种途径向相邻轮对处传递，引起相互耦合叠加所致。由于轨道定点激振传播影响最为强烈的区域是激振点前后各三跨轨枕范围[77]，这一距离正好接近于货车转向架的固定轴距，所以，考虑同一转向架二轮对耦合影响后，计算偏差得到明显降低，这也是"半车"(转向架)模型优于单轮对模型原因之所在。当轨面存在连续正弦型不平顺时，整车四轮处将同时受到激扰，并引起各自动力作用，这些动力作用又会互相传播、叠加，而单轮对模型(或半车模型)不能反映(或不能充分反映)这种耦合影响，所以计算结果与整车—轨道模型差别较大。

表 2.2　整车详细模型与车辆简化模型预测结果之比较

模型类别	整车模型	转向架模型		单轮对模型	
	数值	数值	偏差	数值	偏差
轮轨作用力/kN	376.3	342.4	9%	327.8	13%
道床加速度/(m/s^2)	181.2	146.9	19%	116.6	35.7%

2.1.4　车辆—轨道耦合系统建模的一般原则

通过上述分析比较可以发现，在轮轨系统建模时，对机车车辆子系统和轨道结构子系统的种种简化，或多或少会导致模型功能的损失或(和)分析精度的降低。因此，理想的模型应充分考虑各种影响因素，尽可能完整地反映轮轨系统本质，从而使模型具有精度高、功能强的特点，同时又不能使模型过分复杂，以便于计算模拟的实施。

归纳起来，车辆—轨道耦合系统的动力学模型应遵循如下基本原则：

① 采用连续分布轨道模型而不用简化的等效集总参数轨道模型。因为集总参数模型主要适合定性分析，不能用于复杂问题的定量化研究。

② 采用连续弹性离散点支承梁模型而不用连续弹性基础梁模型，从而更好地符合铁路轨道实际，并能用于处理轨道支承弹性沿纵向非均匀变化等特殊类型的动力学问题。

③ 采用 Euler 梁钢轨模型，既不使计算过程过于繁杂，又能适应一般轮轨动力分析的工程应用需要，保证足够的数值精度；当需要关注较高频率特性(特别是轮轨噪声问题)时，可采用 Timoshenko 梁模型。

④ 采用三层离散点支承梁模型，充分反映钢轨—垫层—轨枕—道床—路基体系的功能及其相互作用关系。

⑤ 采用整车—轨道模型，考虑车体、前后转向架、轮对及一、二系悬挂方式的影响，特别是充分考虑各轮对相互间的动力影响及其对轨道部件振动的叠加效应。

在以下两节(2.2 节、2.3 节)中，车辆—轨道垂向、横向耦合动力学模型均是基于上述原则建立的。

2.2　车辆—轨道垂向系统统一模型

车辆—轨道垂向系统模型是车辆—轨道垂向耦合动力学的分析基础，是研究车辆—轨道垂向动态相互作用，特别是研究车辆对线路动力作用的理论工具，同时也是 2.3 节进一步建立车辆—轨道空间耦合系统动力学模型的必要基础。

2.2.1　物理模型

依据车辆类别不同，车辆—轨道垂向统一模型可以分为三种不同类型，即客车—轨道垂向统一模型、货车—轨道垂向统一模型和机车—轨道垂向统一模型。根据 2.1.4 节提出的建模原则，我们分别建立了典型客车—轨道垂向统一模型（图 2.8）、典型货车—轨道垂向统一模型（图 2.9）和典型机车—轨道垂向统一模型（图 2.10）。

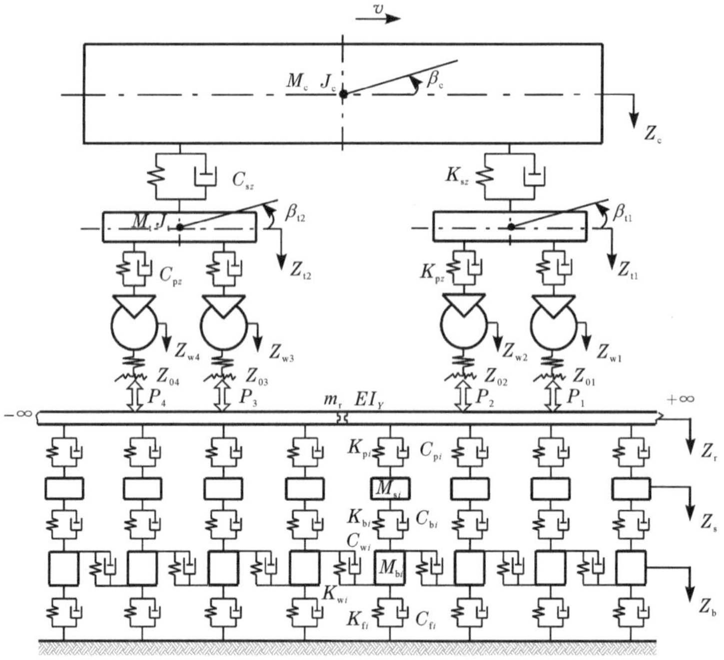

图 2.8　典型客车—轨道垂向统一模型

对于车辆模型，车辆（客车、货车、机车）被模拟成一个以速度 v 运行于轨道结构上的多刚体系统，完整地反映了车体质量（M_c）及其点头惯量（J_c），前后转向架构架质量（M_t）及其点头惯量（J_t），各轮对质量（M_w），以及一系悬挂刚度（K_{pz}）和

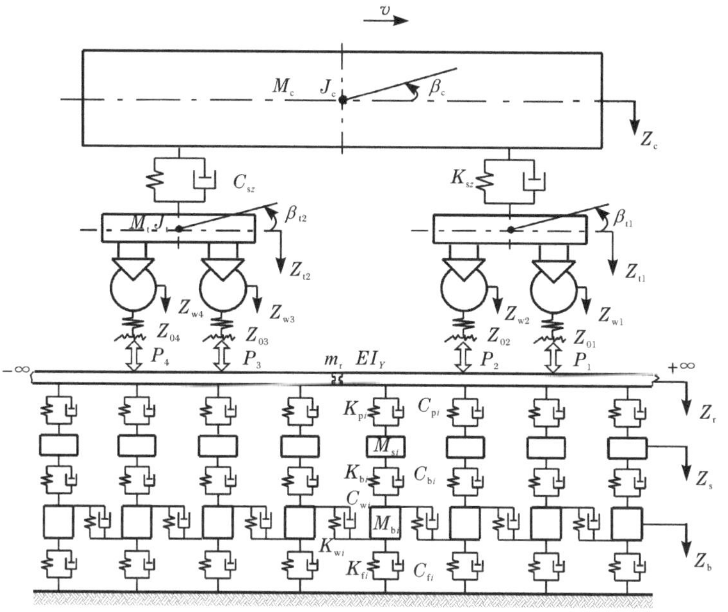

图 2.9　典型货车—轨道垂向统一模型

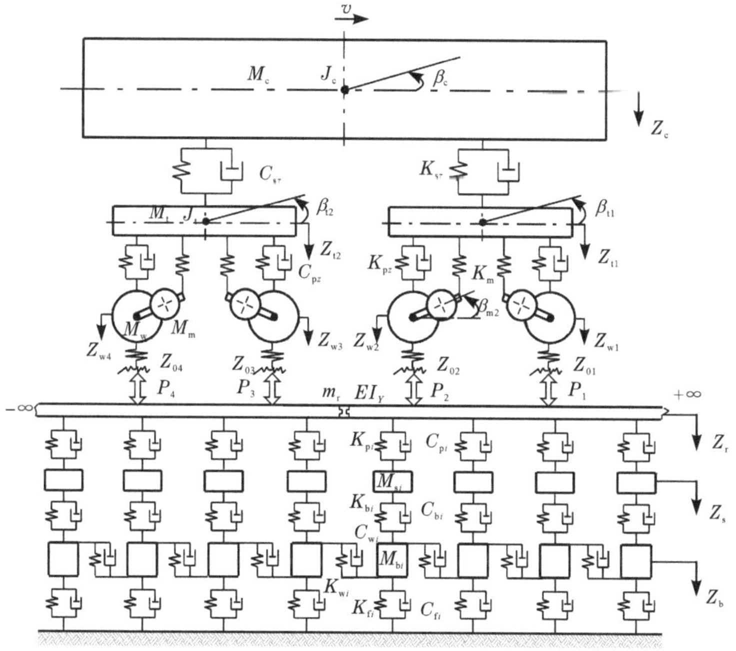

图 2.10　典型机车—轨道垂向统一模型

阻尼(C_{pz})、二系悬挂刚度(K_{sz})和阻尼(C_{sz})。在客车模型中,考虑车体的沉浮(Z_c)和点头(β_c)运动,前后构架的沉浮(Z_{t1},Z_{t2})和点头(β_{t1},β_{t2})运动,以及 4 个轮对的垂向振动(Z_{wi},$i=1\sim4$),共 10 个自由度。在货车模型中,考虑车体及前后构架的沉浮和点头运动,共 6 个自由度,由于没有一系轴箱悬挂环节,轮对的运动自由度不再独立,可由构架运动导出。图 2.9 是针对我国传统的主型货车——三大件式转向架货车(如 C_{62A})而建立的典型货车—轨道模型,对于装用其他型式转向架的货车,例如,为了降低轮轨动力作用而开发的具有一系轴箱悬挂方式的货车—轨道模型,可参考文献[17],而对于具有两系悬挂的高性能货车(如英国的 LTF 货车),可直接套用图 2.8 所示模型。在机车模型中,基本建模思路同前,关键之处在于牵引电机的建模,图 2.10 建立了我国传统的、最具代表性的轴悬式电机垂向振动模型,将牵引电机(质量 M_m,惯量 J_m)一端与轮轴相连,一端弹性(刚度 K_m)吊挂于构架底部,单独考虑电机角振动自由度(β_{mi}),因此整个机车垂向振动自由度共有 14 个。当牵引电机悬挂方式变化时,牵引电机振动模型及系统自由度可作相应调整,如牵引电机与轮轴之间的悬挂方式由刚性支承改为弹性支承,则需进一步增加每个电机的沉浮运动自由度,可参考文献[16],本书不一一介绍。

对于轨道模型,钢轨通常被视为连续弹性离散点支承上的无限长梁(Euler 梁或 Timoshenko 梁),轨下基础沿纵向被离散,离散以各轨枕支点为基元,每个支承单元采用双质量(轨枕 M_{si} 和道床 M_{bi})、三层(钢轨—轨枕—道床—路基)弹簧—阻尼振动模型。相邻支承单元之间通过引入道床剪切刚度 K_{wi} 和剪切阻尼 C_{wi} 而得到联系。模型中,m_r、EI_Y 分别表示钢轨单位长质量和钢轨的抗弯刚度;K_{pi}、K_{bi}、K_{fi} 和 C_{pi}、C_{bi}、C_{fi} 分别表示每个支承单元所对应的轨下垫层、道床和路基的刚度与阻尼。这里我们考虑了道床的建模,是因为道床振动对于轨道结构的整体工作性能影响甚大。我国的观测统计结果显示[78],75%的轨道日常养护维修工作量是用于道床及道床变形相关的作业上,而试验结果也表明,道床的残余变形(下沉率)与道床振动加速度的平方成正比。因此,在轨道结构振动中考虑道床参振,具有十分重要的工程实际意义。

由于散粒体道砟的特殊形态及其复杂的作用机制,关于道床振动的研究,无论是理论研究还是试验研究,在国际上一直是个难题。最有代表性的工作要数 Ahlbeck 等的道床锥体受荷假设[7],即:作用于钢轨上的车轮荷载(即轮轨垂向力)经过轨枕传入散粒体道床后,近似呈锥体分布向下传递,直至路基表面,也就是说,在锥体内道床压力均匀分布,而在锥体之外道床基本上处于无应力状态。锥体各面和铅垂线间的倾角(即所谓扩散角)α 由泊松比效应决定。这样我们就可确定出各轨枕支点下道床有效作用范围(受力锥体范围),如图 2.11 所示。

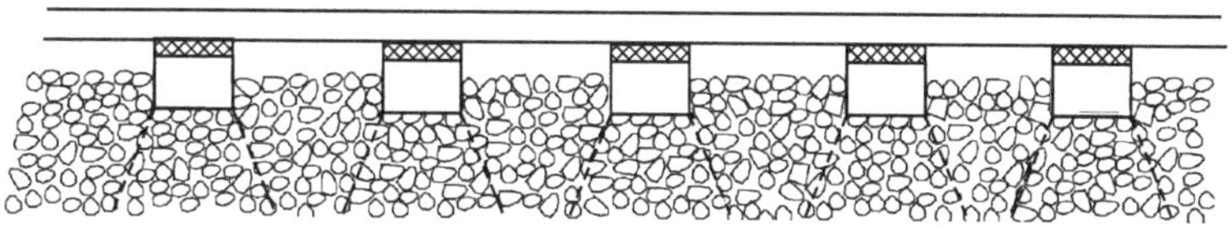

图 2.11　连续散粒体道床在轨道中受力区域示意图

根据这一假设，我们可以推断，在轨道结构振动中道床实质上是以各轨枕支承面下近似锥体范围质量分别参振的，由此有理由将连续道床介质沿轨道纵向离散开来，从而大大简化道床动力分析工作。事实上，Rücker 等[79]早在 1982 年的工作业已说明，采用三维弹性半空间假定来进行道床动力计算是极其困难而无法工程应用的。图 2.12 给出了一个轨枕支点下的道床模型。

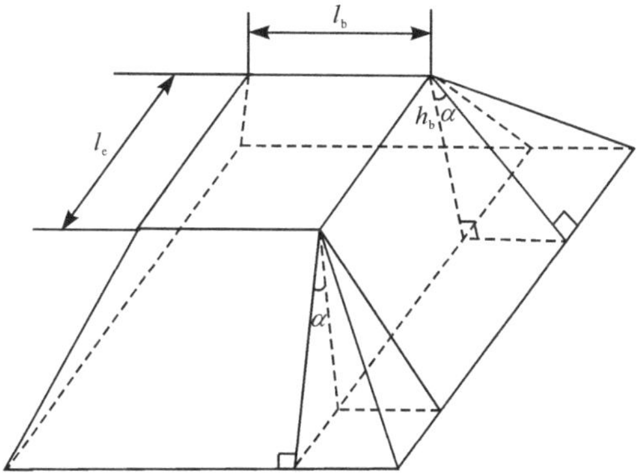

图 2.12　道床离散模型

根据图 2.12 模型，首先可以确定一个轨枕支点下的道床参振质量

$$M_b = \rho_b h_b \left[l_e l_b + (l_e + l_b) h_b \tan\alpha + \frac{4}{3} h_b^2 \tan^2\alpha \right] \tag{2.1}$$

式中，ρ_b是道床密度(kg/m^3)；h_b是道床厚度(m)；l_e是半轨枕的有效支承长度(m)；l_b是轨枕底面宽度(m)。

其次可以确定道床支承刚度

$$K_b = \frac{2(l_e - l_b)\tan\alpha}{\ln\left[\dfrac{l_e}{l_b} \cdot \dfrac{(l_b + 2h_b\tan\alpha)}{(l_e + 2h_b\tan\alpha)}\right]} E_b \tag{2.2}$$

式中，E_b是道床弹性模量(N/m^2)。

此外还可根据道床与路基有效受力接触面(即锥体底面积)进一步确定道床模型块下路基支承刚度

$$K_f = (l_e + 2h_b\tan\alpha)(l_b + 2h_b\tan\alpha) E_f \tag{2.3}$$

式中，E_f是路基的 K_{30} 模量(Pa/m)，它表示单位面积的路基产生单位变形所需的作用力。

以上模型及参数是在相邻道床锥体相互不发生干涉(重叠)现象的前提下建立的,因而仅适用于道床厚度较小、道床压力扩散角不大等轨道结构状态。当道床较厚、轨枕间距较小或(和)扩散角较大时(我国既有线轨道常如此),依据上述模型所确定的相邻道床参振锥体下部将相互重叠(图 2.13),此时需对道床模型进行适当修正。如图 2.13 所示,当出现干涉现象时,每个轨枕支点下道床参振质量块即取相邻道床应力扩散线交点处铅垂面之间的台体范围(阴影区域)。

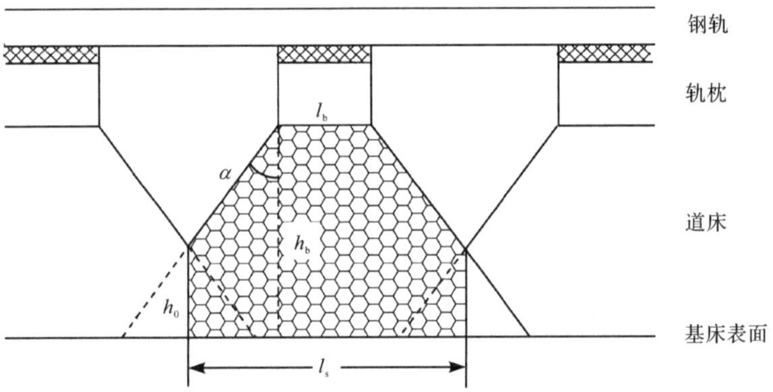

图 2.13 道床修正模型[80]

根据几何关系,锥体重叠部分的高度

$$h_0 = h_b - \frac{l_s - l_b}{2\tan\alpha} \tag{2.4}$$

由此也可方便地判断相邻道床质量块是否出现干涉现象,即当 $h_0 \leqslant 0$ 时表示无干涉。当 $h_0 > 0$ 时,出现干涉,道床参振质量成为

$$M_b' = \rho_b \left[l_b h_b (l_e + h_b \tan\alpha) + l_e (h_b^2 - h_0^2) \tan\alpha + \frac{4}{3} (h_b^3 - h_0^3) \tan^2\alpha \right] \tag{2.5}$$

道床支承刚度是道床上部锥体和下部台体刚度之串联

$$K_b' = \frac{K_{b1} K_{b2}}{K_{b1} + K_{b2}} \tag{2.6}$$

式中

$$K_{b1} = \frac{2(l_e - l_b)\tan\alpha}{\ln\left[\dfrac{l_e l_s}{l_b (l_e + l_s - l_b)}\right]} E_b \tag{2.7}$$

$$K_{b2} = \frac{l_s (l_s - l_b + 2l_e + 2h_b \tan\alpha) \tan\alpha}{l_b - l_s + 2h_b \tan\alpha} E_b \tag{2.8}$$

而路基支承刚度

$$K_f' = l_s (l_e + 2h_b \tan\alpha) E_f \tag{2.9}$$

为了考虑道床的连续作用特性,可以在离散道床质量块之间引入一对剪切弹簧 K_w 和剪切阻尼 C_w 元件。关于引入剪切元件的必要性及剪切效应的分析,作者已在文献[80]中作了探讨,其结论是,如不考虑剪切效应,模型会过高地估计道床振动加速度值,一般较考虑剪切作用时增大6%。其原因是,不考虑道床剪切效应时,忽略了相邻道床质量块之间通过道砟颗粒的摩擦碰撞而引起的振动衰减作用,道床振动不受相邻道床质量块的牵制,从而导致道床加速度的计算结果偏大。

以上详细阐述了传统的有砟轨道建模方法,随着高速客运专线的迅速发展,新型无砟轨道结构不断涌现并得到成功应用。为此,有必要研究无砟轨道建模问题。无砟轨道区别于有砟轨道的关键之处在于以道床板(轨道板)取代了道砟道床,因而从某种意义上说还降低了建模难度。图 2.14～图 2.16 给出了几种具有代表性的无砟轨道垂向动力分析模型,包括长枕埋入式无砟轨道模型、弹性支承块式无砟轨道模型和板式无砟轨道模型。

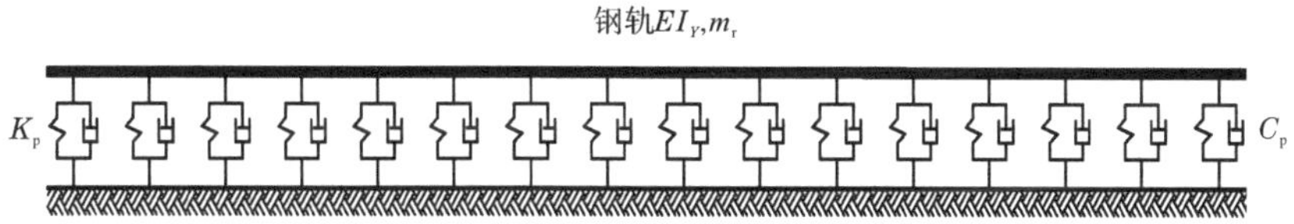

图 2.14 长枕埋入式无砟轨道模型

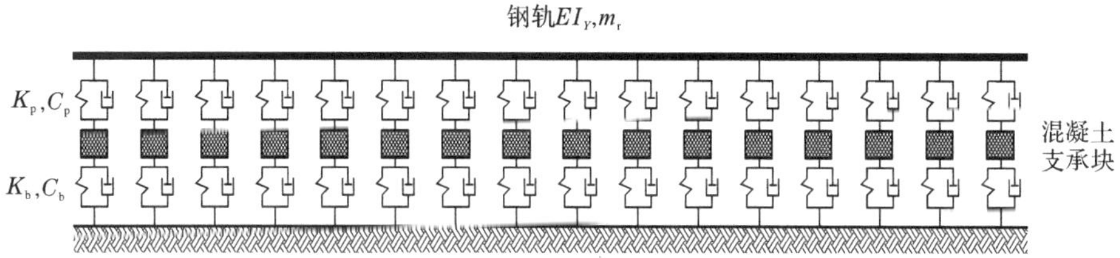

图 2.15 弹性支承块式无砟轨道模型

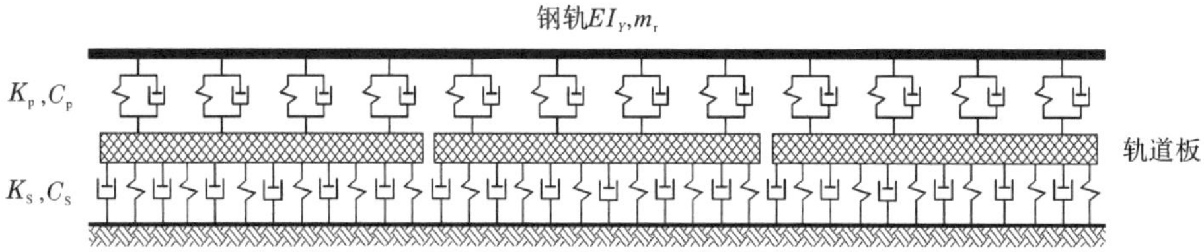

图 2.16 板式轨道模型

长枕埋入式无砟轨道主要由钢轨、扣件(包括轨下胶垫)、穿孔混凝土枕、混凝土道床板、隔离层及混凝土底座等组成。由于轨枕与混凝土道床板完全联结在一起,轨下基础的质量很大,道床板与混凝土底座之间几乎没有弹性,故轨道的弹性主要靠轨下胶垫来提供。因此，长枕埋入式无砟轨道的振动主要体现在钢轨的振动上，如图 2.14 所示。

弹性支承块式无砟轨道由钢轨、扣件、钢筋混凝土支承块、块下胶垫及橡胶包套、混凝土道床板、隔离层及混凝土底座等组成，轨下胶垫和块下胶垫提供轨道的垂向弹性、阻尼（K_b，C_b），橡胶包套主要提供横向弹性、阻尼。因此，弹性支承块式无砟轨道的振动主要体现在钢轨和混凝土支承块上，如图 2.15 所示。

板式轨道由钢轨、扣件、轨道板、凸形挡台、水泥沥青砂浆（简称 CA 砂浆）及混凝土底座等组成。CA 砂浆具有半刚性、半弹性特性，填充在轨道板和混凝土底座之间，不仅可以稳固轨道结构，而且可以提供一定弹性。因此，板式轨道的垂向振动主要体现在钢轨和轨道板的振动上。为简化建模，视钢轨为连续弹性点支承基础上的欧拉梁，视轨道板为支承在连续分布的线性弹簧（K_s）与线性阻尼（C_s）上的有限长自由梁（两端无约束）[18]，则板式轨道结构在垂向被抽象为弹性基础上的叠合梁，如图 2.16 所示。

在建立了车辆子系统模型和轨道子系统模型之后，需要建立车辆模型和轨道模型之间的耦合模型。在垂向平面内，车辆子系统与轨道子系统之间的耦合作用，是通过轮轨垂向接触而实现的，具体表现为轮轨之间的垂向作用力，而确定两个弹性体（车轮和钢轨）之间作用力的最经典而有效的方法便是 Hertz 非线性弹性接触模型，我们采用了这一模型。

2.2.2 数学模型

1. 客车系统振动方程（图 2.8 模型）

（1）车体沉浮运动

$$M_c\ddot{Z}_c+2C_{sz}\dot{Z}_c+2K_{sz}Z_c-C_{sz}\dot{Z}_{t1}-K_{sz}Z_{t1}-C_{sz}\dot{Z}_{t2}-K_{sz}Z_{t2}=M_cg \quad (2.10)$$

（2）车体点头运动

$$J_c\ddot{\beta}_c+2C_{sz}l_c^2\dot{\beta}_c+2K_{sz}l_c^2\beta_c+C_{sz}l_c\dot{Z}_{t1}-C_{sz}l_c\dot{Z}_{t2}+K_{sz}l_cZ_{t1}-K_{sz}l_cZ_{t2}=0 \quad (2.11)$$

（3）前转向架构架沉浮运动

$$\begin{aligned}M_t\ddot{Z}_{t1}&+(2C_{pz}+C_{sz})\dot{Z}_{t1}+(2K_{pz}+K_{sz})Z_{t1}-C_{sz}\dot{Z}_c-K_{sz}Z_c-C_{pz}\dot{Z}_{w1}\\&-C_{pz}\dot{Z}_{w2}-K_{pz}Z_{w1}-K_{pz}Z_{w2}+C_{sz}l_c\dot{\beta}_c+K_{sz}l_c\beta_c=M_tg\end{aligned} \quad (2.12)$$

（4）前转向架构架点头运动

$$J_t\ddot{\beta}_{t1}+2C_{pz}l_t^2\dot{\beta}_{t1}+2K_{pz}l_t^2\beta_{t1}+C_{pz}l_t\dot{Z}_{w1}-C_{pz}l_t\dot{Z}_{w2}+K_{pz}l_tZ_{w1}-K_{pz}l_tZ_{w2}=0 \quad (2.13)$$

(5) 后转向架构架沉浮运动

$$M_t\ddot{Z}_{t2}+(2C_{pz}+C_{sz})\dot{Z}_{t2}+(2K_{pz}+K_{sz})Z_{t2}-C_{sz}\dot{Z}_c-K_{sz}Z_c-C_{pz}\dot{Z}_{w3}$$
$$-C_{pz}\dot{Z}_{w4}-K_{pz}Z_{w3}-K_{pz}Z_{w4}-C_{sz}l_c\dot{\beta}_c-K_{sz}l_c\beta_c=M_tg \tag{2.14}$$

(6) 后转向架构架的点头运动

$$J_t\ddot{\beta}_{t2}+2C_{pz}l_t^2\dot{\beta}_{t2}+2K_{pz}l_t^2\beta_{t2}+C_{pz}l_t\dot{Z}_{w3}-C_{pz}l_t\dot{Z}_{w4}+K_{pz}l_tZ_{w3}-K_{pz}l_tZ_{w4}=0 \tag{2.15}$$

(7) 第一轮对沉浮运动

$$M_w\ddot{Z}_{w1}+C_{pz}\dot{Z}_{w1}+K_{pz}Z_{w1}-C_{pz}\dot{Z}_{t1}-K_{pz}Z_{t1}+C_{pz}l_t\dot{\beta}_{t1}$$
$$+K_{pz}l_t\beta_{t1}+2p_1(t)-M_wg=F_{01}(t) \tag{2.16}$$

(8) 第二轮对沉浮运动

$$M_w\ddot{Z}_{w2}+C_{pz}\dot{Z}_{w2}+K_{pz}Z_{w2}-C_{pz}\dot{Z}_{t1}-K_{pz}Z_{t1}-C_{pz}l_t\dot{\beta}_{t1}$$
$$-K_{pz}l_t\beta_{t1}+2p_2(t)-M_wg=F_{02}(t) \tag{2.17}$$

(9) 第三轮对沉浮运动

$$M_w\ddot{Z}_{w3}+C_{pz}\dot{Z}_{w3}+K_{pz}Z_{w3}-C_{pz}\dot{Z}_{t2}-K_{pz}Z_{t2}+C_{pz}l_t\dot{\beta}_{t2}$$
$$+K_{pz}l_t\beta_{t2}+2p_3(t)-M_wg=F_{03}(t) \tag{2.18}$$

(10) 第四轮对沉浮运动

$$M_w\ddot{Z}_{w4}+C_{pz}\dot{Z}_{w4}+K_{pz}Z_{w4}-C_{pz}\dot{Z}_{t2}-K_{pz}Z_{t2}-C_{pz}l_t\dot{\beta}_{t2}$$
$$-K_{pz}l_t\beta_{t2}+2p_4(t)-M_wg=F_{04}(t) \tag{2.19}$$

式中，l_c 为车辆定距之半(m)；l_t 为转向架固定轴距之半(m)；$p_i(t)$为单侧车轮的轮轨垂向作用力($i=1\sim4$)；$F_{0i}(t)$为各轮对处激振力函数($i=1\sim4$)，如偏心轮之惯性力输入。

2. 货车系统振动方程(图 2.9 模型)

(1) 车体沉浮运动

$$M_c\ddot{Z}_c+2C_{sz}\dot{Z}_c+2K_{sz}Z_c-C_{sz}\dot{Z}_{t1}-K_{sz}Z_{t1}-C_{sz}\dot{Z}_{t2}-K_{sz}Z_{t2}=M_cg \tag{2.20}$$

(2) 车体点头运动

$$J_c\ddot{\beta}_c+2C_{sz}l_c^2\dot{\beta}_c+2K_{sz}l_c^2\beta_c+C_{sz}l_c\dot{Z}_{t1}-C_{sz}l_c\dot{Z}_{t2}+K_{sz}l_cZ_{t1}-K_{sz}l_cZ_{t2}=0 \tag{2.21}$$

(3) 前转向架构架沉浮运动

$$(M_t+2M_w)\ddot{Z}_{t1}+C_{sz}\dot{Z}_{t1}+K_{sz}Z_{t1}-C_{sz}\dot{Z}_c-K_{sz}Z_c+C_{sz}l_c\dot{\beta}_c$$
$$+K_{sz}l_c\beta_c+2p_1(t)+2p_2(t)-(M_t+2M_w)g=F_{01}(t)+F_{02}(t) \tag{2.22}$$

(4) 前转向架构架点头运动

$$(J_t+2M_w l_t^2)\ddot{\beta}_{t1}-2[p_1(t)-p_2(t)]l_t+[F_{01}(t)-F_{02}(t)]l_t=0 \quad (2.23)$$

(5) 后转向架构架沉浮运动

$$(M_t+2M_w)\ddot{Z}_{t2}+C_{sz}\dot{Z}_{t2}+K_{sz}Z_{t2}-C_{sz}\dot{Z}_c-K_{sz}Z_c-C_{sz}l_c\dot{\beta}_c$$
$$-K_{sz}l_c\beta_c+2p_3(t)+2p_4(t)-(M_t+2M_w)g=F_{03}(t)+F_{04}(t) \quad (2.24)$$

(6) 后转向架构架点头运动

$$(J_t+2M_w l_t^2)\ddot{\beta}_{t2}-2[p_3(t)-p_4(t)]l_t+[F_{03}(t)-F_{04}(t)]l_t=0 \quad (2.25)$$

轮对运动方程式不再独立,轮对位移、速度及加速度响应依赖于转向架构架位移、速度和加速度,分别为

$$Z_{w1}=Z_{t1}-l_t\beta_{t1},\quad \dot{Z}_{w1}=\dot{Z}_{t1}-l_t\dot{\beta}_{t1},\quad \ddot{Z}_{w1}=\ddot{Z}_{t1}-l_t\ddot{\beta}_{t1}$$
$$Z_{w2}=Z_{t1}+l_t\beta_{t1},\quad \dot{Z}_{w2}=\dot{Z}_{t1}+l_t\dot{\beta}_{t1},\quad \ddot{Z}_{w2}=\ddot{Z}_{t1}+l_t\ddot{\beta}_{t1}$$
$$Z_{w3}=Z_{t2}-l_t\beta_{t2},\quad \dot{Z}_{w3}=\dot{Z}_{t2}-l_t\dot{\beta}_{t2},\quad \ddot{Z}_{w3}=\ddot{Z}_{t2}-l_t\ddot{\beta}_{t2}$$
$$Z_{w4}=Z_{t2}+l_t\beta_{t2},\quad \dot{Z}_{w4}=\dot{Z}_{t2}+l_t\dot{\beta}_{t2},\quad \ddot{Z}_{w4}=\ddot{Z}_{t2}+l_t\ddot{\beta}_{t2}$$

3. 机车系统振动方程(图 2.10 模型)

(1) 车体沉浮运动

$$M_c\ddot{Z}_c+2C_{sz}\dot{Z}_c+2K_{sz}Z_c-C_{sz}(\dot{Z}_{t1}+\dot{Z}_{t2})-K_{sz}(Z_{t1}+Z_{t2})=M_cg \quad (2.26)$$

(2) 车体点头运动

$$J_c\ddot{\beta}_c+2C_{sz}l_c^2\dot{\beta}_c+2K_{sz}l_c^2\beta_c+C_{sz}l_c(\dot{Z}_{t1}-\dot{Z}_{t2})+K_{sz}l_c(Z_{t1}-Z_{t2})=0 \quad (2.27)$$

(3) 前构架沉浮运动

$$M_t\ddot{Z}_{t1}+(C_{sz}+2C_{pz})\dot{Z}_{t1}+(K_{sz}+2K_{pz}+2K_m)Z_{t1}-C_{sz}\dot{Z}_c-K_{sz}Z_c$$
$$-C_{pz}(\dot{Z}_{w1}+\dot{Z}_{w2})-(K_{pz}+K_m)(Z_{w1}+Z_{w2})+C_{sz}l_c\dot{\beta}_c$$
$$+K_{sz}l_c\beta_c-K_m(l_1+l_2)(\beta_{m1}-\beta_{m2})=M_tg \quad (2.28)$$

(4) 前构架点头运动

$$J_t\ddot{\beta}_{t1}+2C_{pz}l_t^2\dot{\beta}_{t1}+2[K_{pz}l_t^2+K_m(l_t-l_1-l_2)^2]\beta_{t1}$$
$$-C_{pz}l_t(\dot{Z}_{w2}-\dot{Z}_{w1})-[K_{pz}l_t+K_m(l_t-l_1-l_2)](Z_{w2}-Z_{w1})=0 \quad (2.29)$$

(5) 后构架沉浮运动

$$M_t\ddot{Z}_{t2}+(C_{sz}+2C_{pz})\dot{Z}_{t2}+(K_{sz}+2K_{pz}+2K_m)Z_{t2}-C_{sz}\dot{Z}_c$$
$$-K_{sz}Z_c-C_{pz}(\dot{Z}_{w3}+\dot{Z}_{w4})-(K_{pz}+K_m)(Z_{w3}+Z_{w4})$$
$$-C_{sz}l_c\dot{\beta}_c-K_{sz}l_c\beta_c-K_m(l_1+l_2)(\beta_{m3}-\beta_{m4})=M_tg \quad (2.30)$$

(6) 后构架点头运动

$$J_t\ddot{\beta}_{t2}+2C_{pz}l_t^2\dot{\beta}_{t2}+2[K_{pz}l_t^2+K_m(l_t-l_1-l_2)^2]\beta_{t2}$$
$$-C_{pz}l_t(\dot{Z}_{w4}-\dot{Z}_{w3})-[K_{pz}l_t+K_m(l_t-l_1-l_2)](Z_{w4}-Z_{w3})=0 \tag{2.31}$$

(7) 第一轮对沉浮运动

$$(M_w+M_m)\ddot{Z}_{w1}+M_ml_1\ddot{\beta}_{m1}+C_{pz}\dot{Z}_{w1}+(K_{pz}+K_m)Z_{w1}-C_{pz}\dot{Z}_{t1}$$
$$-(K_{pz}+K_m)Z_{t1}+C_{pz}l_t\dot{\beta}_{t1}+[K_{pz}l_t+K_m(l_t-l_1-l_2)]\beta_{t1}$$
$$+K_m(l_1+l_2)\beta_{m1}+2p_1(t)-(M_w+M_m)g=F_{01}(t) \tag{2.32}$$

(8) 第二轮对沉浮运动

$$(M_w+M_m)\ddot{Z}_{w2}-M_ml_1\ddot{\beta}_{m2}+C_{pz}\dot{Z}_{w2}+(K_{pz}+K_m)Z_{w2}-C_{pz}\dot{Z}_{t1}$$
$$-(K_{pz}+K_m)Z_{t1}-C_{pz}l_t\dot{\beta}_{t1}-[K_{pz}l_t+K_m(l_t-l_1-l_2)]\beta_{t1}$$
$$-K_m(l_1+l_2)\beta_{m2}+2p_2(t)-(M_w+M_m)g=F_{02}(t) \tag{2.33}$$

(9) 第三轮对沉浮运动

$$(M_w+M_m)\ddot{Z}_{w3}+M_ml_1\ddot{\beta}_{m3}+C_{pz}\dot{Z}_{w3}+(K_{pz}+K_m)Z_{w3}-C_{pz}\dot{Z}_{t2}$$
$$-(K_{pz}+K_m)Z_{t2}+C_{pz}l_t\dot{\beta}_{t2}+[K_{pz}l_t+K_m(l_t-l_1-l_2)]\beta_{t2}$$
$$+K_m(l_1+l_2)\beta_{m3}+2p_3(t)-(M_w+M_m)g=F_{03}(t) \tag{2.34}$$

(10) 第四轮对沉浮运动

$$(M_w+M_m)\ddot{Z}_{w4}-M_ml_1\ddot{\beta}_{m4}+C_{pz}\dot{Z}_{w4}+(K_{pz}+K_m)Z_{w4}-C_{pz}\dot{Z}_{t2}$$
$$-(K_{pz}+K_m)Z_{t2}-C_{pz}l_t\dot{\beta}_{t2}-[K_{pz}l_t+K_m(l_t-l_1-l_2)]\beta_{t2}$$
$$-K_m(l_1+l_2)\beta_{m4}+2p_4(t)-(M_w+M_m)g=F_{04}(t) \tag{2.35}$$

(11) 电机 1 旋转运动

$$(J_m+M_ml_1^2)\ddot{\beta}_{m1}+M_ml_1\ddot{Z}_{w1}+K_m(l_1+l_2)^2\beta_{m1}$$
$$+K_m(l_1+l_2)(l_t-l_1-l_2)\beta_{t1}-K_m(l_1+l_2)(Z_{t1}-Z_{w1})=0 \tag{2.36}$$

(12) 电机 2 旋转运动

$$(J_m+M_ml_1^2)\ddot{\beta}_{m2}-M_ml_1\ddot{Z}_{w2}+K_m(l_1+l_2)^2\beta_{m2}$$
$$+K_m(l_1+l_2)(l_t-l_1-l_2)\beta_{t1}+K_m(l_1+l_2)(Z_{t1}-Z_{w2})=0 \tag{2.37}$$

(13) 电机 3 旋转运动

$$(J_m+M_ml_1^2)\ddot{\beta}_{m3}+M_ml_1\ddot{Z}_{w3}+K_m(l_1+l_2)^2\beta_{m3}$$
$$+K_m(l_1+l_2)(l_t-l_1-l_2)\beta_{t2}-K_m(l_1+l_2)(Z_{t2}-Z_{w3})=0 \tag{2.38}$$

(14) 电机 4 旋转运动

$$(J_m+M_ml_1^2)\ddot{\beta}_{m4}-M_ml_1\ddot{Z}_{w4}+K_m(l_1+l_2)^2\beta_{m4}$$
$$+K_m(l_1+l_2)(l_t-l_1-l_2)\beta_{t2}+K_m(l_1+l_2)(Z_{t2}-Z_{w4})=0 \tag{2.39}$$

式中，l_c 为机车定距之半(m)；l_1、l_2 分别为电机质心至轴悬点和至吊悬点之距离(m)。

需要指出的是，电机质心处垂向运动是不独立的，其振动位移和加速度可由下式确定

$$\begin{cases} Z_{mi}=Z_{wi}\mp l_1\beta_{mi} \\ \ddot{Z}_{mi}=\ddot{Z}_{wi}\mp l_1\ddot{\beta}_{mi} \end{cases} \tag{2.40}$$

式中，$i=1$、3 时取正号；$i=2$、4 时取负号。

值得注意的是，轴悬式电机振动模型的特殊性导致了上述机车系统振动方程组的质量阵为非对角阵。为了统一起见，也为了以后快速数值求解的方便，我们拟对其进行规一化处理，使方程组质量阵转化为对角阵。经过简单的代数变换，可以将上述方程组中轮对振动方程式(2.32)～(2.35)和电机振动方程式(2.36)～(2.39)转化为如下标准形式。

① 第一轮对

$$\begin{aligned}(M_w+\eta_m M_m)\ddot{Z}_{w1}+C_{pz}\dot{Z}_{w1}+(K_{pz}+\xi_m K_m)Z_{w1}-C_{pz}\dot{Z}_{t1} \\ -(K_{pz}+\xi_m K_m)Z_{t1}+C_{pz}l_t\dot{\beta}_{t1}+[K_{pz}l_t+\xi_m K_m(l_t-l_1-l_2)]\beta_{t1} \\ +\xi_m K_m(l_1+l_2)\beta_{m1}+2p_1(t)-(M_w+M_m)g=F_{01}(t)\end{aligned} \tag{2.41}$$

② 第二轮对

$$\begin{aligned}(M_w+\eta_m M_m)\ddot{Z}_{w2}+C_{pz}\dot{Z}_{w2}+(K_{pz}+\xi_m K_m)Z_{w2}-C_{pz}\dot{Z}_{t1} \\ -(K_{pz}+\xi_m K_m)Z_{t1}-C_{pz}l_t\dot{\beta}_{t1}-[K_{pz}l_t+\xi_m K_m(l_t-l_1-l_2)]\beta_{t1} \\ -\xi_m K_m(l_1+l_2)\beta_{m2}+2p_2(t)-(M_w+M_m)g=F_{02}(t)\end{aligned} \tag{2.42}$$

③ 第三轮对

$$\begin{aligned}(M_w+\eta_m M_m)\ddot{Z}_{w3}+C_{pz}\dot{Z}_{w3}+(K_{pz}+\xi_m K_m)Z_{w3}-C_{pz}\dot{Z}_{t2} \\ -(K_{pz}+\xi_m K_m)Z_{t2}+C_{pz}l_t\dot{\beta}_{t2}+[K_{pz}l_t+\xi_m K_m(l_t-l_1-l_2)]\beta_{t2} \\ +\xi_m K_m(l_1+l_2)\beta_{m3}+2p_3(t)-(M_w+M_m)g=F_{03}(t)\end{aligned} \tag{2.43}$$

④ 第四轮对

$$\begin{aligned}(M_w+\eta_m M_m)\ddot{Z}_{w4}+C_{pz}\dot{Z}_{w4}+(K_{pz}+\xi_m K_m)Z_{w4}-C_{pz}\dot{Z}_{t2} \\ -(K_{pz}+\xi_m K_m)Z_{t2}-C_{pz}l_t\dot{\beta}_{t2}-[K_{pz}l_t+\xi_m K_m(l_t-l_1-l_2)]\beta_{t2} \\ -\xi_m K_m(l_1+l_2)\beta_{m4}+2p_4(t)-(M_w+M_m)g=F_{04}(t)\end{aligned} \tag{2.44}$$

⑤ 电机 1

$$\begin{aligned}(J_m+\mu_m M_w l_1^2)\ddot{\beta}_{m1}-\mu_m C_{pz}l_1(\dot{Z}_{w1}-\dot{Z}_{t1}+l_t\dot{\beta}_{t1})-[K_m(l_1+l_2-\mu_m l_1) \\ -\mu_m K_{pz}l_1](Z_{t1}-Z_{w1})+[K_m(l_t-l_1-l_2)(l_1+l_2-\mu_m l_1) \\ -\mu_m K_{pz}l_1 l_t]\beta_{t1}+K_m(l_1+l_2)(l_1+l_2-\mu_m l_1)\beta_{m1} \\ -\mu_m l_1[2p_1(t)-(M_w+M_m)g-F_{01}(t)]=0\end{aligned} \tag{2.45}$$

⑥ 电机 2

$$(J_{\mathrm{m}}+\mu_{\mathrm{m}}M_{\mathrm{w}}l_1^2)\ddot{\beta}_{\mathrm{m2}}+\mu_{\mathrm{m}}C_{\mathrm{pz}}l_1(\dot{Z}_{\mathrm{w2}}-\dot{Z}_{\mathrm{t1}}-l_{\mathrm{t}}\dot{\beta}_{\mathrm{t1}})+[K_{\mathrm{m}}(l_1+l_2-\mu_{\mathrm{m}}l_1)$$
$$-\mu_{\mathrm{m}}K_{\mathrm{pz}}l_1](Z_{\mathrm{t1}}-Z_{\mathrm{w2}})+[K_{\mathrm{m}}(l_{\mathrm{t}}-l_1-l_2)(l_1+l_2-\mu_{\mathrm{m}}l_1)$$
$$-\mu_{\mathrm{m}}K_{\mathrm{pz}}l_1l_{\mathrm{t}}]\beta_{\mathrm{t1}}+K_{\mathrm{m}}(l_1+l_2)(l_1+l_2-\mu_{\mathrm{m}}l_1)\beta_{\mathrm{m2}}$$
$$+\mu_{\mathrm{m}}l_1[2p_2(t)-(M_{\mathrm{w}}+M_{\mathrm{m}})g-F_{02}(t)]=0 \tag{2.46}$$

⑦ 电机 3

$$(J_{\mathrm{m}}+\mu_{\mathrm{m}}M_{\mathrm{w}}l_1^2)\ddot{\beta}_{\mathrm{m3}}-\mu_{\mathrm{m}}C_{\mathrm{pz}}l_1(\dot{Z}_{\mathrm{w3}}-\dot{Z}_{\mathrm{t2}}+l_{\mathrm{t}}\dot{\beta}_{\mathrm{t2}})-[K_{\mathrm{m}}(l_1+l_2-\mu_{\mathrm{m}}l_1)$$
$$-\mu_{\mathrm{m}}K_{\mathrm{pz}}l_1](Z_{\mathrm{t2}}-Z_{\mathrm{w3}})+[K_{\mathrm{m}}(l_{\mathrm{t}}-l_1-l_2)(l_1+l_2-\mu_{\mathrm{m}}l_1)$$
$$-\mu_{\mathrm{m}}K_{\mathrm{pz}}l_1l_{\mathrm{t}}]\beta_{\mathrm{t2}}+K_{\mathrm{m}}(l_1+l_2)(l_1+l_2-\mu_{\mathrm{m}}l_1)\beta_{\mathrm{m3}}$$
$$-\mu_{\mathrm{m}}l_1[2p_3(t)-(M_{\mathrm{w}}+M_{\mathrm{m}})g-F_{03}(t)]=0 \tag{2.47}$$

⑧ 电机 4

$$(J_{\mathrm{m}}+\mu_{\mathrm{m}}M_{\mathrm{w}}l_1^2)\ddot{\beta}_{\mathrm{m4}}+\mu_{\mathrm{m}}C_{\mathrm{pz}}l_1(\dot{Z}_{\mathrm{w4}}-\dot{Z}_{\mathrm{t2}}-l_{\mathrm{t}}\dot{\beta}_{\mathrm{t2}})+[K_{\mathrm{m}}(l_1+l_2-\mu_{\mathrm{m}}l_1)$$
$$-\mu_{\mathrm{m}}K_{\mathrm{pz}}l_1](Z_{\mathrm{t2}}-Z_{\mathrm{w4}})+[K_{\mathrm{m}}(l_{\mathrm{t}}-l_1-l_2)(l_1+l_2-\mu_{\mathrm{m}}l_1)$$
$$-\mu_{\mathrm{m}}K_{\mathrm{pz}}l_1l_{\mathrm{t}}]\beta_{\mathrm{t2}}+K_{\mathrm{m}}(l_1+l_2)(l_1+l_2-\mu_{\mathrm{m}}l_1)\beta_{\mathrm{m4}}$$
$$+\mu_{\mathrm{m}}l_1[2p_4(t)-(M_{\mathrm{w}}+M_{\mathrm{m}})g-F_{04}(t)]=0 \tag{2.48}$$

式中

$$\eta_{\mathrm{m}}=\frac{J_{\mathrm{m}}}{J_{\mathrm{m}}+M_{\mathrm{m}}l_1^2} \tag{2.49}$$

$$\xi_{\mathrm{m}}=\frac{J_{\mathrm{m}}-M_{\mathrm{m}}l_1l_2}{J_{\mathrm{m}}+M_{\mathrm{m}}l_1^2} \tag{2.50}$$

$$\mu_{\mathrm{m}}=\frac{M_{\mathrm{m}}}{M_{\mathrm{w}}+M_{\mathrm{m}}} \tag{2.51}$$

η_{m} 反映了电机质量作为机车簧下质量的当量,我们称之为电机体系的簧下质量作用因子;ξ_{m} 反映了电机吊悬刚度对机车一系悬挂刚度的贡献率,我们定义为电机悬挂的一系刚度影响因子。此二因子可以清楚地表明牵引电机体系对轮轨动力作用的影响状况[16]。

4. 有砟轨道结构振动方程

理论上,轨道被当作连续支承无限长梁体系;而在实际处理中,常常将钢轨看成有限长简支梁,采用 Euler 梁模型或 Timoshenko 梁模型模拟。事实上,当计算长度取得足够长时,这样的处理可以获得令人满意的效果。我们拟通过数值试验的方法,以轨道长度对轮轨动力分析的影响关系为判据,确定出合理的轨道计算长度 l,将于第四章第 4.4 节中加以讨论。

(1) 基于 Euler 梁模型的钢轨振动微分方程及其变换

钢轨采用 Euler 梁模型时,其受力关系如图 2.17 所示。图中,p_i 为轮轨作用力(这里以四轴车辆为例),随车辆以速度 v 向前移动;$F_{rsi}(i=1\sim N)$是轨枕支点反力,N 为长度 l 范围内轨枕支点总数;ox 为固结于钢轨的固定坐标系;$o'x'$是连接在车辆上的移动坐标系。两种坐标之间的相互变换关系为

$$x=x'+x_0+vt \tag{2.52}$$

式中,x_0 为起始时刻第四位轮的固定坐标;t 为运动时间变量。

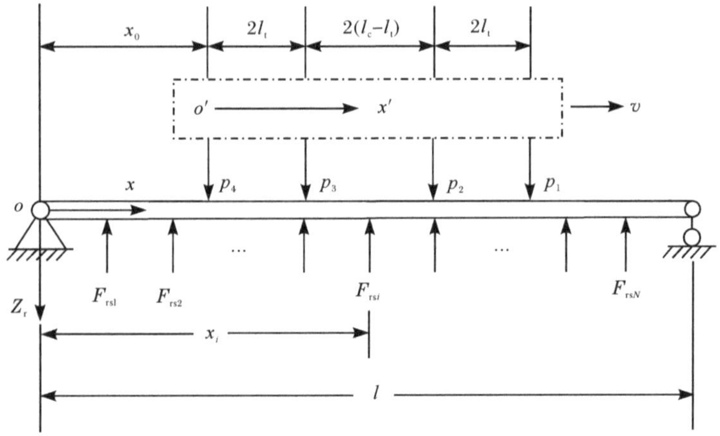

图 2.17　钢轨受力分析模型

设钢轨的振动位移变量为 $Z_r(x,t)$,钢轨弹性模量 E,钢轨截面对 Y 轴的转动惯量 I_Y,则其振动微分方程为

$$EI_Y\frac{\partial^4 Z_r(x,t)}{\partial x^4}+m_r\frac{\partial^2 Z_r(x,t)}{\partial t^2}=-\sum_{i=1}^{N}F_{rsi}(t)\delta(x-x_i)+\sum_{j=1}^{4}p_j\delta(x-x_{wj}) \tag{2.53}$$

其中

$$F_{rsi}(t)=K_{pi}[Z_r(x_i,t)-Z_{si}(t)]+C_{pi}[\dot{Z}_r(x_i,t)-\dot{Z}_{si}(t)] \tag{2.54}$$

式中,$Z_{si}(t)$为轨枕振动位移(m)。

各车轮的运动坐标 $x_{wj}(j=1\sim4)$依次是

$$\begin{cases}x_{w1}(t)=x_0+2(l_c+l_t)+vt\\x_{w2}(t)=x_0+2l_c+vt\\x_{w3}(t)=x_0+2l_t+vt\\x_{w4}(t)=x_0+vt\end{cases} \tag{2.55}$$

各轨枕支点坐标

$$x_i=il_s\quad(i=1\sim N) \tag{2.56}$$

式中,l_s 为轨枕间距(m)。

式(2.53)是四阶偏微分方程,为了进行数值分析,需要将其转化为二阶常微

分方程组，为此采用 Ritz 法[81]。引入钢轨正则振型坐标 $q_k(t)$，应用简支梁的正则振型函数，可得相应于本模型条件的钢轨垂向振型是

$$Z_k(x)=\sqrt{\frac{2}{m_r l}}\sin\frac{k\pi x}{l} \tag{2.57}$$

则式(2.53)的解可写成

$$Z_r(x,t)=\sum_{k=1}^{NM}Z_k(x)q_k(t) \tag{2.58}$$

对于所截取的模态阶数 NM，要求其截止频率在所分析的钢轨有效频率的两倍以上。我们拟采取模态数值试验方法，根据解的收敛性来确定合理的 NM 值，详见第四章第 4.4 节。

将式(2.58)代入式(2.53)得

$$\begin{aligned}&\sum_{k=1}^{NM}EI_Y\frac{\mathrm{d}^4Z_k(x)}{\mathrm{d}x^4}q_k(t)+\sum_{k=1}^{NM}m_rZ_k(x)\ddot{q}_k(t)\\&=-\sum_{i=1}^{N}F_{rsi}(t)\delta(x-x_i)+\sum_{j=1}^{4}p_j(t)\delta(x-x_{wj})\end{aligned} \tag{2.59}$$

该式两边同乘以 $Z_h(x)(h=1,2,\cdots,NM)$，对 x 自 0 至 l 积分，并注意到模态的正交性

$$\int_0^l Z_h(x)Z_k(x)\mathrm{d}x=0\quad(h\neq k) \tag{2.60}$$

有

$$\begin{aligned}&\int_0^l EI_Y\frac{\mathrm{d}^4Z_k(x)}{\mathrm{d}x^4}Z_k(x)q_k(t)\mathrm{d}x+\int_0^l m_rZ_k(x)Z_k(x)\ddot{q}_k(t)\mathrm{d}x\\&=-\sum_{i=1}^{N}\int_0^l F_{rsi}(t)Z_k(x)\delta(x-x_i)\mathrm{d}x\\&\quad+\sum_{j=1}^{4}\int_0^l p_j(t)Z_k(x)\delta(x-x_{wj})\mathrm{d}x\quad(k=1\sim NM)\end{aligned} \tag{2.61}$$

根据 Dirac δ 函数的性质，式(2.61)可整理得

$$\begin{aligned}&m_r\ddot{q}_k(t)\int_0^l Z_k^2(x)\mathrm{d}x+EI_Yq_k(t)\int_0^l Z_k(x)\frac{\mathrm{d}^4Z_k(x)}{\mathrm{d}x^4}\mathrm{d}x\\&=-\sum_{i=1}^{N}F_{rsi}(t)Z_k(x_i)+\sum_{j=1}^{4}p_j(t)Z_k(x_{wj})\quad(k=1\sim NM)\end{aligned} \tag{2.62}$$

因为

$$\int_0^l Z_k^2(x)\mathrm{d}x=\frac{1}{m_r} \tag{2.63}$$

$$\begin{aligned}\int_0^l Z_k(x)\frac{\mathrm{d}^4Z_k(x)}{\mathrm{d}x^4}\mathrm{d}x&=\int_0^l\frac{2}{m_rl}\left(\frac{k\pi}{l}\right)^4\sin^2\frac{k\pi x}{l}\mathrm{d}x\\&=\left(\frac{k\pi}{l}\right)^4\int_0^l Z_k^2(x)\mathrm{d}x\end{aligned}$$

$$= \frac{1}{m_{\mathrm{r}}} \left(\frac{k\pi}{l} \right)^4 \tag{2.64}$$

所以，式(2.62)可化简成

$$\begin{aligned} &\ddot{q}_k(t) + \frac{EI_Y}{m_{\mathrm{r}}} \left(\frac{k\pi}{l} \right)^4 q_k(t) \\ &= -\sum_{i=1}^{N} F_{\mathrm{rs}i}(t) Z_k(x_i) + \sum_{j=1}^{4} p_j(t) Z_k(x_{\mathrm{w}j}) \quad (k = 1 \sim NM) \end{aligned} \tag{2.65}$$

此即钢轨振型坐标二阶常微分方程组的基本形式。

进一步，将式(2.58)代入式(2.54)得

$$F_{\mathrm{rs}i}(t) = C_{\mathrm{p}i} \sum_{h=1}^{NM} Z_h(x_i) \dot{q}_h(t) + K_{\mathrm{p}i} \sum_{h=1}^{NM} Z_h(x_i) q_h(t) - C_{\mathrm{p}i} \dot{Z}_{\mathrm{s}i}(t) - K_{\mathrm{p}i} Z_{\mathrm{s}i}(t) \tag{2.66}$$

于是，式(2.65)成为

$$\begin{aligned} &\ddot{q}_k(t) + \sum_{i=1}^{N} C_{\mathrm{p}i} Z_k(x_i) \sum_{h=1}^{NM} Z_h(x_i) \dot{q}_h(t) + \frac{EI_Y}{m_{\mathrm{r}}} \left(\frac{k\pi}{l} \right)^4 q_k(t) \\ &+ \sum_{i=1}^{N} K_{\mathrm{p}i} Z_k(x_i) \sum_{h=1}^{NM} Z_h(x_i) q_h(t) - \sum_{i=1}^{N} C_{\mathrm{p}i} Z_k(x_i) \dot{Z}_{\mathrm{s}i}(t) \\ &- \sum_{i=1}^{N} K_{\mathrm{p}i} Z_k(x_i) Z_{\mathrm{s}i}(t) = \sum_{j=1}^{4} p_j(t) Z_k(x_{\mathrm{w}j}) \quad (k = 1 \sim NM) \end{aligned} \tag{2.67}$$

此即钢轨振型坐标微分方程组的详细形式。

(2)基于 Timoshenko 梁模型的钢轨振动微分方程及其变换

钢轨采用 Timoshenko 梁模型时，考虑了垂向平面内的剪切及转动惯量效应，通过截取梁上一微段 dx 进行受力分析，如图 2.18 所示。图中，$M(x,t)$和 $Q(x,t)$分别是钢轨所受弯矩与剪切力；ψ 为弯矩作用下的截面转角；β 为剪切力作用下的剪切角。钢轨轴线的实际转角为

$$\frac{\partial Z_{\mathrm{r}}(x,t)}{\partial x} = \psi + \beta \tag{2.68}$$

设钢轨横截面面积为 A_{r}，钢轨剪切模量为 G_{r}，钢轨剪切因子为 κ，钢轨密度为 ρ_{r}，根据 Timoshenko 梁理论可写出钢轨关于垂向位移 $Z_{\mathrm{r}}(x,t)$和截面转角 $\psi(x,t)$的振动微分方程

$$\begin{aligned} &m_{\mathrm{r}} \frac{\partial^2 Z_{\mathrm{r}}(x,t)}{\partial t^2} + \kappa A_{\mathrm{r}} G_{\mathrm{r}} \left[\frac{\partial \psi(x,t)}{\partial x} - \frac{\partial^2 Z_{\mathrm{r}}(x,t)}{\partial x^2} \right] \\ &= -\sum_{i=1}^{N} F_{\mathrm{rs}i}(t) \delta(x - x_i) + \sum_{j=1}^{4} p_j(t) \delta(x - x_{\mathrm{w}j}) \end{aligned} \tag{2.69}$$

$$\rho_{\mathrm{r}} I_Y \frac{\partial^2 \psi(x,t)}{\partial t^2} + \kappa A_{\mathrm{r}} G_{\mathrm{r}} \left[\psi - \frac{\partial Z_{\mathrm{r}}(x,t)}{\partial x} \right] - EI_Y \frac{\partial^2 \psi(x,t)}{\partial x^2} = 0 \tag{2.70}$$

式(2.69)、式(2.70)是二阶偏微分方程。同样需运用 Ritz 法将其转化为二阶

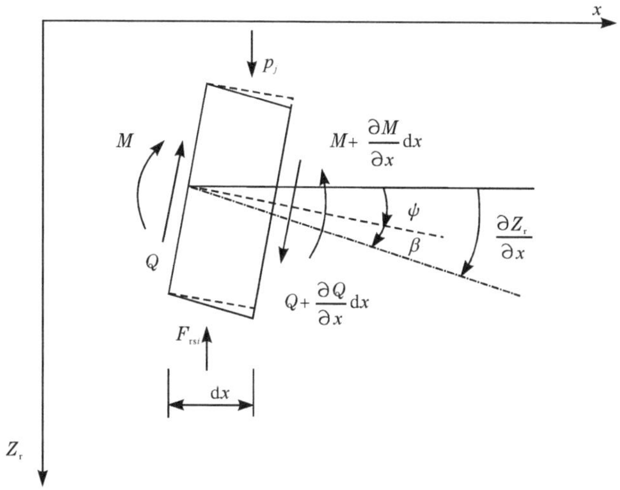

图 2.18　钢轨微段受力示意图

常微分方程组以便进行数值求解。为此,需在 Euler 梁基础上进一步引入钢轨截面转角位移正则振型坐标 $w_k(t)$,得到相应振型函数

$$\Psi_k(x)=\sqrt{\frac{2}{\rho_r I_Y l}}\cos\left(\frac{k\pi}{l}x\right) \tag{2.71}$$

则式(2.70)的解可写成

$$\psi(x,t)=\sum_{k=1}^{NM}\Psi_k(x)w_k(t) \tag{2.72}$$

将式(2.58)和式(2.72)代入式(2.69)和式(2.70)得

$$\sum_{k=1}^{NM}m_r Z_k(x)\ddot{q}_k(t)+\kappa A_r G_r\left[\sum_{k=1}^{NM}\frac{\mathrm{d}\Psi_k(x)}{\mathrm{d}x}w_k(t)-\sum_{k=1}^{NM}\frac{\mathrm{d}^2 Z_k(x)}{\mathrm{d}x^2}q_k(t)\right]$$
$$=-\sum_{i=1}^{N}F_{rsi}(t)\delta(x-x_i)+\sum_{j=1}^{4}p_j(t)\delta(x-x_{wj}) \tag{2.73}$$

$$\sum_{k=1}^{NM}\rho_r I_Y\Psi_k(x)\ddot{w}_k(t)+\kappa A_r G_r\left[\sum_{k=1}^{NM}\Psi_k(x)w_k(t)-\sum_{k=1}^{NM}\frac{\mathrm{d}Z_k(x)}{\mathrm{d}x}q_k(t)\right]$$
$$-\sum_{k=1}^{NM}EI_Y\frac{\mathrm{d}^2\Psi_k(x)}{\mathrm{d}x^2}w_k(t)=0 \tag{2.74}$$

将式(2.73)两边同乘以 $Z_h(x)(h=1,2,\cdots,NM)$,对 x 自 0 至 l 积分;将式(2.74)两边同乘以 $\Psi_h(x)(h=1,2,\cdots,NM)$,对 x 自 0 至 l 积分,并考虑模态的正交性

$$\int_0^l \Psi_h(x)\Psi_k(x)\mathrm{d}x=0\quad(h\neq k) \tag{2.75}$$

$$\int_0^l Z_h(x)\Psi_k(x)\mathrm{d}x=0 \tag{2.76}$$

有

$$\begin{aligned}
&\int_0^l m_\mathrm{r} Z_k(x) Z_k(x) \ddot{q}_k(t)\mathrm{d}x + \int_0^l \kappa A_\mathrm{r} G_\mathrm{r} \frac{\mathrm{d}\Psi_k(x)}{\mathrm{d}x} Z_k(x) w_k(t)\mathrm{d}x \\
&- \int_0^l \kappa A_\mathrm{r} G_\mathrm{r} \frac{\mathrm{d}^2 Z_k(x)}{\mathrm{d}x^2} Z_k(x) q_k(t)\mathrm{d}x \\
= &- \sum_{i=1}^{N} \int_0^l F_{\mathrm{rs}i}(t) Z_k(x)\delta(x - x_i)\mathrm{d}x \\
&+ \sum_{j=1}^{4} \int_0^l p_j(t) Z_k(x) \delta(x - x_{wj})\mathrm{d}x \quad (k = 1 \sim NM)
\end{aligned} \tag{2.77}$$

$$\begin{aligned}
&\int_0^l \rho_\mathrm{r} I_Y \Psi_k(x)\Psi_k(x)\ddot{w}_k(t)\mathrm{d}x + \int_0^l \kappa A_\mathrm{r} G_\mathrm{r} \Psi_k(x)\Psi_k(x) w_k(t)\mathrm{d}x \\
&- \int_0^l \kappa A_\mathrm{r} G_\mathrm{r} \frac{\mathrm{d}Z_k(x)}{\mathrm{d}x} \Psi_k(x) q_k(t)\mathrm{d}x \\
&- \int_0^l EI_Y \frac{\mathrm{d}^2 \Psi_k(x)}{\mathrm{d}x^2} \Psi_k(x) w_k(t)\mathrm{d}x = 0 \quad (k = 1 \sim NM)
\end{aligned} \tag{2.78}$$

根据 Dirac δ 函数的性质，式(2.77)和式(2.78)可进一步整理为

$$\begin{aligned}
&m_\mathrm{r} \ddot{q}_k(t) \int_0^l Z_k^2(x)\mathrm{d}x + \kappa A_\mathrm{r} G_\mathrm{r} w_k(t) \int_0^l \frac{\mathrm{d}\Psi_k(x)}{\mathrm{d}x} Z_k(x)\mathrm{d}x \\
&- \kappa A_\mathrm{r} G_\mathrm{r} q_k(t) \int_0^l \frac{\mathrm{d}^2 Z_k(x)}{\mathrm{d}x^2} Z_k(x)\mathrm{d}x \\
= &- \sum_{i=1}^{N} F_{\mathrm{rs}i}(t) Z_k(x_i) + \sum_{j=1}^{4} p_j(t) Z_k(x_{\mathrm{w}j}) \quad (k = 1 \sim NM)
\end{aligned} \tag{2.79}$$

$$\begin{aligned}
&\rho_\mathrm{r} I_Y \ddot{w}_k(t) \int_0^l \Psi_k^2(x)\mathrm{d}x + \kappa A_\mathrm{r} G_\mathrm{r} w_k(t) \int_0^l \Psi_k^2(x)\mathrm{d}x \\
&- \kappa A_\mathrm{r} G_\mathrm{r} q_k(t) \int_0^l \frac{\mathrm{d}Z_k(x)}{\mathrm{d}x} \Psi_k(x)\mathrm{d}x \\
&- EI_Y w_k(t) \int_0^l \frac{\mathrm{d}^2 \Psi_k(x)}{\mathrm{d}x^2} \Psi_k(x)\mathrm{d}x = 0 \quad (k = 1 \sim NM)
\end{aligned} \tag{2.80}$$

因为

$$\int_0^l \frac{\mathrm{d}\Psi_k(x)}{\mathrm{d}x} Z_k(x)\mathrm{d}x = -\frac{k\pi}{l}\sqrt{\frac{1}{m_\mathrm{r}\rho_\mathrm{r} I_Y}} \tag{2.81}$$

$$\int_0^l \frac{\mathrm{d}^2 Z_k(x)}{\mathrm{d}x^2} Z_k(x)\mathrm{d}x = -\frac{1}{m_\mathrm{r}}\left(\frac{k\pi}{l}\right)^2 \tag{2.82}$$

$$\int_0^l \Psi_k^2(x)\mathrm{d}x = \frac{1}{\rho_\mathrm{r} I_Y} \tag{2.83}$$

$$\int_0^l \frac{\mathrm{d}Z_k(x)}{\mathrm{d}x} \Psi_k(x)\mathrm{d}x = \frac{k\pi}{l}\sqrt{\frac{1}{m_\mathrm{r}\rho_\mathrm{r} I_Y}} \tag{2.84}$$

$$\int_0^l \frac{\mathrm{d}^2 \Psi_k(x)}{\mathrm{d}x^2} \Psi_k(x)\mathrm{d}x = -\left(\frac{k\pi}{l}\right)^2 \frac{1}{\rho_\mathrm{r} I_Y} \tag{2.85}$$

所以，式(2.79)和式(2.80)可化简为

$$\ddot{q}_k(t)+\kappa A_r G_r \frac{1}{m_r}\left(\frac{k\pi}{l}\right)^2 q_k(t)-\kappa A_r G_r \sqrt{\frac{1}{m_r \rho_r I_Y}}\left(\frac{k\pi}{l}\right) w_k(t)$$

$$=-\sum_{i=1}^{N} F_{rsi}(t) Z_k(x_i)+\sum_{j=1}^{4} p_j(t) Z_k(x_{wj}) \quad (k=1\sim NM) \tag{2.86}$$

$$\ddot{w}_k(t)+\kappa A_r G_r \frac{1}{\rho_r I_Y} w_k(t)+\frac{E}{\rho_r}\left(\frac{k\pi}{l}\right)^2 w_k(t)$$

$$-\kappa A_r G_r \frac{k\pi}{l}\sqrt{\frac{1}{m_r \rho_r I_Y}} q_k(t)=0 \quad (k=1\sim NM) \tag{2.87}$$

式(2.86)和式(2.87)即是基于 Timoshenko 梁模型的钢轨振型坐标二阶常微分方程组的基本形式。

进一步，将式(2.66)代入式(2.86)，整理可得到基于 Timoshenko 梁模型的钢轨振型坐标微分方程组的详细形式

$$\ddot{q}_k(t)+\sum_{i=1}^{N} C_{pi} Z_k(x_i) \sum_{h=1}^{NM} Z_h(x_i) \dot{q}_h(t)+\sum_{i=1}^{N} K_{pi} Z_k(x_i) \sum_{h=1}^{NM} Z_h(x_i) q_h(t)$$

$$+\frac{\kappa A_r G_r}{m_r}\left(\frac{k\pi}{l}\right)^2 q_k(t)-\kappa A_r G_r \frac{k\pi}{l}\sqrt{\frac{1}{m_r \rho_r I_Y}} w_k(t)-\sum_{i=1}^{N} C_{pi} Z_k(x_i) \dot{Z}_{si}(t)$$

$$-\sum_{i=1}^{N} K_{pi} Z_k(x_i) Z_{si}(t)=\sum_{j=1}^{4} p_j(t) Z_k(x_{wj}) \quad (k=1\sim NM) \tag{2.88}$$

$$\ddot{w}_k(t)+\frac{1}{\rho_r I_Y}\left[\kappa A_r G_r+E I_Y\left(\frac{k\pi}{l}\right)^2\right] w_k(t)$$

$$-\kappa A_r G_r \frac{k\pi}{l}\sqrt{\frac{1}{m_r \rho_r I_Y}} q_k(t)=0 \quad (k=1\sim NM) \tag{2.89}$$

(3) 轨枕振动方程

根据统一模型中第 i 号轨枕的受力状态不难写出其振动方程

$$K_{pi}\left[Z_r(x_i,t)-Z_{si}(t)\right]+C_{pi}\left[\dot{Z}_r(x_i,t)-\dot{Z}_{si}(t)\right]$$

$$-K_{bi}\left[Z_{si}(t)-Z_{bi}(t)\right]-C_{bi}\left[\dot{Z}_{si}(t)-\dot{Z}_{bi}(t)\right]=M_{si}\ddot{Z}_{si}(t) \tag{2.90}$$

将钢轨位移表达式(2.58)代入并整理可得轨枕振动方程

$$M_{si}\ddot{Z}_{si}(t)+(C_{pi}+C_{bi})\dot{Z}_{si}(t)+(K_{pi}+K_{bi})Z_{si}(t)-C_{bi}\dot{Z}_{bi}(t)-K_{bi}Z_{bi}(t)$$

$$-C_{pi}\sum_{h=1}^{NM} Z_h(x_i)\dot{q}_h(t)-K_{pi}\sum_{h=1}^{NM} Z_h(x_i) q_h(t)=0 \quad (i=1\sim N) \tag{2.91}$$

(4) 道床振动方程

第 i 号离散道床块(图 2.19)共受到上方轨枕对道床的作用力 F_{bsi}、下方路基对道床的作用力 F_{bfi}、左侧道床块剪切作用力 F_{bbli} 及右侧道床块剪切作用力 F_{bbri} 的作用，其运动方程为

$$F_{\mathrm{bs}i}-F_{\mathrm{bf}i}-F_{\mathrm{bbl}i}-F_{\mathrm{bbr}i}=M_{\mathrm{b}i}\ddot{Z}_{\mathrm{b}i}(t) \tag{2.92}$$

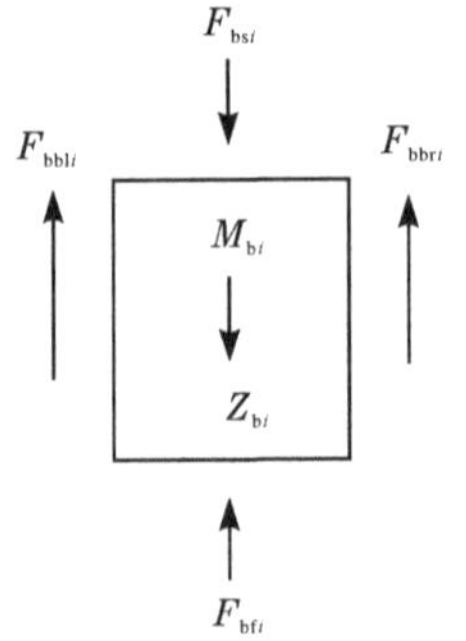

图 2.19 道床块受力图

四个作用力分别为

$$\begin{cases}F_{\mathrm{bs}i}=K_{\mathrm{b}i}[Z_{\mathrm{s}i}(t)-Z_{\mathrm{b}i}(t)]+C_{\mathrm{b}i}[\dot{Z}_{\mathrm{s}i}(t)-\dot{Z}_{\mathrm{b}i}(t)]\\ F_{\mathrm{bf}i}=K_{\mathrm{f}i}Z_{\mathrm{b}i}(t)+C_{\mathrm{f}i}\dot{Z}_{\mathrm{b}i}(t)\\ F_{\mathrm{bbl}i}=K_{\mathrm{w}i}[Z_{\mathrm{b}i}(t)-Z_{\mathrm{b}(i-1)}(t)]+C_{\mathrm{w}i}[\dot{Z}_{\mathrm{b}i}(t)-\dot{Z}_{\mathrm{b}(i-1)}(t)]\\ F_{\mathrm{bbr}i}=K_{\mathrm{w}i}[Z_{\mathrm{b}i}(t)-Z_{\mathrm{b}(i+1)}(t)]+C_{\mathrm{w}i}[\dot{Z}_{\mathrm{b}i}(t)-\dot{Z}_{\mathrm{b}(i+1)}(t)]\end{cases} \tag{2.93}$$

将式(2.93)代入式(2.92)整理得道床振动微分方程

$$\begin{aligned}&M_{\mathrm{b}i}\ddot{Z}_{\mathrm{b}i}(t)+(C_{\mathrm{b}i}+C_{\mathrm{f}i}+2C_{\mathrm{w}i})\dot{Z}_{\mathrm{b}i}(t)+(K_{\mathrm{b}i}+K_{\mathrm{f}i}+2K_{\mathrm{w}i})Z_{\mathrm{b}i}(t)\\&-C_{\mathrm{b}i}\dot{Z}_{\mathrm{s}i}(t)-K_{\mathrm{b}i}Z_{\mathrm{s}i}(t)-C_{\mathrm{w}i}\dot{Z}_{\mathrm{b}(i+1)}(t)-K_{\mathrm{w}i}Z_{\mathrm{b}(i+1)}(t)\\&-C_{\mathrm{w}i}\dot{Z}_{\mathrm{b}(i-1)}(t)-K_{\mathrm{w}i}Z_{\mathrm{b}(i-1)}(t)=0\quad(i=1\sim N)\end{aligned} \tag{2.94}$$

其边界条件为

$$\begin{cases}Z_{\mathrm{b}0}=\dot{Z}_{\mathrm{b}0}=0\\ Z_{\mathrm{b}(N+1)}=\dot{Z}_{\mathrm{b}(N+1)}=0\end{cases} \tag{2.95}$$

由上可见,轨道振动微分方程组的阶数是 $NM+2N$。

5. 无砟轨道结构振动方程

(1) 长枕埋入式无砟轨道结构振动方程

由于长枕埋入式无砟轨道模型中仅考虑了钢轨的三个自由度,因此,钢轨的振动方程同前,即当钢轨采用 Euler 梁模型时,振动微分方程同式(2.67);当钢轨采用 Timoshenko 梁模型时同式(2.88)和式(2.89)。需要注意的是,式(2.67)和式(2.88)中需令 $Z_{\mathrm{s}i}(t)=\dot{Z}_{\mathrm{s}i}(t)=0$。

在式(2.67)中令 $Z_{\mathrm{s}i}(t)=\dot{Z}_{\mathrm{s}i}(t)=0$,即得 Euler 梁模型的钢轨振动微分方

程为

$$\ddot{q}_k(t)+\sum_{i=1}^{N}C_{\mathrm{p}i}Z_k(x_i)\sum_{h=1}^{NM}Z_h(x_i)\dot{q}_h(t)+\frac{EI_{\mathrm{Y}}}{m_{\mathrm{r}}}\left(\frac{k\pi}{l}\right)^4 q_k(t)$$
$$+\sum_{i=1}^{N}K_{\mathrm{p}i}Z_k(x_i)\sum_{h=1}^{NM}Z_h(x_i)q_h(t)=\sum_{j=1}^{4}p_j(t)Z_k(x_{\mathrm{w}j})\quad(k=1\sim NM) \tag{2.96}$$

在式(2.88)中令 $Z_{si}(t)=\dot{Z}_{si}(t)=0$,即得 Timoshenko 梁模型的钢轨振动微分方程为

$$\ddot{q}_k(t)+\sum_{i=1}^{N}C_{\mathrm{p}i}Z_k(x_i)\sum_{h=1}^{NM}Z_h(x_i)\dot{q}_h(t)+\sum_{i=1}^{N}K_{\mathrm{p}i}Z_k(x_i)\sum_{h=1}^{NM}Z_h(x_i)q_h(t)$$
$$+\frac{\kappa A_{\mathrm{r}}G_{\mathrm{r}}}{m_{\mathrm{r}}}\left(\frac{k\pi}{l}\right)^2 q_k(t)-\kappa A_{\mathrm{r}}G_{\mathrm{r}}\frac{k\pi}{l}\sqrt{\frac{1}{m_{\mathrm{r}}\rho_{\mathrm{r}}I_Y}}w_k(t)$$
$$=\sum_{j=1}^{4}p_j(t)Z_k(x_{\mathrm{w}j})\quad(k=1\sim NM) \tag{2.97}$$

(2) 弹性支承块式无砟轨道结构振动方程

钢轨振动微分方程同式(2.67)(Euler 梁模型)或式(2.88)和式(2.89)(Timoshenko 梁模型)。混凝土支承块振动方程可由轨枕振动方程式(2.91)演变而来，只需令 $Z_{bi}(t)=\dot{Z}_{bi}(t)=0$,即得

$$M_{si}\ddot{Z}_{si}(t)+(C_{\mathrm{p}i}+C_{bi})\dot{Z}_{si}(t)+(K_{\mathrm{p}i}+K_{bi})Z_{si}(t)$$
$$-C_{\mathrm{p}i}\sum_{h=1}^{NM}Z_h(x_i)\dot{q}_h(t)-K_{\mathrm{p}i}\sum_{h=1}^{NM}Z_h(x_i)q_h(t)=0\quad(i=1\sim N) \tag{2.98}$$

(3) 板式无砟轨道结构振动方程

板式轨道的特殊性在于轨道板，其钢轨振动微分方程仍同于式(2.67)(Euler 梁模型)或式(2.88)和式(2.89)(Timoshenko 梁模型),问题的关键是建立轨道板的振动微分方程。如图 2.20 所示，在垂向将轨道板简化为有阻尼的弹性地基上的两端自由梁。

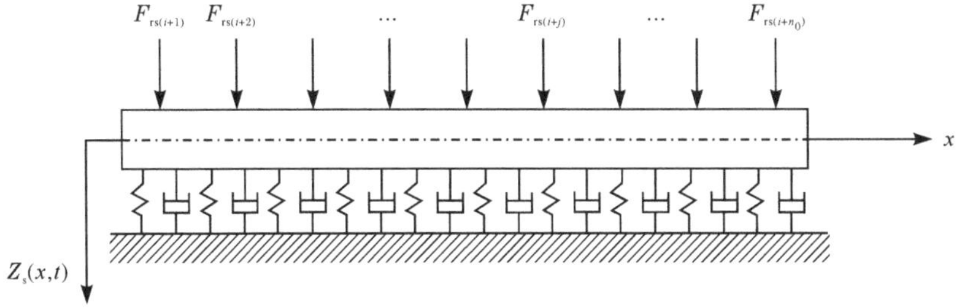

图 2.20 轨道板振动分析模型

轨道板垂向振动微分方程为

$$E_s I_s \frac{\partial^4 Z_s(x,t)}{\partial x^4} + \frac{M_s}{L_s}\frac{\partial^2 Z_s(x,t)}{\partial t^2} + c_s \frac{\partial Z_s(x,t)}{\partial t} + k_s Z_s(x,t) = \sum_{j=1}^{n_0} F_{rsj}(t)\delta(x - x_j) \tag{2.99}$$

式中，$E_s I_s$是轨道板的抗弯刚度($N \cdot m^2$)；$Z_s(x,t)$是轨道板的振动位移(m)；M_s为轨道板质量(kg)；L_s为轨道板长度(m)；k_s、c_s分别是轨道板下 CA 砂浆层沿长度方向的分布刚度(N/m/m)和分布阻尼(N · s/m/m)；n_0则是一块轨道板上钢轨的扣结点数。

采用 Ritz 法将此四阶偏微分方程变换成二阶常微分方程组。选取 NMS 个广义坐标 $T_n(t)$，引入自由梁正交函数系$\{X_n\}$($n=1\sim NMS$)，其中[82]

$$\begin{cases} X_1 = 1 \\ X_2 = \sqrt{3}\left(1 - \dfrac{2x}{L_s}\right) \\ X_m = (\text{ch}\beta_m x + \cos\beta_m x) - C_m(\text{sh}\beta_m x + \sin\beta_m x) \quad (m > 2) \end{cases} \tag{2.100}$$

式中，C_m、β_m为常数。C_m、$\beta_m L_s$的取值如表 2.3 所示。

表 2.3　自由梁函数系数

m	1	2	3	4	5	≥6
C_m	—	—	0.982502	1.000777	0.999966	1.000000
$\beta_m L_s$	0	0	4.72004	7.85320	10.9956	$(2m-3)\pi/2$

轨道板的垂向位移可近似表示为

$$Z_s(x,t) = \sum_{n=1}^{NMS} X_n(x) T_n(t) \tag{2.101}$$

将式(2.101)代入式(2.99)，并在等式两边同乘 $X_p(x)$($p=1\sim NMS$)，然后在轨道板全长范围内对 x 积分，利用模态正交性和 Dirac δ 函数的性质可得

$$\frac{M_s}{L_s}\ddot{T}_n(t)\int_0^{L_s} X_n^2(x)\,dx + c_s \dot{T}_n(t)\int_0^{L_s} X_n^2(x)\,dx + k_s T_n(t)\int_0^{L_s} X_n^2(x)\,dx + E_s I_s T_n(t)\int_0^{L_s} X_n(x)\frac{d^4 X_n(x)}{dx^4}\,dx = \sum_{j=1}^{n_0} F_{rsj}(t) X_n(x_j) \tag{2.102}$$

因为

$$\int_0^{L_s} X_n^2(x)\,dx = L_s \tag{2.103}$$

$$\int_0^{L_s} X_n(x)\frac{d^4 X_n(x)}{dx^4}\,dx = L_s \beta_n^4 \tag{2.104}$$

所以，式(2.102)可化简为

$$\ddot{T}_n(t)+\frac{c_s L_s}{M_s}\dot{T}_n(t)+\frac{k_s+E_s I_s \beta_n^4}{M_s}\cdot L_s\cdot T_n(t)=\sum_{j=1}^{n_0}\frac{F_{rsj}(t)}{M_s}X_n(x_j) \tag{2.105}$$

此即轨道板振型坐标二阶常微分方程组($n=1\sim NMS$)的基本形式。

6. 车辆—轨道垂向耦合关系

应用 Hertz 非线性弹性接触理论，可以确定轮轨之间的垂向作用力

$$p(t)=\left[\frac{1}{G}\delta Z(t)\right]^{3/2} \tag{2.106}$$

式中，G 为轮轨接触常数($\mathrm{m/N^{2/3}}$)；$\delta Z(t)$ 为轮轨间的弹性压缩量(m)。

对于锥形踏面车轮

$$G=4.57R^{-0.149}\times10^{-8}(\mathrm{m/N^{2/3}}) \tag{2.107}$$

对于磨耗型踏面车轮

$$G=3.86R^{-0.115}\times10^{-8}(\mathrm{m/N^{2/3}}) \tag{2.108}$$

式中，R 为车轮半径(m)。

轮轨间的弹性压缩量包括车轮静压量在内，可由轮轨接触点处车轮和钢轨的位移直接确定

$$\delta Z(t)=Z_{wj}(t)-Z_r(x_{wj},t)\quad(j=1\sim4) \tag{2.109}$$

式中，$Z_{wj}(t)$ 为 t 时刻第 j 位车轮的位移(m)；$Z_r(x_{wj},t)$ 为 t 时刻第 j 位车轮下钢轨的位移(m)。

特别地，当 $\delta Z(t)<0$ 时，表明轮轨已相互脱离，显然此时轮轨力 $p(t)=0$。

当轮轨界面存在位移不平顺 $Z_0(t)$ 输入时，轮轨力表达式为

$$p_j(t)=\begin{cases}\left\{\dfrac{1}{G}\left[Z_{wj}(t)-Z_r(x_{wj},t)-Z_0(t)\right]\right\}^{3/2}\\ 0\quad(\text{轮轨脱离时})\end{cases} \tag{2.110}$$

轮轨接触应力

$$\sigma(t)=S\left[p(t)\right]^{1/3} \tag{2.111}$$

式中，S 是由 Hertz 理论决定的应力常数($\mathrm{N^{2/3}/m^2}$)。

在 $R=0.15\sim0.6\mathrm{m}$ 的常用范围内

$$S=\begin{cases}2.49R^{-0.251}\times10^7\quad(\text{锥形踏面车轮})\\ 1.49R^{-0.376}\times10^7\quad(\text{磨耗型踏面车轮})\end{cases} \tag{2.112}$$

2.3　车辆—轨道空间耦合系统动力学模型

在本章第 2.2 节建立车辆—轨道垂向系统统一模型基础上，本节进一步考虑

系统横向运动规律，建立车辆—轨道垂向、横向空间耦合模型，从而为综合开展车辆—轨道耦合动力学研究提供理论分析工具。

2.3.1 物理模型

首先以有砟轨道结构为例，分别建立客车—轨道空间耦合动力学模型、货车—轨道空间耦合动力学模型和机车—轨道空间耦合动力学模型，然后介绍各种无砟轨道结构模型。

1. 客车—轨道空间耦合模型

世界各国铁路根据速度等级不同设计出了形式多样的客车车辆转向架结构，如低速车辆转向架一般设有摇动台，而快速或高速客车转向架为“三无结构”（无摇枕、无摇动台、无旁承）。但是，从动力学模型上看，所有客车转向架模型均大同小异，即均由两个轮对、构架和两系悬挂组成。因此，本节仅以“三无结构”转向架的客车为例，建立客车—轨道空间耦合模型，分别如图 2.21～图 2.23 所示。

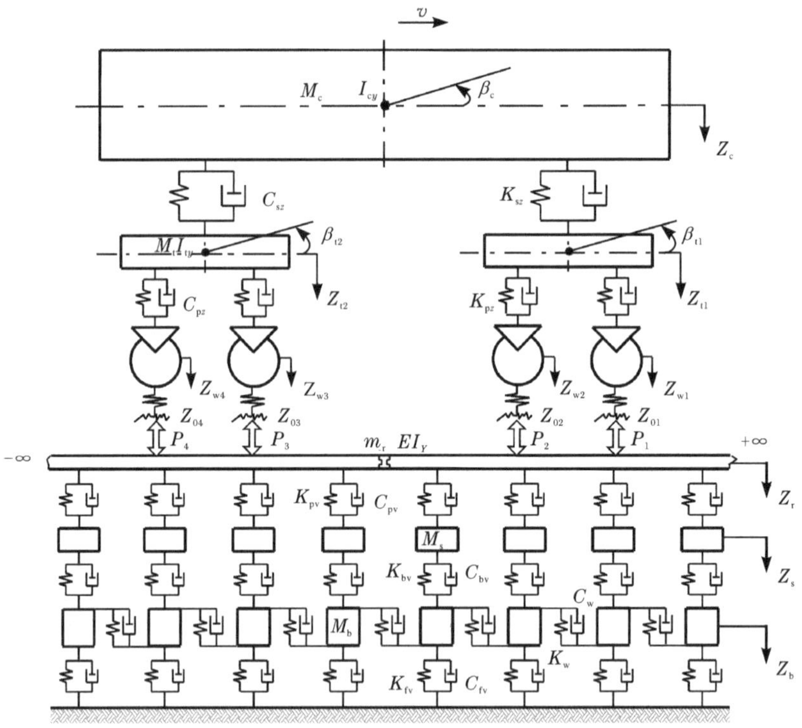

图 2.21 典型客车—轨道空间耦合模型正视图

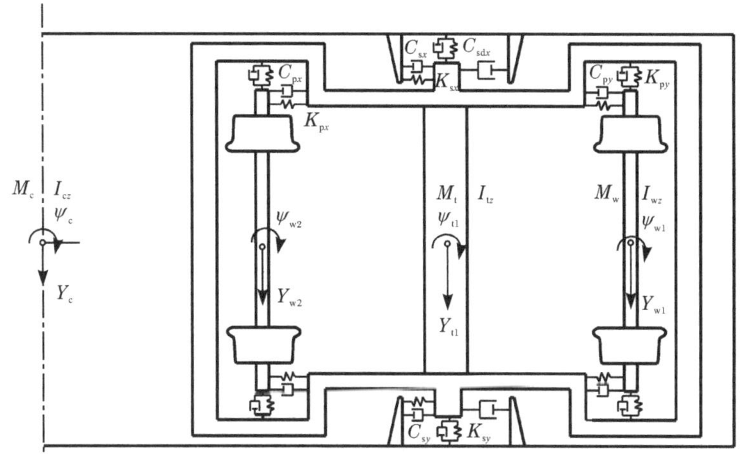

图 2.22　典型客车—轨道空间耦合模型俯视图

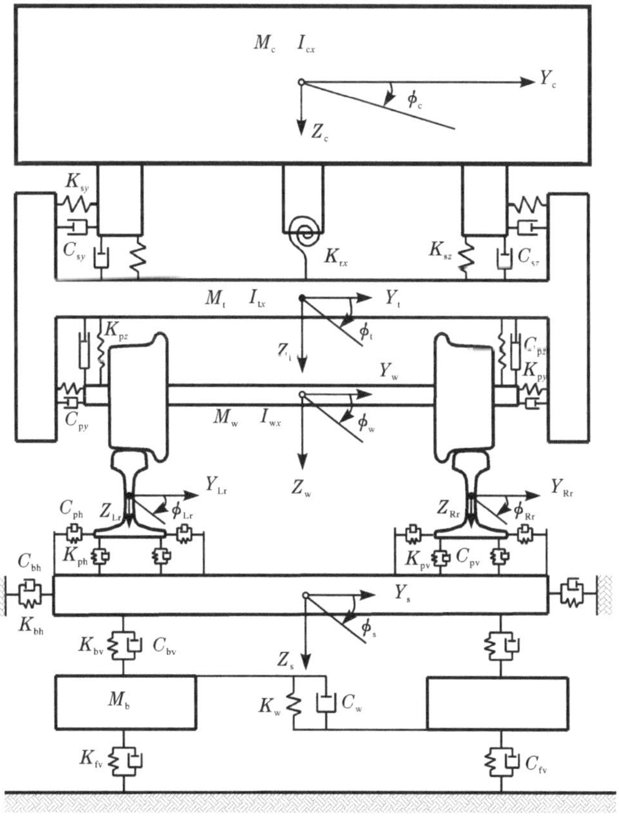

图 2.23　典型客车—轨道空间耦合模型后视图

图 2.21～图 2.23 中，M_c、M_t、M_w分别是车体、构架和轮对质量(kg)；I_{wx}、I_{wy}、I_{wz}分别是轮对侧滚、旋转和摇头运动惯量(kg·m²)；I_{tx}、I_{ty}、I_{tz}分别是构架侧滚、点头和摇头运动惯量(kg·m²)；I_{cx}、I_{cy}、I_{cz}分别是车体侧滚、点头和摇头运动惯量(kg·m²)；m_r是单位长度钢轨的质量(kg/m)；EI_Y是钢轨抗弯刚度(N·m²)；M_s、M_b分别是轨枕和道床块质量(kg)；K_{sx}、K_{sy}、K_{sz}分别是转向架一侧二系悬挂纵向、横向和垂向刚度(N/m)；C_{sx}、C_{sy}、C_{sz}分别是转向架一侧二系悬挂纵向、横向和垂向阻尼(N·s/m)；C_{sdx}是抗蛇行减振器阻尼(N·s/m)；K_{rx}是抗侧滚刚度[N·m/(°)]；K_{px}、K_{py}、K_{pz}分别是每轴箱一系悬挂纵向、横向和垂向刚度(N/m)；C_{px}、C_{py}、C_{pz}分别是每轴箱一系悬挂纵向、横向和垂向阻尼(N·s/m)；K_{pv}、K_{ph}分别是轨下胶垫和扣件提供的垂向、横向刚度(N/m)；C_{pv}、C_{ph}分别是轨下胶垫和扣件提供的垂向、横向阻尼(N·s/m)；K_{bv}、K_{bh}、K_{bw}分别是道床垂向、横向及剪切刚度(N/m)；C_{bv}、C_{bh}、C_{bw}分别是道床垂向、横向及剪切阻尼(N·s/m)；K_{fv}是路基垂向刚度(N/m)；C_{fv}是路基垂向阻尼(N·s/m)；X、Y、Z分别代表纵向、横向、垂向位移变量(m)。

车辆子模型中，转向架中央悬挂模型包括弹簧(或空气弹簧)提供的三个方向刚度及阻尼，橡胶块提供的横向止挡，抗蛇行减振器、横向减振器及垂向减振器提供的阻尼；轴箱悬挂模型包括轴箱弹簧提供的三个方向刚度，轴箱定位装置提供的水平刚度，一系垂向阻尼则由悬挂在轴箱弹簧外侧的一系垂向减振器提供。假设车体、构架及轮对均为刚体，每个刚体具有五个方向自由度，则整个车辆子系统共有 35 个自由度，如表 2.4 所示。

表 2.4 客车系统模型的自由度

自由度	横移	沉浮	侧滚	摇头	点头
车体	Y_c	Z_c	ϕ_c	ψ_c	β_c
构架(i=1,2)	Y_{ti}	Z_{ti}	ϕ_{ti}	ψ_{ti}	β_{ti}
轮对(i=1～4)	Y_{wi}	Z_{wi}	ϕ_{wi}	ψ_{wi}	β_{wi}

有砟轨道模型中，左右两股钢轨均视为连续弹性离散点支承基础上的无限长 Euler 梁或 Timoshenko 梁，具有垂向、横向及扭转运动自由度；轨枕为刚体，具有垂向、横向振动及转动运动自由度，轨枕与钢轨之间以及轨枕与道床之间在垂向和横向用线性弹簧和线性阻尼连接；道床离散为刚性质量块，只有垂向运动自由度，道床块之间由剪切刚度和剪切阻尼元件相连，道床与路基之间用线性弹簧和阻尼元件连接。下面其他空间耦合模型中的有砟轨道模型均与之相同，将不再一一赘述。

2. 货车—轨道空间耦合模型

不同速度等级和轴重的铁路货车车辆配备不同结构形式的转向架。就我国铁路而言，第五次大提速以前，主型转向架为转 8A 型，运营速度一般低于 80km/h；此后，我国相继研制出了转 8AG 型、转 8G 型、转 K1 型、转 K2 型(属目前最为常用的转向架)、转 K3 型、转 K4 型提速货车转向架和转 K5 型、转 K6 型重载货车转向架；目前正在研制时速 160km/h 的快速货车转向架。从结构形式上看，在所有转向架中，转 8A 转向架非线性环节最多，因而其动力学模型是最复杂的；提速货车最复杂的转向架是基于转 8A 研制出来的转向架；快速货车转向架则与客车相近，其与轨道耦合动力学模型可参考图 2.21～图 2.23。因此，本节以最经典而复杂的转 8A 型转向架为例，建立货车—轨道空间耦合模型，如图 2.24～图 2.26。

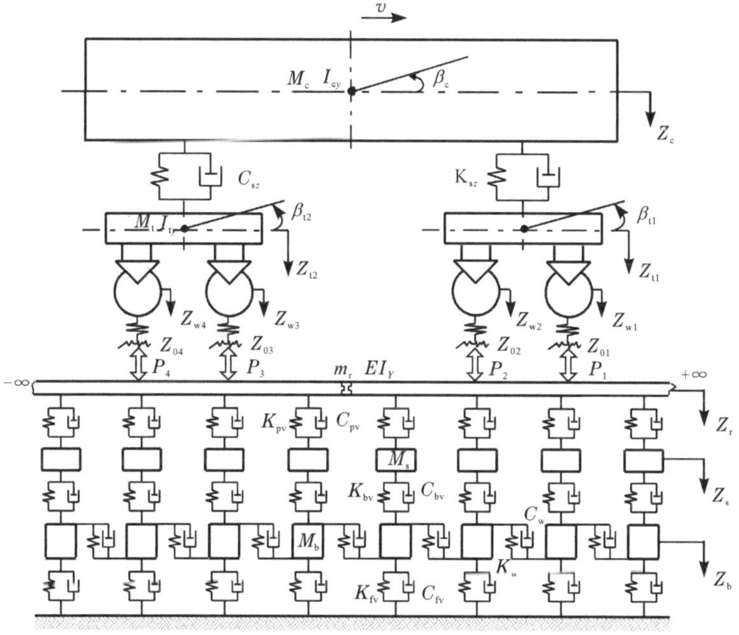

图 2.24 典型货车—轨道空间耦合模型正视图

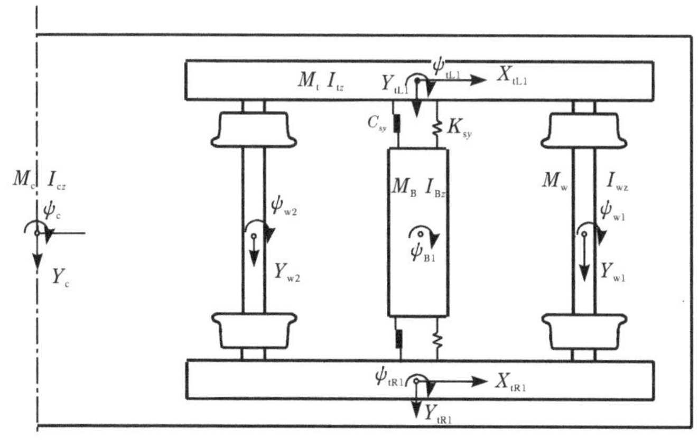

图 2.25 典型货车—轨道空间耦合模型俯视图

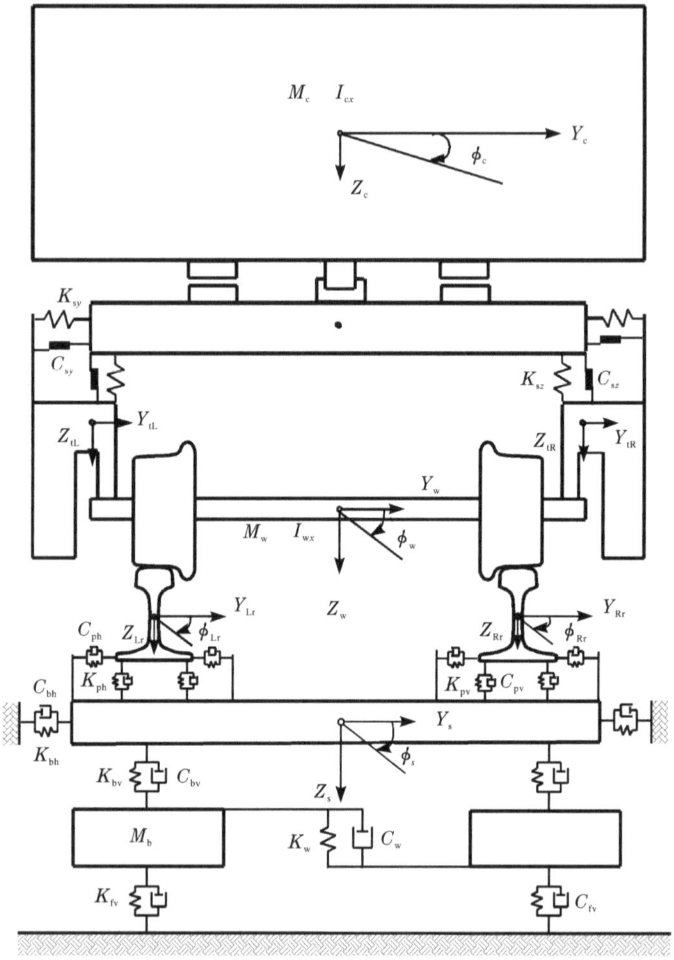

图 2.26　典型货车—轨道空间耦合模型后视图

图 2.24～图 2.26 中符号说明如下(和图 2.21～图 2.23 相同的符号不再说明):M_B是摇枕质量(kg);M_t是侧架质量(kg);I_{Bz}是摇枕摇头运动惯量(kg·m^2);I_{ty}、I_{tz}分别是侧架点头、摇头运动惯量(kg·m^2);K_{sx}、K_{sy}、K_{sz}分别摇枕一端中央悬挂纵向、横向、垂向刚度(N/m);C_{sx}、C_{sy}、C_{sz}分别摇枕一端中央悬挂纵向、横向、垂向阻尼(N·s/m);下标 L 和 R 分别代表左侧和右侧。

转 8A 型转向架为两个侧架和一个摇枕组成的三大件结构,采用一系中央悬挂,包括弹簧装置和摩擦楔块减振器,轴箱悬挂采用导框式定位。该转向架的非线性环节主要有轴箱干摩擦、楔块摩擦和三大件结构的抗菱刚度,为使计算更为合理,建模时尽可能地考虑了系统非线性环节。譬如,轴箱悬挂不再采用传统的等效成一个大刚度的做法,而是在横向和纵向考虑了轴箱间隙,在轴箱间隙范围内,用一个摩擦副来模拟，当轴箱与侧架相碰后，则用一个摩擦副与一个线性弹簧止档并联来模拟；又如，对于楔块摩擦减振模型，详细考虑了斜楔与摇枕、斜楔与侧架立柱磨耗板之间的干摩擦特性；此外，由于三大件结构较松散，抗菱变形刚度和菱形角位移之间呈非线性关系，建模时也对此予以了考虑。

车辆子模型中，车体有五个方向运动自由度；摇枕仅考虑一个摇头运动自由度，其余运动皆视为与车体刚性连接；侧架考虑纵向、横向及摇头运动自由度，忽略其侧滚运动，而点头和沉浮运动完全由轮对的振动形式决定；轮对也有五个方向运动自由度。据此，货车模型共有 39 个自由度，如表 2.5 所示。

表 2.5　货车系统模型的自由度

自由度	纵向	横移	沉浮	侧滚	摇头	点头
车体	—	Y_c	Z_c	ϕ_c	ψ_c	β_c
摇枕(i=1,2)	—	—	—	—	ψ_{Bi}	—
侧架(i=1,2)	$X_{t(L,R)i}$	$Y_{t(L,R)i}$	—	—	$\psi_{t(L,R)i}$	—
轮对(i=1～4)	—	Y_{wi}	Z_{wi}	ϕ_{wi}	ψ_{wi}	β_{wi}

3. 机车—轨道空间耦合模型

机车与客车结构上的最大不同之处在于前者转向架上设置了牵引电机，对于牵引电机，常见的悬挂方式有三种：轴悬式、架悬式和体悬式。从理论上讲，每个牵引电机均可视为单独的刚体，不同电机悬挂方式的机车模型之间存在较大的差异。然而，研究结果表明，电机振动特性对整个机车系统动力学性能影响较小，研究机车整车系统动力学时可以忽略电机的振动。因此，为了统一起见，我们在机车建模时暂不考虑电机振动。

按轴式分类，常见的机车形式有：$2B_0$ 机车、$2C_0$ 机车和 $3B_0$ 机车，而又以前两种类型的机车居多。不考虑电机振动影响的 $2B_0$ 机车模型与客车的相同，此时的机车—轨道空间耦合动力学模型可参见图 2.21～图 2.23。这里以 C_0—C_0 轴式的六轴机车($2C_0$ 机车)为例，建立机车—轨道空间耦合模型，如图 2.27～图 2.29 所示。

就机车子系统而言，主要由车体、构架、轮对等刚体构成，每个刚体均考虑五个方向自由度，则整个机车模型共有 45 个自由度，各刚体自由度的定义如表 2.6 所示。

表 2.6　机车系统模型的自由度

自由度	纵向	横移	沉浮	侧滚	摇头	点头
车体	—	Y_c	Z_c	ϕ_c	ψ_c	β_c
构架(i=1,2)	—	Y_{ti}	Z_{ti}	ϕ_{ti}	ψ_{ti}	β_{ti}
轮对(i=1～6)	—	Y_{wi}	Z_{wi}	ϕ_{wi}	ψ_{wi}	β_{wi}

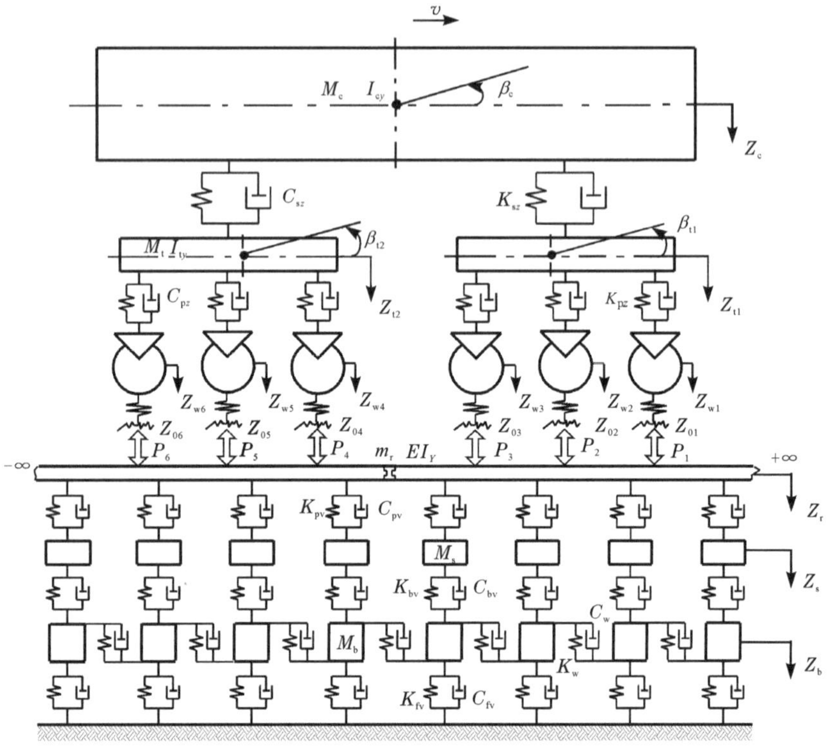

图 2.27　典型机车—轨道空间耦合模型正视图

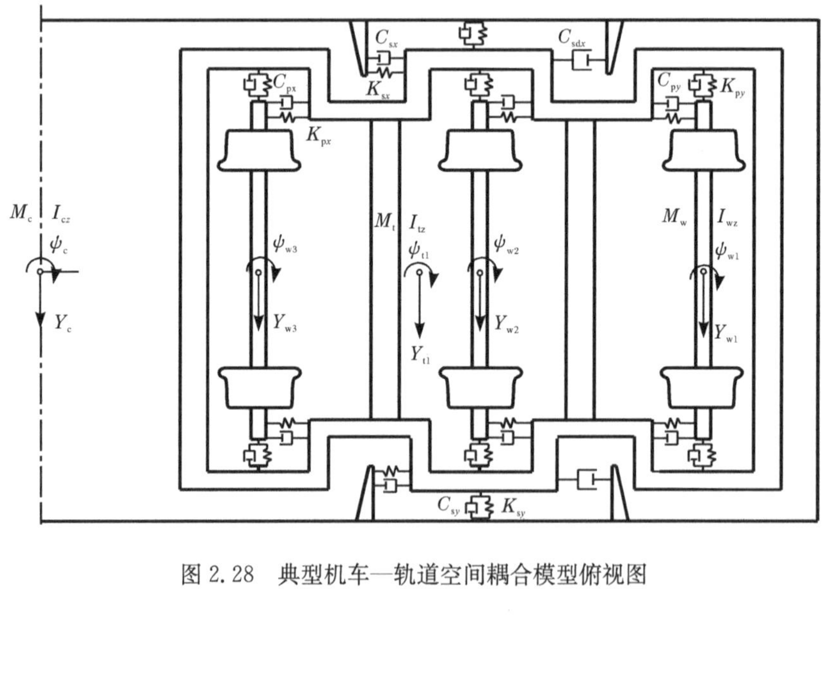

图 2.28　典型机车—轨道空间耦合模型俯视图

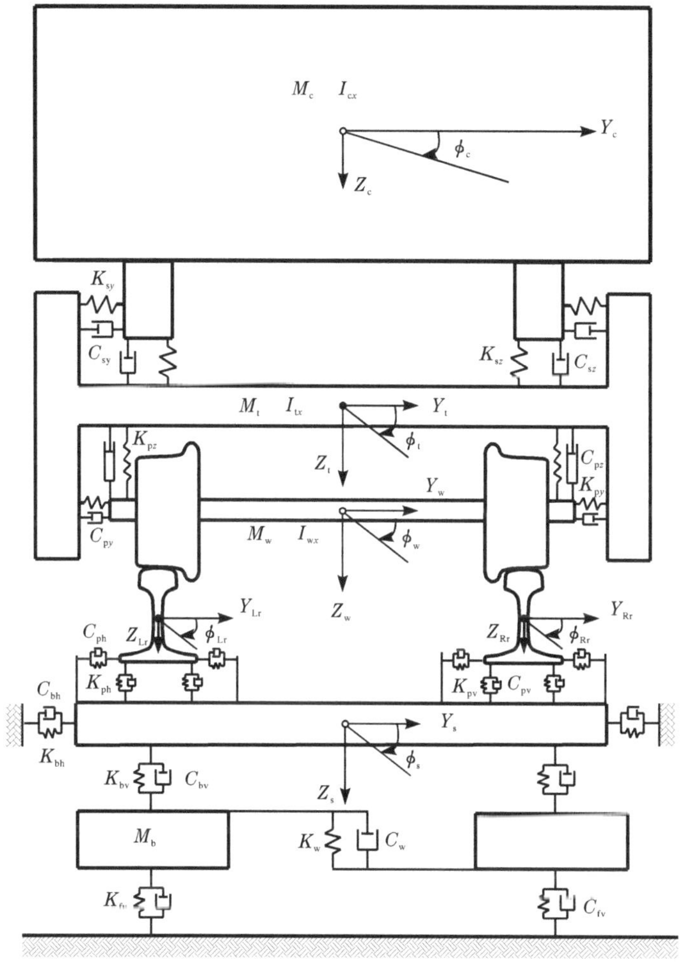

图 2.29　典型机车—轨道空间耦合模型后视图

值得注意的是，牵引电机质量需作如下的简化处理：根据悬挂方式进行等效，使之成为簧下、簧上或车体质量的一部分。具体的分配原则是：对于轴悬式电机，其质量在横向可视为簧下质量的一部分，而在垂向，其 50％的质量视为簧下质量，另一半质量视为簧上质量；对于架悬式电机，其全部质量均视为簧上质量；对于体悬式电机，其全部质量视为车体质量的一部分。

4. 耦合模型中的无砟轨道结构模型

以上介绍的耦合模型中轨道模型均为有砟轨道结构模型，而实际上，轨道结构主要有两种，一种为有砟轨道，另一种为无砟轨道。因此，建立机车车辆—无砟轨道耦合动力学模型时，只需将上述所有模型中的有砟轨道模型替换成无砟轨道结构模型即可。

一般而言，常见的无砟轨道结构形式主要有三类：长枕埋入式无砟轨道、弹性支承块式无砟轨道和板式无砟轨道。下面将详细介绍这三种无砟轨道动力学模型。

长枕埋入式无砟轨道振动主要体现在钢轨的振动上，左右两股钢轨均视为离散弹性点支承基础上的无限长 Euler 梁或 Timoshenko 梁，并考虑其垂向、横向及扭转自由度。图 2.30 给出了长枕埋入式无砟轨道动力学模型的端视图，而纵平面内的模型图详见图 2.14。图 2.30 中符号定义与空间耦合模型中有砟轨道的定义相同，具体说明可参见前述相关部分。

图 2.30 长枕埋入式无砟轨道动力学模型

在弹性支承块式无砟轨道中，轨下胶垫和块下胶垫提供轨道的垂向弹性，橡胶包套主要提供横向弹性，缓冲列车荷载的横向冲击作用。弹性支承块式无砟轨道的振动主要体现在钢轨和混凝土支承块上，而道床板的作用与长枕埋入式轨道类似。钢轨的模型与上述相同，支承块为刚体，具有垂向和横向运动自由度。图 2.31 给出了弹性支承块式无砟轨道动力学模型的端视图，而纵平面内的模型图详见图 2.15。

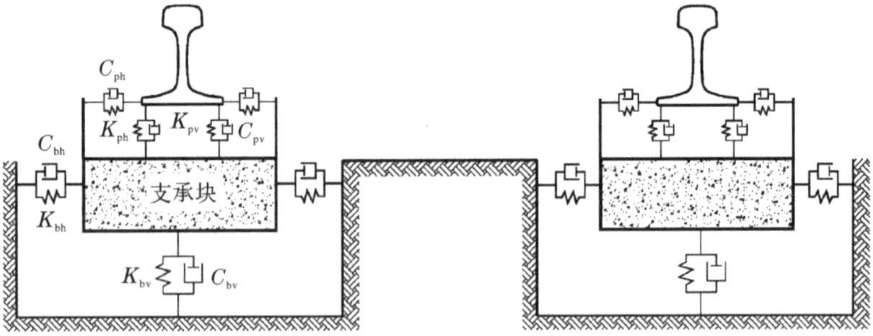

图 2.31 弹性支承块式无砟轨道动力学模型

在板式无砟轨道中，轨道振动主要体现在钢轨和轨道板的振动上。建模时，钢轨的模型与上述相同，轨道板的垂向振动按弹性地基上的等厚度矩形薄板考虑，而横向可视为刚体运动。图 2.32 为板式无砟轨道动力学模型的端视图，纵平面内的模型图详见图 2.16。图 2.32 中，K_{sv}、C_{sv}分别是轨道板下 CA 砂浆层的垂向支承刚度与阻尼，K_{sh}、C_{sh}分别是轨道板与 CA 砂浆层间的横向刚度与阻尼。

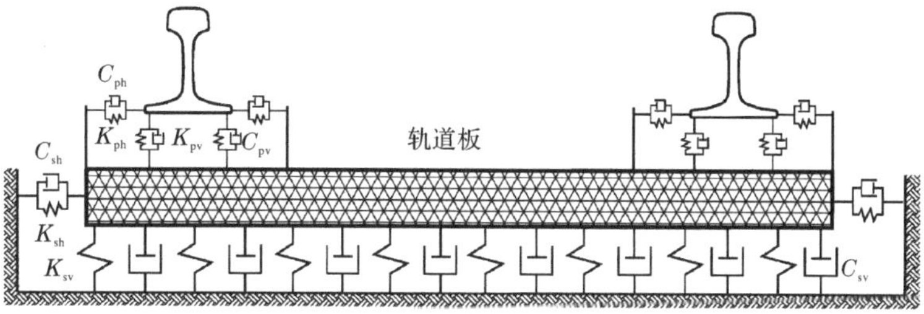

图 2.32　板式无砟轨道动力学模型

2.3.2　数学模型

1. 客车系统振动方程(图 2.21～图 2.23 模型)

为了建立车辆运动方程，必须对车辆系统各部件进行受力分析。车辆各部件之间相互作用力有一系悬挂和二系悬挂的弹簧力和阻尼力、轮轨间的法向接触力和切向蠕滑力等。

图 2.33～图 2.35 分别给出了第一轮对、前转向架构架以及车体受力分析示意图(其余轮对以及后转向架构架的受力情况与此类似)。图 2.33～图 2.35 中，F_{Lxi}、F_{Rxi}分别是第 i 轮对左、右轮所受蠕滑力在 x 轴上的分量(i=1～4)；F_{Lyi}、F_{Ryi}分别是第 i 轮对左、右轮所受蠕滑力在 y 轴上的分量(i=1～4)；F_{Lzi}、F_{Rzi}分别是第 i 轮对左、右轮所受蠕滑力在 z 轴上的分量(i=1～4)；N_{Lxi}、N_{Rxi}分别是第 i 轮对左、右轮所受法向力在 x 轴上的分量(i=1～4)；N_{Lyi}、N_{Ryi}分别是第 i 轮对左、右轮所受法向力在 y 轴上的分量(i=1～4)；N_{Lzi}、N_{Rzi}分别是第 i 轮对左、右轮所受法向力在 z 轴上的分量(i=1～4)；M_{Lxi}、M_{Rxi}分别是第 i 轮对左、右轮所受蠕滑力矩在 x 轴上的分量(i=1～4)；M_{Lyi}、M_{Ryi}分别是第 i 轮对左、右轮所受蠕滑力矩在 y 轴上的分量(i=1～4)；M_{Lzi}、M_{Rzi}分别是第 i 轮对左、右轮所受蠕滑力矩在 z 轴上的分量(i=1～4)；F_{xfLi}、F_{xfRi}分别是一系悬挂左、右纵向力(i=1～4)；F_{yfLi}、F_{yfRi}分别是一系悬挂左、右横向力(i=1～4)；F_{zfLi}、F_{zfRi}分别是一系悬挂左、右垂向力(i=1～4)；F_{xtLi}、F_{xtRi}分别是二系悬挂左、右纵向力(i=1～2)；F_{ytLi}、F_{ytRi}分别是二系悬挂左、右横向力(i=1～2)；F_{ztLi}、F_{ztRi}分别是二系悬挂左、右垂向力(i=1～2)；F_{xsLi}、F_{xsRi}分别是抗蛇行减振器左、右侧纵向力(i=1～2)；M_{ri}是抗侧滚力矩(i=1～2)；a_0是左右轮轨接触点距离之半。

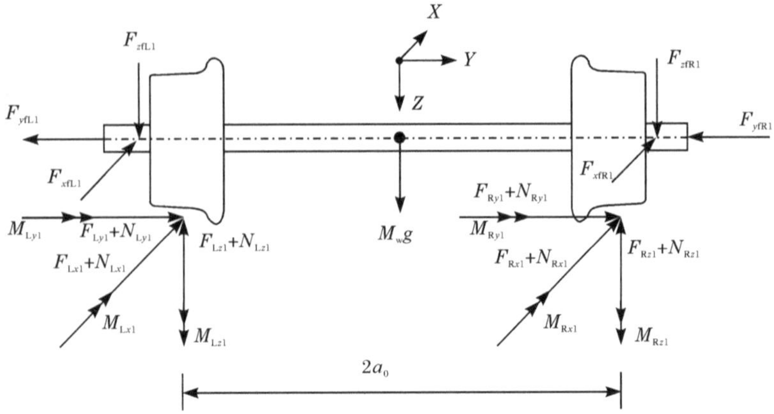

图 2.33　第一轮对受力示意图

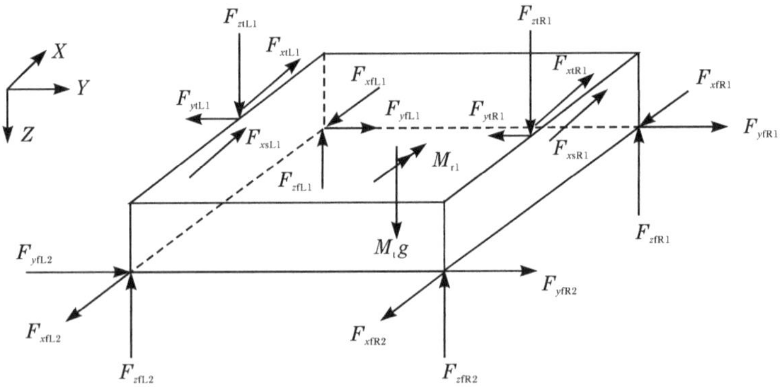

图 2.34　车辆前转向架构架受力示意图

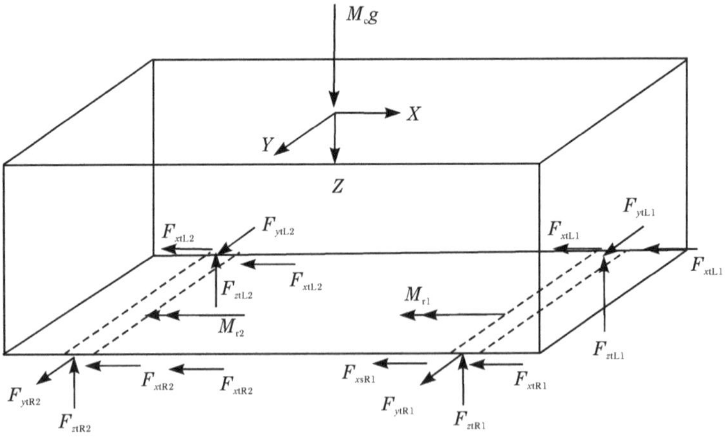

图 2.35　车体受力示意图

根据各刚体之间的相对位移和相对速度，可以得到各个悬挂力的表达式。

① 一系悬挂纵向力（$i=1\sim4$）

$$
\begin{aligned}
F_{x\mathrm{f(L,R)}i}=&K_{\mathrm{p}x}\left[\pm d_{\mathrm{w}}\psi_{\mathrm{t}n}+H_{\mathrm{tw}}\beta_{\mathrm{t}n}\mp d_{\mathrm{w}}\psi_{\mathrm{w}i}\mp(-1)^{i-1}d_{\mathrm{w}}\left(\frac{l_{\mathrm{t}}}{R_{\mathrm{t}n}}\right)\right]\\
&+C_{\mathrm{p}x}\left[\pm d_{\mathrm{w}}\dot{\psi}_{\mathrm{t}n}+H_{\mathrm{tw}}\dot{\beta}_{\mathrm{t}n}\mp d_{\mathrm{w}}\dot{\psi}_{\mathrm{w}i}\mp(-1)^{i-1}d_{\mathrm{w}}\frac{\mathrm{d}}{\mathrm{d}t}\left(\frac{l_{\mathrm{t}}}{R_{\mathrm{t}n}}\right)\right]^{*}
\end{aligned}
\tag{2.113}
$$

式中，$R_{\mathrm{t}n}$是曲线轨道上第n个构架中心所对应的曲率半径（$n=1\sim2$）；H_{tw}是构架质心与轮对中心线的垂向距离；d_{w}是一系悬挂横向距离之半，l_{t}是转向架轮对定距之半。

② 一系悬挂横向力（$i=1\sim4$）

$$
\begin{aligned}
F_{y\mathrm{f(L,R)}i}=&K_{\mathrm{p}y}\left[Y_{\mathrm{w}i}-Y_{\mathrm{t}n}+H_{\mathrm{tw}}\phi_{\mathrm{t}n}+(-1)^{i}l_{\mathrm{t}}\psi_{\mathrm{t}n}+\frac{l_{\mathrm{t}}^{2}}{2R_{\mathrm{t}n}}\right]\\
&+C_{\mathrm{p}y}\left[\dot{Y}_{\mathrm{w}i}-\dot{Y}_{\mathrm{t}n}+H_{\mathrm{tw}}\dot{\phi}_{\mathrm{t}n}+(-1)^{i}l_{\mathrm{t}}\dot{\psi}_{\mathrm{t}n}+\frac{l_{\mathrm{t}}^{2}}{2}\frac{\mathrm{d}}{\mathrm{d}t}\left(\frac{1}{R_{\mathrm{t}n}}\right)\right]
\end{aligned}
\tag{2.114}
$$

③ 一系悬挂垂向力（$i=1\sim4$）

$$
\begin{aligned}
F_{z\mathrm{f(L,R)}i}=&K_{\mathrm{p}z}[Z_{\mathrm{t}n}-Z_{\mathrm{w}i}+(-1)^{i}l_{\mathrm{t}}\beta_{\mathrm{t}n}\pm d_{\mathrm{w}}\phi_{\mathrm{w}i}\mp d_{\mathrm{w}}\phi_{\mathrm{t}n}]\\
&+C_{\mathrm{p}z}[\dot{Z}_{\mathrm{t}n}-\dot{Z}_{\mathrm{w}i}+(-1)^{i}l_{\mathrm{t}}\dot{\beta}_{\mathrm{t}n}\pm d_{\mathrm{w}}\dot{\phi}_{\mathrm{w}i}\mp d_{\mathrm{w}}\dot{\phi}_{\mathrm{t}n}]
\end{aligned}
\tag{2.115}
$$

④ 二系悬挂纵向力（$i=1\sim2$）

$$
\begin{aligned}
F_{x\mathrm{t(L,R)}i}=&K_{\mathrm{s}x}\left[H_{\mathrm{cB}}\beta_{\mathrm{c}}+H_{\mathrm{Bt}}\beta_{\mathrm{t}i}\pm d_{\mathrm{s}}\psi_{\mathrm{c}}\mp d_{\mathrm{s}}\psi_{\mathrm{t}i}\mp(-1)^{i-1}d_{\mathrm{s}}\left(\frac{l_{\mathrm{c}}}{R_{\mathrm{c}}}\right)\right]\\
&+C_{\mathrm{s}x}\left[H_{\mathrm{cB}}\dot{\beta}_{\mathrm{c}}+H_{\mathrm{Bt}}\dot{\beta}_{\mathrm{t}i}\pm d_{\mathrm{s}}\dot{\psi}_{\mathrm{c}}\mp d_{\mathrm{s}}\dot{\psi}_{\mathrm{t}i}\mp(-1)^{i-1}d_{\mathrm{s}}\frac{\mathrm{d}}{\mathrm{d}t}\left(\frac{l_{\mathrm{c}}}{R_{\mathrm{c}}}\right)\right]
\end{aligned}
\tag{2.116}
$$

式中，R_{c}是曲线轨道上车体中心所对应的曲率半径；H_{cB}是车体质心至二系悬挂上平面的距离；H_{Bt}是构架质心至二系悬挂下平面的距离；d_{s}是二系悬挂横向距离之半；l_{c}是车辆定距之半。

如果有抗蛇行减振器，则二系纵向力还将附加一个力，其表达式为

$$
F_{x\mathrm{s(L,R)}i}=\begin{cases}F_{\max}v_{x\mathrm{ct(L,R)}i}/v_{0} & (|v_{x\mathrm{ct(L,R)}i}|<v_{0})\\ F_{\max}\mathrm{sign}(v_{x\mathrm{ct(L,R)}i}) & (|v_{x\mathrm{ct(L,R)}i}|\geqslant v_{0})\end{cases}
\tag{2.117}
$$

式中，$F_{\max}$是抗蛇行减振器饱和阻力；v_{0}是减振器卸荷速度；$v_{x\mathrm{ct(L,R)}}$是车体与转向架的纵向相对速度。

$$
v_{x\mathrm{ct(L,R)}i}=\pm d_{\mathrm{sc}}\dot{\psi}_{\mathrm{c}}\mp d_{\mathrm{sc}}\dot{\psi}_{\mathrm{t}i}+H_{\mathrm{cB}}\dot{\beta}_{\mathrm{c}}+H_{\mathrm{Bt}}\dot{\beta}_{\mathrm{t}i}\mp(-1)^{i-1}d_{\mathrm{sc}}\frac{\mathrm{d}}{\mathrm{d}t}\left(\frac{l_{\mathrm{c}}}{R_{\mathrm{c}}}\right)
\tag{2.118}
$$

---

* ① 当$i=1,2$时，$n=1$；当$i=3,4$时，$n=2$。

② 当等号左边的下标为L时，右边$\pm$和$\mp$取上面的符号；当等号左边的下标为R时，$\pm$和$\mp$取下面的符号。

③ 后面类似的情况也是如此约定。

式中，d_{sc}是抗蛇行减振器横向距离之半。

⑤ 二系悬挂横向力（$i=1\sim2$）

$$F_{yt(L,R)i}=K_{sy}\left[Y_{ti}-Y_{c}+H_{Bt}\phi_{ti}+H_{cB}\phi_{c}+(-1)^{i}l_{c}\psi_{c}+\frac{l_{c}^{2}}{2R_{c}}\right]$$
$$+C_{sy}\left[\dot{Y}_{ti}-\dot{Y}_{c}+H_{Bt}\dot{\phi}_{ti}+H_{cB}\dot{\phi}_{c}+(-1)^{i}l_{c}\dot{\psi}_{c}+\frac{l_{c}^{2}}{2}\frac{\mathrm{d}}{\mathrm{d}t}\left(\frac{1}{R_{c}}\right)\right] \tag{2.119}$$

⑥ 二系悬挂垂向力（$i=1\sim2$）

$$F_{zt(L,R)i}=K_{sz}[Z_{c}-Z_{ti}\pm d_{s}\phi_{ti}\mp d_{s}\phi_{c}+(-1)^{i}l_{c}\beta_{c}]$$
$$+C_{sz}[\dot{Z}_{c}-\dot{Z}_{ti}\pm d_{s}\dot{\phi}_{ti}\mp d_{s}\dot{\phi}_{c}+(-1)^{i}l_{c}\dot{\beta}_{c}] \tag{2.120}$$

⑦ 抗侧滚力矩（$i=1\sim2$）

$$M_{ri}=K_{rx}(\phi_{c}-\phi_{ti}) \tag{2.121}$$

至此，根据上述各悬挂力和牛顿定律，可以得到车辆各部件运动方程。

(1) 轮对运动方程（$i=1\sim4$）

横移运动

$$M_{w}\left(\ddot{Y}_{wi}+\frac{v^{2}}{R_{wi}}+r_{0}\ddot{\phi}_{sewi}\right)=-F_{yfLi}-F_{yfRi}+F_{Lyi}+F_{Ryi}$$
$$+N_{Lyi}+N_{Ryi}+M_{w}g\phi_{sewi} \tag{2.122}$$

式中，ϕ_{sewi}、R_{wi}分别是曲线轨道上第 i 位轮对中心所对应的外轨超高角、曲率半径；r_0是车轮的名义滚动半径；v 是车辆运行速度；g 是重力加速度。

沉浮运动

$$M_{w}\left(\ddot{Z}_{wi}-a_{0}\ddot{\phi}_{sewi}-\frac{v^{2}}{R_{wi}}\phi_{sewi}\right)=-F_{Lzi}-F_{Rzi}-N_{Lzi}-N_{Rzi}$$
$$+F_{zfLi}+F_{zfRi}+M_{w}g \tag{2.123}$$

侧滚运动

$$I_{wx}(\ddot{\phi}_{sewi}+\ddot{\phi}_{wi})-I_{wy}(\dot{\beta}_{wi}-\Omega)\left(\dot{\psi}_{wi}+\frac{v}{R_{wi}}\right)$$
$$=a_{0}(F_{Lzi}+N_{Lzi}-F_{Rzi}-N_{Rzi})-r_{Li}(F_{Lyi}+N_{Lyi})$$
$$-r_{Ri}(F_{Ryi}+N_{Ryi})+d_{w}(F_{zfRi}-F_{zfLi}) \tag{2.124}$$

式中，Ω 是轮对的名义滚动角速度；r_{Li}、r_{Ri}分别是第 i 位轮对左、右轮的滚动半径。

摇头运动

$$I_{wz}\left[\ddot{\psi}_{wi}+v\frac{\mathrm{d}}{\mathrm{d}t}\left(\frac{1}{R_{wi}}\right)\right]-I_{wy}(\dot{\phi}_{sewi}+\dot{\phi}_{wi})(\dot{\beta}_{wi}-\Omega)$$
$$=a_{0}(F_{Lxi}-F_{Rxi})+a_{0}\psi_{wi}(F_{Lyi}+N_{Lyi}-F_{Ryi}-N_{Ryi})$$
$$+M_{Lzi}+M_{Rzi}+d_{w}(F_{xfLi}-F_{xfRi})+a_{0}(N_{Lxi}-N_{Rxi}) \tag{2.125}$$

旋转运动

$$I_{wy}\ddot{\beta}_{wi}=r_{Ri}F_{Rxi}+r_{Li}F_{Lxi}+r_{Ri}\psi_{wi}(F_{Ryi}+N_{Ryi})+r_{Li}\psi_{wi}(F_{Lyi}+N_{Lyi})$$
$$+M_{Lyi}+M_{Ryi}+N_{Lxi}r_{Li}+N_{Rxi}r_{Ri} \tag{2.126}$$

(2) 构架运动方程($i=1,2$)

横移运动

$$M_t\left[\ddot{Y}_{ti}+\frac{v^2}{R_{ti}}+(r_0+H_{tw})\ddot{\phi}_{seti}\right]=F_{yfL(2i-1)}+F_{yfL(2i)}-F_{ytLi}+F_{yfR(2i-1)}$$
$$+F_{yfR(2i)}-F_{ytRi}+M_t g\phi_{seti} \tag{2.127}$$

式中,ϕ_{seti}、R_{ti}分别是曲线轨道上第 i 转向架中心所对应的外轨超高角、曲率半径。

沉浮运动

$$M_t\left[\ddot{Z}_{ti}-a_0\ddot{\phi}_{seti}-\frac{v^2}{R_{ti}}\phi_{seti}\right]=F_{ztLi}-F_{zfL(2i-1)}-F_{zfL(2i)}+F_{ztRi}$$
$$-F_{zfR(2i-1)}-F_{zfR(2i)}+M_t g \tag{2.128}$$

侧滚运动

$$I_{tx}(\ddot{\phi}_{ti}+\ddot{\phi}_{seti})=-[F_{yfL(2i-1)}+F_{yfR(2i-1)}+F_{yfL(2i)}+F_{yfR(2i)}]H_{tw}$$
$$+[F_{zfL(2i-1)}+F_{zfL(2i)}-F_{zfR(2i-1)}-F_{zfR(2i)}]d_w$$
$$+(F_{ztRi}-F_{ztLi})d_s-(F_{ytLi}+F_{ytRi})H_{Bt}+M_{ri} \tag{2.129}$$

摇头运动

$$I_{tz}\left[\ddot{\psi}_{ti}+v\frac{d}{dt}\left(\frac{1}{R_{ti}}\right)\right]=[F_{yfL(2i-1)}+F_{yfR(2i-1)}-F_{yfL(2i)}-F_{yfR(2i)}]l_t$$
$$+[F_{xfR(2i-1)}+F_{xfR(2i)}-F_{xfL(2i-1)}-F_{xfL(2i)}]d_w$$
$$+(F_{xtLi}-F_{xtRi})d_s+(F_{xsLi}-F_{xsRi})d_{sc} \tag{2.130}$$

点头运动

$$I_{ty}\ddot{\beta}_{ti}=[F_{zfL(2i-1)}+F_{zfR(2i-1)}-F_{zfL(2i)}-F_{zfR(2i)}]l_t$$
$$-[F_{xfL(2i-1)}+F_{xfR(2i-1)}+F_{xfL(2i)}+F_{xfR(2i)}]H_{tw}$$
$$-(F_{xtLi}+F_{xtRi})H_{Bt}-(F_{xsLi}+F_{xsRi})H_{Bt} \tag{2.131}$$

(3) 车体运动方程

横移运动

$$M_c\left[\ddot{Y}_c+\frac{v^2}{R_c}+(r_0+H_{tw}+H_{Bt}+H_{cB})\ddot{\phi}_{sec}\right]$$
$$=F_{ytL1}+F_{ytL2}+F_{ytR1}+F_{ytR2}+M_c g\phi_{sec} \tag{2.132}$$

式中,ϕ_{sec}、R_c分别是曲线轨道上车体中心所对应的外轨超高角、曲率半径。

沉浮运动

$$M_c\left[\ddot{Z}_c-a_0\ddot{\phi}_{sec}-\frac{v^2}{R_c}\phi_{sec}\right]=-F_{ztL1}-F_{ztR1}-F_{ztL2}-F_{ztR2}+M_c g \tag{2.133}$$

侧滚运动

$$I_{cx}[\ddot{\phi}_c+\ddot{\phi}_{sec}]=-(F_{ytL1}+F_{ytR1}+F_{ytL2}+F_{ytR2})H_{cB} \\ +(F_{ztL1}+F_{ztL2}-F_{ztR1}-F_{ztR2})d_s-M_{r1}-M_{r2} \quad (2.134)$$

点头运动

$$I_{cy}\ddot{\beta}_c=(F_{ztL1}+F_{ztR1}-F_{ztL2}-F_{ztR2})l_c \\ -(F_{xtL1}+F_{xtR1}+F_{xtL2}+F_{xtR2})H_{cB} \\ -(F_{xsL1}+F_{xsR1}+F_{xsL2}+F_{xsR2})H_{cB} \quad (2.135)$$

摇头运动

$$I_{cz}\left[\ddot{\psi}_c+v\frac{\mathrm{d}}{\mathrm{d}t}\left(\frac{1}{R_c}\right)\right]=(F_{ytL1}+F_{ytR1}-F_{ytL2}-F_{ytR2})l_c \\ +(F_{xtR1}+F_{xtR2}-F_{xtL1}-F_{xtL2})d_s \\ +(F_{xsR1}+F_{xsR2}-F_{xsL1}-F_{xsL2})d_{sc} \quad (2.136)$$

2. 货车系统振动方程(图 2.24～图 2.26 模型)

为了建立货车车辆运动方程,首先必须对车辆系统各部件进行受力分析。货车车辆系统由于存在大量轴箱间隙、止档和干摩擦元件,所以其受力分析远比客车复杂。货车车辆部件的主要受力有:弹簧力、干摩擦力以及轮轨间的法向力和切向蠕滑力等。

货车轮对的受力情况与客车轮对的受力情况完全类似,参见图 2.33,这里不再赘述。图 2.36～图 2.38 分别给出了转向架左右侧架、摇枕和车体的受力分析情况,其中对于摇枕,仅考虑使其产生摇头运动的作用力,其余的力直接作用在车体上。图 2.36～图 2.38 中,F_{xtLi}、F_{xtRi}分别是第 i 转向架左、右侧架所受摇枕力的 x 分量($i=1,2$);F'_{ytLi}、F'_{ytRi}分别是第 i 转向架左、右侧架所受摇枕力的 y 分量($i=1,2$);F'_{ztLi}、F'_{ztRi}分别是第 i 转向架左、右侧架所受摇枕力的 z 分量($i=1,2$);F_{ztLi}、F_{ztRi}分别是第 i 摇枕所受左、右侧架作用力的 z 分量($i=1,2$);F_{ytLi}、F_{ytRi}分别是第 i 摇枕所受左、右侧架作用力的 y 分量($i=1,2$);M_{ytLi}、M_{ytRi}分别是第 i 摇枕与左、右侧架间绕 y 方向运动所产生的力矩($i=1,2$);M_{ztLi}、M_{ztRi}分别是第 i 摇枕与左、右侧架间绕 z 方向运动所产生的力矩($i=1,2$);M_{zcBi}是第 i 摇枕与车体的摇头运动所产生的心盘摩擦力矩($i=1,2$)。

① 一系悬挂水平力($i=1$～4)

转 8A 型转向架轴箱悬挂采用导框式定位,由于存在轴箱纵向间隙 δ_x 和横向间隙 δ_y,产生非线性作用关系,如图 2.39 所示。当轴箱与导框不相接触时,一系横向和纵向力均为干摩擦力;当轴箱与导框横向和纵向接触后,一系横向和纵向刚度即为轴箱与导框的接触刚度 K_c,通常该刚度为一个很大的值,一系横向和纵向力则为干摩擦力与接触弹簧力之和。

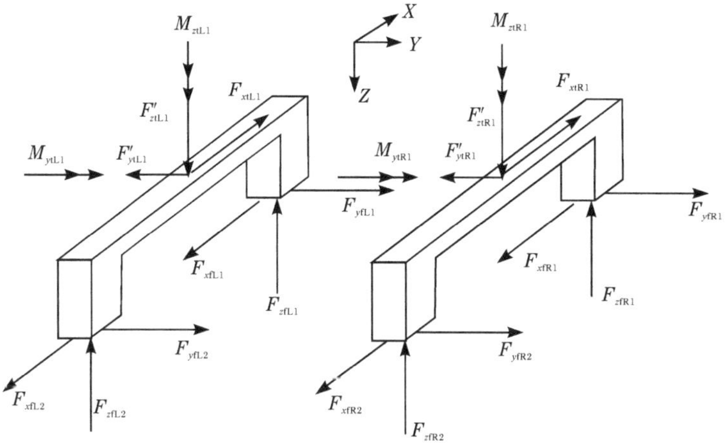

图 2.36　左右侧架受力图(以前转向架为例)

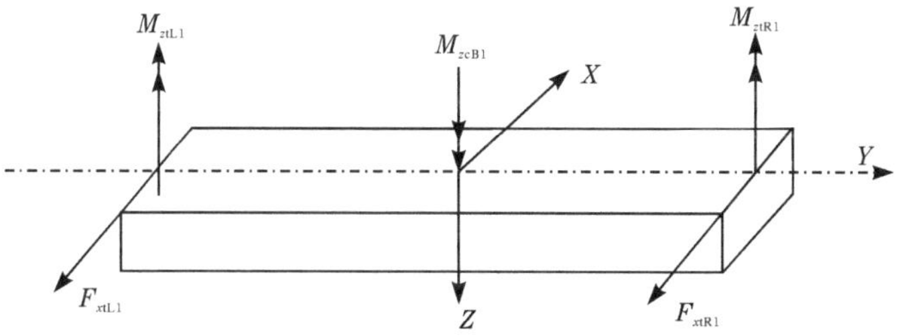

图 2.37　摇枕受力图(以前摇枕为例)

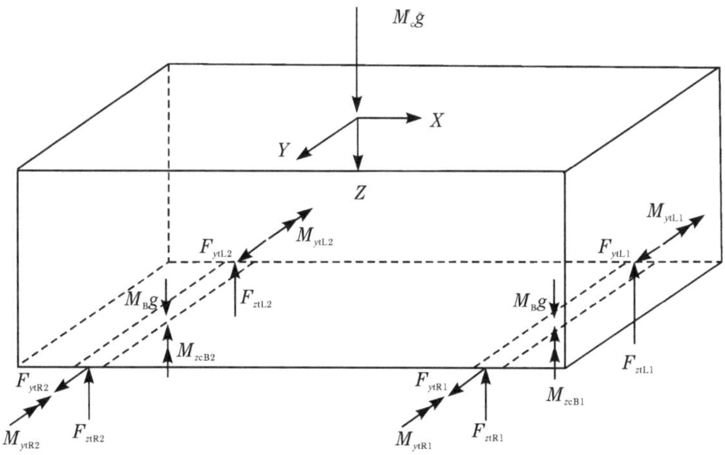

图 2.38　车体受力图

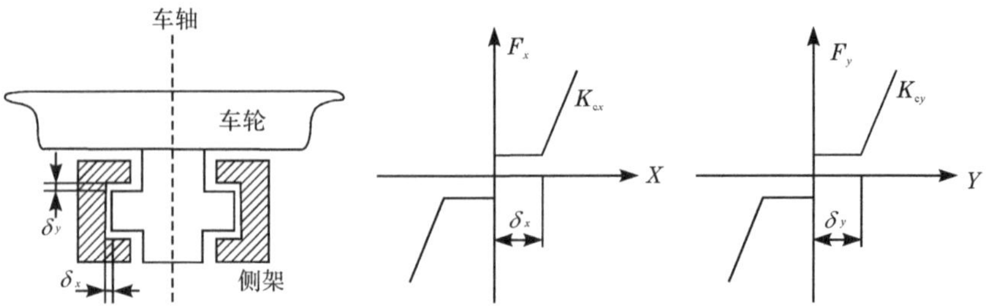

(a) 轴箱间隙示意图　(b) 纵向非线性模型　(c) 横向非线性模型

图 2.39　一系轴箱非线性作用模型

因此,一系悬挂纵向力为

$$F_{xf(L,R)i}=\begin{cases}\mu_s F_{zf(L,R)i}\,\mathrm{sign}(v_{xtw(L,R)i}) & (|X_{xtw(L,R)i}|<\delta_x)\\ K_{cx}[X_{xtw(L,R)i}-\mathrm{sign}(X_{xtw(L,R)i})\delta_x] & \\ +\mu_s F_{zf(L,R)i}\,\mathrm{sign}(v_{xtw(L,R)i}) & (|X_{xtw(L,R)i}|\geqslant\delta_x)\end{cases} \tag{2.137}$$

式中,μ_s是轴箱与侧架导框之间的干摩擦系数;$X_{xtw(L,R)i}$、$v_{xtw(L,R)i}$分别是轴箱与侧架之间的纵向相对位移和相对速度,其中

$$X_{xtw(L,R)i}=X_{t(L,R)n}+H_{tw}\beta_{t(L,R)n}\mp d_w\psi_{wi}\pm(-1)^i d_w\frac{l_t}{R_{tn}} \tag{2.138}$$

$$v_{xtw(L,R)i}=\dot{X}_{t(L,R)n}+H_{tw}\dot{\beta}_{t(L,R)n}\mp d_w\dot{\psi}_{wi}\pm(-1)^i d_w\frac{\mathrm{d}}{\mathrm{d}t}\left(\frac{l_t}{R_{tn}}\right) \tag{2.139}$$

式中,H_{tw}是侧架质心与轮对中心线的垂向距离。

一系悬挂横向力为

$$F_{yf(L,R)i}=\begin{cases}\mu_s F_{zf(L,R)i}\,\mathrm{sign}(v_{ytw(L,R)i}) & (|X_{ytw(L,R)i}|<\delta_y)\\ K_{cy}[X_{ytw(L,R)i}-\mathrm{sign}(X_{ytw(L,R)i})\delta_y] & \\ +\mu_s F_{zf(L,R)i}\,\mathrm{sign}(v_{ytw(L,R)i}) & (|X_{ytw(L,R)i}|\geqslant\delta_y)\end{cases} \tag{2.140}$$

式中,$X_{ytw(L,R)i}$、$v_{ytw(L,R)i}$分别是轴箱与侧架之间的横向相对位移和相对速度,其中

$$X_{ytw(L,R)i}=Y_{wi}-Y_{t(L,R)n}+(-1)^i l_t\psi_{t(L,R)n}+\frac{l_t^2}{2R_{tn}} \tag{2.141}$$

$$v_{ytw(L,R)i}=\dot{Y}_{wi}-\dot{Y}_{t(L,R)n}+(-1)^i l_t\dot{\psi}_{t(L,R)n}+\frac{l_t^2}{2}\frac{\mathrm{d}}{\mathrm{d}t}\left(\frac{1}{R_{tn}}\right) \tag{2.142}$$

② 一系悬挂垂向力($i=1,2$)

由于侧架与轴箱垂向为刚性接触,所以侧架的沉浮运动 $Z_{t(L,R)i}$和点头运动$\beta_{t(L,R)i}$完全由轮对运动决定。为了确定一系垂向力,考察第 i 号转向架左侧架的运动关系,得到其垂向运动方程

$$M_{\mathrm{t}}\left[\ddot{Z}_{\mathrm{tL}i}-a_0\ddot{\phi}_{\mathrm{set}i}-\frac{v^2}{R_{\mathrm{t}i}}\phi_{\mathrm{set}i}\right]=-F_{z\mathrm{fL}(2i-1)}-F_{z\mathrm{fL}(2i)}+F'_{z\mathrm{tL}i}+M_{\mathrm{t}}g \tag{2.143}$$

其点头运动方程为

$$I_{\mathrm{ty}}\ddot{\beta}_{\mathrm{tL}i}=[F_{z\mathrm{fL}(2i-1)}-F_{z\mathrm{fL}(2i)}]l_{\mathrm{t}}-[F_{x\mathrm{fL}(2i-1)}+F_{x\mathrm{fL}(2i)}]H_{\mathrm{tw}}-F_{x\mathrm{tL}i}H_{\mathrm{Bt}}+M_{y\mathrm{tL}i} \tag{2.144}$$

式中，H_{Bt}是摇枕质心与侧架中心线的垂向距离。

联立式(2.143)和式(2.144)求解可得

$$\begin{cases}F_{z\mathrm{fL}(2i-1)}=(A_1+B_1)/2\\F_{z\mathrm{fL}(2i)}=(A_1-B_1)/2\end{cases} \tag{2.145}$$

式中

$$\begin{cases}A_1=F'_{z\mathrm{tL}i}+M_{\mathrm{t}}g-M_{\mathrm{t}}\left(\ddot{Z}_{\mathrm{tL}i}-a_0\ddot{\phi}_{\mathrm{set}i}-\dfrac{v^2}{R_{\mathrm{t}i}}\phi_{\mathrm{set}i}\right)\\B_1=[I_{\mathrm{ty}}\ddot{\beta}_{\mathrm{tL}i}+(F_{x\mathrm{fL}(2i-1)}+F_{x\mathrm{fL}(2i)})H_{\mathrm{tw}}+F_{x\mathrm{tL}i}H_{\mathrm{Bt}}-M_{y\mathrm{tL}i}]/l_{\mathrm{t}}\end{cases} \tag{2.146}$$

其中，侧架的垂向、点头位移可由轮对决定，即

$$\begin{cases}Z_{\mathrm{tL1}}=[Z_{\mathrm{w1}}+Z_{\mathrm{w2}}-d_{\mathrm{w}}(\phi_{\mathrm{w1}}+\phi_{\mathrm{w2}})]/2\\Z_{\mathrm{tL2}}=[Z_{\mathrm{w3}}+Z_{\mathrm{w4}}-d_{\mathrm{w}}(\phi_{\mathrm{w3}}+\phi_{\mathrm{w4}})]/2\end{cases} \tag{2.147}$$

$$\begin{cases}\beta_{\mathrm{tL1}}=[Z_{\mathrm{w2}}-Z_{\mathrm{w1}}+d_{\mathrm{w}}(\phi_{\mathrm{w1}}-\phi_{\mathrm{w2}})]/(2l_{\mathrm{t}})\\\beta_{\mathrm{tL2}}=[Z_{\mathrm{w4}}-Z_{\mathrm{w3}}+d_{\mathrm{w}}(\phi_{\mathrm{w3}}-\phi_{\mathrm{w4}})]/(2l_{\mathrm{t}})\end{cases} \tag{2.148}$$

同理可得

$$\begin{cases}F_{z\mathrm{fR}(2i-1)}=(A_2+B_2)/2\\F_{z\mathrm{fR}(2i)}=(A_2-B_2)/2\end{cases} \tag{2.149}$$

式中

$$\begin{cases}A_2=F'_{z\mathrm{tR}i}+M_{\mathrm{t}}g-M_{\mathrm{t}}\left(\ddot{Z}_{\mathrm{tR}i}-a_0\ddot{\phi}_{\mathrm{set}i}-\dfrac{v^2}{R_{\mathrm{t}i}}\phi_{\mathrm{set}i}\right)\\B_2=[I_{\mathrm{ty}}\ddot{\beta}_{\mathrm{tR}i}+(F_{x\mathrm{fR}(2i-1)}+F_{x\mathrm{fR}(2i)})H_{\mathrm{tw}}+F_{x\mathrm{tR}i}H_{\mathrm{Bt}}-M_{y\mathrm{tR}i}]/l_{\mathrm{t}}\end{cases} \tag{2.150}$$

其中

$$\begin{cases}Z_{\mathrm{tR1}}=[Z_{\mathrm{w1}}+Z_{\mathrm{w2}}+d_{\mathrm{w}}(\phi_{\mathrm{w1}}+\phi_{\mathrm{w2}})]/2\\Z_{\mathrm{tR2}}=[Z_{\mathrm{w3}}+Z_{\mathrm{w4}}+d_{\mathrm{w}}(\phi_{\mathrm{w3}}+\phi_{\mathrm{w4}})]/2\end{cases} \tag{2.151}$$

$$\begin{cases}\beta_{\mathrm{tR1}}=[Z_{\mathrm{w2}}-Z_{\mathrm{w1}}-d_{\mathrm{w}}(\phi_{\mathrm{w1}}-\phi_{\mathrm{w2}})]/(2l_{\mathrm{t}})\\\beta_{\mathrm{tR2}}=[Z_{\mathrm{w4}}-Z_{\mathrm{w3}}-d_{\mathrm{w}}(\phi_{\mathrm{w3}}-\phi_{\mathrm{w4}})]/(2l_{\mathrm{t}})\end{cases} \tag{2.152}$$

③ 二系悬挂作用力(力矩)

转 8A 转向架采用一系中央悬挂，它的弹簧减振装置包括弹簧和摩擦楔块减振器。现分析其基本原理、非线性关系及二系悬挂力和力矩。

如图 2.40 所示，楔块式摩擦减振器的作用原理为：车体的重量通过摇枕作用于弹簧上，使弹簧压缩，由于摇枕和楔块之间为 45°的斜面，因此在车体和弹簧反

力作用下，楔块与摇枕之间、楔块与侧架之间产生一定压力，在车辆振动过程中，摇枕和楔块由原来的实线位置移到了虚线位置，这样，楔块与摇枕、楔块与侧架立柱磨耗板之间产生相对移动和摩擦，从而使振动动能变为热能，实现衰减车辆振动的目的。

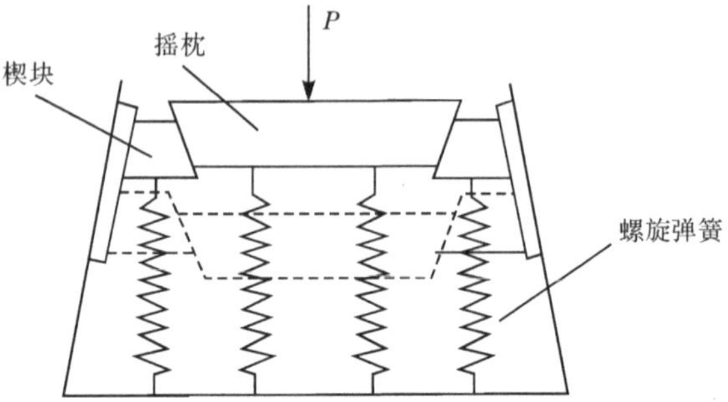

图 2.40　楔块式摩擦减振器的作用原理图

减振器楔块受力情况如图 2.41 所示。图中，N_1、N_2分别是摇枕和侧架面向运动时减振器楔块两摩擦面间的正压力；N_1'、N_2'分别是摇枕和侧架背向运动时减振器楔块两摩擦面间的正压力；F_1、F_2分别是摇枕与侧架面向运动时减振器楔块两摩擦面间的摩擦力；F_1'、F_2'分别是摇枕和侧架背向运动时减振器楔块两摩擦面间的摩擦力；α、β分别是楔块与摇枕及楔块与侧架立柱接触面的倾角；P_a是楔块弹簧反力；μ_1、μ_2分别是楔块两摩擦面间的摩擦系数。

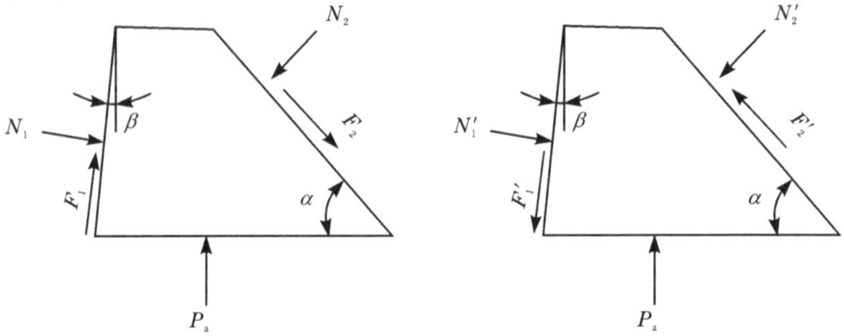

(a) 摇枕与侧架面向运动　　(b) 摇枕与侧架背向运动

图 2.41　摩擦减振器楔块受力图

$$\begin{cases} N_1 = \dfrac{\sin\alpha - \mu_2\cos\alpha}{\Delta A} P_a \\ N_2 = \dfrac{\cos\beta + \mu_1\sin\beta}{\Delta A} P_a \end{cases} \tag{2.153}$$

$$\begin{cases} F_1 = \mu_1 N_1 \\ F_2 = \mu_2 N_2 \end{cases} \tag{2.154}$$

$$\begin{cases} N_1' = \dfrac{\sin\alpha + \mu_2\cos\alpha}{\Delta B} P_a \\ N_2' = \dfrac{\cos\beta - \mu_1\sin\beta}{\Delta B} P_a \end{cases} \tag{2.155}$$

$$\begin{cases} F_1' = \mu_1 N_1' \\ F_2' = \mu_2 N_2' \end{cases} \tag{2.156}$$

$$\begin{cases} \Delta A = (1+\mu_1\mu_2)\cos(\alpha-\beta) + (\mu_2-\mu_1)\sin(\alpha-\beta) \\ \Delta B = (1+\mu_1\mu_2)\cos(\alpha-\beta) - (\mu_2-\mu_1)\sin(\alpha-\beta) \end{cases} \tag{2.157}$$

$$P_a = K_{sz1} Z_1 \tag{2.158}$$

式中，K_{sz1}是支承楔块的弹簧刚度；Z_1是支承楔块的弹簧挠度。

设摇枕与侧架的相对位移为 ΔZ_{Bt}，则

$$Z_1 = (\Delta Z_{Bt} + \Delta Z_0)/(1+\tan\alpha\tan\beta) \tag{2.159}$$

式中，ΔZ_0是二系弹簧初始压缩量，且

$$\Delta Z_0 = \frac{1}{4}(M_c + 2M_B)g/[K_{sz} + 2K_{sz1}/(1+\tan\alpha\tan\beta)] \tag{2.160}$$

式中，K_{sz}是支承摇枕的弹簧刚度。

通过对楔块受力分析后，不难推导出当摇枕和侧架分别作面向运动和背向运动时，作用在侧架和摇枕上的力和力矩。

当摇枕和侧架面向运动时($i=1,2$)：

垂向力

$$\begin{cases} F_{zt(L,R)i} = K_{sz}[Z_c + (-1)^i l_c\beta_c \mp d_s\phi_c - Z_{t(L,R)i} + \Delta Z_0] + 2N_2\cos\alpha + 2F_2\sin\alpha \\ F_{zt(L,R)i}' = K_{sz}[Z_c + (-1)^i l_c\beta_c \mp d_s\phi_c - Z_{t(L,R)i} + \Delta Z_0] + 2P_a + 2F_1\cos\beta - 2N_1\sin\beta \end{cases} \tag{2.161}$$

横向摩擦力

$$\begin{cases} S_{yt(L,R)i} = 2\mu_2 N_2 \,\mathrm{sign}\left[\dot{Y}_c - \dot{Y}_{t(L,R)i} + (-1)^{i-1}\dot{\psi}_c l_c - \dot{\phi}_c H_{cB} - \dfrac{l_c^2}{2}\dfrac{\mathrm{d}}{\mathrm{d}t}\left(\dfrac{1}{R_c}\right)\right] \\ S_{yt(L,R)i}' = 2\mu_1 N_1 \,\mathrm{sign}\left[\dot{Y}_c - \dot{Y}_{t(L,R)i} + (-1)^{i-1}\dot{\psi}_c l_c - \dot{\phi}_c H_{cB} - \dfrac{l_c^2}{2}\dfrac{\mathrm{d}}{\mathrm{d}t}\left(\dfrac{1}{R_c}\right)\right] \end{cases} \tag{2.162}$$

摩擦力矩

$$\begin{cases} M_{yt(L,R)i} = \mu_1 N_1 l_{rs} \,\mathrm{sign}[\dot{\beta}_c - \dot{\beta}_{t(L,R)i}] \\ M_{zB(L,R)i} = \mu_1 N_1 l_{rs} \,\mathrm{sign}[\dot{\psi}_{Bi} - \dot{\psi}_{t(L,R)i}] \end{cases} \tag{2.163}$$

式中，l_{rs}是二系悬挂摩擦导框间距。

当摇枕和侧架背向运动时($i=1,2$)：

垂向力

$$\begin{cases}F_{zt(L,R)i}=K_{sz}[Z_c+(-1)^i l_c\beta_c\mp d_s\phi_c-Z_{t(L,R)i}+\Delta Z_0]+2N_2'\cos\alpha-2F_2'\sin\alpha\\F'_{zt(L,R)i}=K_{sz}[Z_c+(-1)^i l_c\beta_c\mp d_s\phi_c-Z_{t(L,R)i}+\Delta Z_0]+2P_a-2F_1'\cos\beta-2N_1'\sin\beta\end{cases}\tag{2.164}$$

横向摩擦力

$$\begin{cases}S_{yt(L,R)i}=2\mu_2 N_2'\,\mathrm{sign}\left[\dot{Y}_c-\dot{Y}_{t(L,R)i}+(-1)^{i-1}\dot{\psi}_c l_c-\dot{\phi}_c H_{cB}-\dfrac{l_c^2}{2}\dfrac{\mathrm{d}}{\mathrm{d}t}\left(\dfrac{1}{R_c}\right)\right]\\S'_{yt(L,R)i}=2\mu_1 N_1'\,\mathrm{sign}\left[\dot{Y}_c-\dot{Y}_{t(L,R)i}+(-1)^{i-1}\dot{\psi}_c l_c-\dot{\phi}_c H_{cB}-\dfrac{l_c^2}{2}\dfrac{\mathrm{d}}{\mathrm{d}t}\left(\dfrac{1}{R_c}\right)\right]\end{cases}\tag{2.165}$$

摩擦力矩

$$\begin{cases}M_{yt(L,R)i}=\mu_1 N_1' l_{rs}\,\mathrm{sign}[\dot{\beta}_c-\dot{\beta}_{t(L,R)i}]\\M_{zB(L,R)i}=\mu_1 N_1' l_{rs}\,\mathrm{sign}[\dot{\psi}_{Bi}-\dot{\psi}_{t(L,R)i}]\end{cases}\tag{2.166}$$

二系悬挂中除了由摩擦楔块产生的摩擦力外，还有由二系悬挂产生的纵、横向弹簧力($i=1,2$)，即

$$\begin{cases}F_{ys(L,R)i}=K_{sy}\left[-Y_c+Y_{t(L,R)i}+(-1)^i\psi_c l_c+\phi_c H_{cB}+\dfrac{l_c^2}{2R_c}\right]\\F_{xs(L,R)i}=K_{sx}[\pm\psi_{Bi}d_s+\beta_c H_{cB}-X_{t(L,R)i}+\beta_{t(L,R)i}H_{Bt}]\end{cases}\tag{2.167}$$

二系悬挂中由构架的菱形变形产生的绕 z 轴的悬挂力矩($i=1,2$)为

$$M_{\psi(L,R)i}=K_{\psi t}[\psi_{Bi}-\psi_{t(L,R)i}]\tag{2.168}$$

式中，$K_{\psi t}$是抗菱刚度，可按经验粗算出来，并按线性项处理。但通过试验研究表明，三大件货车转向架的抗菱刚度值与菱形角的关系是非线性的，抗菱刚度随菱形角的增加而减少并逼近于一个定值，两者关系近似呈双曲线分布。在实际计算时，普通货车转向架抗菱刚度值由菱形角的大小根据表 2.7 求取。

表 2.7　普通货车转向架抗菱刚度数表

菱形角/(°)	抗菱刚度值×10^5/[m·N/(°)]	菱形角/(°)	抗菱刚度值×10^5/[m·N/(°)]
0.1	0.87800000	0.6	0.15405405
0.2	0.42702103	0.7	0.13243243
0.3	0.27595789	0.8	0.11621622
0.4	0.21081081	0.9	0.10000000
0.5	0.17729730	1.0	0.08918109

另外，在摇枕和车体间还存在心盘和旁承摩擦力矩，假定垂向作用力为常力，这样有

$$M_{zcBi}=\left[F_p\mu_s l_{rp}+\frac{1}{2}(M_c g-2F_p)\mu_s l_{r0}\right]\mathrm{sign}(\dot{\psi}_c-\dot{\psi}_{Bi})\tag{2.169}$$

式中，F_p是旁承预压力；μ_s为旁承摩擦系数；l_{r0}是心盘等效摩擦力矩半径；l_{rp}是旁承间距之半。

综上所述，二系悬挂力和力矩颇为复杂，归纳如下。

二系悬挂力($i=1,2$)

纵向：F_{xsLi}、F_{xsRi}

横向：F_{ysLi}、F_{ysRi}、S_{ytLi}、S'_{ytLi}、S_{ytRi}、S'_{ytRi}

垂向：F_{ztLi}、F_{ztRi}、F'_{ztLi}、F'_{ztRi}

二系悬挂力矩($i=1,2$)

绕 y 轴：M_{ytLi}、M_{ytRi}

绕 z 轴：M_{zBLi}、M_{zBRi}、$M_{\psi Li}$、$M_{\psi Ri}$、M_{zcBi}

因此，二系悬挂合成力为

$$\begin{cases} F_{ytLi}=F_{ysLi}-S_{ytLi} \\ F_{ytRi}=F_{ysRi}-S_{ytRi} \\ F'_{ytLi}=F_{ysLi}-S'_{ytLi} \\ F'_{ytRi}=F_{ysRi}-S'_{ytRi} \\ M_{ztLi}=M_{zBLi}+M_{\psi Li} \\ M_{ztRi}=M_{zBRi}+M_{\psi Ri} \end{cases} \tag{2.170}$$

至此，可以导出车辆各部件运动方程。

(1)轮对运动方程($i=1,4$)

货车轮对的运动方程与客车轮对方程在形式上完全相同，见式(2.122)～式(2.126)，这里不再重复罗列。

(2) 侧架运动方程($i=1,2$)

纵向运动

$$M_t\ddot{X}_{t(L,R)i}=F_{xt(L,R)i}-F_{xf(L,R)(2i-1)}-F_{xf(L,R)(2i)} \tag{2.171}$$

横移运动

$$M_t\left[\ddot{Y}_{t(L,R)i}+\frac{v^2}{R_{ti}}+(r_0+H_{tw})\ddot{\phi}_{seti}\right]=-F'_{yt(L,R)i}+F_{yf(L,R)(2i-1)}+F_{yf(L,R)(2i)}+M_t g\phi_{seti} \tag{2.172}$$

摇头运动

$$I_{tz}\left[\ddot{\psi}_{t(L,R)i}+v\frac{d}{dt}\left(\frac{1}{R_{ti}}\right)\right]=\left[F_{yf(L,R)(2i-1)}-F_{yf(L,R)(2i)}\right]l_t+M_{zt(L,R)i} \tag{2.173}$$

(3) 摇枕运动方程($i=1,2$)

$$I_{Bz}\left[\ddot{\psi}_{Bi}+v\frac{d}{dt}\left(\frac{1}{R_{ti}}\right)\right]=M_{zcBi}-M_{ztLi}-M_{ztRi}-d_s(F_{xtLi}-F_{xtRi}) \tag{2.174}$$

(4) 车体运动方程

横移运动

$$M_{\mathrm{c}}\left[\ddot{Y}_{\mathrm{c}}+\frac{v^{2}}{R_{\mathrm{c}}}+(r_{0}+H_{\mathrm{tw}}+H_{\mathrm{Bt}}+H_{\mathrm{cB}})\ddot{\phi}_{\mathrm{sec}}\right]$$
$$+2M_{\mathrm{B}}\left[\ddot{Y}_{\mathrm{c}}-H_{\mathrm{cB}}\ddot{\phi}_{\mathrm{c}}+\frac{v^{2}}{R_{\mathrm{c}}}+(r_{0}+H_{\mathrm{tw}}+H_{\mathrm{Bt}})\ddot{\phi}_{\mathrm{sec}}\right]$$
$$=F_{y\mathrm{tL1}}+F_{y\mathrm{tL2}}+F_{y\mathrm{tR1}}+F_{y\mathrm{tR2}}+(M_{\mathrm{c}}+2M_{\mathrm{B}})g\phi_{\mathrm{sec}} \tag{2.175}$$

式中，H_{cB}是车体质心与摇枕中心线的垂向距离。

沉浮运动

$$(M_{\mathrm{c}}+2M_{\mathrm{B}})\left[\ddot{Z}_{\mathrm{c}}-a_{0}\ddot{\phi}_{\mathrm{sec}}-\frac{v^{2}}{R_{\mathrm{c}}}\phi_{\mathrm{sec}}\right]=-F_{z\mathrm{tL1}}-F_{z\mathrm{tR1}}-F_{z\mathrm{tL2}}-F_{z\mathrm{tR2}}+(M_{\mathrm{c}}+2M_{\mathrm{B}})g \tag{2.176}$$

侧滚运动

$$(I_{\mathrm{c}x}+2I_{\mathrm{B}x}+2M_{\mathrm{B}}H_{\mathrm{cB}}^{2})[\ddot{\phi}_{\mathrm{c}}+\ddot{\phi}_{\mathrm{sec}}]=-(F_{y\mathrm{tL1}}+F_{y\mathrm{tR1}}+F_{y\mathrm{tL2}}+F_{y\mathrm{tR2}})H_{\mathrm{cB}}$$
$$+(F_{z\mathrm{tL1}}+F_{z\mathrm{tL2}}-F_{z\mathrm{tR1}}-F_{z\mathrm{tR2}})d_{\mathrm{s}} \tag{2.177}$$

点头运动

$$(I_{\mathrm{c}y}+2M_{\mathrm{B}}l_{\mathrm{c}}^{2})\ddot{\beta}_{\mathrm{c}}=(F_{z\mathrm{tL1}}+F_{z\mathrm{tR1}}-F_{z\mathrm{tL2}}-F_{z\mathrm{tR2}})l_{\mathrm{c}}$$
$$-(F_{x\mathrm{tL1}}+F_{x\mathrm{tR1}}+F_{x\mathrm{tL2}}+F_{x\mathrm{tR2}})H_{\mathrm{cB}}$$
$$-M_{y\mathrm{tL1}}-M_{y\mathrm{tL2}}-M_{y\mathrm{tR1}}-M_{y\mathrm{tR2}} \tag{2.178}$$

摇头运动

$$I_{\mathrm{c}z}\left[\ddot{\psi}_{\mathrm{c}}+v\frac{\mathrm{d}}{\mathrm{d}t}\left(\frac{1}{R_{\mathrm{c}}}\right)\right]=(F_{y\mathrm{tL1}}+F_{y\mathrm{tR1}}-F_{y\mathrm{tL2}}-F_{y\mathrm{tR2}})l_{\mathrm{c}}-M_{z\mathrm{cB1}}-M_{z\mathrm{cB2}} \tag{2.179}$$

3. 机车系统振动方程(图 2.27～图 2.29 模型)

轮对和车体的受力与客车车辆相同，图 2.42 给出了机车前转向架构架的作用力示意图，后转向架构架上的作用力与前构架类似。图中的符号说明与客车的相同。

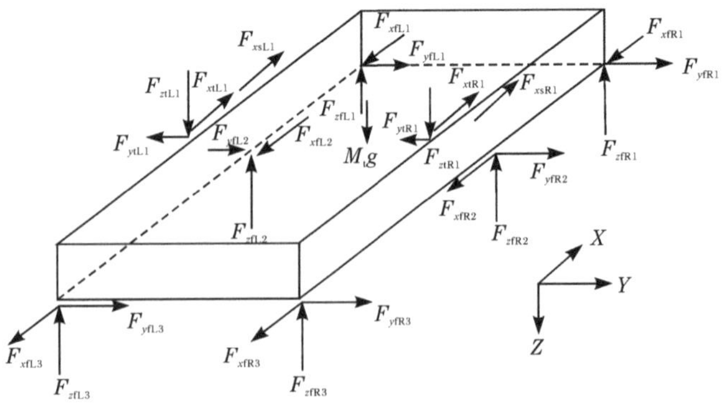

图 2.42　机车前转向架构架上作用力示意图

① 一系悬挂纵向力($i=1\sim6$)

$$F_{xf(L,R)i}=K_{px}\left[\pm d_w\psi_{tn}+H_{tw}\beta_{tn}\mp d_w\psi_{wi}\mp(-1)^{i-1}d_w\left(\frac{L}{R_{tn}}\right)\right]$$
$$+C_{px}\left[\pm d_w\dot{\psi}_{tn}+H_{tw}\dot{\beta}_{tn}\mp d_w\dot{\psi}_{wi}\mp(-1)^{i-1}d_w\frac{d}{dt}\left(\frac{L}{R_{tn}}\right)\right]^{*} \quad (2.180)$$

式中

$$L=\begin{cases}l_t+d_e & (i=1,6)\\ d_e & (i=2)\\ d_e-l_t & (i=3,4)\\ -d_e & (i=5)\end{cases} \quad (2.181)$$

其中，d_e是构架质心到中间轮对中心线的纵向距离。

② 一系悬挂横向力($i=1\sim6$)

$$F_{yf(L,R)i}=K_{py}\left[Y_{wi}-Y_{tn}+H_{tw}\phi_{tn}+(-1)^iL\ \psi_{tn}+\frac{L^2}{2R_{tn}}\right]$$
$$+C_{py}\left[\dot{Y}_{wi}-\dot{Y}_{tn}+H_{tw}\dot{\phi}_{tn}+(-1)^iL\ \dot{\psi}_{tn}+\frac{L^2}{2}\frac{d}{dt}\left(\frac{1}{R_{tn}}\right)\right]$$
$$(2.182)$$

③ 一系悬挂垂向力($i=1\sim6$)

$$F_{zf(L,R)i}=K_{pz}[Z_{tn}-Z_{wi}+(-1)^iL\ \beta_{tn}\pm d_w\phi_{wi}\mp d_w\phi_{tn}]$$
$$+C_{pz}[\dot{Z}_{tn}-\dot{Z}_{wi}+(-1)^iL\ \dot{\beta}_{tn}\pm d_w\dot{\phi}_{wi}\mp d_w\dot{\phi}_{tn}] \quad (2.183)$$

④ 二系悬挂纵向力

二系悬挂纵向力与式(2.116)～式(2.118)同。

⑤ 二系悬挂横向力($i=1\sim2$)

$$F_{yt(L,R)i}=K_{sy}\left[Y_{ti}+(-1)^{i-1}d_e\psi_{ti}-Y_c+H_{Bt}\phi_{ti}+H_{cB}\phi_c+(-1)^il_c\psi_c+\frac{l_c^2}{2R_c}\right]$$
$$+C_{sy}\left[\dot{Y}_{ti}+(-1)^{i-1}d_e\dot{\psi}_{ti}-\dot{Y}_c+H_{Bt}\dot{\phi}_{ti}+H_{cB}\dot{\phi}_c+(-1)^il_c\dot{\psi}_c+\frac{l_c^2}{2}\frac{d}{dt}\left(\frac{1}{R_c}\right)\right]$$
$$(2.184)$$

⑥ 二系悬挂垂向力($i=1\sim2$)

$$F_{zt(L,R)i}=K_{sz}[Z_c-Z_{ti}+(-1)^{i-1}d_e\beta_{ti}\pm d_s\phi_{ti}\mp d_s\phi_c+(-1)^il_c\beta_c]$$
$$+C_{sz}[\dot{Z}_c-\dot{Z}_{ti}+(-1)^{i-1}d_e\dot{\beta}_{ti}\pm d_s\dot{\phi}_{ti}\mp d_s\dot{\phi}_c+(-1)^il_c\dot{\beta}_c]$$
$$(2.185)$$

---

*① 当$i=1,2,3$时，$n=1$；当$i=4,5,6$时，$n=2$。

② 当等号左边的下标为L时，右边±和∓取上面的符号；当等号左边的下标为R时，±和∓取下面的符号。

③ 后面类似的情况也是如此约定。

根据上述各悬挂力和牛顿定律,便可得到机车各部件运动方程。由于轮对及车体的运动方程和客车的相同,这里不再列出,下面仅给出转向架构架的运动方程($i=1,2$)。

横移运动

$$M_{\mathrm{t}}\left[\ddot{Y}_{\mathrm{t}i}+\frac{v^2}{R_{\mathrm{t}i}}+(r_0+H_{\mathrm{tw}})\ddot{\phi}_{\mathrm{set}i}\right]=F_{y\mathrm{fL}(3i-2)}+F_{y\mathrm{fL}(3i-1)}+F_{y\mathrm{fL}(3i)}-F_{y\mathrm{tL}i}-F_{y\mathrm{tR}i}+F_{y\mathrm{fR}(3i-2)}+F_{y\mathrm{fR}(3i-1)}+F_{y\mathrm{fR}(3i)}+M_{\mathrm{t}}g\phi_{\mathrm{set}i} \tag{2.186}$$

沉浮运动

$$M_t\left[\ddot{Z}_{\mathrm{t}i}-a_0\ddot{\phi}_{\mathrm{set}i}-\frac{v^2}{R_{\mathrm{t}i}}\phi_{\mathrm{set}i}\right]=F_{z\mathrm{tL}i}+F_{z\mathrm{tR}i}-F_{z\mathrm{fL}(3i-2)}-F_{z\mathrm{fL}(3i-1)}-F_{z\mathrm{fL}(3i)}-F_{z\mathrm{fR}(3i-2)}-F_{z\mathrm{fR}(3i-1)}-F_{z\mathrm{fR}(3i)}+M_{\mathrm{t}}g \tag{2.187}$$

侧滚运动

$$\begin{aligned}I_{\mathrm{t}x}[\ddot{\phi}_{\mathrm{t}i}+\ddot{\phi}_{\mathrm{set}i}]=&-[F_{y\mathrm{fL}(3i-2)}+F_{y\mathrm{fL}(3i-1)}+F_{y\mathrm{fL}(3i)}+F_{y\mathrm{fR}(3i-2)}+F_{y\mathrm{fR}(3i-1)}+F_{y\mathrm{fR}(3i)}]H_{\mathrm{tw}}\\&+[F_{z\mathrm{fL}(3i-2)}+F_{z\mathrm{fL}(3i-1)}+F_{z\mathrm{fL}(3i)}-F_{z\mathrm{fR}(3i-2)}-F_{z\mathrm{fR}(3i-1)}-F_{z\mathrm{fR}(3i)}]d_{\mathrm{w}}\\&+(F_{z\mathrm{tR}i}-F_{z\mathrm{tL}i})d_{\mathrm{s}}-(F_{y\mathrm{tL}i}+F_{y\mathrm{tR}i})H_{\mathrm{Bt}}\end{aligned} \tag{2.188}$$

摇头运动

$$\begin{aligned}I_{\mathrm{t}z}\left[\ddot{\psi}_{\mathrm{t}i}+v\frac{\mathrm{d}}{\mathrm{d}t}\left(\frac{1}{R_{\mathrm{t}i}}\right)\right]=&d_{\mathrm{s}}(F_{x\mathrm{tL}i}-F_{x\mathrm{tR}i})+d_{\mathrm{sc}}(F_{x\mathrm{sL}i}-F_{x\mathrm{sR}i})+d_{\mathrm{e}}(F_{y\mathrm{tR}i}+F_{y\mathrm{tL}i})\\&+d_{\mathrm{w}}[F_{x\mathrm{fR}(3i-2)}+F_{x\mathrm{fR}(3i-1)}+F_{x\mathrm{fR}(3i)}-F_{x\mathrm{fL}(3i-2)}-F_{x\mathrm{fL}(3i-1)}\\&-F_{x\mathrm{fL}(3i)}]+[2l_{\mathrm{t}}-(-1)^i d_{\mathrm{e}}][F_{y\mathrm{fL}(3i-2)}+F_{y\mathrm{fR}(3i-2)}]\\&-(-1)^i d_{\mathrm{e}}[F_{y\mathrm{fL}(3i-1)}+F_{y\mathrm{fR}(3i-1)}]\\&-[2l_{\mathrm{t}}+(-1)^i d_{\mathrm{e}}][F_{y\mathrm{fL}(3i)}+F_{y\mathrm{fR}(3i)}]\end{aligned} \tag{2.189}$$

点头运动

$$\begin{aligned}I_{\mathrm{t}y}\ddot{\beta}_{\mathrm{t}i}=&-[F_{x\mathrm{fL}(3i-2)}+F_{x\mathrm{fL}(3i-1)}+F_{x\mathrm{fL}(3i)}+F_{x\mathrm{fR}(3i-2)}+F_{x\mathrm{fR}(3i-1)}+F_{x\mathrm{fR}(3i)}]H_{\mathrm{tw}}\\&+[2l_{\mathrm{t}}-(-1)^i d_{\mathrm{e}}][F_{z\mathrm{fL}(3i-2)}+F_{z\mathrm{fR}(3i-2)}]\\&-(-1)^i d_{\mathrm{e}}[F_{z\mathrm{fL}(3i-1)}+F_{z\mathrm{fR}(3i-1)}]-[2l_{\mathrm{t}}+(-1)^i d_{\mathrm{e}}][F_{z\mathrm{fL}(3i)}+F_{z\mathrm{fR}(3i)}]\\&+(-1)^i d_{\mathrm{e}}(F_{z\mathrm{tL}i}+F_{z\mathrm{tR}i})-H_{\mathrm{Bt}}(F_{x\mathrm{tL}i}+F_{x\mathrm{tR}i})-H_{\mathrm{Bt}}(F_{x\mathrm{sL}i}+F_{x\mathrm{sR}i})\end{aligned} \tag{2.190}$$

4. 有砟轨道结构振动方程

(1) 基于 Euler 梁模型的钢轨振动微分方程

根据弹性梁的振动理论,钢轨垂向、横向和扭转振动微分方程为

$$EI_Y\frac{\partial^4 Z_{\mathrm{r}}(x,t)}{\partial x^4}+m_{\mathrm{r}}\frac{\partial^2 Z_{\mathrm{r}}(x,t)}{\partial t^2}=-\sum_{i=1}^{N}F_{\mathrm{V}i}(t)\delta(x-x_i)+\sum_{j=1}^{4}P_j\delta(x-x_{\mathrm{w}j}) \tag{2.191}$$

$$EI_Z \frac{\partial^4 Y_r(x,t)}{\partial x^4} + m_r \frac{\partial^2 Y_r(x,t)}{\partial t^2} = -\sum_{i=1}^{N} F_{Li}(t)\delta(x-x_i) + \sum_{j=1}^{4} Q_j\delta(x-x_{wj}) \tag{2.192}$$

$$\rho_r I_0 \frac{\partial^2 \phi_r(x,t)}{\partial t^2} - G_r I_t \frac{\partial^2 \phi_r(x,t)}{\partial x^2} = -\sum_{i=1}^{N} M_{si}\delta(x-x_i) + \sum_{j=1}^{4} M_{wj}\delta(x-x_{wj}) \tag{2.193}$$

式中，I_Y、I_Z分别是钢轨截面对 Y、Z 轴的转动惯量；I_0是钢轨截面的极惯性矩；I_t是钢轨抗扭惯性矩；ρ_r是钢轨密度；G_r是钢轨剪切模量；F_{Vi}、F_{Li}是第 i 支点垂向、横向支反力；P_j、Q_j是第 j 位车轮作用于钢轨的垂向、横向荷载；M_{si}是第 i 支点处钢轨支反力矩；M_{wj}是第 j 位车轮作用于钢轨的力矩；x_{wj}是第 j 位车轮坐标；N 是钢轨支点数。

采用 Ritz 法，引入钢轨正则振型坐标 $q_{Vk}(t)$（垂向）、$q_{Lk}(t)$（横向）、$q_{Tk}(x)$（扭转），经过变换可得到钢轨振动的二阶常微分方程组

$$\begin{cases} \ddot{q}_{Vk}(t) + \dfrac{EI_Y}{m_r}\left(\dfrac{k\pi}{l}\right)^4 q_{Vk}(t) = -\sum\limits_{i=1}^{N} F_{Vi}Z_k(x_{si}) + \sum\limits_{j=1}^{4} P_j Z_k(x_{wj}) & (k=1\sim N_V) \\ \ddot{q}_{Lk}(t) + \dfrac{EI_Z}{m_r}\left(\dfrac{k\pi}{l}\right)^4 q_{Lk}(t) = -\sum\limits_{i=1}^{N} F_{Li}Y_k(x_{si}) + \sum\limits_{j=1}^{4} Q_j Y_k(x_{wj}) & (k=1\sim N_L) \\ \ddot{q}_{Tk}(t) + \dfrac{G_r I_t}{\rho_r I_0}\left(\dfrac{k\pi}{l}\right)^2 q_{Tk}(t) = -\sum\limits_{i=1}^{N} M_{si}\Theta_k(x_{si}) + \sum\limits_{j=1}^{4} M_{wj}\Theta_k(x_{wj}) & (k=1\sim N_T) \end{cases} \tag{2.194}$$

式中，N_V、N_L、N_T分别是钢轨垂向、横向、扭转振型最高阶数；l 是钢轨长度；x_{si}是第 i 支点坐标；Z_k、Y_k、Θ_k分别是钢轨垂向、横向、扭转振型函数，且

$$\begin{cases} Z_k(x) = \sqrt{\dfrac{2}{m_r l}} \sin\dfrac{k\pi x}{l} \\ Y_k(x) = \sqrt{\dfrac{2}{m_r l}} \sin\dfrac{k\pi x}{l} \\ \Theta_k(x) = \sqrt{\dfrac{2}{\rho_r I_0 l}} \sin\dfrac{k\pi x}{l} \end{cases} \tag{2.195}$$

外力矩 M_{si}、M_{wj}可由钢轨受力情况（图 2.43）确定。图 2.43 中，O_r是钢轨扭转中心；e 是轮轨垂向力至扭转中心的水平距离；h_r是轮轨力作用点到扭转中心的垂直距离；a 是钢轨支点反力作用点到扭转中心的垂直距离；b 是钢轨左右支点反力作用点的水平距离之半；F_{V1i}、F_{V2i}分别是钢轨左侧、右侧支点反力。

以右侧钢轨为例，钢轨支点反力

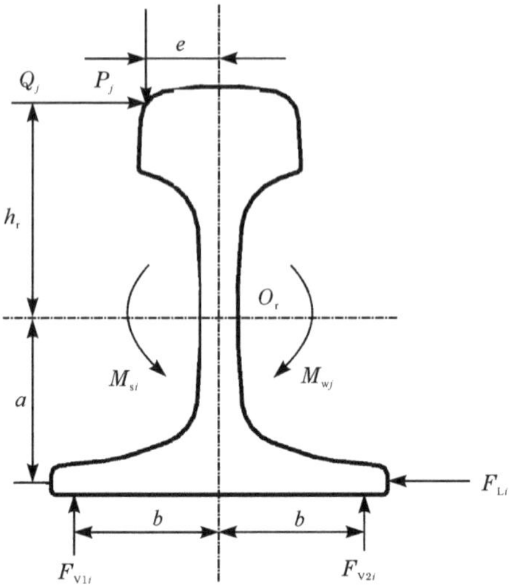

图 2.43 钢轨截面外力矩分析示意图

$$\begin{cases} F_{V1i}=\dfrac{1}{2}K_{pv}[Z_r-b\phi_r-Z_s-(d-b)\phi_s]+\dfrac{1}{2}C_{pv}[\dot{Z}_r-b\dot{\phi}_r-\dot{Z}_s-(d-b)\dot{\phi}_s] \\ F_{V2i}=\dfrac{1}{2}K_{pv}[Z_r+b\phi_r-Z_s-(d+b)\phi_s]+\dfrac{1}{2}C_{pv}[\dot{Z}_r+b\dot{\phi}_r-\dot{Z}_s-(d+b)\dot{\phi}_s] \end{cases} \tag{2.196}$$

式中，Z_r、ϕ_r分别是钢轨垂向位移和扭转位移；Z_s、ϕ_s分别是轨枕垂向位移和扭转位移。

$$\begin{cases} F_{Vi}=F_{V1i}+F_{V2i} \\ F_{Li}=K_{ph}(Y_r-Y_s-a\phi_r)+C_{ph}(\dot{Y}_r-\dot{Y}_s-a\dot{\phi}_r) \end{cases} \tag{2.197}$$

式中，Y_r、Y_s分别是钢轨、轨枕横向位移。于是

$$\begin{cases} M_{si}=(F_{V2i}-F_{V1i})b-F_{Li}a \\ M_{wj}=Q_jh_r-P_je \end{cases} \tag{2.198}$$

因此，t 时刻 x 坐标处钢轨的实际振动位移可表示为

$$\begin{cases} Z_r(x,t)=\sum\limits_{k=1}^{N_V}Z_k(x)q_{Vk}(t) \\ Y_r(x,t)=\sum\limits_{k=1}^{N_L}Y_k(x)q_{Lk}(t) \\ \phi_r(x,t)=\sum\limits_{k=1}^{N_T}\Theta_k(x)q_{Tk}(t) \end{cases} \tag{2.199}$$

显然，左右两股钢轨的振动方程具有相同的形式，不一一列写。

(2) 基于 Timoshenko 梁模型的钢轨振动微分方程

当钢轨采用 Timoshenko 梁模型时，钢轨垂向振动微分方程的形式同式(2.69)、式(2.70)，钢轨横向振动微分方程与其垂向方程具有相同的形式，钢轨扭转振动方程与 Euler 梁模型下的一致，即同式(2.193)。采用 Ritz 法，进一步引入钢轨截面转角位移正则振型坐标 $w_{Vk}(t)$（垂向）、$w_{Lk}(t)$（横向），经过变换最终可得到钢轨采用 Timoshenko 梁模型时的二阶常微分方程组。

垂向($k=1\sim N_V$)

$$\begin{cases}\ddot{q}_{Vk}(t)+\kappa_z A_r G_r \dfrac{1}{m_r}\left(\dfrac{k\pi}{l}\right)^2 q_{Vk}(t)-\kappa_z A_r G_r \dfrac{k\pi}{l}\sqrt{\dfrac{1}{m_r\rho_r I_Y}}w_{Vk}(t)\\ =-\sum\limits_{i=1}^{N}F_{Vi}Z_k(x_{si})+\sum\limits_{j=1}^{4}P_jZ_k(x_{wj})\\ \ddot{w}_{Vk}(t)+\left[\dfrac{\kappa_z A_r G_r}{\rho_r I_y}+\dfrac{E}{\rho_r}\left(\dfrac{k\pi}{l}\right)^2\right]w_{Vk}(t)-\kappa_z A_r G_r\dfrac{k\pi}{l}\sqrt{\dfrac{1}{m_r\rho_r I_Y}}q_{Vk}(t)=0\end{cases} \tag{2.200}$$

横向($k=1\sim N_L$)

$$\begin{cases}\ddot{q}_{Lk}(t)+\kappa_y A_r G_r \dfrac{1}{m_r}\left(\dfrac{k\pi}{l}\right)^2 q_{Lk}(t)-\kappa_y A_r G_r \dfrac{k\pi}{l}\sqrt{\dfrac{1}{m_r\rho_r I_Z}}w_{Lk}(t)\\ =-\sum\limits_{i=1}^{N}F_{Li}Y_k(x_{si})+\sum\limits_{j=1}^{4}Q_jY_k(x_{wj})\\ \ddot{w}_{Lk}(t)+\left[\dfrac{\kappa_y A_r G_r}{\rho_r I_Z}+\dfrac{E}{\rho_r}\left(\dfrac{k\pi}{l}\right)^2\right]w_{Lk}(t)-\kappa_y A_r G_r\dfrac{k\pi}{l}\sqrt{\dfrac{1}{m_r\rho_r I_Z}}q_{Lk}(t)=0\end{cases} \tag{2.201}$$

扭转($k=1\sim N_T$)

$$\ddot{q}_{Tk}(t)+\frac{G_r I_t}{\rho_r I_0}\left(\frac{k\pi}{l}\right)^2 q_{Tk}(t)=-\sum_{i=1}^{N}M_{si}\,\Theta_k(x_{si})+\sum_{j=1}^{4}M_{wj}\,\Theta_k(x_{wj}) \tag{2.202}$$

式(2.200)和式(2.201)中，κ_z、κ_y分别是钢轨截面垂向、横向剪切因子。

利用振型叠加法可求得钢轨的垂向、横向平动位移(Z_r、Y_r)和截面转角位移(ψ_{zr}、ψ_{yr})，以及钢轨扭转角位移。

垂向

$$\begin{cases}Z_r(x,t)=\sum\limits_{k=1}^{N_V}Z_k(x)q_{Vk}(t)\\ \psi_{zr}(x,t)=\sum\limits_{k=1}^{N_V}\Psi_{zk}(x)w_{Vk}(t)\end{cases} \tag{2.203}$$

横向

$$\begin{cases} Y_{\mathrm{r}}(x,t) = \sum_{k=1}^{N_{\mathrm{L}}} Y_k(x) q_{\mathrm{L}k}(t) \\ \psi_{y\mathrm{r}}(x,t) = \sum_{k=1}^{N_{\mathrm{L}}} \Psi_{yk}(x) w_{\mathrm{L}k}(t) \end{cases} \tag{2.204}$$

扭转

$$\phi_{\mathrm{r}}(x,t) = \sum_{k=1}^{N_{\mathrm{T}}} \Theta_k(x) q_{\mathrm{T}k}(t) \tag{2.205}$$

其中,各方向的振型函数如下。

垂向

$$\begin{cases} Z_k(x)=\sqrt{\dfrac{2}{m_{\mathrm{r}} l}}\sin\left(\dfrac{k\pi}{l}x\right) \\ \Psi_{zk}(x)=\sqrt{\dfrac{2}{\rho_{\mathrm{r}} I_Y l}}\cos\left(\dfrac{k\pi}{l}x\right) \end{cases} \tag{2.206}$$

横向

$$\begin{cases} Y_k(x)=\sqrt{\dfrac{2}{m_{\mathrm{r}} l}}\sin\left(\dfrac{k\pi}{l}x\right) \\ \Psi_{yk}(x)=\sqrt{\dfrac{2}{\rho_{\mathrm{r}} I_Z l}}\cos\left(\dfrac{k\pi}{l}x\right) \end{cases} \tag{2.207}$$

扭转

$$\Theta_k(x)=\sqrt{\frac{2}{\rho_{\mathrm{r}} I_0 l}}\sin\left(\frac{k\pi}{l}x\right) \tag{2.208}$$

(3) 轨枕振动方程

第 i 根轨枕的受力情况如图 2.44 所示。图中,$F_{\mathrm{LrV}i}$、$F_{\mathrm{RrV}i}$分别是左、右钢轨作用在第 i 根轨枕上的垂向力;$F_{\mathrm{LrL}i}$、$F_{\mathrm{RrL}i}$分别是左、右钢轨作用在第 i 根轨枕上的横向力;$M_{\mathrm{Lr}i}$、$M_{\mathrm{Rr}i}$分别是左、右轨作用在第 i 根轨枕上的力矩;$F_{\mathrm{LsV}i}$、$F_{\mathrm{RsV}i}$分别是左、右轨下道床作用在第 i 根轨枕上的垂向反力;$F_{\mathrm{LsL}i}$、$F_{\mathrm{RsL}i}$分别是左、右轨下道床作用在第 i 根轨枕上的横向反力。值得注意的是,下标 Lr、Rr 标识左、右钢轨,下标 Ls、Rs 标识左、右轨枕。

根据受力关系,可得到轨枕的运动方程如下。

垂向运动

$$M_{\mathrm{s}}\ddot{Z}_{\mathrm{s}}=F_{\mathrm{LrV}i}+F_{\mathrm{RrV}i}-F_{\mathrm{LsV}i}-F_{\mathrm{RsV}i} \tag{2.209}$$

横向运动

$$M_{\mathrm{s}}\ddot{Y}_{\mathrm{s}}=F_{\mathrm{LrL}i}+F_{\mathrm{RrL}i}-F_{\mathrm{LsL}i}-F_{\mathrm{RsL}i} \tag{2.210}$$

转动运动

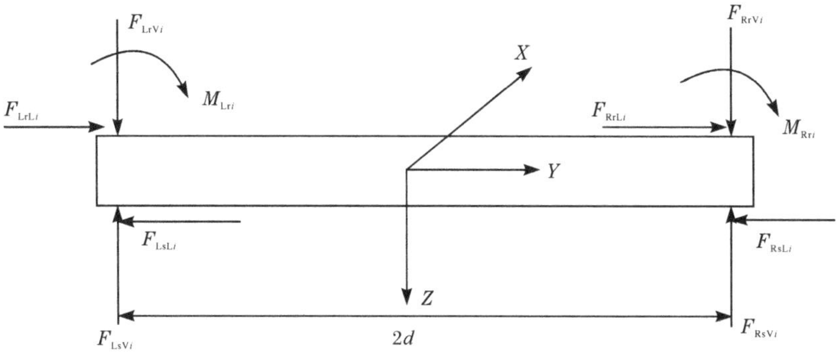

图 2.44　轨枕的受力示意图

$$J_s\ddot{\phi}_s=M_{Lri}+M_{Rri}+(F_{RrVi}-F_{RsVi})d-(F_{LrVi}-F_{LsVi})d \tag{2.211}$$

式中，J_s是轨枕转动惯量，$J_s=M_sL_s^2/12$。

各作用力的表达式为：F_{LrVi}、F_{RrVi}、F_{LrLi}、F_{RrLi}的表达式与式(2.196)相同，其他力/力矩的计算公式为

$$\begin{cases}F_{LsVi}=K_{bv}(Z_s-Z_{Lb}-d\phi_s)+C_{bv}(\dot{Z}_s-\dot{Z}_{Lb}-d\dot{\phi}_s)\\F_{RsVi}=K_{bv}(Z_s-Z_{Rb}+d\phi_s)+C_{bv}(\dot{Z}_s-\dot{Z}_{Rb}+d\dot{\phi}_s)\end{cases} \tag{2.212}$$

$$\begin{cases}M_{Lri}=-b(F_{LrV1i}-F_{LrV2i})\\M_{Rri}=-b(F_{RrV1i}-F_{RrV2i})\end{cases} \tag{2.213}$$

$$\begin{cases}F_{LsLi}=K_{bh}Y_s+C_{bh}\dot{Y}_s\\F_{RsLi}=K_{bh}Y_s+C_{bh}\dot{Y}_s\end{cases} \tag{2.214}$$

式(2.212)中，Z_{Lb}、Z_{Rb}分别是左、右侧道床垂向位移。

(4) 道床振动方程

在有砟轨道模型中，道床仅考虑垂向振动，同时考虑到左右、前后相邻道床块之间的相互作用影响，其受力情况如图 2.45 所示。图中，F_{Rb1i}、F_{Rb2i}分别是右侧道床块受前、后道床块的剪切力；F_{Lb1i}、F_{Lb2i}分别是左侧道床块受前、后道床块的剪切力；F_{LbRi}、F_{RbLi}分别是右侧道床块对左侧的剪切力、左侧道床块对右侧的剪切力；F_{Rbfi}、F_{Lbfi}分别是右侧、左侧道床受到路基的垂向支承力。

根据图 2.45 所示受力关系，可得到道床块的垂向振动方程如下。

左侧

$$M_b\ddot{Z}_{Lbi}=F_{LsVi}-F_{Lbfi}-F_{Lb1i}-F_{Lb2i}-F_{LbRi} \tag{2.215}$$

右侧

$$M_b\ddot{Z}_{Rbi}=F_{RsVi}-F_{Rbfi}-F_{Rb1i}-F_{Rb2i}-F_{RbLi} \tag{2.216}$$

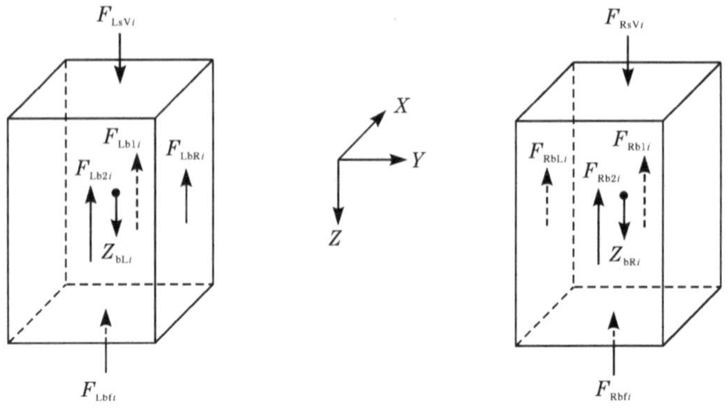

(a) 左侧　　(b) 右侧

图 2.45　第 i 根轨枕下左、右侧道床块受力关系

式中各作用力的表达式分别为

$$F_{Rb1i}=K_w[Z_{Rbi}-Z_{Rb(i+1)}]+C_w[\dot{Z}_{Rbi}-\dot{Z}_{Rb(i+1)}] \tag{2.217}$$

$$F_{Rb2i}=K_w[Z_{Rbi}-Z_{Rb(i-1)}]+C_w[\dot{Z}_{Rbi}-\dot{Z}_{Rb(i-1)}] \tag{2.218}$$

$$F_{Lb1i}=K_w[Z_{Lbi}-Z_{Lb(i+1)}]+C_w[\dot{Z}_{Lbi}-\dot{Z}_{Lb(i+1)}] \tag{2.219}$$

$$F_{Lb2i}=K_w[Z_{Lbi}-Z_{Lb(i-1)}]+C_w[\dot{Z}_{Lbi}-\dot{Z}_{Lb(i-1)}] \tag{2.220}$$

$$F_{LbRi}=K_w(Z_{Lbi}-Z_{Rbi})+C_w(\dot{Z}_{Lbi}-\dot{Z}_{Rbi}) \tag{2.221}$$

$$F_{RbLi}=-F_{LbRi} \tag{2.222}$$

$$F_{Rbfi}=K_{fv}Z_{Rbi}+C_{fv}\dot{Z}_{Rbi} \tag{2.223}$$

$$F_{Lbfi}=K_{fv}Z_{Lbi}+C_{fv}\dot{Z}_{Lbi} \tag{2.224}$$

其边界条件为

$$\begin{cases}Z_{Lb0}=\dot{Z}_{Lb0}=0\\ Z_{Lb(N+1)}=\dot{Z}_{Lb(N+1)}=0\end{cases} \tag{2.225}$$

$$\begin{cases}Z_{Rb0}=\dot{Z}_{Rb0}=0\\ Z_{Rb(N+1)}=\dot{Z}_{Rb(N+1)}=0\end{cases} \tag{2.226}$$

5. *无砟轨道结构振动方程*

(1) 长枕埋入式无砟轨道结构振动方程

由于长枕埋入式无砟轨道模型中仅考虑了钢轨的三向自由度，因此，钢轨的振动方程同前，即：当采用 Euler 梁模型时为式(2.191)～式(2.199)；当采用

Timoshenko 梁模型时，同式(2.200)～式(2.208)。需要注意的是，各式中的 Z_s、ϕ_s、Y_s均取为 0。

(2) 弹性支承块式无砟轨道结构振动方程

钢轨的振动方程同前。对于混凝土支承块，根据其受力关系(图 2.46)，可得其振动方程。

左侧支承块垂向运动

$$M_b \ddot{Z}_{Lbi}=F_{LrVi}-F_{LsVi} \tag{2.227}$$

左侧支承块横向运动

$$M_b \ddot{Y}_{Lbi}=F_{LrLi}-F_{LsLi} \tag{2.228}$$

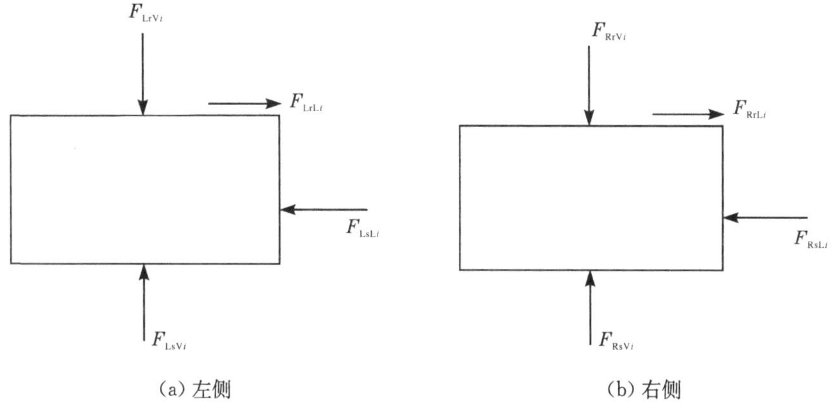

图 2.46　左、右支承块的受力示意图

右侧支承块垂向运动

$$M_b \ddot{Z}_{Rbi}=F_{RrVi}-F_{RsVi} \tag{2.229}$$

右侧支承块横向运动

$$M_b \ddot{Y}_{Rbi}=F_{RrLi}-F_{RsLi} \tag{2.230}$$

上述方程中，F_{RrVi}、F_{RrLi}、F_{LrVi}、F_{LrLi}的计算公式与式(2.196)和式(2.197)相同，只需令 $\phi_s=0$ 即可。F_{RsVi}、F_{RsLi}、F_{LsVi}、F_{LsLi}的计算公式与式(2.212)和式(2.214)相同，只需令 $Z_{Lb}=Z_{Rb}=\phi_s=0$。

(3) 板式无砟轨道结构振动方程

由于轨道板的厚度比轨道板的长度和宽度小很多，轨道板在垂向可视为弹性薄板，而轨道板的横向抗弯刚度很大，可简化为刚体。轨道板的坐标系及受力如图 2.47 所示。图中，P_{rVi}、P_{rLi}分别是轨道板上第 i 个钢轨扣结点的垂向力、横向力；F_{sVj}、F_{sLj}分别是轨道板上第 j 个支承点的垂向反力、横向反力；L_s、W_s和 h_s分别是轨道板的长度、宽度和厚度；X、Y 分别表示纵向、横向。

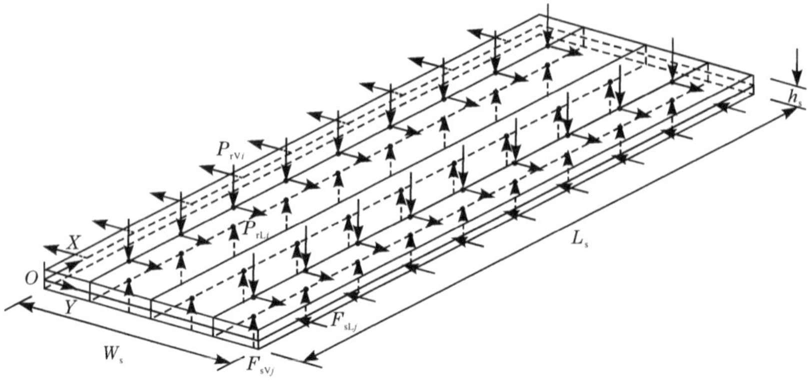

图 2.47　轨道板受力示意图

根据弹性薄板的振动理论，轨道板的垂向振动微分方程可写为

$$\frac{\partial^4 w(x,y,t)}{\partial x^4}+2\frac{\partial^4 w(x,y,t)}{\partial x^2\partial y^2}+\frac{\partial^4 w(x,y,t)}{\partial y^4}+\frac{C_s}{D_s}\frac{\partial w(x,y,t)}{\partial t}+\frac{\rho_s h_s}{D_s}\frac{\partial^2 w(x,y,t)}{\partial t^2}$$
$$=\frac{1}{D_s}\Big[\sum_{i=1}^{N_p}P_{rVi}(t)\delta(x-x_{pi})\delta(y-y_{pi})-\sum_{j=1}^{N_b}F_{sVj}(t)\delta(x-x_{bj})\delta(y-y_{bj})\Big] \tag{2.231}$$

式中，N_p是轨道板上左右轨总的扣结点数；N_b是轨道板下离散支承点数；$w(x,y,t)$是轨道板的垂向挠度；x_{pi}、y_{pi}分别是轨道板上第 i 个钢轨扣结点的纵向及横向位置；x_{bj}、y_{bj}分别是轨道板下第 j 个支承点的纵向及横向位置；ρ_s是轨道板的质量密度；C_s是轨道板的阻尼系数；D_s是轨道板的弯曲刚度，且

$$D_s=\frac{E_s h_s^3}{12(1-\nu_s^2)} \tag{2.232}$$

式中，E_s是轨道板的杨氏弹性模量；ν_s是轨道板的泊松比。

对于矩形薄板四边为简支、固定、自由、弹性边界之一的一般情况下，采用双向梁函数组合级数逼近方法可取得较为满意的结果[82]，工程中大部分矩形板振动分析均可采用此方法。轨道板是四边自由的矩形薄板，其边界条件关于对角线不对称，振型以 X_mY_n项为主，其振型表达式可简化表示为

$$W_{mn}(x,y)=X_m(x)Y_n(y) \tag{2.233}$$

式中，$X_m(x)$、$Y_n(y)$分别为轨道板长度、宽度方向的梁振型函数（m、n 为振型阶数），其中

$$\begin{cases} X_1(x)=1 \\ X_2(x)=\sqrt{3}\left(1-\dfrac{2x}{L_s}\right) \\ X_m(x)=\cosh(\alpha_m x)+\cos(\alpha_m x)-\beta_m[\sinh(\alpha_m x)+\sin(\alpha_m x)] \quad (m>2) \end{cases} \tag{2.234a}$$

$$\begin{cases} Y_1(y)=1 \\ Y_2(y)=\sqrt{3}\left(1-\dfrac{2y}{W_s}\right) \\ Y_n(y)=\cosh(\varepsilon_n y)+\cos(\varepsilon_n y)-\xi_n[\sinh(\varepsilon_n y)+\sin(\varepsilon_n y)] \quad (n>2) \end{cases} \tag{2.234b}$$

且频率系数 α_m 和 ε_n 的计算公式为

$$\begin{cases} \alpha_3=\dfrac{4.73002}{L_s} \\ \alpha_m=\dfrac{2m-3}{2L_s}\pi \quad (m\geqslant 4) \end{cases} \tag{2.235a}$$

$$\begin{cases} \varepsilon_3=\dfrac{4.73002}{W_s} \\ \varepsilon_n=\dfrac{2n-3}{2W_s}\pi \quad (n\geqslant 4) \end{cases} \tag{2.235b}$$

振型系数 β_m 和 ξ_n 的表达式为

$$\begin{cases} \beta_3=0.982502 \\ \beta_m=\dfrac{\cosh(\alpha_m L_s)-\cos(\alpha_m L_s)}{\sinh(\alpha_m L_s)-\sin(\alpha_m L_s)} \quad (m\geqslant 4) \end{cases} \tag{2.236a}$$

$$\begin{cases} \xi_3=0.982502 \\ \xi_n=\dfrac{\cosh(\varepsilon_n W_s)-\cos(\varepsilon_n W_s)}{\sinh(\varepsilon_n W_s)-\sin(\varepsilon_n W_s)} \quad (n\geqslant 4) \end{cases} \tag{2.236b}$$

式(2.231)为关于挠曲面函数 $w(x,y,t)$ 的四阶偏微分方程，可采用分离变量法求解。设轨道板挠度的解为

$$w(x,y,t)=\sum_{m=1}^{N_x}\sum_{n=1}^{N_y}X_m(x)Y_n(y)T_{mn}(t) \tag{2.237}$$

式中，N_x、N_y 分别是轨道板长度、宽度方向的截止模态阶数；$T_{mn}(t)$ 是轨道板的正则坐标。

将式(2.237)代入式(2.231)，可得

$$\sum_{m=1}^{N_x}\sum_{n=1}^{N_y}X''''_m(x)Y_n(y)T_{mn}(t)+2\sum_{m=1}^{N_x}\sum_{n=1}^{N_y}X''_m(x)Y''_n(y)T_{mn}(t)$$
$$+\sum_{m=1}^{N_x}\sum_{n=1}^{N_y}X_m(x)Y''''_n(y)T_{mn}(t)+\frac{C_s}{D_s}\sum_{m=1}^{N_x}\sum_{n=1}^{N_y}X_m(x)Y_n(y)\dot{T}_{mn}(t)$$

$$
\begin{aligned}
&+\frac{\rho_s h_s}{D_s}\sum_{m=1}^{N_x}\sum_{n=1}^{N_y}X_m(x)Y_n(y)\ddot{T}_{mn}(t)\\
=&\frac{1}{D_s}\sum_{i=1}^{N_p}P_{\mathrm{rV}i}(t)\delta(x-x_{\mathrm{p}i})\delta(y-y_{\mathrm{p}i})\\
&-\frac{1}{D_s}\sum_{j=1}^{N_b}F_{\mathrm{sV}j}(t)\delta(x-x_{\mathrm{b}j})\delta(y-y_{\mathrm{b}j})
\end{aligned}
\tag{2.238}
$$

在式(2.238)两边同乘以轨道板的振型函数 $W_{ks}(x,y)$，并对板面积分，利用梁振型函数的正交性，可得轨道板垂向振动关于正则坐标的二阶常微分方程

$$
\begin{aligned}
&\ddot{T}_{mn}(t)+\frac{C_s}{\rho_s h_s}\dot{T}_{mn}(t)+\frac{D_s}{\rho_s h_s}\frac{B_3B_2+2B_4B_5+B_1B_6}{B_1B_2}T_{mn}(t)\\
=&\frac{1}{\rho_s h_s B_1 B_2}\left[\sum_{i=1}^{N_p}P_{\mathrm{rV}i}(t)X_m(x_{\mathrm{p}i})Y_n(y_{\mathrm{p}i})-\sum_{j=1}^{N_b}F_{\mathrm{sV}j}(t)X_m(x_{\mathrm{b}j})Y_n(y_{\mathrm{b}j})\right]
\end{aligned}
\tag{2.239}
$$

式中，m、n 均正整数，$m=1,2,\cdots,N_x$，$n=1,2,\cdots,N_y$。

$$
\begin{cases}
B_1=\int_0^{L_s}X_m^2(x)\mathrm{d}x\\
B_2=\int_0^{W_s}Y_n^2(y)\mathrm{d}y\\
B_3=\int_0^{L_s}X_m''''(x)X_m(x)\mathrm{d}x\\
B_4=\int_0^{L_s}X_m''(x)X_m(x)\mathrm{d}x\\
B_5=\int_0^{W_s}Y_n''(y)Y_n(y)\mathrm{d}y\\
B_6=\int_0^{W_s}Y_n''''(y)Y_n(y)\mathrm{d}y
\end{cases}
\tag{2.240}
$$

式中各系数的具体表达式可参考文献[82]的附录Ⅰ。

轨道板的横向运动方程为

$$
\rho_s L_s W_s h_s \ddot{y}_s=\sum_{i=1}^{N_p}P_{\mathrm{rL}i}-2\sum_{j=1}^{N_l}F_{\mathrm{sL}j}
\tag{2.241}
$$

式中，N_l是轨道板下离散支承点数(按列排)。

轨道板的转动方程为

$$
J_{sz}\ddot{\phi}_s=\sum_{i=1}^{N_p}P_{\mathrm{rL}i}d_{\mathrm{p}i}-2\sum_{j=1}^{N_l}F_{\mathrm{sL}j}d_{\mathrm{b}j}
\tag{2.242}
$$

式中，$d_{\mathrm{p}i}$是轨道板上第 i 个钢轨扣结点与轨道板中心的纵向距离，右侧为正；$d_{\mathrm{b}j}$是轨道板下第 j 个支承截面与轨道板中心的纵向距离，左侧为正；J_{sz}是轨道板绕垂

直轴的转动惯量，且 $J_{sz}=\rho_s L_s h_s W_s^3/12$。

2.4　轮轨空间动态耦合模型

轮轨动态耦合关系是车辆—轨道耦合动力学的核心，它是车辆子系统和轨道子系统之间的连接纽带，二子系统之间的动态耦合与反馈作用均通过这一环节而实现。轮轨动态耦合关系是相对经典车辆动力学中“钢轨静止不动”的假设而言的，经典轮轨关系模型不考虑轨道体系振动及钢轨弹性变形对轮轨接触几何关系和轮轨动作用力（接触力、蠕滑力）的影响，而车辆—轨道耦合动力学由于考虑了这种影响，因而对轮轨关系的描述将更加复杂，下面将详细介绍我们所建立的轮轨空间动态耦合模型。

2.4.1　轮轨系统坐标系及其变换

轮轨系统坐标系是确定轮轨关系的基础，必须首先予以明确。图 2.48 给出了轮对与轨道的坐标系定义。

图中各坐标系的定义说明如下：

① $O\text{-}XYZ$：绝对坐标系，固结于初始轮对无运动且轮轨刚好接触但不形成压缩时的轮对质心处，不随轮对的运动而变化，其单位矢量为 $\boldsymbol{e}=[\boldsymbol{i},\boldsymbol{j},\boldsymbol{k}]$。

② $O_w\text{-}X_wY_wZ_w$：轮对坐标系，固结于轮对质心，随轮对一起运动，相对固定坐标系而言，有沿 X、Y、Z 三个方向的平动及绕 X、Z 轴的转动，其单位矢量为 $\boldsymbol{e}_w=[\boldsymbol{i}_w,\boldsymbol{j}_w,\boldsymbol{k}_w]$。

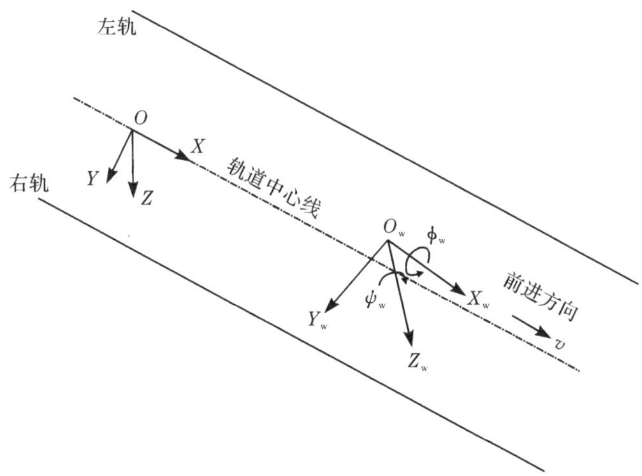

(a) 系统坐标系

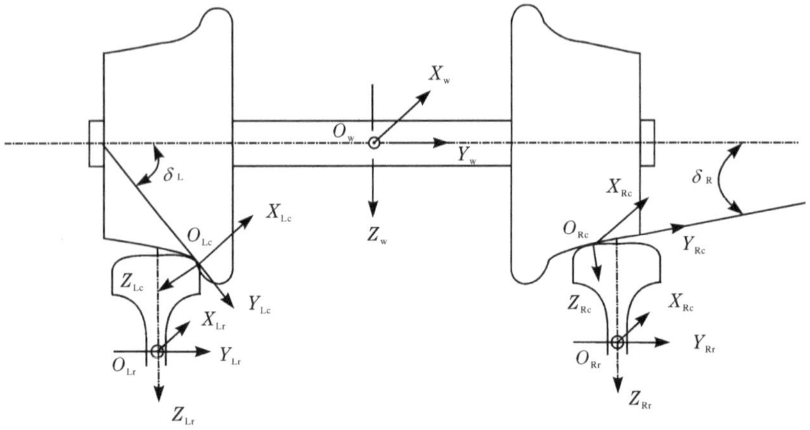

(b) 轮轨坐标系

图 2.48 轮对与轨道的坐标系定义

③ O_{Lc}-$X_{Lc}Y_{Lc}Z_{Lc}$、O_{Rc}-$X_{Rc}Y_{Rc}Z_{Rc}$:分别是左、右侧接触斑坐标系,随轮对一起运动并随接触点变化而变化,其单位矢量分别是为 $\boldsymbol{e}_{Lc}=[\boldsymbol{i}_{Lc},\boldsymbol{j}_{Lc},\boldsymbol{k}_{Lc}]$、$\boldsymbol{e}_{Rc}=[\boldsymbol{i}_{Rc},\boldsymbol{j}_{Rc},\boldsymbol{k}_{Rc}]$。

④ O_{Lr}-$X_{Lr}Y_{Lr}Z_{Lr}$、O_{Rr}-$X_{Rr}Y_{Rr}Z_{Rr}$:左、右侧钢轨坐标系,固结于左、右轨质心,并随钢轨的运动而变化,反映钢轨的横向、垂向平动及绕质心的转动,其单位矢量分别为 $\boldsymbol{e}_{Lr}=[\boldsymbol{i}_{Lr},\boldsymbol{j}_{Lr},\boldsymbol{k}_{Lr}]$、$\boldsymbol{e}_{Rr}=[\boldsymbol{i}_{Rr},\boldsymbol{j}_{Rr},\boldsymbol{k}_{Rr}]$。

各坐标系之间的旋转变换关系为

$$\begin{Bmatrix}\boldsymbol{i}_w\\\boldsymbol{j}_w\\\boldsymbol{k}_w\end{Bmatrix}=\begin{bmatrix}\cos\psi_w & \sin\psi_w & 0\\-\cos\phi_w\sin\psi_w & \cos\phi_w\cos\psi_w & \sin\phi_w\\\sin\phi_w\sin\psi_w & -\sin\phi_w\cos\psi_w & \cos\phi_w\end{bmatrix}\begin{Bmatrix}\boldsymbol{i}\\\boldsymbol{j}\\\boldsymbol{k}\end{Bmatrix}\tag{2.243}$$

$$\begin{Bmatrix}\boldsymbol{i}_{Lc}\\\boldsymbol{j}_{Lc}\\\boldsymbol{k}_{Lc}\end{Bmatrix}=\begin{bmatrix}\cos\psi_w & \sin\psi_w & 0\\-\cos(\delta_L+\phi_w)\sin\psi_w & \cos(\delta_L+\phi_w)\cos\psi_w & \sin(\delta_L+\phi_w)\\\sin(\delta_L+\phi_w)\sin\psi_w & -\sin(\delta_L+\phi_w)\cos\psi_w & \cos(\delta_L+\phi_w)\end{bmatrix}\begin{Bmatrix}\boldsymbol{i}\\\boldsymbol{j}\\\boldsymbol{k}\end{Bmatrix}\tag{2.244}$$

$$\begin{Bmatrix}\boldsymbol{i}_{Rc}\\\boldsymbol{j}_{Rc}\\\boldsymbol{k}_{Rc}\end{Bmatrix}=\begin{bmatrix}\cos\psi_w & \sin\psi_w & 0\\-\cos(\delta_R-\phi_w)\sin\psi_w & \cos(\delta_R-\phi_w)\cos\psi_w & -\sin(\delta_R-\phi_w)\\-\sin(\delta_R-\phi_w)\sin\psi_w & \sin(\delta_R-\phi_w)\cos\psi_w & \cos(\delta_R-\phi_w)\end{bmatrix}\begin{Bmatrix}\boldsymbol{i}\\\boldsymbol{j}\\\boldsymbol{k}\end{Bmatrix}\tag{2.245}$$

$$\begin{Bmatrix}\boldsymbol{i}_{Lr}\\\boldsymbol{j}_{Lr}\\\boldsymbol{k}_{Lr}\end{Bmatrix}=\begin{bmatrix}1 & 0 & 0\\0 & \cos(\phi_{rL}+\phi_0) & \sin(\phi_{rL}+\phi_0)\\0 & -\sin(\phi_{rL}+\phi_0) & \cos(\phi_{rL}+\phi_0)\end{bmatrix}\begin{Bmatrix}\boldsymbol{i}\\\boldsymbol{j}\\\boldsymbol{k}\end{Bmatrix}\tag{2.246}$$

$$\begin{Bmatrix} \boldsymbol{i}_{\mathrm{Rr}} \\ \boldsymbol{j}_{\mathrm{Rr}} \\ \boldsymbol{k}_{\mathrm{Rr}} \end{Bmatrix} = \begin{bmatrix} 1 & 0 & 0 \\ 0 & \cos(\phi_{\mathrm{rR}}-\phi_0) & \sin(\phi_{\mathrm{rR}}-\phi_0) \\ 0 & -\sin(\phi_{\mathrm{rR}}-\phi_0) & \cos(\phi_{\mathrm{rR}}-\phi_0) \end{bmatrix} \begin{Bmatrix} \boldsymbol{i} \\ \boldsymbol{j} \\ \boldsymbol{k} \end{Bmatrix} \tag{2.247}$$

上述式中，δ_{L}、δ_{R}分别是左、右侧轮轨接触角；ϕ_{rL}、ϕ_{rR}分别是左、右侧钢轨扭转角；ϕ_0是钢轨的标准轨底坡。

2.4.2　轮轨空间动态耦合模型

1. 轮轨空间接触几何关系

由于轮对在实际运行过程中存在摇头角位移，因而轮轨之间的接触关系不再只是车轮主轮廓线与钢轨轮廓线之间的关系，此时轮轨接触点不在主轮廓线上，需要按空间问题进行求解。

进行轮轨空间接触几何计算通常可采用迹线法[83]。其基本原理是轮轨空间接触点只可能在一条空间曲线上(这条曲线称为迹线)，可以通过寻求一条迹线来代替整个踏面区域，从而利用迹线在一维区域(空间曲线)扫描以代替在两维区域(曲面)内扫描。

空间接触几何关系具体求解步骤是：

① 在某一时刻，通过数值积分方法求解得到轮对及钢轨的运动位移量，主要包括轮对横移、轮对侧滚、轮对摇头及钢轨横移、钢轨扭转。

② 构建车轮踏面接触点的空间迹线。轮轨接触点示意图如图 2.49 所示，O_{R}和 B 分别表示空间接触点和滚动圆圆心的位置；A 表示接触点公法线与轮对中心线的交点；O_{w}是轮对坐标系的原点；O'_{R}、B'、A'及O'_{w}分别对应O_{R}、B、A 和O_{w}点在 OXY 平面内的投影，因此，轮对空间中心线 $O_{\mathrm{w}}B$ 在 OXY 平面内的投影为$O'_{\mathrm{w}}B'$；O''_{w}是O'_{w}在 OY 轴上的投影点。从图 2.49 中还可以看出，空间接触点 O_{R}位于主轮廓线之前，表示接触点超前，OO''_{w}是轮对横向位移量(用 Y_{w}表示)。

从空间几何关系可知，接触点 O_{R}在三个面之内，即包含 B 点的滚动圆平面、以 B 为球心以 R_{w}(车轮滚动圆半径)为半径的球面、A-A'-O'_{R}-O_{R}平面。通过三个面的方程可推导得到轮轨接触点 O_{R}坐标(在绝对坐标系)为

$$\begin{cases} x = x_B + l_x R_{\mathrm{w}} \tan\delta_{\mathrm{R}} \\ y = y_B - \dfrac{R_{\mathrm{w}}}{1-l_x^2}(l_x^2 l_y^2 \tan\delta_{\mathrm{R}} + l_z m) \\ z = z_B - \dfrac{R_{\mathrm{w}}}{1-l_x^2}(l_x^2 l_z^2 \tan\delta_{\mathrm{R}} - l_y m) \end{cases} \tag{2.248}$$

式中，δ_R是车轮踏面接触角；$m=\sqrt{1-l_x(1+\tan^2\delta_{\mathrm{R}})}$；$l_x$、$l_y$、$l_z$分别是 X、Y、Z 方向余弦，且

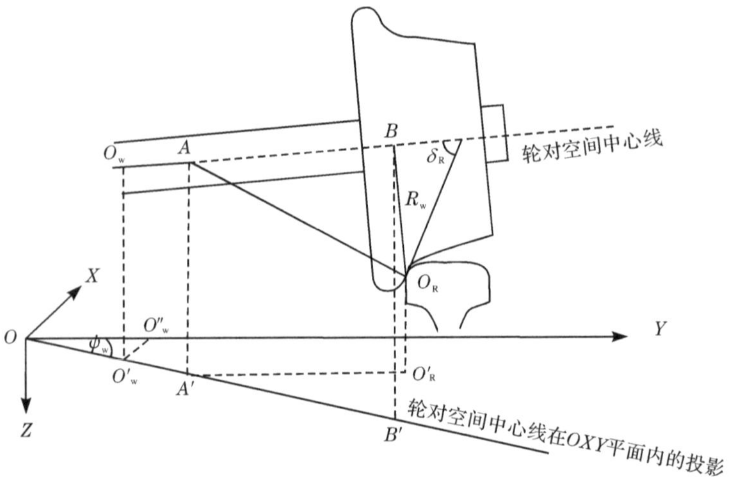

图 2.49　轮轨空间接触几何关系示意图(以右侧为例)

$$\begin{cases} l_x = -\cos\phi_w \sin\psi_w \\ l_y = \cos\phi_w \cos\psi_w \\ l_z = \sin\phi_w \end{cases} \tag{2.249}$$

滚动圆圆心 B 的坐标是

$$\begin{cases} x_B = d_w l_x \\ y_B = d_w l_y + Y_w \\ z_B = d_w l_z \end{cases} \tag{2.250}$$

式中,d_w是在轮对坐标系中车轮踏面各滚动圆横坐标。

因此,通过逐步改变轮对坐标系下车轮踏面各滚动圆横坐标 d_w,就可以构成某时刻的轮轨空间接触迹线。

③ 在绝对坐标系 O-XYZ 中离散左、右侧钢轨轨头动态轮廓线。值得注意的是,轨头轮廓线离散点坐标是考虑钢轨振动位移及轨道几何不平顺静态位移后的绝对坐标。

④ 在绝对坐标系中,采用最小距离法求解左、右侧轮轨接触点。可将轮对人为地向上平移一段距离(图 2.50),分别扫描左、右侧轮轨离散点,找到每侧的最小距离点,即为左侧和右侧的轮轨实际接触点。需要说明的是,传统车辆动力学中强调左、右侧最小距离必须相等,否则,需通过调整侧滚角重复迭代。事实上,由于轮轨为弹性接触且可能相互脱离,所以左、右侧轮轨最小垂向间距并不一定相等,其差别正好反映了左、右侧轮轨法向弹性压缩量的不同。

⑤ 根据左、右侧轮轨接触点,求解接触几何参量,包括接触点在车轮踏面及钢轨轮廓面上的曲率、接触点在轮对及钢轨坐标系中的位置、接触角等。

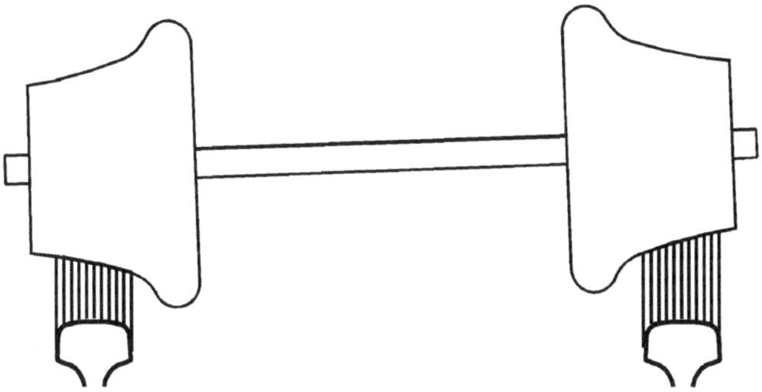

图 2.50　最小距离法示意图

由此可见，轮轨空间动态耦合模型求解轮轨接触几何关系时，避免了轮对侧滚角迭代过程，可以考虑轮轨之间的弹性接触变形和轮轨瞬时脱离的情形，突破了经典车辆动力学中“轮、轨均为刚性体”及“左、右侧轮轨始终保持接触”的基本假设。

2. 轮轨法向力求解

轮轨法向力采用著名的赫兹非线性弹性接触理论，可参见本章式(2.106)。由式(2.106)可知，要正确求解轮轨法向力，必须准确求出每一时刻轮轨接触处的法向弹性压缩量。

当仅考虑轮轨垂向振动时，轮轨法向压缩量就为轮对和钢轨的垂向相对位移，所以显得很简单。但当同时考虑轮轨垂向和横向振动时，影响轮轨法向压缩量的因素较多，如轮对横向位移、摇头角和侧滚角，钢轨的垂向位移、横向位移和扭转角，另外还有轨道几何不平顺等，求解法向压缩量时略显复杂，下面将介绍求解过程。

由前面轮轨空间接触几何关系计算(已经充分考虑了上述各种位移量的影响)，便可得到第 j 位轮对下 t 时刻左、右侧轮轨最小垂向间距 $\Delta Z_{\mathrm{L}wjt}$、$\Delta Z_{\mathrm{R}wjt}$。然后，减去零时刻左、右侧轮轨最小垂向间距 $\Delta Z_{\mathrm{L}wj0}$、$\Delta Z_{\mathrm{R}wj0}$(由对称关系有 $\Delta Z_{\mathrm{L}wj0}=\Delta Z_{\mathrm{R}wj0}=\Delta Z_{wj0}$)，从而得到第 j 位轮对下 t 时刻左、右侧轮轨垂向相对位移

$$\begin{cases}\delta Z_{\mathrm{L}j}=Z_{wj}(t)-(\Delta Z_{\mathrm{L}wjt}-\Delta Z_{wj0})\\ \delta Z_{\mathrm{R}j}=Z_{wj}(t)-(\Delta Z_{\mathrm{R}wjt}-\Delta Z_{wj0})\end{cases}\tag{2.251}$$

式中，$Z_{wj}(t)$是 t 时刻第 j 位轮对质心的垂向位移(在轮轨接触计算程序中未予考虑)。

根据轮轨法向压缩量与轮轨垂向相对位移之间的几何关系，便可得到左、右侧轮轨法向压缩量

$$\begin{cases}\delta Z_{\mathrm{L}cj}=\dfrac{\delta Z_{\mathrm{L}j}}{\cos(\delta_{\mathrm{L}}+\phi_{\mathrm{w}})}\\ \delta Z_{\mathrm{R}cj}=\dfrac{\delta Z_{\mathrm{R}j}}{\cos(\delta_{\mathrm{R}}-\phi_{\mathrm{w}})}\end{cases} \tag{2.252}$$

这种求解轮轨法向压缩量的新方法巧妙地避免了轮对横向位移、摇头角和侧滚角、钢轨垂向位移、横向位移和扭转角等众多因素的叠加过程，具有简洁、易实现等优点。显然，当 $\delta Z_{\mathrm{L}cj}$ 和 $\delta Z_{\mathrm{R}cj}$ 小于 0 时，说明轮轨相互脱离，此时的轮轨法向力应为零。

常见的轮轨接触状态可分为三种，如图 2.51 所示。图 2.51(a)为左、右侧轮轨均接触的正常状态，属最常见的情形；图 2.51(b)为左侧轮轨相互脱离，右侧接触，这也是一种时有发生的轮轨接触状态，有车辆倾覆的危险；图 2.51(c)为左、右侧轮轨均相互脱离的悬浮状态，是特定条件下可能出现的瞬时状态，有较大的脱轨危险。利用上述方法不仅可以求解两侧轮轨正常接触[图 2.51(a)]时的正压力，而且可以求解仅一侧轮轨接触[图 2.51(b)]时的正压力，此外还能判别两侧车轮悬浮状态[图 2.51(c)]，因而较经典车辆动力学方法更加全面，也更能反映轮轨动态作用实际状况。

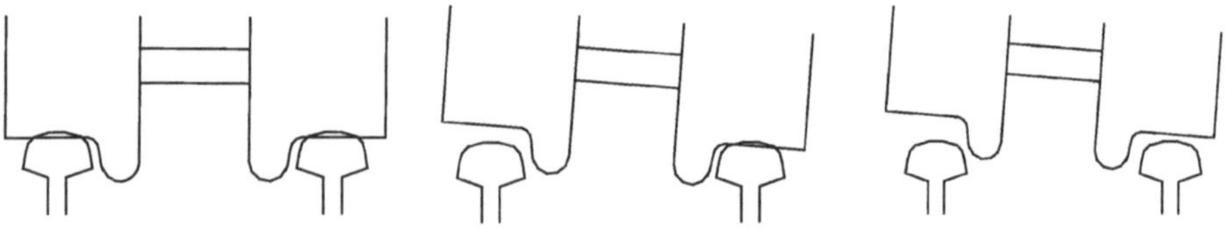

(a) 左、右侧轮轨均接触　　(b) 一侧接触、一侧脱离　　(c) 两侧均瞬时脱离

图 2.51　轮轨接触状态图

3. 轮轨蠕滑力求解

关于轮轨蠕滑力的计算，首先按 Kalker 线性理论[84]计算，然后进行非线性修正[85,86]。与经典的车辆动力学不同，在车辆—轨道耦合动力学中，计算轮轨蠕滑率时详细地考虑了左、右钢轨的垂向、横向和扭转振动速度。

以轮轨接触椭圆中心 O_{Rc} 为原点，建立 O_{Rc}-$X_{\mathrm{Rc}}Y_{\mathrm{Rc}}Z_{\mathrm{Rc}}$ 坐标系统，如图 2.52 所示。$O_{\mathrm{Rc}}X_{\mathrm{Rc}}$ 轴为车轮的前进速度方向，与 $O_{\mathrm{Rc}}X$ 轴重合；$O_{\mathrm{Rc}}Y_{\mathrm{Rc}}$ 轴在轮轨的接触平面内，与 $O_{\mathrm{Rc}}Y$ 轴的夹角在左接触点为 $\delta_{\mathrm{L}}+\phi_{\mathrm{rL}}+\phi_0$，在右接触点为 $\delta_{\mathrm{R}}-\phi_{\mathrm{rR}}+\phi_0$；$O_{\mathrm{Rc}}Z_{\mathrm{Rc}}$ 轴为接触平面法向。

设在 O_{Rc}-$X_{\mathrm{Rc}}Y_{\mathrm{Rc}}Z_{\mathrm{Rc}}$ 坐标系中，车轮上的接触椭圆沿 $O_{\mathrm{Rc}}X_{\mathrm{Rc}}$ 轴、$O_{\mathrm{Rc}}Y_{\mathrm{Rc}}$ 轴和绕 $O_{\mathrm{Rc}}Z_{\mathrm{Rc}}$ 轴的运动速度分别为 v_{w1}、v_{w2} 和 Ω_{w3}，在钢轨上接触椭圆的运动速度分别为 v_{r1}、v_{r2} 和 Ω_{r3}。则轮轨纵向蠕滑率(ξ_x)、横向蠕滑率(ξ_y)和自旋蠕滑率(ξ_ϕ)在轮轨

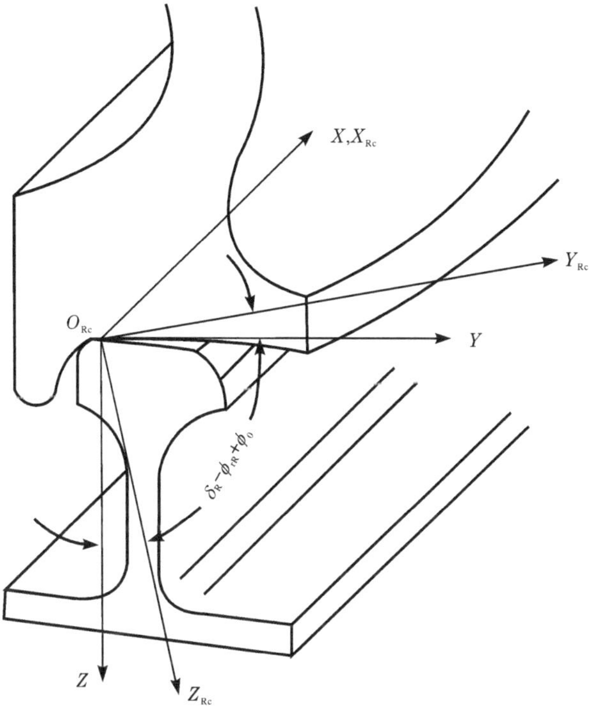

图 2.52　轮轨接触示意图(以右侧为例)

接触斑坐标系中定义为

$$\begin{cases} \xi_x = \dfrac{v_{w1} - v_{r1}}{v} \\ \xi_y = \dfrac{v_{w2} - v_{r2}}{v} \\ \xi_\phi = \dfrac{\Omega_{w3} - \Omega_{r3}}{v} \end{cases} \tag{2.253}$$

式中，v 是轮对在钢轨上的名义前进速度。

(1) 纵向和横向蠕滑率的求解

轮对质心相对于固定坐标系的平动速度为

$$\boldsymbol{v}_{ow} = \dot{X}_{ow}\boldsymbol{i} + \dot{Y}_{ow}\boldsymbol{j} + \dot{Z}_{ow}\boldsymbol{k} \tag{2.254}$$

轮对相对于固定坐标系的绝对角速度为

$$\boldsymbol{\omega}_w = \begin{bmatrix} \dot{\phi}_w\cos\psi_w - (-\Omega + \dot{\beta}_w)\cos\phi_w\sin\psi_w \\ \dot{\phi}_w\sin\psi_w + (-\Omega + \dot{\beta}_w)\cos\phi_w\cos\psi_w \\ (-\Omega + \dot{\beta}_w)\sin\phi_w + \dot{\psi}_w \end{bmatrix}^{\mathrm{T}} \begin{Bmatrix} \boldsymbol{i} \\ \boldsymbol{j} \\ \boldsymbol{k} \end{Bmatrix} = \begin{bmatrix} \omega_{wx} \\ \omega_{wy} \\ \omega_{wz} \end{bmatrix}^{\mathrm{T}} \begin{Bmatrix} \boldsymbol{i} \\ \boldsymbol{j} \\ \boldsymbol{k} \end{Bmatrix} \tag{2.255}$$

若左、右接触点到轮对质心的矢径分别以 $\boldsymbol{R}_{\mathrm{L}}$、$\boldsymbol{R}_{\mathrm{R}}$ 表示，则有

$$\boldsymbol{R}_{\mathrm{L}}=\begin{bmatrix}R'_{x\mathrm{L}}\\R'_{y\mathrm{L}}\\R'_{z\mathrm{L}}\end{bmatrix}^{\mathrm{T}}\begin{Bmatrix}\boldsymbol{i}_{\mathrm{w}}\\\boldsymbol{j}_{\mathrm{w}}\\\boldsymbol{k}_{\mathrm{w}}\end{Bmatrix}=\begin{bmatrix}R'_{x\mathrm{L}}\cos\psi_{\mathrm{w}}-R'_{y\mathrm{L}}\cos\phi_{\mathrm{w}}\sin\psi_{\mathrm{w}}+R'_{z\mathrm{L}}\sin\phi_{\mathrm{w}}\sin\psi_{\mathrm{w}}\\R'_{x\mathrm{L}}\sin\psi_{\mathrm{w}}+R'_{y\mathrm{L}}\cos\phi_{\mathrm{w}}\cos\psi_{\mathrm{w}}-R'_{z\mathrm{L}}\sin\phi_{\mathrm{w}}\cos\psi_{\mathrm{w}}\\R'_{y\mathrm{L}}\sin\phi_{\mathrm{w}}+R'_{z\mathrm{L}}\cos\phi_{\mathrm{w}}\end{bmatrix}^{\mathrm{T}}\begin{Bmatrix}\boldsymbol{i}\\\boldsymbol{j}\\\boldsymbol{k}\end{Bmatrix}$$

$$=\begin{bmatrix}R_{x\mathrm{L}}\\R_{y\mathrm{L}}\\R_{z\mathrm{L}}\end{bmatrix}^{\mathrm{T}}\begin{Bmatrix}\boldsymbol{i}\\\boldsymbol{j}\\\boldsymbol{k}\end{Bmatrix}\tag{2.256}$$

$$\boldsymbol{R}_{\mathrm{R}}=\begin{bmatrix}R'_{x\mathrm{R}}\\R'_{y\mathrm{R}}\\R'_{z\mathrm{R}}\end{bmatrix}^{\mathrm{T}}\begin{Bmatrix}\boldsymbol{i}_{\mathrm{w}}\\\boldsymbol{j}_{\mathrm{w}}\\\boldsymbol{k}_{\mathrm{w}}\end{Bmatrix}=\begin{bmatrix}R'_{x\mathrm{R}}\cos\psi_{\mathrm{w}}-R'_{y\mathrm{R}}\cos\phi_{\mathrm{w}}\sin\psi_{\mathrm{w}}+R'_{z\mathrm{R}}\sin\phi_{\mathrm{w}}\sin\psi_{\mathrm{w}}\\R'_{x\mathrm{R}}\sin\psi_{\mathrm{w}}+R'_{y\mathrm{R}}\cos\phi_{\mathrm{w}}\cos\psi_{\mathrm{w}}-R'_{z\mathrm{R}}\sin\phi_{\mathrm{w}}\cos\psi_{\mathrm{w}}\\R'_{y\mathrm{R}}\sin\phi_{\mathrm{w}}+R'_{z\mathrm{R}}\cos\phi_{\mathrm{w}}\end{bmatrix}^{\mathrm{T}}\begin{Bmatrix}\boldsymbol{i}\\\boldsymbol{j}\\\boldsymbol{k}\end{Bmatrix}$$

$$=\begin{bmatrix}R_{x\mathrm{R}}\\R_{y\mathrm{R}}\\R_{z\mathrm{R}}\end{bmatrix}^{\mathrm{T}}\begin{Bmatrix}\boldsymbol{i}\\\boldsymbol{j}\\\boldsymbol{k}\end{Bmatrix}\tag{2.257}$$

接触点相对于轮对质心的相对速度为

$$\boldsymbol{v}_{\mathrm{R(L,R)}}=\boldsymbol{\omega}_{\mathrm{w}}\times\boldsymbol{R}_{\mathrm{(L,R)}}=\begin{vmatrix}\boldsymbol{i}&\boldsymbol{j}&\boldsymbol{k}\\\omega_{\mathrm{w}x}&\omega_{\mathrm{w}y}&\omega_{\mathrm{w}z}\\R_{x\mathrm{(L,R)}}&R_{y\mathrm{(L,R)}}&R_{z\mathrm{(L,R)}}\end{vmatrix}=\begin{bmatrix}\omega_{\mathrm{w}x}R_{z\mathrm{(L,R)}}-\omega_{\mathrm{w}x}R_{y\mathrm{(L,R)}}\\\omega_{\mathrm{w}y}R_{x\mathrm{(L,R)}}-\omega_{\mathrm{w}y}R_{z\mathrm{(L,R)}}\\\omega_{\mathrm{w}z}R_{y\mathrm{(L,R)}}-\omega_{\mathrm{w}z}R_{x\mathrm{(L,R)}}\end{bmatrix}^{\mathrm{T}}\begin{Bmatrix}\boldsymbol{i}\\\boldsymbol{j}\\\boldsymbol{k}\end{Bmatrix}\tag{2.258}$$

根据速度合成定理，轮对在接触点的绝对速度为

$$\boldsymbol{v}_{\mathrm{w(L,R)}}=\begin{bmatrix}\dot{X}_{\mathrm{ow}}+\omega_{\mathrm{w}x}R_{z\mathrm{(L,R)}}-\omega_{\mathrm{w}x}R_{y\mathrm{(L,R)}}\\\dot{Y}_{\mathrm{ow}}+\omega_{\mathrm{w}y}R_{x\mathrm{(L,R)}}-\omega_{\mathrm{w}y}R_{z\mathrm{(L,R)}}\\\dot{Z}_{\mathrm{ow}}+\omega_{\mathrm{w}z}R_{y\mathrm{(L,R)}}-\omega_{\mathrm{w}z}R_{x\mathrm{(L,R)}}\end{bmatrix}^{\mathrm{T}}\begin{Bmatrix}\boldsymbol{i}\\\boldsymbol{j}\\\boldsymbol{k}\end{Bmatrix}\tag{2.259}$$

对于轨道而言，左右钢轨上接触点的绝对速度为

$$\boldsymbol{v}_{\mathrm{r(L,R)}}=\begin{bmatrix}0\\\delta\dot{Y}_{\mathrm{r(L,R)}}\\\delta\dot{Z}_{\mathrm{r(L,R)}}\end{bmatrix}^{\mathrm{T}}\begin{Bmatrix}\boldsymbol{i}\\\boldsymbol{j}\\\boldsymbol{k}\end{Bmatrix}+\begin{bmatrix}0\\\dot{Y}_{\mathrm{r(L,R)}}+h_{\mathrm{r}}\dot{\phi}_{\mathrm{r(L,R)}}\\\dot{Z}_{\mathrm{r(L,R)}}\end{bmatrix}^{\mathrm{T}}\begin{Bmatrix}\boldsymbol{i}\\\boldsymbol{j}\\\boldsymbol{k}\end{Bmatrix}\tag{2.260}$$

式中，$\dot{Y}_{\mathrm{r(L,R)}}$、$\dot{Z}_{\mathrm{r(L,R)}}$、$\dot{\phi}_{\mathrm{r(L,R)}}$ 分别是左右轨质心的横向、垂向、扭转振动速度；$\delta\dot{Y}_{\mathrm{r(L,R)}}$、$\delta\dot{Z}_{\mathrm{r(L,R)}}$ 分别是左右轨横向、垂向不平顺变化速率。

由此可得，轮对与钢轨在接触点的绝对速度差为

$$
\Delta \boldsymbol{v}'_{(\mathrm{L,R})}=\begin{bmatrix}\dot{X}_{\mathrm{ow}}+\omega_{\mathrm{wy}}R_{z(\mathrm{L,R})}-\omega_{\mathrm{wz}}R_{y(\mathrm{L,R})}\\ \dot{Y}_{\mathrm{ow}}+\omega_{\mathrm{wz}}R_{x(\mathrm{L,R})}-\omega_{\mathrm{wx}}R_{z(\mathrm{L,R})}-\dot{Y}_{\mathrm{r(L,R)}}-\delta\dot{Y}_{\mathrm{r(L,R)}}-h_{\mathrm{r}}\dot{\phi}_{\mathrm{r(L,R)}}\\ \dot{Z}_{\mathrm{ow}}+\omega_{\mathrm{wx}}R_{y(\mathrm{L,R})}-\omega_{\mathrm{wy}}R_{x(\mathrm{L,R})}-\dot{Z}_{\mathrm{r(L,R)}}-\delta\dot{Z}_{\mathrm{r(L,R)}}\end{bmatrix}^{\mathrm{T}}\begin{Bmatrix}\boldsymbol{i}\\ \boldsymbol{j}\\ \boldsymbol{k}\end{Bmatrix}
=\begin{bmatrix}\Delta v_{x(\mathrm{L,R})}\\ \Delta v_{y(\mathrm{L,R})}\\ \Delta v_{z(\mathrm{L,R})}\end{bmatrix}^{\mathrm{T}}\begin{Bmatrix}\boldsymbol{i}\\ \boldsymbol{j}\\ \boldsymbol{k}\end{Bmatrix} \tag{2.261}
$$

又由于蠕滑率是在接触斑坐标系内定义的，因此须将上述绝对速度差转换到接触点坐标系中。由式(2.244)和式(2.245)可等效定义为

$$
\begin{Bmatrix}\boldsymbol{i}\\ \boldsymbol{j}\\ \boldsymbol{k}\end{Bmatrix}=\begin{bmatrix}\cos\psi_{\mathrm{w}} & \sin\psi_{\mathrm{w}} & 0\\ -\cos(\delta_{\mathrm{L}}+\phi_{\mathrm{w}})\sin\psi_{\mathrm{w}} & \cos(\delta_{\mathrm{L}}+\phi_{\mathrm{w}})\cos\psi_{\mathrm{w}} & \sin(\delta_{\mathrm{L}}+\phi_{\mathrm{w}})\\ \sin(\delta_{\mathrm{L}}+\phi_{\mathrm{w}})\sin\psi_{\mathrm{w}} & -\sin(\delta_{\mathrm{L}}+\phi_{\mathrm{w}})\cos\psi_{\mathrm{w}} & \cos(\delta_{\mathrm{L}}+\phi_{\mathrm{w}})\end{bmatrix}^{-1}\begin{Bmatrix}\boldsymbol{i}_{\mathrm{Lc}}\\ \boldsymbol{j}_{\mathrm{Lc}}\\ \boldsymbol{k}_{\mathrm{Lc}}\end{Bmatrix} \tag{2.262}
$$

$$
\begin{Bmatrix}\boldsymbol{i}\\ \boldsymbol{j}\\ \boldsymbol{k}\end{Bmatrix}=\begin{bmatrix}\cos\psi_{\mathrm{w}} & \sin\psi_{\mathrm{w}} & 0\\ -\cos(\delta_{\mathrm{R}}-\phi_{\mathrm{w}})\sin\psi_{\mathrm{w}} & \cos(\delta_{\mathrm{R}}-\phi_{\mathrm{w}})\cos\psi_{\mathrm{w}} & -\sin(\delta_{\mathrm{R}}-\phi_{\mathrm{w}})\\ -\sin(\delta_{\mathrm{R}}-\phi_{\mathrm{w}})\sin\psi_{\mathrm{w}} & \sin(\delta_{\mathrm{R}}-\phi_{\mathrm{w}})\cos\psi_{\mathrm{w}} & \cos(\delta_{\mathrm{R}}-\phi_{\mathrm{w}})\end{bmatrix}^{-1}\begin{Bmatrix}\boldsymbol{i}_{\mathrm{Rc}}\\ \boldsymbol{j}_{\mathrm{Rc}}\\ \boldsymbol{k}_{\mathrm{Rc}}\end{Bmatrix} \tag{2.263}
$$

于是，在接触斑坐标系中，左右轮轨的相对速度差分别为

$$
\Delta \boldsymbol{v}_{\mathrm{L}}=\begin{bmatrix}\Delta v_{x\mathrm{L}}\\ \Delta v_{y\mathrm{L}}\\ \Delta v_{z\mathrm{L}}\end{bmatrix}^{\mathrm{T}}\begin{bmatrix}\cos\psi_{\mathrm{w}} & \sin\psi_{\mathrm{w}} & 0\\ -\cos(\delta_{\mathrm{L}}+\phi_{\mathrm{w}})\sin\psi_{\mathrm{w}} & \cos(\delta_{\mathrm{L}}+\phi_{\mathrm{w}})\cos\psi_{\mathrm{w}} & \sin(\delta_{\mathrm{L}}+\phi_{\mathrm{w}})\\ \sin(\delta_{\mathrm{L}}+\phi_{\mathrm{w}})\sin\psi_{\mathrm{w}} & -\sin(\delta_{\mathrm{L}}+\phi_{\mathrm{w}})\cos\psi_{\mathrm{w}} & \cos(\delta_{\mathrm{L}}+\phi_{\mathrm{w}})\end{bmatrix}^{-1}\begin{Bmatrix}\boldsymbol{i}_{\mathrm{Lc}}\\ \boldsymbol{j}_{\mathrm{Lc}}\\ \boldsymbol{k}_{\mathrm{Lc}}\end{Bmatrix}
=\begin{bmatrix}\Delta v_{1\mathrm{L}}\\ \Delta v_{2\mathrm{L}}\\ \Delta v_{3\mathrm{L}}\end{bmatrix}^{\mathrm{T}}\begin{Bmatrix}\boldsymbol{i}_{\mathrm{Lc}}\\ \boldsymbol{j}_{\mathrm{Lc}}\\ \boldsymbol{k}_{\mathrm{Lc}}\end{Bmatrix} \tag{2.264}
$$

$$
\Delta \boldsymbol{v}_{\mathrm{R}}=\begin{bmatrix}\Delta v_{x\mathrm{R}}\\ \Delta v_{y\mathrm{R}}\\ \Delta v_{z\mathrm{R}}\end{bmatrix}^{\mathrm{T}}\begin{bmatrix}\cos\psi_{\mathrm{w}} & \sin\psi_{\mathrm{w}} & 0\\ -\cos(\delta_{\mathrm{R}}-\phi_{\mathrm{w}})\sin\psi_{\mathrm{w}} & \cos(\delta_{\mathrm{R}}-\phi_{\mathrm{w}})\cos\psi & -\sin(\delta_{\mathrm{R}}-\phi_{\mathrm{w}})\\ -\sin(\delta_{\mathrm{R}}-\phi_{\mathrm{w}})\sin\psi_{\mathrm{w}} & \sin(\delta_{\mathrm{R}}-\phi_{\mathrm{w}})\cos\psi & \cos(\delta_{\mathrm{R}}-\phi_{\mathrm{w}})\end{bmatrix}^{-1}\begin{Bmatrix}\boldsymbol{i}_{\mathrm{Rc}}\\ \boldsymbol{j}_{\mathrm{Rc}}\\ \boldsymbol{k}_{\mathrm{Rc}}\end{Bmatrix}
=\begin{bmatrix}\Delta v_{1\mathrm{R}}\\ \Delta v_{2\mathrm{R}}\\ \Delta v_{3\mathrm{R}}\end{bmatrix}^{\mathrm{T}}\begin{Bmatrix}\boldsymbol{i}_{\mathrm{Rc}}\\ \boldsymbol{j}_{\mathrm{Rc}}\\ \boldsymbol{k}_{\mathrm{Rc}}\end{Bmatrix} \tag{2.265}
$$

所以，按照蠕滑率的定义，左右接触点的纵向和横向蠕滑率分别为

$$
\begin{cases}\xi_{x(\mathrm{L,R})}=\dfrac{\Delta v_{1(\mathrm{L,R})}}{v_{(\mathrm{L,R})}}\\ \xi_{y(\mathrm{L,R})}=\dfrac{\Delta v_{2(\mathrm{L,R})}}{v_{(\mathrm{L,R})}}\end{cases} \tag{2.266}
$$

其中

$$v_{(L,R)}=\frac{1}{2}\left(v+\frac{r_{(L,R)}}{r_0}v\cos\psi_w\right) \tag{2.267}$$

式中，r_0是车轮名义滚动圆半径；$r_{(L,R)}$是左右轮实际滚动圆半径。

由式(2.267)可知，严格地说，左右轮的名义前进速度 v_L、v_R是不相同的，在曲线上差异更大(因摇头角 ψ_w较大)，仅在小摇头工况下才有 $v_L\approx v_R\approx v$。

(2) 自旋蠕滑率的求解

左右钢轨的绝对角速度为

$$\boldsymbol{\omega}_{r(L,R)}=\begin{bmatrix}\dot{\phi}_{r(L,R)}\\0\\0\end{bmatrix}^T\begin{Bmatrix}\boldsymbol{i}\\\boldsymbol{j}\\\boldsymbol{k}\end{Bmatrix} \tag{2.268}$$

轮对与钢轨在绝对坐标系中相对角速度差为

$$\Delta\boldsymbol{\omega}'_{(L,R)}=\begin{bmatrix}\dot{\phi}_w\cos\psi_w-(-\Omega+\dot{\beta}_w)\cos\phi_w\sin\psi_w-\dot{\phi}_{r(L,R)}\\\dot{\phi}_w\sin\psi_w+(-\Omega+\dot{\beta}_w)\cos\phi_w\cos\psi_w\\(-\Omega+\dot{\beta}_w)\sin\phi_w+\dot{\psi}_w\end{bmatrix}^T\begin{Bmatrix}\boldsymbol{i}\\\boldsymbol{j}\\\boldsymbol{k}\end{Bmatrix}=\begin{bmatrix}\Delta\omega_{x(L,R)}\\\Delta\omega_{y(L,R)}\\\Delta\omega_{z(L,R)}\end{bmatrix}^T\begin{Bmatrix}\boldsymbol{i}\\\boldsymbol{j}\\\boldsymbol{k}\end{Bmatrix} \tag{2.269}$$

同理，将角速度差旋转变换到接触点坐标系下，有

$$\begin{aligned}\Delta\boldsymbol{\omega}_{(L,R)}&=\begin{bmatrix}\Delta\omega_{x(L,R)}\\\Delta\omega_{y(L,R)}\\\Delta\omega_{z(L,R)}\end{bmatrix}^T\begin{bmatrix}\cos\psi_w & \sin\psi_w & 0\\-\cos(\delta_{(L,R)}\pm\phi_w)\sin\psi_w & \cos(\delta_{(L,R)}\pm\phi_w)\cos\psi_w & \pm\sin(\delta_{(L,R)}\pm\phi_w)\\\pm\sin(\delta_{(L,R)}\pm\phi_w)\sin\psi_w & \mp\sin(\delta_{(L,R)}\pm\phi_w)\cos\psi_w & \cos(\delta_{(L,R)}\pm\phi_w)\end{bmatrix}^{-1}\begin{Bmatrix}\boldsymbol{i}_{(L,R)c}\\\boldsymbol{j}_{(L,R)c}\\\boldsymbol{k}_{(L,R)c}\end{Bmatrix}\\&=\begin{bmatrix}\Delta\omega_{1(L,R)}\\\Delta\omega_{2(L,R)}\\\Delta\omega_{3(L,R)}\end{bmatrix}^T\begin{Bmatrix}\boldsymbol{i}_{(L,R)c}\\\boldsymbol{j}_{(L,R)c}\\\boldsymbol{k}_{(L,R)c}\end{Bmatrix}\end{aligned} \tag{2.270}$$

于是，左右轮轨接触点的自旋蠕滑率为

$$\xi_{\phi(L,R)}=\frac{\Delta\omega_{3(L,R)}}{v_{(L,R)}} \tag{2.271}$$

(3) 蠕滑力的计算

根据 Kalker 线性蠕滑理论[84]，轮轨纵向蠕滑力 F_x、横向蠕滑力 F_y、旋转蠕滑力/力矩 M_z在线性范围内可表达为

$$\begin{cases}F_x=-f_{11}\xi_x\\F_y=-f_{22}\xi_y-f_{23}\xi_\phi\\M_z=f_{23}\xi_y-f_{33}\xi_\phi\end{cases}\tag{2.272}$$

式中，f_{ij}是蠕滑系数，且

$$\begin{cases}f_{11}=G_{\mathrm{wr}}(ab)C_{11}\\f_{22}=G(ab)C_{22}\\f_{23}=G\ (ab)^{3/2}C_{23}\\f_{33}=G\ (ab)^2C_{33}\end{cases}\tag{2.273}$$

式中，G_{wr}是轮轨材料的合成剪切模量；a、b 分别是接触椭圆的长半轴和短半轴；C_{ij}是系数，由 Kalker 于 1967 年计算得出[84]，完全依赖于接触椭圆长短半轴之比 a/b，其数表见附录 2。

设轮、轨材料的剪切模量分别为 G_{w}、G_{r}，泊松比分别为 ν_{w}、ν_{r}，则二者的合成剪切模量 G_{wr}和合成泊松比 ν 为

$$\begin{cases}G_{\mathrm{wr}}=\dfrac{2G_{\mathrm{w}}G_{\mathrm{r}}}{G_{\mathrm{w}}+G_{\mathrm{r}}}\\\nu=\dfrac{G_{\mathrm{w}}\nu_{\mathrm{r}}+G_{\mathrm{r}}\nu_{\mathrm{w}}}{2G_{\mathrm{w}}G_{\mathrm{r}}}G_{\mathrm{wr}}\end{cases}\tag{2.274}$$

而 G_{ur}与 ν 二者符合关系

$$G_{\mathrm{wr}}=\frac{E}{2(1+\nu)}\tag{2.275}$$

式中，E 是抗拉弹性模量。

a、b 值的计算，可采用文献[87]的方法，引入参数 ρ，且

$$\frac{1}{\rho}=\frac{1}{4}\left[\frac{1}{R_{\mathrm{w}}}+\left(\frac{1}{r_{\mathrm{w}}}+\frac{1}{r_{\mathrm{r}}}\right)\right]\tag{2.276}$$

式中，R_{w}是车轮的滚动半径；r_{w}是车轮踏面横断面外形的半径；r_{r}是轨头横断面外形的半径。

根据参数 ρ/R_{w}得出中间变量 a_{e}、b_{e}，进而确定接触椭圆的半轴长

$$\begin{cases}a=a_{\mathrm{e}}(NR_{\mathrm{w}})^{1/3}\\b=b_{\mathrm{e}}(NR_{\mathrm{w}})^{1/3}\\ab=a_{\mathrm{e}}b_{\mathrm{e}}(NR_{\mathrm{w}})^{2/3}\end{cases}\tag{2.277}$$

式中，N 是轮轨接触点处的法向力。

在轮轨接触条件下，取 $\nu=0.3$，$E=2\times10^{11}\ \mathrm{N/m^2}$，于是：

当 $\rho/R_{\mathrm{w}}\leqslant2$ 时

$$\begin{cases}a_{\mathrm{e}}=0.1506m\left(\dfrac{\rho}{R_{\mathrm{w}}}\right)^{1/3}\times10^{-3}\quad(\mathrm{m^2/N})^{1/3}\\b_{\mathrm{e}}=0.1506n\left(\dfrac{\rho}{R_{\mathrm{w}}}\right)^{1/3}\times10^{-3}\quad(\mathrm{m^2/N})^{1/3}\end{cases}\tag{2.278}$$

当 $\rho/R_w>2$ 时

$$\begin{cases} a_e=0.1506n\left(\dfrac{\rho}{R_w}\right)^{1/3}\times10^{-3}\quad (\mathrm{m^2/N})^{1/3} \\ b_e=0.1506m\left(\dfrac{\rho}{R_w}\right)^{1/3}\times10^{-3}\quad (\mathrm{m^2/N})^{1/3} \end{cases} \tag{2.279}$$

而

$$a_e b_e=22.68mn\left(\frac{\rho}{R_w}\right)^{2/3}\times10^{-9}\quad (\mathrm{m^2/N})^{2/3} \tag{2.280}$$

式中，m、n 均是赫兹理论中与下式所确定的 β 角有关的系数，即

$$\beta=\arccos\left[\frac{\rho}{4}\left|\frac{1}{R_w}-\frac{1}{r_w}-\frac{1}{r_r}\right|\right] \tag{2.281}$$

典型的 β 值所对应的 m、n 值列于表 2.8 中。

表 2.8　m、n 值与 β 角的关系

β	0°	10°	20°	30°	35°	40°	45°	50°
m	∞	6.612	3.778	2.731	2.397	2.130	1.926	1.754
n	0	0.319	0.408	0.493	0.530	0.567	0.604	0.641
β	55°	60°	65°	70°	75°	80°	85°	90°
m	1.611	1.486	1.378	1.284	1.202	1.128	1.061	1.000
n	0.678	0.717	0.759	0.802	0.846	0.893	0.944	1.000

这样，建立起了参数 ρ/R_w 与 a/b、a_e、b_e、$a_e b_e$ 间一一对应关系，只要已知 ρ/R_w，就可以直接确定轮轨接触椭圆的形状及尺寸。数值计算时，可采用附录 1 进行插值求取。使用中只需以牛顿作为接触点法向力 N 的单位，以米作为接触点车轮滚动半径 R_w 的单位，直接使用表中的数值，由式(2.277)计算便得接触椭圆长、短半轴长 a、b(单位：mm)。

至此，Kalker 线性理论中涉及的各参数均已确定，运用式(2.272)可进行蠕滑力的计算。

显然，Kalker 线性蠕滑理论只适用于小蠕滑率和小自旋的情形，即轮轨接触面主要是由粘着区控制。对于轮轨接触面主要由滑动区控制的大蠕滑、大自旋甚至完全滑动的情况，蠕滑力的线性变化关系将被打破，蠕滑率的继续增大，将不能使蠕滑力按同样比例增大，最后趋于库仑(滑动)摩擦力这一饱和极限，如图 2.53 所示。为此，可采用如下非线性修正[85,86]，从而使轮轨蠕滑力的计算可以广泛适用于任意蠕滑率值和小自旋值的情形。

将纵向蠕滑力 F_x 和横向蠕滑力 F_y 合成为

$$F=\sqrt{F_x^2+F_y^2} \tag{2.282}$$

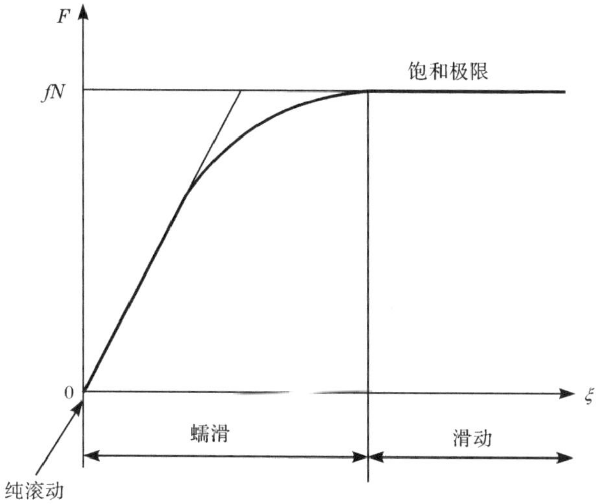

图 2.53　轮轨蠕滑力 F 和蠕滑率 ξ 之间关系示意图

令

$$F'=\begin{cases} fN\left[\dfrac{F}{fN}-\dfrac{1}{3}\left(\dfrac{F}{fN}\right)^2+\dfrac{1}{27}\left(\dfrac{F}{fN}\right)^3\right] & (F\leqslant 3fN) \\ fN & (F>3fN) \end{cases} \tag{2.283}$$

式中，f 是轮轨间摩擦系数。

引入修正系数

$$\varepsilon=\frac{F'}{F} \tag{2.284}$$

则得修正后的蠕滑力/力矩为

$$\begin{cases} F'_x=\varepsilon\cdot F_x \\ F'_y=\varepsilon\cdot F_y \\ M'_z=\varepsilon\cdot M_z \end{cases} \tag{2.285}$$

以上轮轨空间动态耦合模型摒弃了经典轮轨关系中三种基本假设，即“钢轨静止不动”，“轮、轨均为刚性体”，“左、右侧轮轨始终保持接触”，考虑了轨道体系振动及钢轨弹性变形对轮轨接触几何关系和轮轨动作用力的影响，并且可以分析实际中客观存在的轮轨瞬时脱离情形，因而能够更好地反映轮轨动态相互作用特性。

参考文献

[1] Prud'homme A, Janin G. The stability of tracks laid with long welded rails, part Ⅰ and Ⅱ.

Bulletin of the International Railway Congress Association, 1969, 88: 460～480

[2] Lyon D. The calculation of track forces due to dipped rail joints, wheel flats and rail welds. *In*: Proceedings of the Second ORE Colloquium on Technical Computer Programs, 1972

[3] Jenkins H H, et al. The effect of track and vehicle parameters on wheel/rail vertical dynamic forces. Railway Engineering Journal, 1974, 3(1): 2～16

[4] Newton S G, Clark R A. An investigation into the dynamic effects on the track of wheel flats on railway vehicles. Journal of Mechanical Engineering Science, 1979, 21 (4): 287～297

[5] Clark R A, Dean P A, Elkins J A, et al. An investigation into the dynamic effects of railway vehicle running on corrugated rails. Journal of Mechanical Engineering Science, 1982, 24(2): 65～76

[6] Sato Y. Abnormal Wheel Load of Test Train. Tokyo: Permanent Way, 1973, 14: 1～8

[7] Ahlbeck D R, Meacham H C, Prause R H. The development of analytical models for railroad track dynamics. *In*: Kerr A D. Railroad Track Mechanics & Technology. Dxford: Pergamon Press, 1978

[8] 吴章江，王浦强，李湘敏，等. 车辆通过轨道低扣接头的垂向轮轨作用力计算. 铁道机车车辆，1982，(1)：24～30

[9] 李定清. 轮轨垂直相互动力作用及其动力响应. 铁道学报，1987，9(1)：1～8

[10] 许实儒，徐维杰，仲延禧. 钢轨接头处轮轨冲击力的模拟分析. 铁道学报（工务工程专辑），1989

[11] 王澜. 轨道结构随机振动理论及其在轨道结构减振中的应用. 北京：铁道科学研究院博士学位论文，1988

[12] 翟婉明. 车辆—轨道垂向耦合动力学. 成都：西南交通大学博士学位论文，1991

[13] 翟婉明. 车辆—轨道垂向系统的统一模型及其耦合动力学原理. 铁道学报，1992，14(3)：10～21

[14] Zhai W M, Sun X. A detailed model for investigating vertical interaction between railway vehicle and track. Vehicle System Dynamics, 1994, 23(Suppl): 603～615

[15] Zhai W M, Cai C B, Guo S Z. Coupling model of vertical and lateral vehicle/track interactions. Vehicle System Dynamics, 1996, 26(1): 61～79

[16] 翟婉明，机车—轨道耦合动力学理论及其应用. 中国铁道科学，1996，17(2)：58～73

[17] 翟婉明. 车辆—轨道耦合动力学. 第一版. 北京：中国铁道出版社，1997

[18] 翟婉明，韩卫军，蔡成标，等. 高速铁路板式轨道动力特性研究. 铁道学报，1999，21(6)：65～69

[19] 胡用生，谭复兴，陆正刚. TBDS 轮轨耦合模型的仿真验证及其应用. 铁道学报，1996，18(3)：31～36

[20] 李德建，曾庆元. 列车—直线轨道空间耦合时变系统振动分析. 铁道学报，1997，19(1)：101～107

[21] 刘学毅，王平，万复光. 轮轨空间耦合振动分析模型及其应用. 铁道学报，1998，20(3)：102～108

[22] 梁波，蔡英，朱东生. 车—路垂向耦合系统的动力分析. 铁道学报，2000，22(5)：65～71

[23] 王其昌，蔡成标，罗强，等. 高速铁路路桥过渡段轨道折角限值分析. 铁道学报，1998，20(3)：109～113

[24] 毛利军，雷晓燕，杜厚智. 提速线路轨道过渡段动力响应分析. 华东交通大学学报，2001，18(1)：35～40

[25] Lei X Y，Mao L J. Dynamic response analyses of vehicle and track coupled system on track transition of conventional high speed railway. Journal of Sound and Vibration，2004，271(3-5)：1133～1146

[26] 李献民，肖宏彬，王永和. 行车速度对桥路过渡段路基动应力的影响. 地震工程与工程振动，2005，25(1)：49～53

[27] 王平. 道岔区轮轨系统动力学的研究. 成都：西南交通大学博士学位论文，1997

[28] 任尊松. 车辆—道岔系统动力学研究. 成都：西南交通大学博士学位论文，2000

[29] 练松良，刘富. 轨道刚度变化对轮轨冲击荷载的动力影响. 同济大学学报(自然科学版)，2002，30(4)：427～430

[30] 朱剑月，顾福民，罗雁云. 道岔尖轨轨下刚度改变对轮轨动力性能的影响. 同济大学学报(自然科学版)，2002，30(2)：198～202

[31] Cai Z，Raymond G P. Theoretical model for dynamic wheel/rail and track interaction. *In*：Proceedings of the 10th International Wheelset Congress，Sydney，Australia，Sept，1992，127～131

[32] Nielsen J C O. Train/track Interaction：Coupling of Moving and Stationary Dynamic Systems. Götebory，Sweden：Ph. D Dissertation，Chalmers University of Technology，1993

[33] Knothe K，Grassie S L. Modeling of railway track and vehicle/track interaction at high frequencies. Vehicle System Dynamics，1993，22(3/4)：209～262

[34] Diana G，Cheli F，Bruni S，et al. Interaction between railroad superstructure and railway vehicles. Vehicle System Dynamics，1994，23(Suppl)：75～86

[35] Ripke B，Knothe K. Simulation of high frequency vehicle-track interactions. Vehicle System Dynamics，1995，24(Suppl)：72～85

[36] Oscarsson J，Dahlberg T. Dynamic train/track/ballast interaction—Computer models and full-scale experiments. Vehicle System Dynamics，1998，28(Suppl)：73～84

[37] Frohling R D. Low frequency dynamic vehicle-track interaction：Modelling and simulation. Vehicle System Dynamics，1998，28(Suppl)：30～46

[38] Auersch L. Vehicle-track-interaction and soil dynamics. Vehicle System Dynamics，1998，28(Suppl)：553～558

[39] Popp K，Kruse H，Kaiser I. Vehicle-track dynamics in the mid-frequency range. Vehicle System Dynamics，1999，31(5-6)：423～464

[40] Andersson C，Oscarsson J，Nielsen J. Dynamic train/track interaction including state-dependent track properties and flexible vehicle components. Vehicle System Dynamics，1999，33(Suppl)：47～58

[41] Drozdziel J, Sowinski B, Groll W. The effect of railway vehicle-track system geometric deviation on its dynamics in the turnout zone. Vehicle System Dynamics, 1999, 33(Suppl): 641～652

[42] Gurule S, Wilson N. Simulation of wheel/rail interaction in turnouts and special track work. Vehicle System Dynamics, 1999, 33(Suppl): 143～154

[43] Oscarsson J. Dynamic train-track-ballast interaction with unevenly distributed track properties. Vehicle System Dynamics, 2002, 37(Suppl): 385～396

[44] Sun Y Q, Dhanasekar M. A dynamic model for the vertical interaction of the rail track and wagon system. International Journal of Solids and Structures, 2002, 39: 1337～1359

[45] Zhai W M, Wang K Y, Cai C B. Fundamentals of vehicle-track coupled dynamics. Vehicle System Dynamics, 2009, 47(11): 1349～1376

[46] Lundqvist A, Dahlberg T. Dynamic train/track interaction including model for track settlement evolvement. Vehicle System Dynamics, 2004, 41(Suppl): 667～676

[47] Yang Y B, Wu Y S. Transmission of vibrations from high speed trains through viaducts and foundations to the ground. Jouranl of the Chinese Institute of Engineers, 2005, 28(2): 251～266

[48] Lundqvist A, Dahlberg T. Load impact on railway track due to unsupported sleepers. Proceedings of the Institution of Mechanical Engineers, Part F: Journal of Rail and Rapid Transit, 2005, 219 (2): 67～77.

[49] Kabo E, Nielsen J C O, Ekberg A. Prediction of dynamic train-track interaction and subsequent material deterioration in the presence of insulated rail joints. Vehicle System Dynamics, 2006, 44(Suppl): 718～729

[50] Wen Z F, Jin X S, Xiao X B, et al. Effect of a scratch on curved rail on initiation and evolution of plastic deformation induced rail corrugation. International Journal of Solids and Structures, 2008, 45: 2077～2096

[51] Uzzal R U A, Ahmed A K W, Rakheja S. Analysis of pitch plane railway vehicle-track interactions due to single and multiple wheel flats. Proceedings of Institution Mechanical Engineers, Part F: Joural of Rail and Rapid Transit, 2009, 223: 375～390

[52] Kouroussis G, Verlinden O, Conti C. On the interest of integrating vehicle dynamics for the ground propagation of vibrations: The case of urban railway traffic. Vehicle System Dynamics, 2010, 48(12): 1553～1571

[53] Zhu J Y, Thompson D J, Jones C J C. On the effect of unsupported sleepers on the dynamic behaviour of a railway track. Vehicle System Dynamics, 2011, 49(9): 1389～1408

[54] 翟婉明，韩海燕. 高速列车运行于软土地基线路引起的地面振动研究. 中国科学：技术科学，2012，42(10)：1148～1156

[55] Kouroussis G, Connolly D P, Verlinden O. Railway-induced ground vibrations—A review of vehicle effects. International Journal of Rail Transportation, 2014, 2(2): 69～110

[56] 翟婉明，王开云，杨永林，等. 车辆—轨道耦合动力学理论在现代机车车辆设计中的应用实

践. 铁道学报,2004,26(4):24～30

[57] Popp K, Knothe K, Pöpper C. System dynamics and long-term behaviour of railway vehicles, track and subgrade: Report on the DFG priority programme in Germany and subsequent research. Vehicle System Dynamics, 2005, 43(6-7): 485～538

[58] 徐志胜,翟婉明. 轨道交通轮轨噪声机理分析. 噪声与振动控制,2006,(1):52～54

[59] 翟婉明. 机车车辆与线路最佳匹配设计原理、方法及工程实践. 中国铁道科学,2006,27(2):60～65

[60] 蔡成标,翟婉明,王开云. 遂渝线路基上板式轨道动力性能计算及评估分析. 中国铁道科学,2006,27(4):17～21

[61] Zhai W M, Wang K Y. Lateral interactions of trains and tracks on small-radius curves: Simulation and experiment. Vehicle System Dynamics, 2006, 44(Suppl): 520～530

[62] Sun Y Q, Simson S. Nonlinear three-dimensional wagon-track model for the investigation of rail corrugation initiation on curved track. Vehicle System Dynamics, 2007, 45(2): 113～132

[63] 翟婉明,王开云,陈建政. 铁路货车横向非线性动态行为的理论与试验研究. 机械工程学报,2008,44(11):138～144

[64] Alfi S, Bruni S. Mathematical modelling of train-turnout interaction. Vehicle System Dynamics, 2009, 47(5): 551～574

[65] 任尊松. 轮轨多点接触及车辆—道岔系统动态相互作用. 北京:科学出版社,2014

[66] 杨新文. 高速铁路轮轨噪声理论计算与控制研究. 成都:西南交通大学博士学位论文,2010

[67] Zhai W M, Wang K Y. Lateral hunting stability of railway vehicles running on elastic track structures. Journal of Computational and Nonlinear Dynamics, ASME, 2010, 5(4): 041009-1～9

[68] Torstensson P T, Nielsen J C O. Simulation of dynamic vehicle track interaction on small radius curves. Vehicle System Dynamics, 2011, 49(11): 1711～1732

[69] Kaiser I. Refining the modelling of vehicle-track interaction. Vehicle System Dynamics, 2012, 50(Suppl): 229～243

[70] Gialleonardo E D, Braghin F, Bruni S. The influence of track modelling options on the simulation of rail vehicle dynamics. Journal of Sound and Vibration, 2012, 331: 4246～4258

[71] Uzzal R U A, Ahmed A K W, Bhat R B. Modelling, validation and analysis of a three-dimensional railway vehicle-track system model with linear and nonlinear track properties in the presence of wheel flats. Vehicle System Dynamics, 2013, 51(11): 1695～1721

[72] Escalona J L, Sugiyama H, Shabana A A. Modelling of structural flexiblity in multibody railroad vehicle systems. Vehicle System Dynamics, 2013, 51(7): 1027～1058

[73] Recuero A M, Escalona J L. Dynamics of the coupled railway vehicle-flexible track system with irregularities using a multibody approach with moving modes. Vehicle System Dynamics, 2014, 52(1): 45～67

[74] 翟婉明,王其昌. 轮轨动力分析模型研究. 铁道学报,1994,16(1):64～72

[75] 左藤裕. 轨道力学. 卢肇英译. 北京:中国铁道出版社,1981

[76] Kisilowski J, Knothe K. Advanced Railway Vehicle System Dynamics. Wydawnictwa

Naukowo-Tecniczne, Warsaw, 1991

[77] 翟婉明，孙翔，詹斐生. 机车车辆与轨道垂向相互作用的计算机仿真研究. 中国铁道科学，1993，14(1)：42～50

[78] 曾树谷. 重载轨道结构的动力试验. 铁道学报，1988；10(2)：66～77

[79] Rücker W. Dynamic interaction of railroad-bed with the subsoil. *In*: Proceedings of the Soil Dynamics & Earthquake Engineering Conference, Southampton, 1982：435～448

[80] Zhai W M, Wang K Y, Lin J H. Modelling and experiment of railway ballast vibrations. Journal of Sound and Vibration, 2004, 270(4-5)：673～683

[81] Timoshenko S, Young D H, Weaver W J. Vibration Problems in Engineering. 4th ed. New York: Wiley, 1974

[82] 曹志远. 板壳振动理论. 北京：中国铁道出版社，1989

[83] 王开文. 车轮接触点迹线及轮轨接触几何参数的计算. 西南交通大学学报，1984，(1)：89～99

[84] Kalker J J. On the Rolling Contact of Two Elastic Bodies in the Presence of Dry Friction. Delft, Netherlands: Ph. D Dissertation, Delft University of Technology, 1967

[85] Vermeulen J K, Johnson K L. Contact of non-spherical bodies transmitting tangential forces. Journal of Applied Mechanics, 1964, 31：338～340

[86] Shen Z Y, Hedrick J K, Elkins J A. A comparison of alternative creep force models for rail vehicle dynamic analysis. *In*: Proceedings of the 8th IAVSD Symposium, MIT, Cambridge, 1983, 591～605

[87] 孙翔. 确定轮轨接触椭圆的直接方法. 西南交通大学学报，1985，(4)：8～21

第三章　车辆—轨道耦合系统激励模型

轮轨系统激扰是引起车辆—轨道耦合系统振动的根源，因此有必要明确系统激励的形态特征、模型描述及其输入方法。总体而言，轮轨系统激扰可分为确定性激扰和非确定性激扰两大类别。非确定性激扰主要是轨道几何随机不平顺。确定性激扰则由车辆和轨道两个方面的某些特定因素造成。车辆方面的因素较为单一，主要是车轮擦伤、车轮踏面几何不圆及车轮偏心等；轨道方面的因素较为复杂，既有轨道几何状态方面的因素，如钢轨低接头、错牙接头、轨道几何不平顺、轨面波浪形磨耗等，又有轨下基础缺陷方面的因素，如轨枕空吊、道床板结、路基刚度突变等。

根据激扰因素的作用性质，作者将轮轨系统激励划分为脉冲型激扰、谐波型激扰、动力型激扰和随机型激扰四类。

3.1　车辆—轨道耦合动力学模型中激励的输入方法

一般而言，轮轨系统的激励可由两种方法输入到车辆—轨道耦合动力学模型中去，即定点激振输入法和移动车辆激励输入法[1]。在车辆—轨道耦合动力学计算分析中，两种方法均可根据实际情况与需要加以选用。

3.1.1　定点激振输入法

定点激振输入法假定车辆模型相对于轨道模型固定不动，而轮轨表面几何不平顺以车辆运行速度沿行车相反方向移动，通过各个轮轨接触点输入到车辆—轨道耦合系统中，因此也称为移动不平顺输入法，如图 3.1 所示。

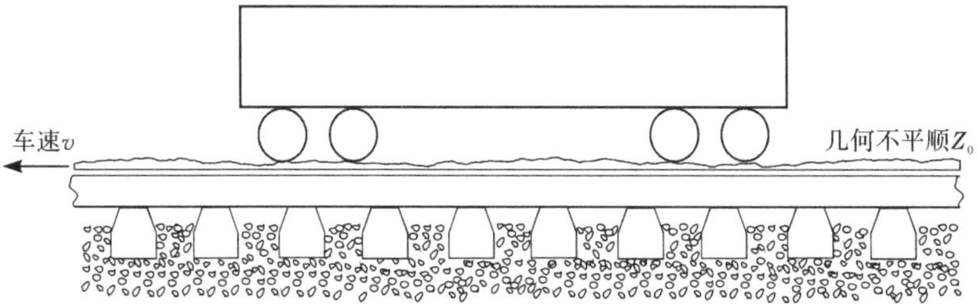

图 3.1　轮轨系统激励的输入：定点激振输入法

采用定点激振输入法时，由于假定车辆和轨道相对位置保持不变，计算模型中可以选取最短的轨道（只需要满足第四章第 4.4.2 节轨道有效计算长度即可），因此计算速度与效率很高，这是其突出优点。但是，其缺点也十分明显。因为未考虑车辆沿轨道纵向移动，代之以轮轨激励以车辆运行速度向后移动，所以具有一定的近似性，不能反映车轮在轨道上运动过程中对离散支承轨枕的动力作用过程，当轨下基础道结构存在缺陷和支承刚度不均匀时，这种方法不能模拟车辆移动过程中此类基础结构状态下的复杂动力效应。

那么，定点激振输入法适用于分析什么样的问题呢？它特别适用于分析轨下基础结构沿纵向均匀分布条件下车辆—轨道耦合动力学问题，这往往对应于最一般情形下的共性问题，例如车辆在弹性轨道结构上运行的平稳性问题、横向稳定性问题和曲线通过问题，又如车辆与轨道系统动力性能匹配及参数优化问题。所以，定点激振输入法仍然是各国铁路工程动力学研究人员经常采用的一种简单实用的激励输入方法。

3.1.2　移动车辆激励输入法

移动车辆激励输入法采用车辆模型在轨道模型上运行的方式，将轮轨系统激励按实际状况输入到车辆—轨道耦合系统中，如图 3.2 所示。显然，移动车辆激励输入法是最真实理想的系统激励输入法。

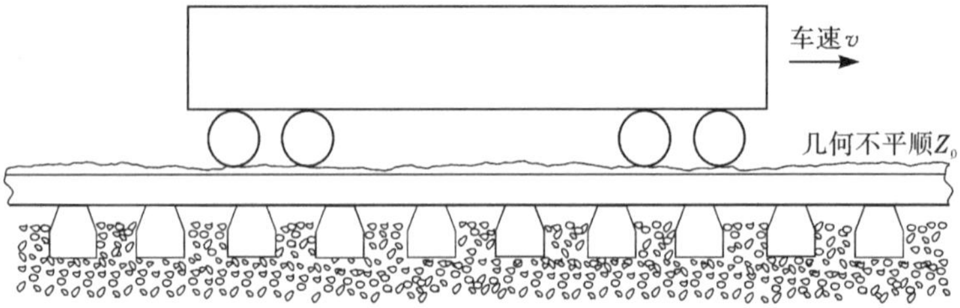

图 3.2　轮轨系统激励的输入：移动车辆激励输入法

然而，移动车辆激励输入法也有其不便之处。由于该方法完全考虑了车辆在轨道上运动的空间位置关系，因此，计算中需要考虑足够长的轨道模型，这就导致模型自由度的增大和计算工作量的剧增。如果所要分析的轨道很长时，这种方法会带来计算上的困难。

那么，什么情况下必须采用移动车辆激励输入法呢？作者认为，当涉及轨道结构缺陷和轨下基础刚度不均匀情形（即动力型激扰）时，有必要采用移动车辆激励输入法。例如，分析车辆通过扣件失效、轨枕空吊、道岔区及各种轨道过渡段（路桥过渡段、有砟与无砟轨道过渡段）等动力学问题时，需要采用该输入方法。而对于这些问题，涉及的线路长度均不太长，所以完全可以方便、高效地采用该方法实现对车辆—轨道耦合动力学模型的激励输入。

当然，对于诸如钢轨接头、车轮擦伤、钢轨波磨以及其他各种轨面局部不平顺等激励，其所要求的轨道有效计算长度均十分有限，因此都可以十分方便地采用移动车辆激励输入法。

3.2　脉冲型激扰模型

当车轮通过低接头、错牙接头、接头轨缝及轨面剥离处时，由于车轮瞬时转动中心的突然改变，车轮对轨道产生一个垂直向下的冲击速度，而当车轮驶离这些部位之后，这一冲击速度即刻消失，其作用效果是使轮轨系统形成突发冲击与振动。类似地，当扁疤车轮在平顺轨面上行驶时，也将出现同样形式的冲击振动。我们将此类激扰统称为脉冲型激扰，它们多以冲击速度的方式向轮轨系统输入激励，也可采用位移输入方式。

3.2.1　车轮扁疤冲击模型

在列车运行过程中，车轮踏面常因各种原因（如制动或空转打滑）而出现局部擦伤（图 3.3）和剥离，此类现象统称为车轮扁疤。车轮扁疤在车轮滚动过程中将会产生特殊的动力学效应，而且新、旧扁疤的作用机理不同。理想的新擦伤类似于车轮踏面圆周上的弦线，如图 3.4 所示，而旧擦伤则是新擦伤棱角被磨圆后的结果。旧擦伤可简单地用余弦函数描述（参见本章第 3.3.1 节及第十二章第 12.6 节），这里着重介绍新擦伤的冲击机理[2]。

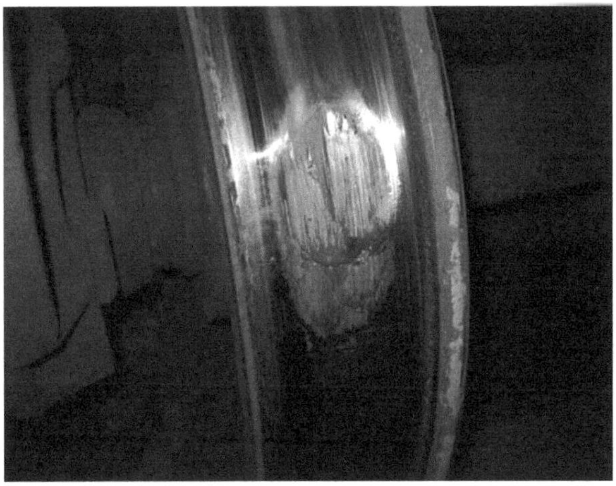

图 3.3　铁路车轮擦伤

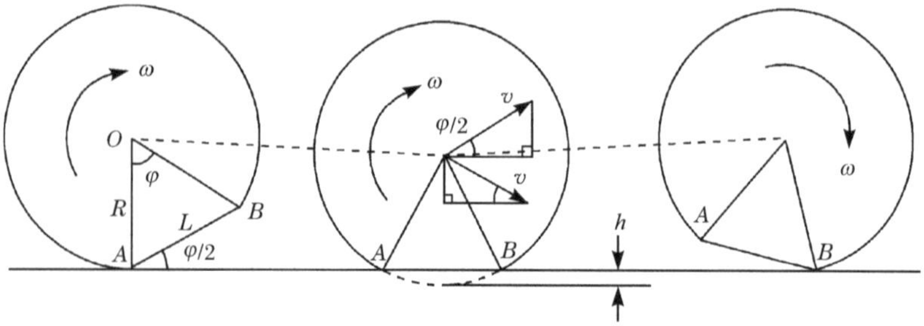

图 3.4　较低速情形下扁疤车轮运动示意图

1. 车轮扁疤冲击机理及其冲击临界速度 v_{cr0}

如图 3.4 所示,在低速运行时,车轮滚至扁疤始点 A 时,将绕 A 点旋转至整个扁疤表面撞击轨面,之后又迅速绕 B 点旋转,进一步给轨道施加动力作用,直到恢复正常滚动状态。而在高速行车状态下,车轮滚至 A 点后,将脱离钢轨表面,在空中一边旋转,一边向前作惯性运动,同时向下跌落,最终在 B 点接触轨面,从而给轨道以冲击,如图 3.5 所示。

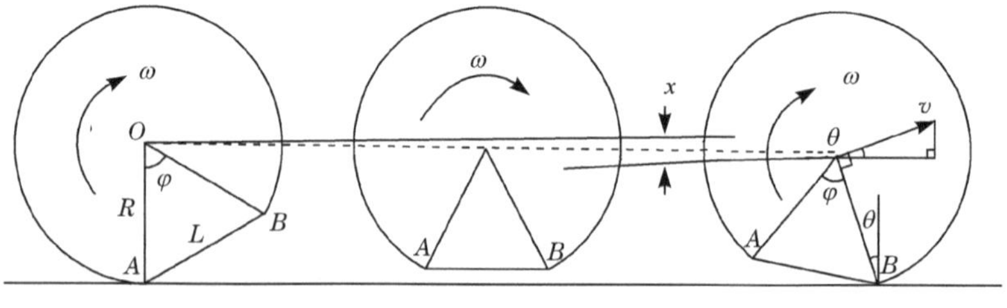

图 3.5　较高速情形下扁疤车轮运动示意图

由此可见,随着速度由低到高变化,车轮扁疤冲击特征必然会在某一冲击临界速度 v_{cr0} 下发生突变。当车轮以角速度 $\omega=v/R$(v 为运行速度,R 为车轮半径)由图 3.4 位置(a)转至位置(b)(转角为 $\varphi/2$)所经历时间 t_1 等于轮心向下跌落距离 h 所需时间 t_2,将出现临界状态。此时

$$t_1=\frac{\varphi/2}{\omega}=\frac{R\varphi}{2v_{cr0}} \tag{3.1}$$

$$t_2=\sqrt{\frac{2h}{\mu}} \tag{3.2}$$

式中,μ 为车轮向下跌落的加速度。由图 3.6 据牛顿第二定律可得

$$\mu=\frac{M_1+M_2}{M_2}g \tag{3.3}$$

式中，M_1、M_2 分别是机车车辆一系簧上、簧下质量。图 3.6 中 M_1g 即相当于通过轴箱作用于车轮上的车体荷载。

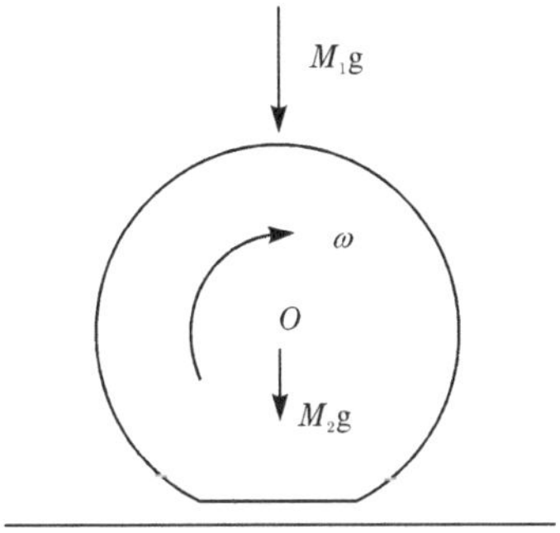

图 3.6　脱空轮受力分析

令 $t_1=t_2$，并将

$$h=R\left(1-\cos\frac{\varphi}{2}\right)\approx\frac{1}{8}R\varphi^2$$

代入整理得

$$v_{\mathrm{cr0}}=\sqrt{\mu R} \tag{3.4}$$

此即车轮扁疤冲击之临界速度。

2. 较低速($v\leqslant v_{\mathrm{cr0}}$)时的冲击速度公式

低速情形下，车轮首先绕 A 点旋转，见图 3.4(a)，直至扁疤面 AB 贴靠轨面，见图 3.4(b)，随即迅速绕 B 点旋转，见图 3.4(c)，致使轮心速度方向发生瞬时突变。车轮对轨道的冲击速度由两部分组成：其一是轮心绕 A 点转动撞击钢轨的垂直向下速度分量

$$v_{01}=v\sin\frac{\varphi}{2}=\frac{L}{2R}v \tag{3.5}$$

式中，L 为扁疤长度。其二是钢轨在抵制车轮绕 B 点旋转时所承受的与轮心垂直速度方向相反的瞬时冲击分量

$$v_{02}=\gamma\frac{L}{2R}v \tag{3.6}$$

式中，γ 为车轮旋转惯量转换为往复惯量的系数[3]。

因此，冲击速度公式为

$$v_0=(1+\gamma)\frac{L}{2R}v \tag{3.7}$$

可见，低速时冲击速度与扁疤长度 L 和行车速度 v 成正比，与轮径 R 成反比。

3. 较高速($v>v_{cr0}$)时的冲击速度公式

当 $v>v_{cr0}$ 时，B 点的冲击速度亦包含两个部分，即车轮从空中跌落至轨面的速度

$$v_{01}=\mu t \tag{3.8}$$

以及旋转引起的轮心速度之垂直分量

$$v_{02}=\gamma v\sin\theta\approx\gamma v\theta \tag{3.9}$$

在图 3.5 中，车轮由位置(a)至位置(c)转过的角度 $\varphi-\theta$，相应的转动时间

$$t=\frac{\varphi-\theta}{\omega}=\frac{(\varphi-\theta)R}{v} \tag{3.10}$$

在此过程中轮心的下落高度

$$x=\frac{1}{2}\mu t^2=\frac{\mu(\varphi-\theta)^2R^2}{2v^2} \tag{3.11}$$

将式(3.11)代入几何约束关系式

$$\cos\theta=(R-x)/R \tag{3.12}$$

可解得

$$\theta=\frac{\varphi\sqrt{\mu R}}{v+\sqrt{\mu R}} \tag{3.13}$$

又

$$\varphi\approx L/R \tag{3.14}$$

故

$$\theta=\frac{L}{v+\sqrt{\mu R}}\cdot\sqrt{\frac{\mu}{R}} \tag{3.15}$$

将式(3.14)和式(3.15)代入式(3.10)整理得

$$t=\frac{L}{v+\sqrt{\mu R}} \tag{3.16}$$

于是

$$v_{01}=\frac{\mu L}{v+\sqrt{\mu R}} \tag{3.17}$$

$$v_{02}=\frac{\gamma vL}{v+\sqrt{\mu R}}\cdot\sqrt{\frac{\mu}{R}} \tag{3.18}$$

所以，整个冲击速度

$$v_0=\frac{L}{v+\sqrt{\mu R}}\left(\mu+\gamma v\sqrt{\frac{\mu}{R}}\right) \tag{3.19}$$

由式(3.19)可见，较高速时的扁疤冲击速度也与扁疤长度成正比，但随速度

增加而略有下降，最终趋于恒定值

$$\bar{v}_0 = \lim_{v \to \infty} v_0 = \gamma L \sqrt{\frac{\mu}{R}} \tag{3.20}$$

3.2.2　钢轨错牙接头模型

错牙接头是指钢轨接头处二轨面存在高差的非正常接头。根据车辆行驶方向的不同，可将接头错牙分为迎轮错牙和顺轮错牙两种。图 3.7 中，(a)所示为车轮由低轨面驶向高轨面的情形，对应的是迎轮错牙，而(b)所示为顺轮错牙，h 代表错牙高度。

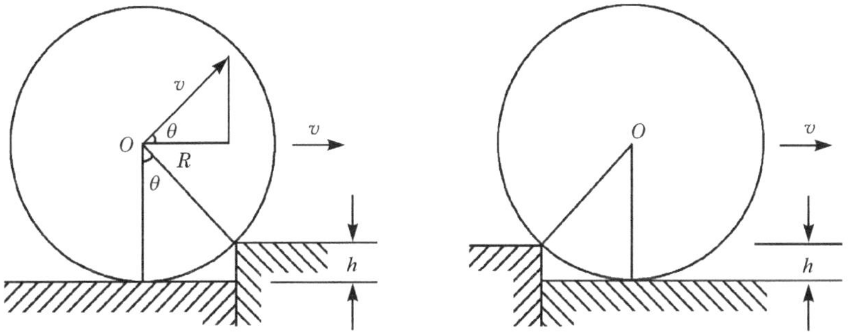

(a) 迎轮错牙　　(b) 顺轮错牙

图 3.7　钢轨错牙接头

由图 3.7(a)可知，迎轮错牙的冲击初速度为

$$v_0 = v\sin\theta = v\frac{\sqrt{R^2-(R-h)^2}}{R} \approx v\sqrt{\frac{2h}{R}} \tag{3.21}$$

可见，v_0 随行车速度 v 的增大而增大。

然而，对于顺轮错牙，情况将有所不同。如图 3.8 所示，当车轮低速通过顺轮错牙时，轮轨接触点由 A 突然变成 B，轮心速度发生突变，产生一个垂向分量 Δv，见图 3.8(a)，其冲击速度公式同式(3.21)。当车轮以较高速度通过顺轮错牙接头时，如图 3.8(b)所示，轮轨将出现脱离现象，车轮由 A 点平抛出上轨，自由跌落至下轨，在 D 点形成冲击。显然，此种情形下车轮垂向冲击速度只与错牙高度 h 有关，而不随行车速度的变化而变化。

$$v_0 = \sqrt{2\mu h} \tag{3.22}$$

设冲击临界速度为 v_{cr0}，则以 v_{cr0} 作为平抛初速度时车轮应跌落于 B 点，于是有

$$v_{cr0}t_0 = |\mathrm{AC}| = \sqrt{2Rh} \tag{3.23}$$

式中，t_0 为车轮以加速度 μ 下落经由高度 h 的时间，且

$$t_0 = \sqrt{\frac{2h}{\mu}} \tag{3.24}$$

将式(3.24)代入式(3.23)可解得

$$v_{cr0} = \sqrt{\mu R}$$

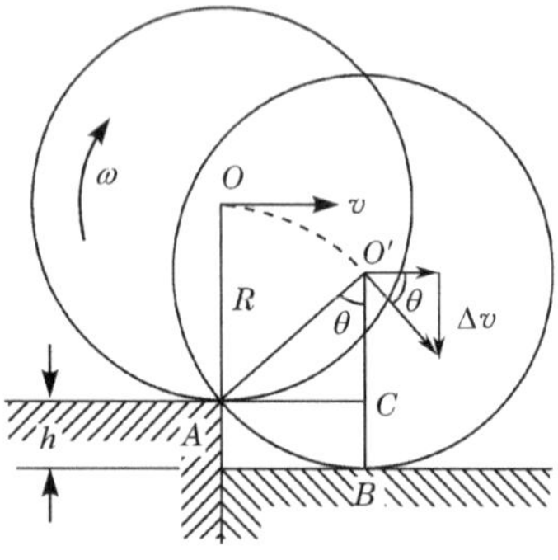

(a) 较低速情形

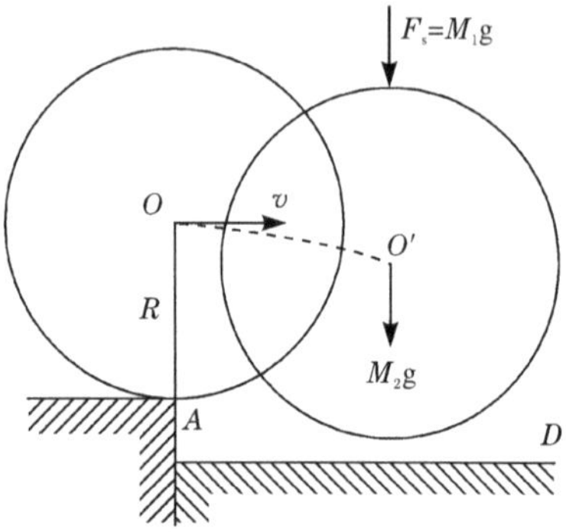

(b) 较高速情形

图 3.8　车轮顺向通过错牙接头示意图

与车轮扁疤冲击临界速度式(3.4)一致。

值得注意的是，上述分析是基于刚性钢轨假设而成立的，实际上钢轨系弹性支承，根据文献[4]，其冲击速度小于刚性支承的情形，因此，式(3.21)变为

$$v_0 = \frac{m_{eq}}{m_w} v \sqrt{\frac{2h}{R}} \tag{3.25}$$

式(3.22)成为

$$v_0 = \frac{m_{eq}}{m_w} \sqrt{2\mu h} \tag{3.26}$$

式中，m_w 为车轮质量；m_{eq}为轨道等效冲击质量，且

$$m_{eq} = m \left[\Gamma\left(\frac{3}{4}\right) \Gamma\left(\frac{5}{4}\right) \sqrt{2} \right]^{4/3} \left(\frac{4EI}{K_H}\right)^{1/3} \tag{3.27}$$

其中，K_H 为轮轨间 Hertz 线性接触刚度；m 为单位长度的钢轨(包括轨枕)质量。

对于一般条件下的轮轨接触，有

$$m_{eq} \approx 0.4m \tag{3.28}$$

3.2.3　轨道低接头模型

轨道低接头是有缝线路最为常见的一种脉冲激扰源，它表现为接头处钢轨向下低塌，如图 3.9 所示。低接头冲击速度常用接头折角 α_1、α_2 与行车速度 v 之积来表示为

$$v_0 = 2\alpha v = (\alpha_1 + \alpha_2)v \tag{3.29}$$

式中，2α 为低接头总折角(rad)。

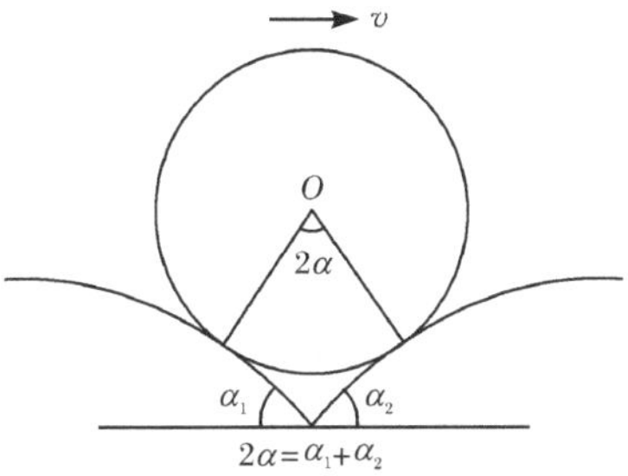

图 3.9　轨道低接头模型

3.2.4　道岔冲击模型

当车辆直向通过道岔时，车辆与道岔的相互作用主要表现为辙叉处的垂向冲击与振动；而当车辆侧向过岔时则主要表现为车辆与道岔之间的横向相互作用。

1. 道岔辙叉垂向冲击模型

道岔辙叉垂向冲击主要发生于固定型辙叉。如图 3.10 所示，固定型辙叉由于存在有害空间，致使车轮的滚动迹线不连续，造成轮/叉冲击。当车轮从翼轨滚向心轨时，随着车轮逐渐离开翼轨，车轮滚动圆半径越来越小，使得车轮重心不断下降，为了不使车轮撞击心轨端部，把该处的轨面急剧降低，随后又逐渐升高与原来的轨面齐平，这样当车轮完全滚上心轨后，车轮就逐渐回升到原有高度。

图 3.10　固定型辙叉道岔

苏联曾通过测量车轮踏面及辙叉的磨耗，研究过车轮重心在辙叉部位的运行轨迹，中国铁道科学研究院也曾对高锰钢整铸辙叉的垂向不平顺进行过测量，得出了类似的车轮重心运行轨迹。这一不平顺可用图 3.11 所示规范化曲线来加以描述，曲线的前半部分属正弦型，后半部分为三角形。其数学表达式为

$$Z_0 = \begin{cases} h_0 \sin(2\pi x / L_0) & (0 \leqslant x \leqslant x_1) \\ h_d (x - x_1)/(x_2 - x_1) & (x_1 < x \leqslant x_2) \\ h_d (x_3 - x)/(x_3 - x_2) & (x_2 < x \leqslant x_3) \\ 0 & (x > x_3) \end{cases} \tag{3.30}$$

式中，不平顺幅值 h_0 和 h_d 与辙叉磨耗程度有关，表 3.1 是实测所得的参考值[5]。

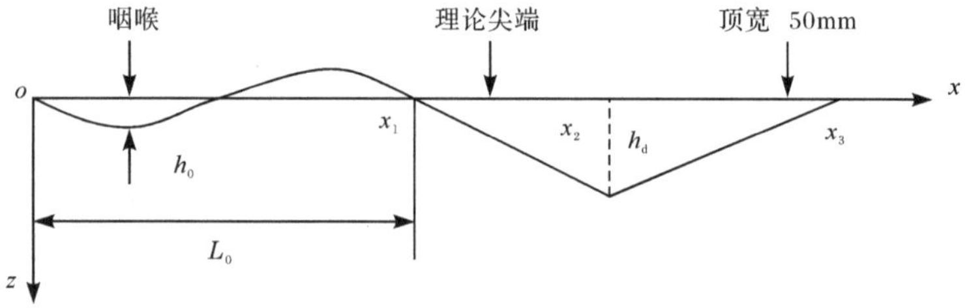

图 3.11　固定型辙叉垂向不平顺模型

表 3.1　固定型辙叉垂向不平顺参数与辙叉磨耗的关系

磨耗程度	轻度	中等	严重
磨耗值/mm	2～4	4～6	>6
h_0/mm	0.7	0.8	0.9
h_d/mm	3.7	4.3	7.1

对于中国常用的 60kg/m 钢轨 12 号高锰钢固定型辙叉，$L_0 = 0.87\text{m}$，$x_1 = 0.87\text{m}$，$x_2 = 1.276\text{m}$，$x_3 = 1.816\text{m}$，因此不平顺函数可简化为

$$Z_0 = \begin{cases} h_0 \sin(7.222x) & (0 \leqslant x \leqslant 0.87) \\ 2.463 h_d (x - 0.87) & (0.87 < x \leqslant 1.276) \\ 1.852 h_d (1.816 - x) & (1.276 < x \leqslant 1.816) \\ 0 & (x > 1.816) \end{cases} \tag{3.31}$$

2. 道岔尖轨横向冲击模型

车辆逆向进入道岔侧线时，车轮将撞击尖轨(图 3.12、图 3.13)。所产生的横向水平冲击取决于车轮对尖轨的冲击角 β、侧向过岔速度 v 以及车辆与尖轨类型等，过大的横向冲击力会引起转辙器和车辆走行部件的严重磨耗和损坏，同时也能使车轮爬上尖轨而产生脱轨危险。显然，将直线尖轨(图 3.12)改为曲

线尖轨(图 3.13)可以减小冲击角,从而将降低车辆侧向过岔时的轮轨横向冲击作用。

车辆侧逆向过岔时,车轮对尖轨的横向冲击速度为

$$v_{0L} = v\sin\beta \approx v\beta \tag{3.32}$$

对于直线尖轨,β 为直尖轨与基本轨之间的夹角;对于曲线尖轨,β 为

$$\beta = \sqrt{2\delta/R} \tag{3.33}$$

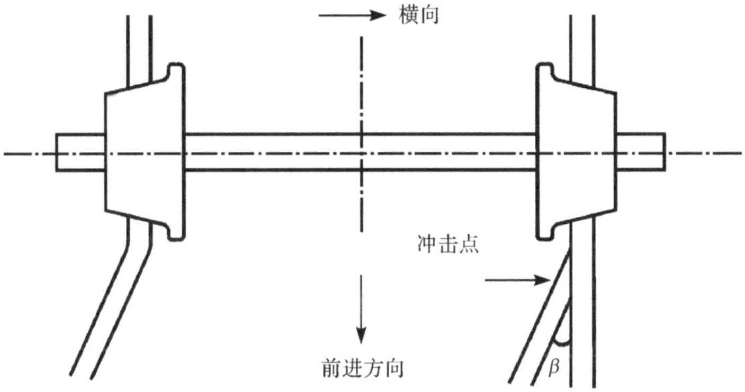

图 3.12　直线尖轨冲击示意图

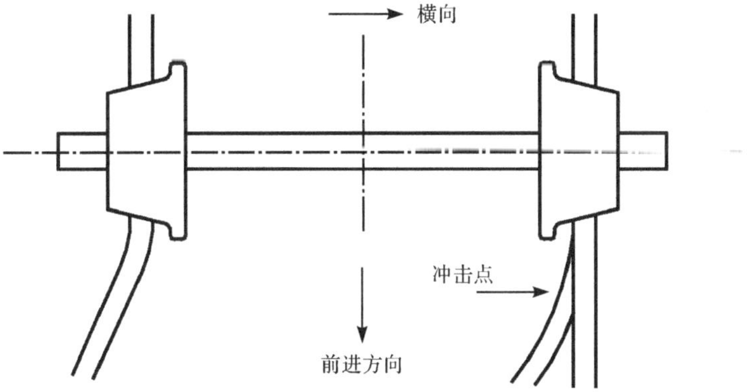

图 3.13　曲线尖轨冲击示意图

式中,δ 是车辆由直线进入曲线时,轮对外侧车轮轮缘与尖轨之间的轮轨间隙,按极限尺寸计算法或概率理论计算法,一般取 δ=47mm;R 为导曲线半径。

因此,车辆侧向通过道岔时轮对在尖轨处的激扰可以简单地以瞬时冲击速度 v_{0L} 的方式加在轮对的横向速度上。诚然,车辆侧向过岔时轮轨横向作用十分复杂,整个道岔范围内的激扰描述尚待深入研究。

3.2.5　其他脉冲激扰模型

无缝线路钢轨焊接接头，因焊接工艺不良所形成的焊缝凸台(图 3.14)，将产生与迎轮错牙相同形式的冲击作用，其冲击速度公式同式(3.25)。

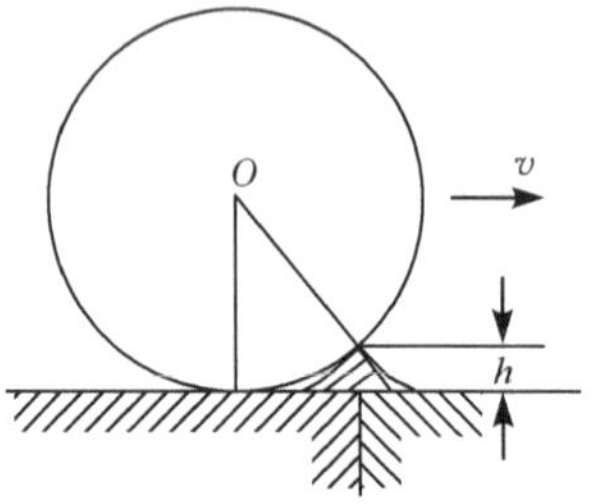

图 3.14　钢轨接头焊缝凸台不平顺模型

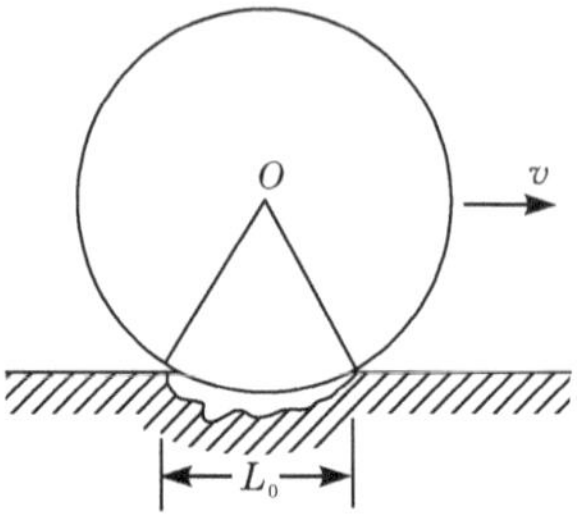

图 3.15　轨面剥离模型

轨面剥离(图 3.15)和钢轨接头宽轨缝(图 3.16)的激扰机制与车轮扁疤冲击类同，只需将激扰速度表达式(3.7)和式(3.19)中的 L 代之以剥离长度 L_0 或轨缝宽度 H 即可。

(a) 照片

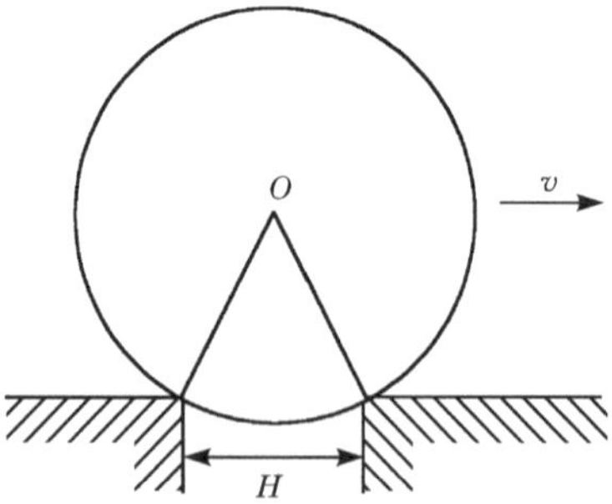

(b) 模型

图 3.16　钢轨接头宽轨缝及其模型

3.3　谐波型激扰模型

在很多情形下，轨道几何不平顺可以用单个或多个简谐波来近似描述。例如，因焊接接头淬火工艺不良，在车轮反复作用下造成轨头局部压陷，属于单个谐波激扰；又如，在世界各国铁路上普遍存在的钢轨波浪形磨耗（简称波磨），呈现在钢轨顶面的是一定间距的起伏不平的波浪状态（图 3.17），是典型的连续谐波激扰。另外，当车轮质心与几何中心偏离时，也将给轮轨系统造成周期性简谐波激扰。所有这些，采用正（余）弦函数来描述是简单而合理的。

3.3.1　谐波激扰位移输入模式

1. 谐波激扰位移输入函数

对于如图 3.18 所示的单一谐波激扰，可以简单地用余弦函数来描述其轨面不平顺，即

$$Z_0(t)=\frac{1}{2}a(1-\cos\omega t)\quad\left(0\leqslant t\leqslant\frac{L}{v}\right)\tag{3.34}$$

其中

$$\omega=\frac{2\pi v}{L}\tag{3.35}$$

(a) 普通铁路钢轨波浪形磨耗

(b) 高速铁路钢轨波浪形磨耗

图 3.17 钢轨波浪形磨耗

式中，L 为不平顺波长；a 为不平顺波深（指谐波的峰谷值）。

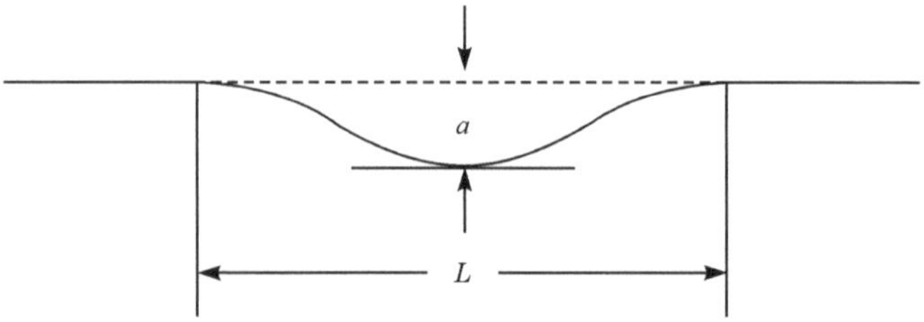

图 3.18 单一谐波不平顺激扰

对于多波激扰，位移输入函数式(3.34)中时间变量 t 满足

$$0 \leqslant t \leqslant \frac{nL}{v} \tag{3.36}$$

式中，n 为激扰波数。

2. 铁路常见谐波位移激扰及其特征

轨头局部压陷和轨面下凹是线路上常见的单一谐波型位移激扰。对于轨头压陷，一般而言其不平顺波长 $L=200\sim500$mm，波深 $a=0.5\sim1.0$mm；而轨面下凹的波长与波深变化范围则可以较大。

道岔转辙区尖轨（图 3.19）和可动心轨辙叉（图 3.20）的垂向不平顺属于典型的单一谐波激扰，它出现在基本轨与尖轨（可动心轨）的过渡区段。现以道岔转辙区为例加以说明：当车轮从基本轨滚向尖轨时，由于尖轨轨面低于基本轨，开始时车轮略有下降；当车轮离开基本轨滚上尖轨后，开始用较小的滚动圆滚动；当车轮完全滚上尖轨时，因为尖轨和基本轨逐渐拉平，车轮又逐渐升高。结果在垂直面上出现了如图 3.21 所示的不平顺形式。对于 60AT 钢轨 12 号道岔尖轨，不平顺波长 $L\approx 2\text{m}$，波深 a 根据磨耗程度不同分别为：2～4mm（轻度磨耗），4～6mm（中等磨耗），大于 6mm（严重磨耗）。而可动心轨辙叉处的垂向不平顺，其形式与尖轨处相类似，所不同的是，心轨处的不平顺变化率较尖轨处大，亦即其波长较短，对于 60kg/m 钢轨 12 号可动心轨辙叉，$L\approx 1\text{m}$。

图 3.19　道岔转辙区尖轨

图 3.20　可动心轨辙叉

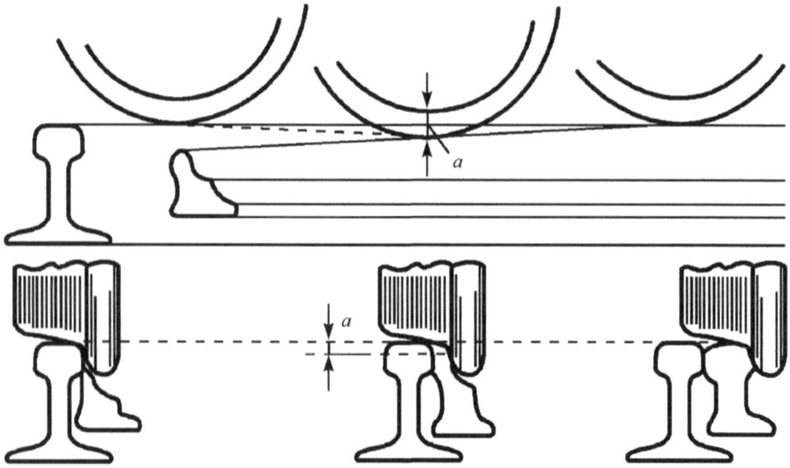

图 3.21　车轮通过道岔转辙器示意图

车轮不圆顺(OOR)也是一种典型的谐波不平顺。车轮不圆顺可分为车轮踏面局部凹陷和车轮多边形化。对于车轮踏面局部偏磨而出现的几何凹陷(图 3.22),可采用图 3.18 所示的谐波不平顺函数式(3.34)加以描述,其波长 L 和波深 a 的范围一般为:$L=250\sim800$mm,$a=0.4\sim3.5$mm。车轮多边形化是指车轮圆周在不均匀磨耗等因素作用下形成的周期性径向偏差。图 3.23 为作者研究组在现场实际测量得到的某地铁车轮径向轮廓的一个例子,其中(a)为车轮径向偏差的极坐标图,(b)为车轮径向偏差沿圆周方向的展开图。该图表明车轮出现了明显的多边形特征,特别是其 4～6 阶谐波成分较为明显。对于多边形车轮激励,国际上多采用含有 1～N 阶谐波的 Fourier 级数形式的位移函数来描述,即

$$Z_0(t)=\sum_{i=1}^{N}A_i\sin\left[i\left(\frac{v}{R}\right)t+\varphi_i\right] \tag{3.37}$$

式中,A_i表示第 i 阶谐波的幅值;φ_i表示相应的相位。

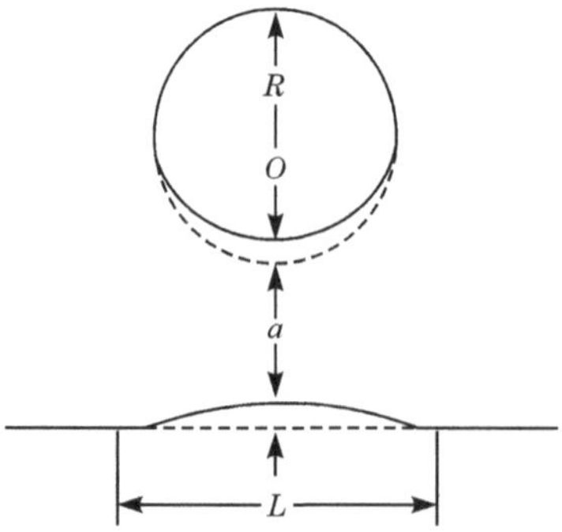

图 3.22　不圆顺车轮及其展开示意图

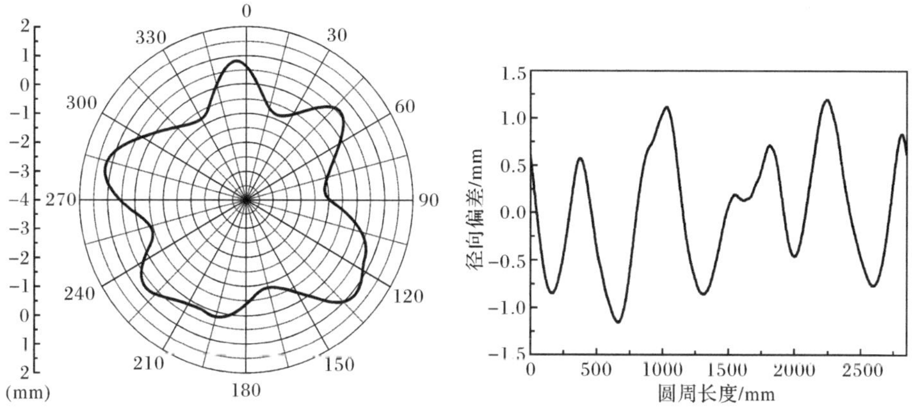

(a) 极坐标图　　　　(b) 沿圆周方向的展开图

图 3.23　车轮多边形化的实测结果一例

在我国铁路上还存在一类钢轨接头马鞍形磨耗不平顺，如图 3.24 所示，其形状是钢轨接头中间凸起，两侧凹下，一般发生在轨端淬火区至非淬火区约 300mm 过渡范围内，钢轨顶面严重下陷多至几毫米。可以采用两个相隔 L_B 的单波不平顺来描述，其位移函数为

$$Z_0(t)=\begin{cases}\dfrac{1}{2}a(1-\cos\omega t) & \left(0\leqslant t\leqslant\dfrac{L}{v}\right)\\ 0 & \left(\dfrac{L}{v}<t\leqslant\dfrac{L+L_B}{v}\right)\\ \dfrac{1}{2}a\left[1-\cos\omega\left(t-\dfrac{L+L_B}{v}\right)\right] & \left(\dfrac{L+L_B}{v}<t\leqslant\dfrac{2L+L_B}{v}\right)\end{cases}\tag{3.38}$$

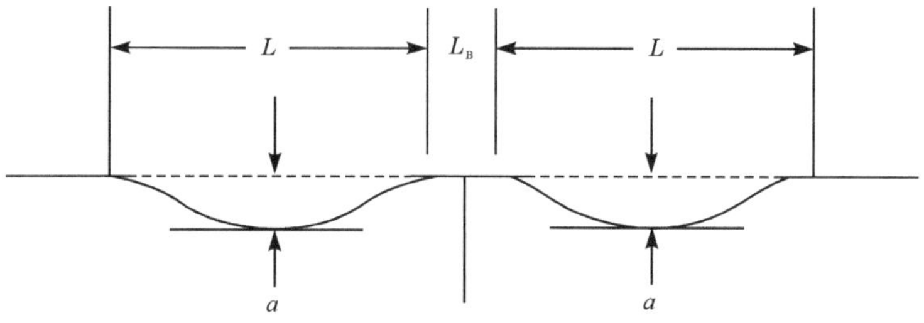

图 3.24　钢轨接头马鞍形磨耗不平顺模型

关于钢轨波浪形磨耗不平顺的波长和波深特征，据调查，短波长波形磨耗常发生于平原铁路直线地段，例如在我国沪杭线 K137～K161 区段，波长 L 在 170～

260mm 之间，波深 a 在 0.4～1.5mm 范围。在山区铁路长大下坡道的小半径曲线上，波浪形磨耗发生率较高，波长较长，波深也较大。例如，作者在黔桂线金寨—桐青树区段观察到多处波长大于 300mm、波深在 1mm 左右的波浪形磨耗钢轨；又如，在宝成线凤州段、成渝线 K379+550 处、石太线石家庄—阳泉段所观察到的小半径曲线钢轨波浪形磨耗，其波长 $L=300\sim600$mm，波深 $a=0.5\sim2.5$mm。近年来，随着我国高速铁路的大规模运营，钢轨波浪形磨耗问题也不断显现出来。例如，在某高速铁路无砟轨道的一些曲线段，观测到了如图 3.17(b)所示的典型短波长波浪形磨耗，其波长 $L=0.14$m，波深 $a\approx0.1$mm。虽然其波深很小，但在 300～350km/h 速度行车条件下此种短波长激扰会导致十分剧烈的轮轨动力作用，因此其危害不容忽视(参见第十三章第 13.2.4 节)。

3. 极短波长轨面谐波不平顺的特殊性

需要特别指出的是，当谐波几何不平顺的波长极短时，例如钢轨轨面存在类似擦伤那样的极短波长的不平顺时，则可产生与车轮扁疤完全相同的冲击现象，此时不能采用谐波位移输入，而应将其视为脉冲型激扰源采用冲击速度输入方式，现分析如下。

如图 3.25 所示，当不平顺深度 $a>h$ 时，车轮在该不平顺范围内将接触不到轨面，而在不平顺起(讫)点处形成冲击。根据图 3.25 几何关系可知，若不平顺波长 L 与波深 a 满足关系

$$L<2\sqrt{2Ra-a^2} \tag{3.39}$$

则谐波不平顺事实上将成为脉冲激扰源。

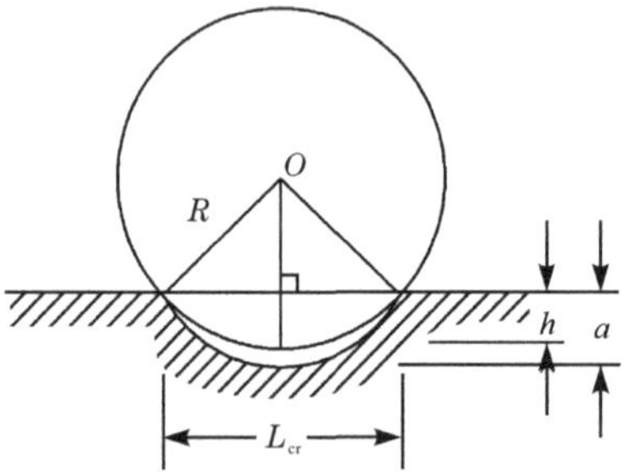

图 3.25　车轮通过极短波长不平顺处的几何关系

以普通货车($R=420$mm)与轨道的相互作用为例，表 3.2 给出了常见不平顺深度所对应的临界波长 L_{cr} 数值，图 3.26 则进一步给出了相应的谐波/脉冲作用区。

表 3.2　谐波不平顺产生脉冲激扰的临界波长 L_{cr}

波深 a/mm	0.5	1.0	1.5	2.0	2.5	3.0	4.0	5.0
L_{cr}/mm	40.98	57.93	70.93	81.88	91.52	100.22	115.65	129.23

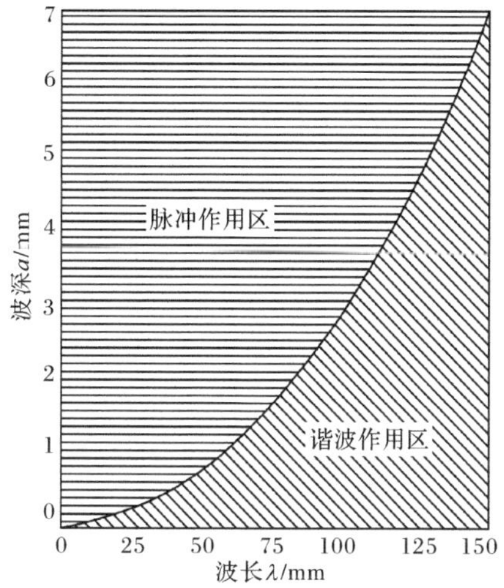

图 3.26　极短波长谐波不平顺的脉冲作用区域

3.3.2　轨道常见几何不平顺的输入模式

一般意义下的轨道几何不平顺是指两股钢轨的实际几何尺寸相对于理想平顺状态的偏差。如图 3.27 所示，轨道常见几何不平顺主要有方向、轨距、高低和水平四种基本形式。

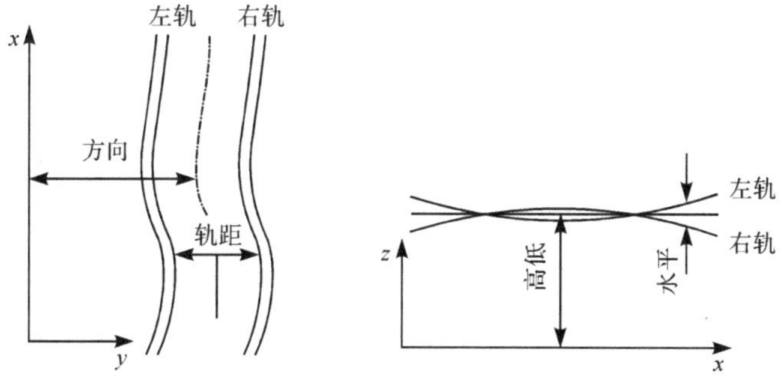

图 3.27　轨道常见几何不平顺

方向不平顺是由于左右股钢轨横向偏移引起线路中心线的横向偏移，可表示为

$$y_t = \frac{1}{2}(y_l + y_r) \tag{3.40}$$

式中，y_l、y_r 分别为左、右股钢轨的横坐标。

轨距不平顺是由于左右两股钢轨横向偏移引起的轨距变化，在轨顶下 16mm 位置处测量，可表示为

$$g_t = y_l - y_r - g_0 \tag{3.41}$$

式中，g_0 为名义轨距。

高低不平顺是由于左右钢轨顶面垂向偏移引起轨道中心线的垂向偏移，可表示为

$$Z_t = \frac{1}{2}(Z_l + Z_r) \tag{3.42}$$

式中，Z_l、Z_r 分别为左、右两股钢轨的垂向坐标。

水平不平顺是由于左右钢轨的垂向偏移引起的轨面高差，可表示为

$$\Delta Z_t = Z_l - Z_r \tag{3.43}$$

此外，还存在两种特殊类型的轨道不平顺，即扭曲不平顺和复合不平顺。扭曲不平顺是指左右两股钢轨顶面相对于轨道平面的扭曲，即先是左股钢轨高于右股钢轨，后是右股钢轨高于左股钢轨的轨面状态，俗称三角坑，反之亦然。复合不平顺是指轨道线形的同一位置上同时出现垂向和横向两种不平顺的情形。

以上轨道几何不平顺均可用位移函数作为系统激扰输入。针对我国铁路线路养护维修规程中常用的轨道几何不平顺的检测方式，往往以某一弦长范围内的几何偏差来度量不平顺，我们可以通过对一股或两股钢轨施加同向或反向、同相位或异相位的单波余弦不平顺[式(3.34)]，来简单实现对各种轨道几何不平顺的输入，具体如图 3.28 所示，图中，L 为波长，A 为波幅。

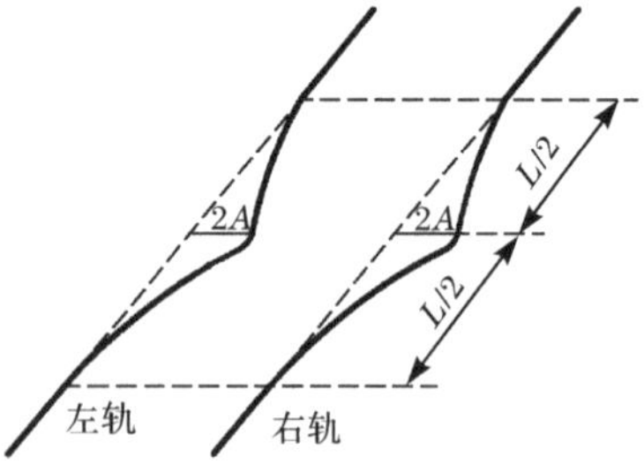

(a) 方向不平顺

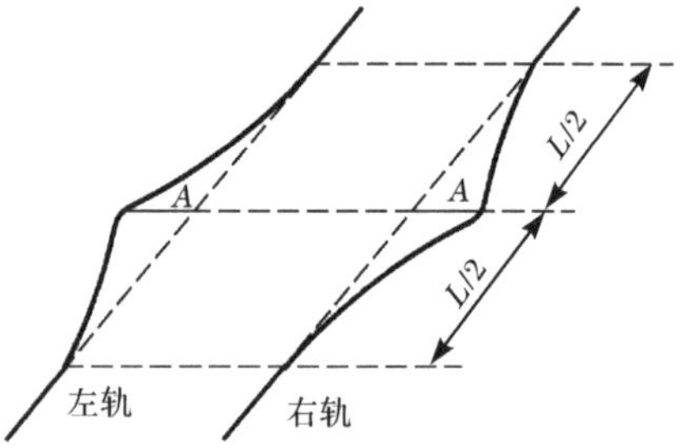

(b) 轨距不平顺

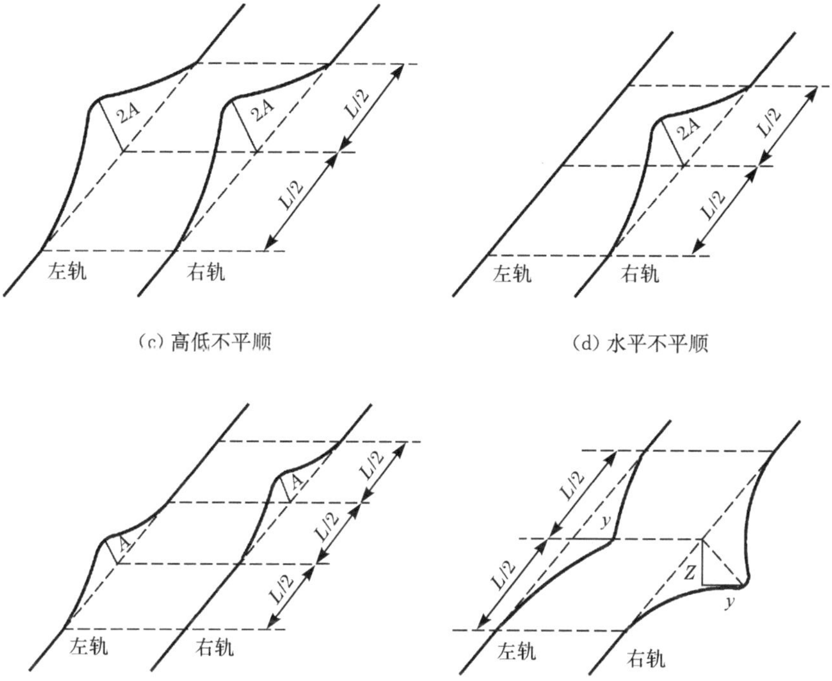

(c) 高低不平顺　(d) 水平不平顺

(e) 扭曲不平顺　(f) 复合不平顺

图 3.28　轨道几何不平顺的输入模型

3.3.3　周期性简谐力输入函数

若机车车辆车轮质心与几何中心不相重合，如图 3.29 所示，存在微小偏心距 r_0，则在列车运行过程中将产生一个大小恒定、指向朝外的未平衡惯性力

$$F_0 = M_w \omega_w^2 r_0 = \frac{M_0}{g}\omega_w^2 \tag{3.44}$$

式中，ω_w 为车轮转动角速度；r_0 为偏心距；M_0 为偏静距。且有

$$\omega_w = \frac{v}{R} \tag{3.45}$$

$$M_0 = M_w g r_0 \tag{3.46}$$

惯性力的垂直分量

$$F_0(t) = M_w \left(\frac{v}{R}\right)^2 r_0 \sin\left(\frac{v}{R}t\right) \tag{3.47}$$

或

$$F_0(t) = \frac{M_0}{g}\left(\frac{v}{R}\right)^2 \sin\left(\frac{v}{R}t\right) \tag{3.48}$$

即为偏心轮所产生的周期性激扰力函数。

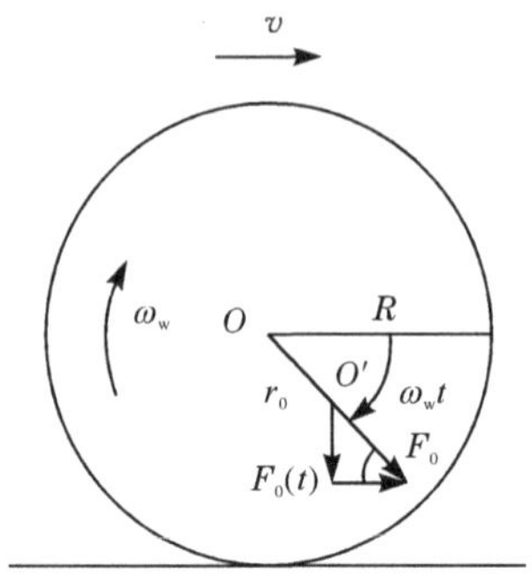

图 3.29　偏心车轮模型

3.4　动力型轨道刚度不平顺模型

动力型激扰系指由于轨下基础结构发生变化或存在缺陷所引起的轨道沿纵向的弹性不均匀现象。从表面上看，弹性（刚度）不平顺或许没有任何异常迹象，但当车辆通过这些部位时，将出现不同于正常区段的轨道变形与冲击。这种作用久而久之便会导致轨道的局部永久变形，从而有可能造成轨道几何不平顺恶化，反过来又会加剧轮轨动力作用。概括起来，轨道刚度不平顺的起因大体包括轨枕失效或扣件松脱、道床暗坑或空吊板、道床板结或松散，以及轨道过渡段（路桥、路涵、路隧过渡段及有砟轨道—无砟轨道过渡段）等方面。

3.4.1　轨道过渡段刚度不平顺

当轨下基础支承条件发生变化时，轨道刚度就会出现纵向不均匀现象，形成所谓轨道刚度不平顺。例如，路基与桥台连接处（路桥过渡段）、路基与涵洞连接处（路涵过渡段）、隧道洞口、道岔头尾、有砟轨道与无砟轨道过渡段等，都存在此类动力型不平顺，而其中以路桥过渡段最为典型，现以此为例加以说明。

由于路基与桥梁刚度差别很大，一方面引起轨道支承刚度的突变，另一方面，路基与桥台的沉降也不一致，在路桥过渡点附近会出现沉降差，导致轨面发生弯折。当列车通过时，必然会增加列车与线路的振动，引起轮轨动力作用增大，影响线路结构的稳定，甚至危及行车安全。这种现象随着列车提速及重载列车的开行而加剧，其结果是需要频繁地进行养护维修作业才能保证轨道的平顺性要求。对我国京九（北京—九龙）铁路部分路段的检测发现，桥头线路有明显变形的不在少数，大、中、小桥均有，桥头线路变形在开通运营初期发展速率很快，有的两个月左右便达到 20mm 以上。大量的调查分析显示，我国铁路路桥过渡区的病害广泛而严重,频繁的维修使得一些线路桥台以后的路基出现严重的道砟囊,纵向延伸10～30m长。

丹麦国家铁路(DSB)Strandmoelle桥梁与路基连接段(图3.30)出现的严重动力作用恶化问题更是典型一例,作者曾于1998年8月作过实地考察与研究[6]。该桥头过渡段轨道结构配置复杂,变化多,具体情况如图3.31所示。钢轨型号为UIC60;轨下胶垫厚为5mm;普通路基上铺设混凝土半轨枕;桥上铺设混凝土长轨枕,无砟桥面,在长轨枕两端通过10mm厚的枕下橡胶垫层与桥台黏结固定;桥头路基过渡段铺设了23根轨枕。由此可见,从普通路基到桥台,不仅基础支承刚度发生了很大变化,而且轨枕支承条件也差异很大,同时桥上又属无砟轨道,其综合效果是在路桥连接段轨道整体刚度变化很大。路基与桥台轨道沉降差十分明显,出现了4‰左右的轨面折角,折角段长度约30m。折角段轨道日常养护维修工作量剧增,频繁的养护作业又使该段道床较区间线路更松散,轨道变形大。对于如此典型的轨道动力型不平顺,在进行车辆—轨道耦合动力学分析时不可忽视,必须采用离散点支承轨道模型详细设置整个过渡区段的轨道刚度参数。

图3.30　丹麦国家铁路Strandmoelle桥梁与路基连接段(右侧为桥台端)

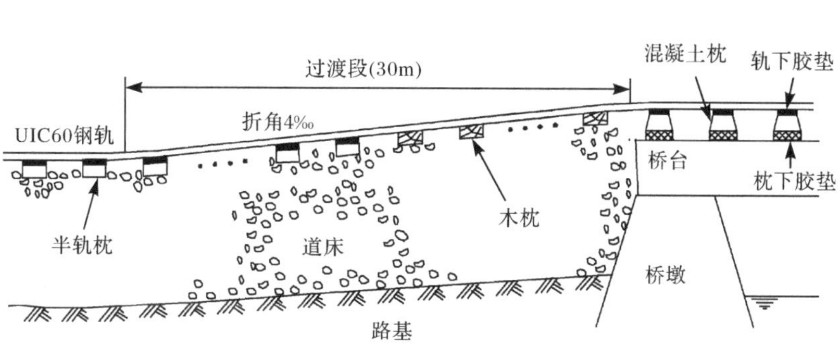

图3.31　丹麦国家铁路Strandmoelle桥梁与路基连接段轨道结构示意图

为了避免路桥连接处轨下基础刚度的突变，可以在路基与桥台之间设置一定长度的过渡段，如图 3.32 所示，这样可使轨道刚度在一定范围内逐渐变化，也使轨面高差变化率(即折角)变小，从而达到减缓列车与线路的振动，降低轨道动力作用，保证列车安全、平稳运行的目的。我们可以采用图 3.33 所示分段线性曲线来简单地描述过渡段路基刚度的变化关系，这里假设桥台刚度是土路基刚度的 n 倍。这一模式完全可以类推到路涵、路隧等其他轨道过渡段中去。

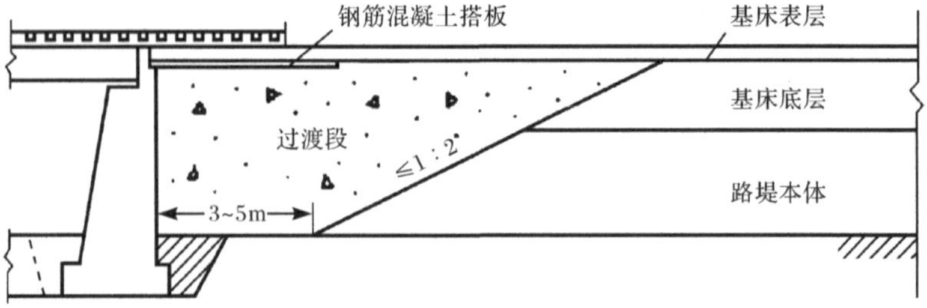

图 3.32　路桥过渡段结构示例

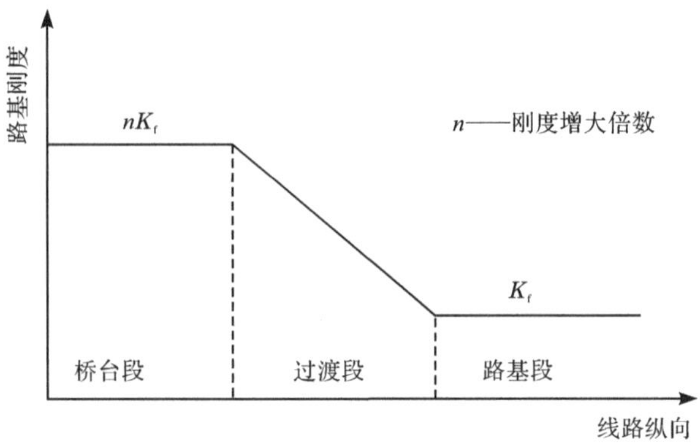

图 3.33　轨道过渡段路基刚度不平顺模型

关于轨道过渡段几何不平顺的描述可参见第十二章第 12.5 节。

3.4.2　道岔区轨道刚度不平顺

道岔的特殊构造决定了道岔区轨道的刚度要大于区间线路的轨道刚度。图 3.34 是铁道科学研究院采用轨道弹性检测车在郑武(郑州—武昌)线临颍站出站道岔区实测得到的轨道弹性变形曲线[7]，它间接地反映了道岔区段轨道刚度(轨道变形的倒数)的变化情况。可以看出，道岔区段(特别是辙叉区和尖轨区)轨道的弹性下沉量比两端区间线路的约小 1/3，且在道岔头尾过渡段内逐渐变化。造成道岔区刚度增大且变化不均匀的原因主要有：岔枕长度不一致，轨枕支承面积也就不一致；道岔区轨线多且轨头断面变化复杂，钢轨抗弯刚度变化较大；道岔区道床捣固不均匀等。

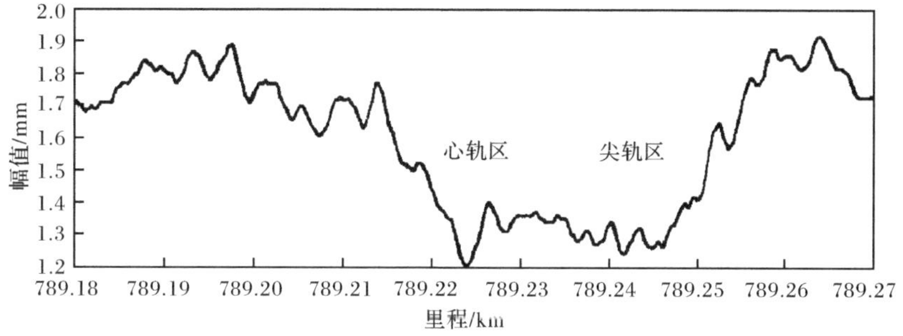

图 3.34　道岔区轨道弹性不平顺示例

3.4.3　轨下基础结构缺陷的模拟

一般地，当轨下基础支承刚度或阻尼沿纵向不均匀变化时，只需对模型中各支点刚度和阻尼元件逐一赋值，即可输入各种弹性动力型不平顺。对于轨下基础结构存在缺陷的情形，可作特殊处理。

1. 扣件失效或松脱

当某扣件失去工作能力，或当某扣件折断、松脱时，可令该支点处 $K_{pi}=C_{pi}=0$。

2. 轨枕空吊

路基沉陷、轨道变形及捣固作业等因素可形成道床局部暗坑，使轨枕出现空吊现象，如图 3.35 所示。如果轨枕空吊间隙 δ_{gap} 很大，该处道床将完成丧失正常的工作能力，相应地，在模型中可设 $K_{bi}=C_{bi}=0$。如果轨枕空吊间隙 δ_{gap} 不是很大，道床仍有可能发挥部分承载能力，即当轨枕和道床在振动过程中相接触时会产生作用力，可用下式来替代正常情形下的轨枕—道床作用力，即

$$F_{bs}(t)=\begin{cases}K_b[Z_s(t)-Z_b(t)-\delta_{gap}] & (Z_s-Z_b-\delta_{gap}\geqslant 0)\\ 0 & (Z_s-Z_b-\delta_{gap}<0)\end{cases} \tag{3.49}$$

式中，K_b 为道床刚度；Z_s 和 Z_b 分别是轨枕和道床块的振动位移。

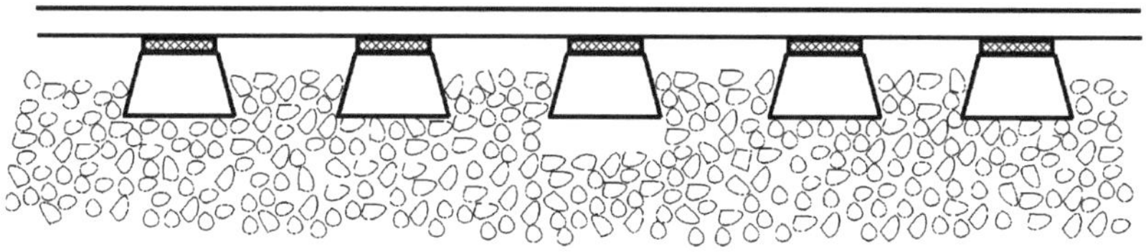

图 3.35　轨枕空吊示意图

3. 道床板结或松散

由于道床铺设、维修及自然条件等方面的因素，道床可在一定区段内出现结构松散或道砟板结现象。结果导致道床弹性、阻尼系数发生较大变化。此时相应支点处的道床刚度、阻尼可表示为

$$\begin{cases} K'_{bi} = \eta_k K_{bi} \\ C'_{bi} = \eta_c C_{bi} \end{cases} \tag{3.50}$$

式中，η_k、η_c 分别为道床刚度、阻尼变化系数，对于不同的情况，η_k、η_c 可在 0.1～10 范围内取值。

3.5 轨道随机不平顺激扰模型

以上三节(第 3.2～3.4 节)所介绍的系统激扰均属典型的确定性激励，而轮轨系统中典型的非确定性激励当属轨道随机不平顺。实际线路的几何状态受众多因素的影响往往表现出明显的随机性，这些影响因素包括：钢轨初始弯曲，钢轨磨耗、伤损，轨枕间距不均、质量不一，道床的级配和强度不均、松动、赃污、板结，路基下沉不均匀、刚度变化等，它们综合作用，构成了轨道不平顺的随机特征。受轨道随机不平顺激扰，车辆—轨道耦合系统会产生随机振动，一方面影响了旅客乘坐舒适性和货物运送平稳性，另一方面影响到机车车辆结构部件的疲劳伤损与运用可靠性，同时还影响到轨道结构部件疲劳破坏、线路变形累积，反过来又加剧了轨道几何状态的恶化。

在实际线路上存在的各种轨道不平顺是由不同波长、不同相位和不同幅值的随机不平顺波叠加而成的，是与线路里程有关的复杂随机过程。一般而言，功率谱密度函数(power spectral density，PSD)是表述作为平稳随机过程的轨道不平顺的最重要和最常用的统计函数，由此而得轨道谱。工程中常采用功率谱图来描述谱密度对频率的函数变化。轨道不平顺的功率谱图是以谱密度为纵坐标、以频率或波长为横坐标的连续变化曲线，它可以清楚地表示不平顺的大小随频率的变化关系。

轨道随机不平顺的统计特征只能依靠线路实地测量获得。英国于 1964 年就开始了这项测试工作，是世界上开展这一研究最早的国家之一。目前，英国、日本、德国、美国、俄罗斯、印度、捷克等国家都测定了各自的轨道不平顺的谱密度和相关函数。我国也在这方面做了不少研究工作。1982 年铁道科学研究院罗林等[8]讨论了各种轨道不平顺的测量方法，用“惯性基准法”测量了轨道随机不平顺，并对大量轨检车实测的不平顺数据进行了分析处理，列举了平稳的轨道不平顺的样本记录功率谱密度。1985 年原长沙铁道学院随机振动研究室[9]将轨道不

平顺分为弹性和几何不平顺，对先后三次用地面测试方法在京广线测定的轨道不平顺进行分析处理得到了各种不平顺谱，并且统计出了我国Ⅰ级干线轨道不平顺功率谱密度的解析表达式。但是应该认识到，两单位早期研究中所获得的轨道谱分辨率精度都不高，尤其是样本数据太少(当时长沙铁道学院测取的数据仅数百米，铁道科学研究院测取的数据也只有数十公里)，所以都不足以代表我国铁路轨道不平顺的统计特征。

有鉴于此，20 世纪 90 年代末，铁道科学研究院对我国轨道不平顺进行了较为深入细致的研究，在我国东南西北各主要干线约 4 万 km 轨检车检测数据和部分地面测量数据的基础上，经筛选、分类处理、统计分析，提出了我国铁路主要干线高低、水平、轨向三种轨道不平顺和部分轨道长波长不平顺的功率谱密度，其中包括重载线、提速线、准高速线、高速试验线、不同轨道结构以及特大桥梁等各种情况下的轨道不平顺功率谱密度[10]。

近年来，随着我国高速铁路新线的不断开通与大规模运营，中国高速铁路轨道不平顺谱的研究与测定，又成为迫在眉睫的新课题。为了满足中国高速铁路研究与维护需求，中国铁道科学研究院(原铁道科学研究院)在对京津、武广、郑西、沪杭、沪宁和京沪等高速铁路无砟轨道轨检车检测数据统计分析的基础上，与西南交通大学(作者研究组)联合提出了中国第一个高速铁路无砟轨道不平顺谱[11]。

下面列举国内外较典型的轨道谱，并通过分析比较明确其特征，从而便于动力学分析中选取合适的轨道随机不平顺激扰模型。

3.5.1　美国轨道谱

美国联邦铁路管理局(FRA)根据大量实测资料得到线路不平顺功率谱密度，拟合成一个以截断频率和粗糙度常数表示的偶次函数，其波长范围可达 1.524～304.8m，轨道级别分为六级[12]。

(1) 轨道高低不平顺

$$S_{\mathrm{v}}(\phi)=\frac{A_{\mathrm{v}}\phi_{\mathrm{v2}}^{2}(\phi^{2}+\phi_{\mathrm{v1}}^{2})}{\phi^{4}(\phi^{2}+\phi_{\mathrm{v2}}^{2})} \tag{3.51}$$

(2) 轨道方向不平顺

$$S_{\mathrm{a}}(\phi)=\frac{A_{\mathrm{a}}\phi_{\mathrm{a2}}^{2}(\phi^{2}+\phi_{\mathrm{a1}}^{2})}{\phi^{4}(\phi^{2}+\phi_{\mathrm{a2}}^{2})} \tag{3.52}$$

(3) 轨道水平不平顺

$$S_{\mathrm{c}}(\phi)=\frac{A_{\mathrm{c}}\phi_{\mathrm{c2}}^{2}}{(\phi^{2}+\phi_{\mathrm{c1}}^{2})(\phi^{2}+\phi_{\mathrm{c2}}^{2})} \tag{3.53}$$

(4) 轨道轨距不平顺

$$S_g(\phi)=\frac{A_g\phi_{g2}^2}{(\phi^2+\phi_{g1}^2)(\phi^2+\phi_{g2}^2)} \tag{3.54}$$

式中，$S(\phi)$ 为轨道不平顺功率谱密度$[\mathrm{m}^2/(1/\mathrm{m})]$；$\phi$ 为轨道不平顺的空间频率(1/m)；A 是粗糙度常数(m)；ϕ_1、ϕ_2 是截断频率(1/m)。

所有轨道级别的粗糙度参数及截断频率如表 3.3 所示，表中还同时列出了根据行车安全标准制订的不同等级线路所允许的车辆最高运行速度。

表 3.3　美国标准轨道谱参数

类型	参数	线路等级					
		一级	二级	三级	四级	五级	六级
高低	$A_v/(10^{-7}\mathrm{m})$	16.7217	9.5250	5.2917	2.9633	1.6722	0.9525
	$\phi_{v1}/(1/\mathrm{m})$	0.0233	0.0233	0.0233	0.0233	0.0233	0.0233
	$\phi_{v2}/(1/\mathrm{m})$	0.1312	0.1312	0.1312	0.1312	0.1312	0.1312
轨向	$A_a/(10^{-7}\mathrm{m})$	10.5833	5.9267	3.3867	1.8838	1.0583	0.5927
	$\phi_{a1}/(1/\mathrm{m})$	0.0328	0.0328	0.0328	0.0328	0.0328	0.0328
	$\phi_{a2}/(1/\mathrm{m})$	0.1837	0.1837	0.1837	0.1837	0.1837	0.1837
水平	$A_c/(10^{-7}\mathrm{m})$	4.8683	3.3867	2.3283	1.5663	1.0583	0.7197
	$\phi_{c1}/(1/\mathrm{m})$	0.0233	0.0233	0.0233	0.0233	0.0233	0.0233
	$\phi_{c2}/(1/\mathrm{m})$	0.1312	0.1312	0.1312	0.1312	0.1312	0.1312
轨距	$A_g/(10^{-7}\mathrm{m})$	10.5833	5.9267	3.3867	1.8838	1.0583	0.5927
	$\phi_{g1}/(1/\mathrm{m})$	0.0292	0.0292	0.0292	0.0292	0.0292	0.0292
	$\phi_{g2}/(1/\mathrm{m})$	0.2329	0.2329	0.2329	0.2329	0.2329	0.2329
允许最高速度/(km/h)	货车	16	40	64	96	128	176
	客车	24	48	96	128	144	176

3.5.2　德国轨道谱[13]

(1)高低不平顺

$$S_v(\Omega)=\frac{A_v\Omega_c^2}{(\Omega^2+\Omega_r^2)(\Omega^2+\Omega_c^2)} \tag{3.55}$$

(2)方向不平顺

$$S_a(\Omega)=\frac{A_a\Omega_c^2}{(\Omega^2+\Omega_r^2)(\Omega^2+\Omega_c^2)} \tag{3.56}$$

(3)水平不平顺

$$S_c(\Omega)=\frac{A_v\cdot b^{-2}\cdot\Omega_c^2\cdot\Omega^2}{(\Omega^2+\Omega_r^2)(\Omega^2+\Omega_c^2)(\Omega^2+\Omega_s^2)} \tag{3.57}$$

式中，高低、方向不平顺功率谱密度 $S_v(\Omega)$、$S_a(\Omega)$ 的单位为 $\mathrm{m}^2/(\mathrm{rad/m})$；水平不

平顺由于采用倾角度量，因而其功率谱密度 $S_c(\Omega)$ 的单位为 1/(rad/m)；Ω 为轨道不平顺的空间频率(rad/m)；Ω_c、Ω_r、Ω_s 是截断频率(rad/m)；A_v、A_a 是粗糙度常数($\mathrm{m^2}$ · rad/m)；b 为左、右滚动圆距离之半(m)，一般可取 0.75m。

(4) 轨距不平顺

文献[13]没有给出轨距不平顺的功率谱密度表达式，但规定轨距不平顺在 −3～3mm范围内变化。一般轨距不平顺功率谱密度与水平不平顺具有相同的表达式，所以

$$S_g(\Omega)=\frac{A_g\Omega_c^2\Omega^2}{(\Omega^2+\Omega_r^2)(\Omega^2+\Omega_c^2)(\Omega^2+\Omega_s^2)}\quad[\mathrm{m^2/(rad/m)}] \tag{3.58}$$

粗糙度系数和截断频率如表 3.4 所示，其中 A_g 是基于轨距不平顺在 −3～3mm 内变化经试算得出的参考值。

表 3.4　德国轨道谱粗糙度系数及截断频率

轨道级别	Ω_c /(rad/m)	Ω_r /(rad/m)	Ω_s /(rad/m)	A_a /($\mathrm{m^2}$ · rad/m)	A_v /($\mathrm{m^2}$ · rad/m)	A_g /($\mathrm{m^2}$ · rad/m)
低干扰	0.8246	0.0206	0.4380	2.119×10^{-7}	4.032×10^{-7}	5.32×10^{-8}
高干扰	0.8246	0.0206	0.4380	6.125×10^{-7}	1.08×10^{-6}	1.032×10^{-7}

“低干扰”可适用于德国时速 250km 及以上的高速铁路；“高干扰”适用于德国时速 250km 以下的铁路。

3.5.3　中国轨道谱

迄今为止，我国尚未形成表征各种铁路线路状态的轨道谱标准体系，但如前所述，有关部门在轨道谱方面开展了不少研究工作，并根据测量结果建议出不同线路的轨道谱表达式，介绍如下。

1. 中国普通干线铁路轨道谱

该轨道谱反映我国既有干线铁路经过提速改造后的线路几何状态。轨道高低、水平、方向不平顺功率谱密度采用系数不同的同一解析式表达[10]

$$S(f)=\frac{A(f^2+Bf+C)}{f^4+Df^3+Ef^2+Ff+G} \tag{3.59}$$

式中，$S(f)$ 的单位为 $\mathrm{mm^2/(1/m)}$；f 是空间频率(1/m)；A、B、C、D、E、F、G 是轨道不平顺功率谱密度的特征参数，对不同线路和不同类型的轨道不平顺有不同的数值。

表 3.5 给出了我国京沪、京广、京哈三大提速干线(既有铁路)轨道的特征参数，适合于最高行车速度 160km/h 线路。

表 3.5　中国既有铁路提速干线轨道谱的特征参数

参　数	A	B	C	D	E	F	G
左轨高低	1.1029	−1.4709	0.5941	0.8480	3.8016	−0.2500	0.0112
右轨高低	0.8581	−1.4607	0.5848	0.0407	2.8428	−0.1989	0.0094
左轨轨向	0.2244	−1.5746	0.6683	−2.1466	1.7665	−0.1506	0.0052
右轨轨向	0.3743	−1.5894	0.7265	0.4353	0.9101	−0.0270	0.0031
水平	0.1214	−2.1603	2.0214	4.5089	2.2227	−0.0396	0.0073

2. 中国高速铁路无砟轨道谱[11]

中国速度 300～350km/h 的高速铁路大规模采用无砟轨道，由于运营时间不长，这里给出的轨道谱是基于我国典型无砟轨道自开通至今时间段内运营检测数据而得出的。高速铁路无砟轨道不平顺谱采用幂函数分段拟合，各波长区段的轨道谱均采用同一表达式

$$S(f)=\frac{A}{f^n} \tag{3.60}$$

式中，$S(f)$的单位为 $\mathrm{mm}^2/(1/\mathrm{m})$；$f$ 是空间频率(1/m)；A 和 n 是拟合系数。表 3.6 给出了我国典型高速铁路无砟轨道不平顺的平均谱拟合系数，其中包括四段不同的拟合系数，各分段点的空间频率及对应波长如表 3.7 所示，它们适用于速度 300～350km/h 的无砟线路。

表 3.6　中国高速铁路无砟轨道不平顺的平均谱拟合系数

类型	第一段		第二段		第三段		第四段	
	A	n	A	n	A	n	A	n
高低	1.0544×10^{-5}	3.3891	3.5588×10^{-3}	1.9271	1.9784×10^{-2}	1.3643	3.9488×10^{-4}	3.4516
轨向	3.9513×10^{-3}	1.8670	1.1047×10^{-2}	1.5354	7.5633×10^{-4}	2.8171	—	—
水平	3.6148×10^{-3}	1.7278	4.3685×10^{-2}	1.0461	4.5867×10^{-3}	2.0939	—	—
轨距	5.4978×10^{-2}	0.8282	5.0701×10^{-3}	1.9037	1.8778×10^{-4}	4.5948	—	—

表 3.7　中国高速铁路无砟轨道不平顺谱各分段点的空间频率及对应波长

类型	第一、二段之分段点		第二、三段之分段点		第三、四段之分段点	
	空间频率/(1/m)	空间波长/m	空间频率/(1/m)	空间波长/m	空间频率/(1/m)	空间波长/m
高低	0.0187	53.5	0.0474	21.1	0.1533	6.5
轨向	0.0450	22.2	0.1234	8.1	—	—
水平	0.0258	38.8	0.1163	8.6	—	—
轨距	0.1090	9.2	0.2938	3.4	—	—

研究结果表明，由大量不平顺数据估计得到的轨道谱近似服从自由度为 2 的 χ^2 分布，表 3.6 和表 3.7 对应的是平均谱，针对不同线路状态条件，也可根据高速铁路无砟轨道不平顺平均谱估计其百分位数谱，其转换系数 K 如表 3.8 所示。

表 3.8　中国高速铁路无砟轨道不平顺平均谱与百分位数谱的转换系数

转换系数	百分位数/%										
	10.0	20.0	25.0	30.0	50.0	60.0	63.2	70.0	75.0	80.0	90.0
K	0.105	0.223	0.288	0.357	0.693	0.916	1.000	1.204	1.386	1.609	2.303

3. 轨道短波不平顺功率谱

以上的轨道不平顺功率谱的波长范围都在几米到几十米范围内，所以它们一般只能满足机车车辆和桥梁结构的低频随机振动分析，无法满足轨道结构随机振动研究的需要，因为簧下质量和轨下结构的振动主频可达数百到数千赫兹。为此，文献[14]对我国石太（石家庄一太原）线的轨道垂向短波不平顺进行了实测。测量方法是采用地面测量方式，用 Colmar 钢轨磨耗测量仪进行测量。经回归分析，建议我国 50kg/m 钢轨线路垂向短波不平顺的功率谱密度函数可近似表达为

$$S(f)=0.036f^{-3.15} \tag{3.61}$$

式中，$S(f)$的单位为 $\mathrm{mm^2/(1/m)}$；f 是空间频率(1/m)。式(3.61)的适用波长范围是 0.01～1m。

3.5.4　中国轨道谱与国外典型轨道谱的比较

由于我国至今尚未建立起轨道谱标准体系，3.5.3 节介绍了根据实测轨道几何参数得出的我国两类轨道谱的研究结果，即京沪、京广、京哈三大干线轨道谱和中国高速铁路无砟轨道谱。然而，尚不清楚它们的基本特征是什么？它们与国外典型轨道谱有何差异？为了便于我们在动力学分析中正确选取轨道随机不平顺激扰，有必要探明这些问题。文献[15]通过动力学仿真计算，比较了在我国干线轨道谱和国外典型轨道谱激扰下车辆动力性能的差别，这里我们直接从轨道不平顺功率谱密度特征角度，分析比较我国三大干线轨道谱、高速铁路无砟轨道谱和几种国外典型轨道谱之间的差异。

1. 普通线路轨道谱的比较

首先比较常规速度运用条件下的轨道谱。我国普通线路以京沪、京广、京哈三大提速干线为例，其轨道谱[参见式(3.59)及表 3.5]适用于 160km/h 及以下速度；国外普通线路轨道谱选取美国 AAR 标准五级线路谱(适用于144km/h 以下速度)及六级线路谱(适用于176km/h 以下速度)。

图 3.36 和图 3.37 分别给出了 1～30m 波长范围内，上述三种轨道谱的方向不平顺功率谱密度的对比结果和高低不平顺功率谱密度的对比结果。

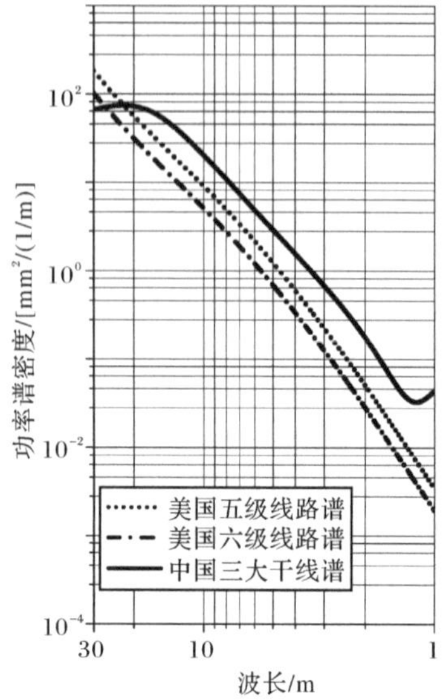

图 3.36　普通线路轨道方向不平顺功率谱密度的比较

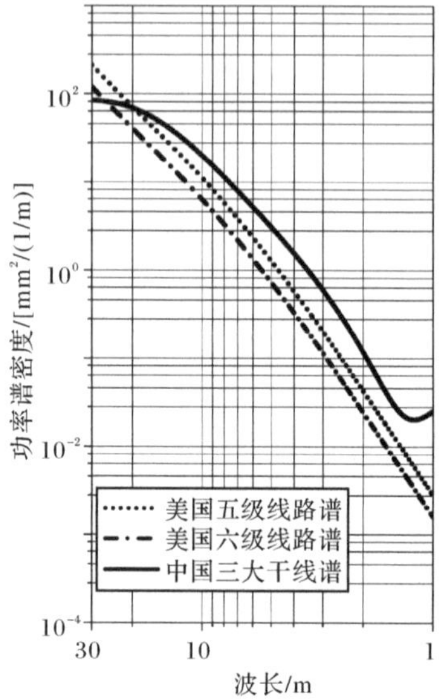

图 3.37　普通线路轨道高低不平顺功率谱密度的比较

由图 3.36 可见，我国普通铁路三大干线谱的方向不平顺总体大于美国五级线路谱和六级线路谱数值，表明线路方向几何状态较差。具体比较结果如下：与美国六级线路谱相比，在 25m 以下波长范围内，我国三大干线谱密度值明显大，仅在 25m 以上的少许波长下，三大干线谱密度值要小些；与美国五级线路谱相比，在 20m 以下波长范围内，我国三大干线谱密度值也偏大，而波长大于 20m 时，我国三大干线谱优于美国五级线路谱。

由图 3.37 可见，与方向不平顺谱类似，我国三大干线谱的高低不平顺总体上大于美国五级线路谱和六级线路谱数值，具体比较结果也与方向不平顺谱结果类似，不再赘述。

2. 高速线路轨道谱的比较

关于高速运营条件下的轨道谱，国外最典型的标准要数德国轨道谱，包括低干扰谱（适合 250km/h 及其以上速度）和高干扰谱（适合 250km/h 以下速度）两种，我国目前仅有根据几条典型高速铁路线路检测数据统计得出的高速铁路无砟轨道不平顺谱[参见式(3.60)及表 3.6、表 3.7]，这里就以此作为比较对象。

图 3.38 和图 3.39 分别给出了上述三种高速轨道谱的方向不平顺及高低不平顺功率谱密度在 1～200m 波长范围内的对比结果。值得说明的是，对于中国高速

铁路无砟轨道谱，轨道高低和方向不平顺谱的有效波长范围为 2～200m，适用于线路速度 300～350km/h 的中国高速铁路无砟轨道线路。

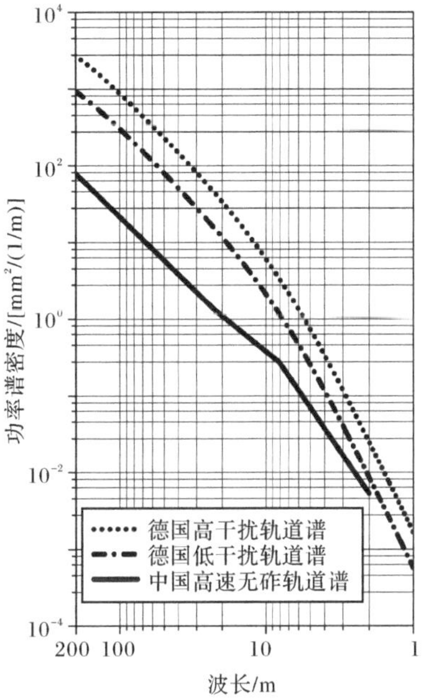

图 3.38　高速线路轨道方向不平顺功率谱密度的比较

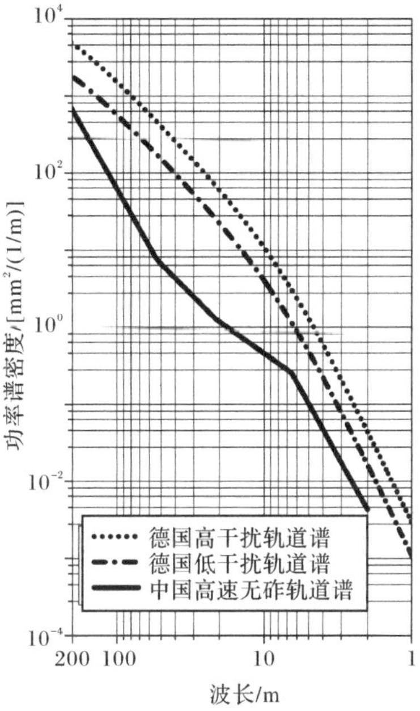

图 3.39　高速线路轨道高低不平顺功率谱密度的比较

据图 3.38 和图 3.39 中结果可知：

① 对于方向不平顺(图 3.38)，在 2～200m 波长范围内，中国高速无砟轨道谱均普遍优于德国高速铁路(低干扰)轨道谱，更优于其高干扰谱，尤其是对数米以上的长波长范围非常明显。由于长波不平顺对高速列车运行舒适性有重要影响，据此可以推知，在中国高速铁路无砟轨道谱激扰下，高速列车横向运行平稳性优于德国线路谱激扰下的平稳性。

② 对于高低不平顺(图 3.39)，在 2～200m 波长范围内，中国高速铁路无砟轨道谱均明显优于德国高干扰轨道谱和低干扰轨道谱，尤其是在 10～100m 波长范围特别显著。同样可以推断，对于旅客乘车垂向舒适性而言，中国高速铁路无砟轨道谱优于德国高速铁路低干扰谱，更加优于其高干扰轨道谱。

3. 结论

① 我国既有铁路三大干线几何状况总体而言尚不如美国五、六级线路，特别是 20m 以下较短波长不平顺的幅值明显偏大；但方向不平顺和高低不平顺在 20m 以上的波长范围内优于美国五级线路谱，在 25m 以上的小段波长区优于美国六级线路谱。

② 中国高速铁路无砟轨道谱在 2～200m 波长范围内的高低不平顺和方向不平顺均明显低于德国高速铁路低干扰谱，尤其是对 10m 以上的长波长不平顺更为显著，表明中国高速铁路无砟轨道具有颇为优良的几何平顺性。

3.5.5 轨道随机不平顺时域样本的数值模拟方法

由上可见，轨道随机不平顺通常采用功率谱密度函数表示。然而，在第二章所建立的车辆—轨道耦合动力学非线性模型中，系统激励一般采用时域输入方式，以便于数值求解。因此需要将轨道随机不平顺功率谱密度函数转换为随线路里程变化的轨道不平顺空间样本（相应地可得到时域样本）。对此，我们可以采用适当的时频转换方法，而时频转换方法的精度对真实再现实际线路的空间不平顺状态至关重要。

目前有一些现成的方法如二次滤波法[16]、三角级数法[17]和白噪声滤波法等可以实现时频转换。但它们用于轨道随机不平顺数值模拟时也存在不同程度问题，如二次滤波法需进行滤波器设计，对不同的轨道不平顺，均需设计出合理的滤波器，因而缺乏通用性。这里介绍一种基于频域功率谱等效的新算法[18]，首先根据轨道随机不平顺功率谱求出频谱的幅值和随机相位，然后再通过傅立叶逆变换(IFFT)得到轨道不平顺的时域模拟样本。

根据文献[18]，功率谱密度值 $S_{xx}(k)$ 在离散的采样点上与信号的频谱有一个确定的关系，即

$$\begin{aligned} S_{xx}(k) &= \left\{\frac{1}{N}\sum_{s=0}^{N-1} x_s \exp\left[\mathrm{i}\left(k\,\frac{2\pi}{N}\right)s\right]\right\}\left\{\frac{1}{N}\sum_{j=0}^{N-1} x_j \exp\left[-\mathrm{i}\left(k\,\frac{2\pi}{N}\right)j\right]\right\} \\ &= \frac{1}{N^2}\left|\mathrm{DFT}[x_s]\right|^2 = \frac{1}{N^2}\left[X^*(k)X(k)\right] \end{aligned} \tag{3.62}$$

式中，$X(k)$ 为时间序列 $\{x_s\}$ 的频谱，$k,s=0,1,\cdots,N-1$。

铁路轨道不平顺功率谱密度函数均为单边谱，所以首先要将其转化为双边谱 $S_x(f)$。设轨道不平顺的最短波长为 $\lambda_{\min}$，最长波长为 $\lambda_{\max}$，车辆运行的最大速度为 $v_{\max}$，则最高时间频率为 $f_{\max}=v_{\max}/\lambda_{\min}$，最低时间频率为 $f_{\min}=v_{\max}/\lambda_{\max}$。由于机车车辆的自振主频一般在 1Hz 左右，所以应确保 $f_{\min}<1\mathrm{Hz}$。则由采样定理，采样周期 $\Delta T\leqslant 1/(2f_{\max})$。设模拟的总时间为 T_s，则时域采样点数为 $T_s/\Delta T$，一般需在末尾添 0 以保证采样点数为 2 的整数次幂，即 N_r。由周期图法估计出的功率谱具有周期性，且为偶对称序列，因此最后形成以 $N_r/2$ 为对称中心的偶对称序列 $S_x(f=k\Delta f)$，$k=0,1,\cdots,N_r-1$，$\Delta f=1/(N_r\Delta T)$，如图 3.40 所示。

由式(3.62)可知，时域序列的频谱模值为

$$\begin{aligned} |X(k)| &= |\mathrm{DFT}[x_s]| = \sqrt{N_r^2\times S_k(k)} = N_r\sqrt{S_k(k)} \\ &= N_r\sqrt{S_x(k\Delta f)\Delta f}\quad (k=0,1,\cdots,N_r-1) \end{aligned} \tag{3.63}$$

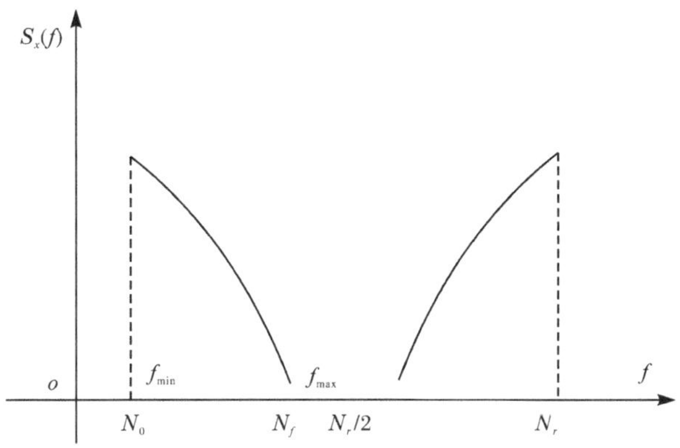

图 3.40　周期功率谱密度采样图

由于时间序列 $X(k)$ 为一随机过程，其频谱相位一定具有随机性。设 ξ_n 为独立相位序列，它的各分量均值为零，由于实序列的快速傅里叶变换为复序列（实部偶对称，虚部奇对称），所以 ξ_n 应为复数，且有 $|\xi_n|=1$，故设

$$\xi_n = \cos\phi_n + \mathrm{i}\sin\phi_n = \exp(\mathrm{i}\phi_n) \tag{3.64}$$

式中，ϕ_n 服从 0～2π 的均匀分布。

又因为 $X(k)$ 的实部关于 $N_r/2$ 偶对称，虚部关于 $N_r/2$ 奇对称，所以只需求出 0～$N_r/2$ 的频谱，由式(3.63)和式(3.64)可得

$$X(k) = \xi_n \left| X(k) \right| = N_r \xi_n \sqrt{S_n(k\Delta f)\Delta f} \quad (k = 0,1,\cdots,N_r/2) \tag{3.65}$$

显然，由对称条件容易得到 $X(k)$，其中 $k=0,1,\cdots,N_r-1$。将得到的复序列 $X(k)$ 进行傅里叶逆变换，即可得出轨道不平顺时域模拟样本。

下面列举一算例以说明该方法的变换精度。以美国六级线路轨道高低不平顺功率谱为例，其表达式和参数见本章第 3.5.1 节。图 3.41(a)给出了行车速度 100km/h 时变换得到的轨道不平顺时域模拟序列，(b)是采用周期图法对(a)模拟结果分析得到的功率谱模拟值，它与原解析值几乎完全一致。可见该方法的模拟精度是高的，而其计算速度也较快。需要说明的是，这一变换方法同样被应用于列车—轨道—桥梁系统动力学激励输入之中，并在文献[19]中予以介绍。

本节的最后，作为上述数值模拟方法（基于频域功率谱等效算法）的具体应用，也为了进一步认识我国高速铁路无砟轨道几何不平顺的状态，对中国高速铁路无砟轨道谱[式(3.60)]进行了数值变换计算，得到了随里程变化的不平顺模拟样本，如图 3.42 所示，其中，波长范围为 2～200m。由图 3.42 样本可见，轨道高低不平顺幅值在 −5～5mm 范围内变化，轨道方向不平顺幅值在 −3～3mm 范围内变化，几何状态非常好。

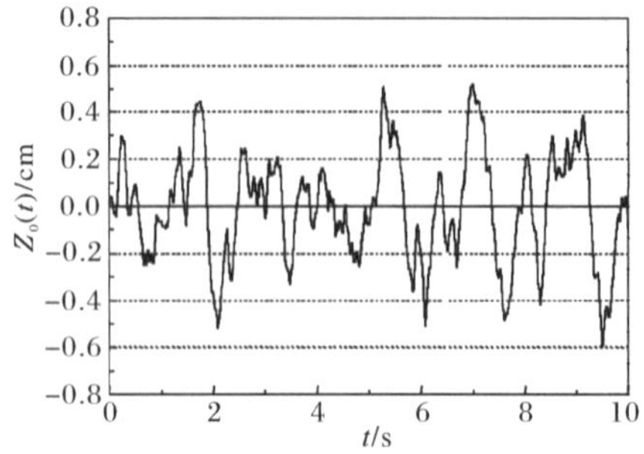

(a) 轨道随机不平顺时间序列的模拟结果

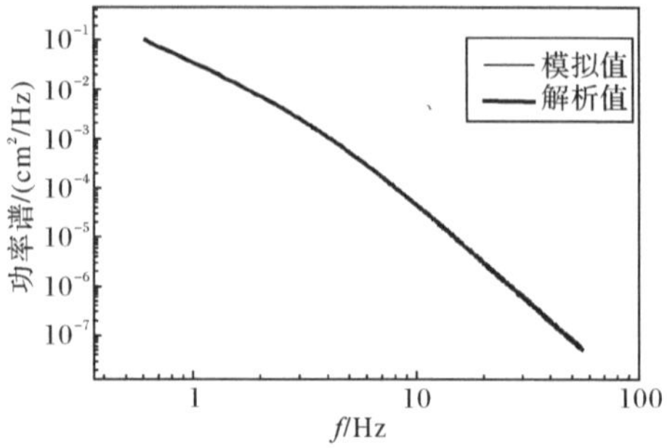

(b) 轨道谱模拟值与解析值的比较

图 3.41　基于频域功率谱等效的轨道随机不平顺时频转换算例

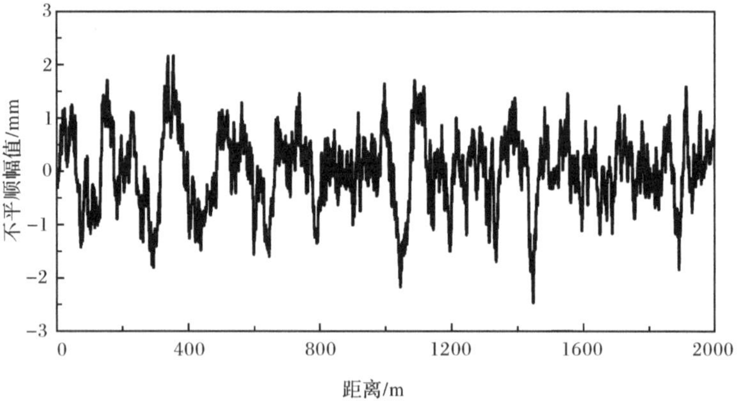

(a) 左轨方向不平顺

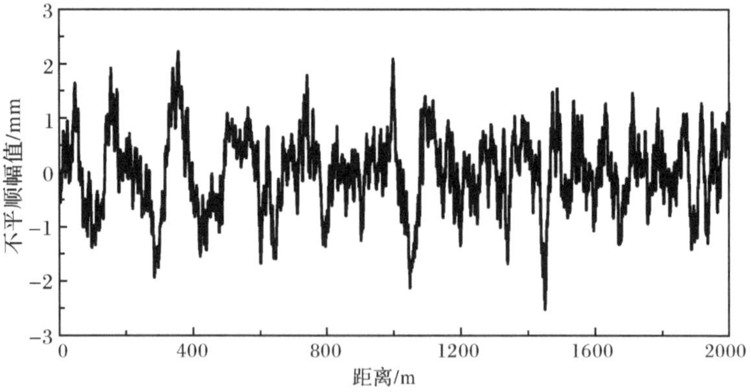

(b) 右轨方向不平顺

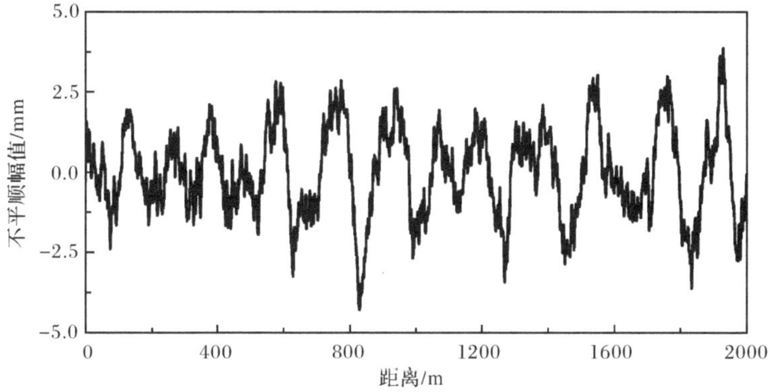

(c) 左轨高低不平顺

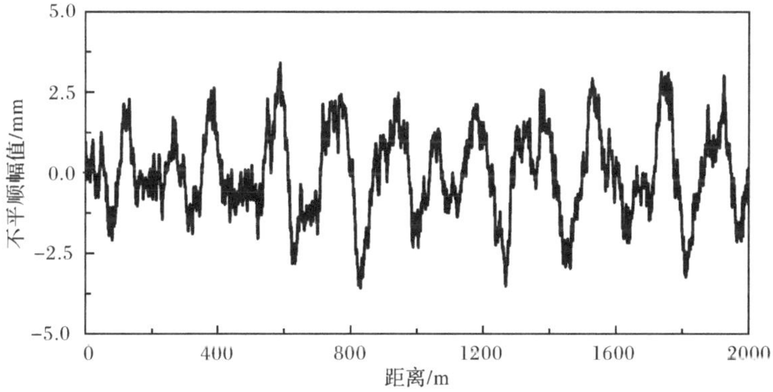

(d) 右轨高低不平顺

图 3.42　中国高速铁路无砟轨道随机不平顺空间样本的数值模拟结果

参考文献

[1] Knothe K, Grassie S L. Modeling of railway track and vehicle/track interaction at high frequencies. Vehicle System Dynamics, 1993, 22(3/4): 209～262

[2] 翟婉明. 铁路车轮扁疤的动力学效应. 铁道车辆, 1994, (7): 1～5

[3] Satoh Y. Dynamic effect of a flat wheel on track deformation. Bulletin of International Railway Congress Association, 1965, 42(8/9): 547～553

[4] Ver I L, Ventre C S, Myles M M. Wheel/rail noise, part Ⅲ: Impact noise generation by wheel and rail discontinuities. Journal of Sound and Vibration, 1976, 46(3): 395～417

[5] 赵羲. 固定式辙叉区轮轨动力有限元分析及其弹性值的优选. 北京: 铁道科学研究院硕士学位论文, 1988

[6] Zhai W M, True H. Vehicle-track dynamics on a ramp and on the bridge: Simulation and measurements. Vehicle System Dynamics, 1999, 33(Suppl): 604～615
[7] 铁道科学研究院，郑州铁路局. 郑武线最高速度 240km/h 高速列车综合运行试验研究报告. TY-1345，北京：铁道科学研究院，1998
[8] 罗林. 轨道随机干扰函数. 中国铁道科学，1982，13(1)：74～110
[9] 长沙铁道学院随机振动研究室. 关于机车车辆/轨道系统随机激励函数的研究. 长沙铁道学院学报，1985，(2)：1～36
[10] 铁道科学研究院铁道建筑研究所. 我国干线轨道不平顺功率谱的研究. TY-1215，北京：铁道科学研究院，1999
[11] 康熊，翟婉明，刘秀波，等. 高速铁路无砟轨道不平顺谱(报批稿). 中华人民共和国铁道行业标准，2013.
[12] Garg V K, Dukkipati R V. Dynamics of Railway Vehicle Systems. Ontario: Academic Press, 1984
[13] 德国联邦铁路慕尼黑研究中心. 城间特快列车 ICE 技术任务书，1993
[14] 王澜. 轨道结构随机振动理论及其在轨道结构减振中的应用. 北京：铁道科学研究院博士学位论文，1988
[15] 陈果，翟婉明，左洪福. 仿真计算比较我国干线谱与国外典型轨道谱. 铁道学报，2001，23(3)：82～87
[16] Ontes R K, Enochson L. Digital Time Series Analysis. New York: Wiley, 1972
[17] 星谷胜. 随机振动分析. 常宝琦译. 北京：地震出版社，1977
[18] 陈果，翟婉明. 铁路轨道不平顺随机过程的数值模拟. 西南交通大学学报，1999，34(2)：138～142
[19] 翟婉明，夏禾等著. 列车—轨道—桥梁动力相互作用理论与工程应用. 北京：科学出版社，2011

第四章　车辆—轨道耦合动力学数值求解方法

由第二章可见,车辆—轨道耦合动力学方程可表示成统一形式

$$[M]\{\ddot{X}\}+[C]\{\dot{X}\}+[K]\{X\}=\{P\} \tag{4.1a}$$

或

$$[M]\{A\}+[C]\{V\}+[K]\{X\}=\{P\} \tag{4.1b}$$

式中,$[M]$、$[C]$、$[K]$分别为车辆—轨道耦合系统的质量、阻尼、刚度矩阵;$\{X\}$为耦合系统的广义位移矢量;$\{\dot{X}\}$或$\{V\}$为耦合系统的广义速度矢量;$\{\ddot{X}\}$或$\{A\}$为耦合系统的广义加速度矢量;$\{P\}$为车辆—轨道耦合系统的广义载荷矢量,难于显式表示,是与$\{\dot{X}\}$、$\{\ddot{X}\}$有关的非线性过程量。

这是一个大型复杂非线性动力学微分方程组。例如,对于车辆—轨道垂向耦合动力学问题,系统自由度一般在 500 个左右,轮轨间具有 Hertz 非线性接触特性;又如,对于车辆—轨道空间耦合动力学问题,系统具有悬挂非线性(如饱和阻尼特性、库仑摩擦特性、悬挂间隙等)、轮轨接触几何非线性及轮轨蠕滑非线性等多种复杂非线性因素。目前,求解这类问题,只能采用直接数值积分法。

本章仅从工程应用的角度,介绍作者早先提出的二种适合于快速求解大系统动力学响应的新型数值积分方法[1~3],及其在大型复杂非线性车辆—轨道耦合动力学分析中的具体应用。

4.1　大型非线性动力学系统的数值求解问题

经典的数值积分方法有两种:隐式法和显式法。经典的隐式法如常用的 Newmark-β 法、Houbolt 法、Wilson-θ 法、Hiber-Hughes 的 α 法和 β-θ 配置法以及 Park 法等[4],无论对线性还是非线性问题,其数值稳定性一般较好,有助于时间积分步长的选取。然而,隐式法每向前积分一步都需要求解一次大型线性代数方程组,特别是对非线性问题还需重新计算$[C]$、$[K]$矩阵,重新进行三角分解,这给多自由度的大型工程问题分析带来很大困难,其计算工作量是十分惊人的,计算费用也是相当可观的。例如,我们以前在分析长大/重载列车纵向动力学问题时,采用此类方法在微型计算机上已无法实施[3],美国铁道学会 Gogineni 等[5]分析此类问题不得不采用中型高速计算机。而对于车辆—轨道耦合动力学这样的大型非线性问题,一方面系统自由度更高,另一方面由于轮轨接触频率高达 500Hz 以上,

势必要求极小的时间积分步长，所以表现在计算速度方面的问题更为突出。

鉴于此，人们寻求显式方法。显式法具有计算过程简捷、计算效率高等特点，不过这常常要以牺牲一定的精度或稳定性为代价，时间步长的选取须受到稳定性条件的限制。Dahlquist[6]曾经指出：在经典的线性多步法中，不存在无条件稳定的显式方法。在经典的显式法中，四阶 Runge-Kutta 法和中心差分法是最为常用的两种。当[M]为对角阵时，四阶 Runge-Kutta 法可不解方程组，但每步积分均需反复循环计算四次，且稳定计算步长往往很小，因而计算速度极慢。如果系统阻尼可以忽略或者[C]与[M]成比例，那么中心差分法在整个积分过程中只要求作一次三角分解；进一步，若[M]与[C]同为对角阵，则可不解代数方程组。然而，对于大量的工程实际问题，如车辆—轨道耦合动力学问题，其阻尼非但不能忽略反而还很复杂，[C]常常不是简单的对角阵，相反地，[M]容易对角化（例如结构动力分析中对连续体离散常用集中质量参数）。此种情形下，各步积分都必须解算一次线性代数方程组。可见，中心差分法用于解决大型非线性实际问题仍无明显优越性。

20 世纪 90 年代初，作者针对国家重点科技攻关项目“重载列车动力学研究”这一大型工程问题计算速度慢的客观现实，研究提出了两种新型快速数值积分方法[1~3]，即一类新型显式二步数值积分法和一类新型预测—校正积分法。应用实践表明，此两种方法在求解大型非线性动力学问题时，具有快速、简便、实用的特点，只要质量阵[M]为对角阵或经对角化（机械动力学和结构动力学系统常如此），则不管阻尼阵[C]的形式如何，都不再需要联立求解高阶线性代数方程组，从而大幅度地提高了数值计算效率与经济性，可以在普通微型计算机上解决实际工程中的一些大型动力学问题。因此，本书对更大规模的车辆—轨道耦合动力学响应的数值求解，也采用此类方法。

值得一提的是，近十年来，该方法在国际上被称为翟方法，受到广泛关注与重视[7~17]。在十多种著名的国际工程计算、结构工程与力学期刊上，如《国际工程中的数值方法(IJNME)》、《工程计算(EC)》、《声与振动学报(JSV)》、《ASCE 结构工程杂志》、《ASME 振动与声学杂志》、《结构工程与力学(SEM)》、《车辆系统动力学(VSD)》、《计算机与结构(C&S)》、《软件工程进展(ASE)》、《力学学报(英文版)》等，新型显式积分法或新型预测—校正积分法分别被 Rio 教授、Rezaiee-Pajand 教授、Woodward 教授、Zhou 教授、Silva 教授、Chen 教授、钟万勰院士及 Soive、Grolleau、Alamatian、Zhou、Varandas、Hölscher、Gao、Tan、Banimahd、Kennedy、Medero、Sarafrazi、Hashemian 等一批学者称为“Zhai method、Zhai algorithm（翟方法）”加以引用、应用和评价[7~17]，也被认为是“well known 显式方法”[10]、“最令人感兴趣的预测—校正法之一”[12]。

4.2 大系统动态分析的新型快速数值积分方法

4.2.1 新型快速显式积分法(翟方法)[1]

1. 数值积分格式

翟方法属于显式二步数值积分法,其基本原理是:利用前两步的位移、速度、加速度量预测下一步的位移、速度量,再根据系统运动方程求解下一步的加速度量,如此循环递推。其积分格式为[1]

$$\begin{cases}\{X\}_{n+1}=\{X\}_n+\{V\}_n\Delta t+(1/2+\psi)\{A\}_n\Delta t^2-\psi\{A\}_{n-1}\Delta t^2\\ \{V\}_{n+1}=\{V\}_n+(1+\varphi)\{A\}_n\Delta t-\varphi\{A\}_{n-1}\Delta t\end{cases}\tag{4.2}$$

式中,Δt 为时间积分步长;下标 n、$n-1$、$n+1$ 分别代表当前步 $t=n\Delta t$ 时刻、上一步 $t=(n-1)\Delta t$ 时刻、下一步 $t=(n+1)\Delta t$ 时刻;φ、ψ 是控制积分方法特性的独立参数。

该方法是作者受 Newmark-β 隐式积分格式启发而对称性地构造成功的。Newmark-β 隐式积分格式为[18]

$$\begin{cases}\{X\}_{n+1}=\{X\}_n+\{V\}_n\Delta t+(1/2-\beta)\{A\}_n\Delta t^2+\beta\{A\}_{n+1}\Delta t^2\\ \{V\}_{n+1}=\{V\}_n+(1-\gamma)\{A\}_n\Delta t+\gamma\{A\}_{n+1}\Delta t\end{cases}\tag{4.3}$$

式中,β、γ 是 Newmark 积分控制参数。

将式(4.2)代入系统运动方程式(4.1b)在 $t=(n+1)\Delta t$ 时刻的形式

$$[M]\{A\}_{n+1}+[C]_{n+1}\{V\}_{n+1}+[K]_{n+1}\{X\}_{n+1}=\{P\}_{n+1}\tag{4.4}$$

可得

$$\{A\}_{n+1}=[M]^{-1}\{\widetilde{P}\}_{n+1}\tag{4.5}$$

式中

$$\begin{aligned}\{\widetilde{P}\}_{n+1}=&\{P\}_{n+1}-[K]_{n+1}\{X\}_n-([C]_{n+1}+[K]_{n+1}\Delta t)\{V\}_n\\&-\{(1+\varphi)[C]_{n+1}+(1/2+\psi)[K]_{n+1}\Delta t\}\{A\}_n\Delta t\\&+(\varphi[C]_{n+1}+\psi[K]_{n+1}\Delta t)\{A\}_{n-1}\Delta t\end{aligned}\tag{4.6}$$

对于线性系统,上述各式中$[C]_{n+1}$、$[K]_{n+1}$恒为常数$[C]$、$[K]$。

根据初始条件

$$\begin{cases}\{X(0)\}=\{X\}_0\\ \{V(0)\}=\{V\}_0\end{cases}\tag{4.7}$$

得到

$$\{A\}_0=\{A(0)\}=[M]^{-1}(\{P\}_0-[K]_0\{X\}_0-[C]_0\{V\}_0)\tag{4.8}$$

于是便可按积分递推式(4.2)及式(4.5)逐次计算出对应于各步的位移、速度和加速度离散值。

需要指出的是,起步时只需令 $\varphi=\psi=0$,从而使本方法具有积分“自开始”的特性。

2. 翟方法的数值稳定性

研究任何一个数值积分方法的稳定性,均可用单自由度无阻尼系统为模型来加以考核。对于模型方程

$$a_{n+1}+\omega^2 x_{n+1}=0 \tag{4.9}$$

式中

$$\omega=\sqrt{k/m} \tag{4.10}$$

其中,m、k 为模型系统的质量和刚度。

式(4.9)的位移差分方程为

$$x_{n+2}+\left[\left(\frac{1}{2}+\psi\right)\Omega^2-2\right]x_{n+1}+\left[\left(\frac{1}{2}+\varphi-2\psi\right)\Omega^2+1\right]x_n+(\psi-\varphi)\Omega^2 x_{n-1}=0 \tag{4.11}$$

式中

$$\Omega=\omega\Delta t \tag{4.12}$$

相应于式(4.11)的特征方程为

$$\lambda^3+\left[\left(\frac{1}{2}+\psi\right)\Omega^2-2\right]\lambda^2+\left[\left(\frac{1}{2}+\varphi-2\psi\right)\Omega^2+1\right]\lambda+(\psi-\varphi)\Omega^2=0 \tag{4.13}$$

作变换

$$\lambda=\frac{1+Z}{1-Z} \tag{4.14}$$

有

$$[4+2(\varphi-2\psi)\Omega^2]Z^3+[4+(4\psi-4\varphi-1)\Omega^2]Z^2+2\varphi\Omega^2 Z+\Omega^2=0 \tag{4.15}$$

根据稳定性要求 $|\lambda|\leqslant 1$,亦即等价于 $\mathrm{Re}(Z)\leqslant 0$,由 Routh-Hurwitz 判据可以推出详细的稳定条件及其相应的临界步长,如表 4.1 所示。

表 4.1 翟方法的稳定条件

φ	ψ	Δt
$\varphi>\frac{1}{2}$	$\psi<\varphi$	$\Delta t\leqslant\frac{1}{\omega}\sqrt{\frac{2\varphi-1}{(\varphi-\psi)(2\varphi+1)}}$
$\varphi>\frac{1}{2}$	$\psi\geqslant\varphi$	$\Delta t\leqslant\frac{1}{\omega}\sqrt{\frac{2}{2\psi-\varphi}}$

续表

φ	ψ	Δt
$\varphi=\frac{1}{2}$	$\psi\geqslant\frac{1}{2}$	$\Delta t\leqslant\frac{2}{\omega}\sqrt{\frac{1}{4\psi-1}}$
$0<\varphi<\frac{1}{2}$	$\varphi<\psi<\varphi+\frac{1}{4}$	$\frac{1}{\omega}\sqrt{\frac{1-2\varphi}{(\psi-\varphi)(2\varphi+1)}}\leqslant\Delta t\leqslant\min\left\{\frac{1}{\omega}\sqrt{\frac{2}{2\psi-\varphi}},\frac{2}{\omega}\sqrt{\frac{1}{4(\varphi-\psi)+1}}\right\}$
$0<\varphi<\frac{1}{2}$	$\psi\geqslant\varphi+\frac{1}{4}$	$\frac{1}{\omega}\sqrt{\frac{1-2\varphi}{(\psi-\varphi)(2\varphi+1)}}\leqslant\Delta t\leqslant\frac{1}{\omega}\sqrt{\frac{2}{2\psi-\varphi}}$

可见，翟方法的条件稳定范围是比较宽的。当 $\varphi=\psi=1/2$ 时，其最大稳定步长与中心差分法相同，均为 $\Delta t_{\mathrm{cr}}=2/\omega$。若 $\varphi=1/8,\psi=1/4$，则稳定条件是 $\frac{2}{\omega}\sqrt{\frac{6}{5}}\leqslant\Delta t\leqslant\frac{2}{\omega}\sqrt{\frac{4}{3}}$，其最大稳定步长已超出 $2/\omega$（中心差分法的最大稳定步长）。

3. 翟方法的精度特性

评价一个数值积分方法的精确程度，截断误差显然是一项重要指标。对于周期系统，还需要采用其数值损耗（dissipation）和漂移（dispersion）来衡量[19]，而此二项指标是由算法的人工阻尼引起的，具体表现在计算中将出现所谓振幅衰减（或增长）和周期延长（或缩短）。

（1）截断误差

确定显式积分式(4.2)的截断误差，可将 $\{A\}_{n-1}$ 进行 Taylor 展开为

$$\{A\}_{n-1}=\{A\}_n-\{\dot{A}\}_n\Delta t+\frac{1}{2}\{\ddot{A}\}_n\Delta t^2-\cdots \tag{4.16}$$

代入式(4.2)，经整理可得

$$\begin{cases}\{X\}_{n+1}=\{X\}_n+\{V\}_n\Delta t+\frac{1}{2}\{A\}_n\Delta t^2+\psi\{\dot{A}\}_n\Delta t^3-\frac{1}{2}\psi\{\ddot{A}\}_n\Delta t^4+O(\Delta t^5)\\ \{V\}_{n+1}=\{V\}_n+\{A\}_n\Delta t+\varphi\{\dot{A}\}_n\Delta t^2-\frac{1}{2}\varphi\{\ddot{A}\}_n\Delta t^3+O(\Delta t^4)\end{cases} \tag{4.17}$$

由此可见其截断误差为

$$\begin{cases}\{E(X)\}=\left(\frac{1}{6}-\psi\right)\{\dot{A}\}_n\Delta t^3+\left(\frac{1}{24}+\frac{1}{2}\psi\right)\{\ddot{A}\}_n\Delta t^4+O(\Delta t^5)\\ \{E(V)\}=\left(\frac{1}{2}-\varphi\right)\{\dot{A}\}_n\Delta t^2+\left(\frac{1}{6}+\frac{1}{2}\varphi\right)\{\ddot{A}\}_n\Delta t^3+O(\Delta t^4)\end{cases} \tag{4.18}$$

由式(4.18)可知：当取 $\psi=1/6$ 时，$\{E(X)\}$ 具有 $[O(\Delta t^4)]$ 阶精度；当取 $\varphi=$

1/2时，$\{E(V)\}$具有$[O(\Delta t^3)]$阶精度。否则，相应降低一阶精度。

类似地分析隐式积分式(4.3)，得到其截断误差为

$$\begin{cases}\{E(X)\}=\left(\dfrac{1}{6}-\beta\right)\{\dot{A}\}_n\Delta t^3+\left(\dfrac{1}{24}-\dfrac{1}{2}\beta\right)\{\ddot{A}\}_n\Delta t^4+O(\Delta t^5)\\ \{E(V)\}=\left(\dfrac{1}{2}-\gamma\right)\{\dot{A}\}_n\Delta t^2+\left(\dfrac{1}{6}-\dfrac{1}{2}\gamma\right)\{\ddot{A}\}_n\Delta t^3+O(\Delta t^4)\end{cases}\tag{4.19}$$

由此可知，显式的翟方法与 Newmark-β 隐式积分法具有同阶精度。

(2) 振幅变化与周期误差

重写差分方程式(4.11)成

$$x_{n+2}-2B_1x_{n+1}+B_2x_n-B_3x_{n-1}=0\tag{4.20}$$

式中

$$\begin{cases}B_1=1-\dfrac{1}{2}\left(\psi+\dfrac{1}{2}\right)\Omega^2\\ B_2=1+\left(\dfrac{1}{2}+\varphi-2\psi\right)\Omega^2\\ B_3=(\varphi-\psi)\Omega^2\end{cases}\tag{4.21}$$

式(4.20)的一般形式解为

$$x_n=\sum_{i=1}^{3}c_i\lambda_i^n\tag{4.22}$$

式中，λ_i 为特征方程式(4.13)的根，$i=1\sim3$，共 3 个根；c_i 为待定系数，由初始条件决定。当$|\lambda_3|<|\lambda_{1,2}|\leqslant1$ 时，$\lambda_{1,2}$称为主根，λ_3 即属伪根(spurious root)。

对于 $\varphi=\psi$，有 $B_3=0$，故伪根 $\lambda_3=0$，而

$$\lambda_{1,2}=B_1\pm\sqrt{B_1^2-B_2}\tag{4.23}$$

当 $B_1^2<B_2$ 时，即

$$\Omega<\frac{4}{2\varphi+1}\tag{4.24}$$

$\lambda_{1,2}$成为一对共轭复根，此时记

$$\lambda_{1,2}=B\pm\mathrm{i}C=\exp[\bar{\Omega}(-\xi\pm\mathrm{i})]\tag{4.25}$$

式中

$$\begin{cases}B=B_1\\ C=\sqrt{B_2-B_1^2}\\ \bar{\Omega}=\arctan(|C/B|)\\ \xi=-\ln(B^2+C^2)/(2\bar{\Omega})\end{cases}\tag{4.26}$$

其中，ξ 为方法的人工阻尼比。

引入算法圆频率

$$\bar{\omega}=\frac{\bar{\Omega}}{\Delta t} \tag{4.27}$$

则式(4.20)的解可写成

$$x_n=\exp(-\xi\bar{\omega}t_n)\left[c_1\cos(\bar{\omega}t_n)+c_2\sin(\bar{\omega}t_n)\right] \tag{4.28}$$

式中

$$t_n=n\Delta t \tag{4.29}$$

由此可得振幅衰减率

$$\mathrm{AD}=1-\exp(-2\pi\xi) \tag{4.30}$$

及周期延长率

$$\mathrm{TD}=\frac{\bar{T}-T}{T}=\frac{\Omega}{\bar{\Omega}}-1 \tag{4.31}$$

式中

$$T=\frac{2\pi}{\omega} \tag{4.32}$$

根据上述关系，我们计算了一些典型 φ 情况下翟方法的 AD 与 TD，如图 4.1 和图 4.2 所示，图中同时画出了 Houbolt 法及 Newmark-β 法($\beta=1/4$)的特性曲线，以便比较。

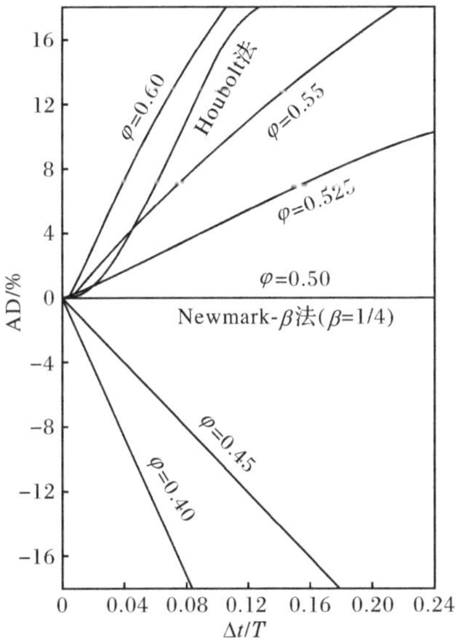

图 4.1　翟方法的振幅衰减率

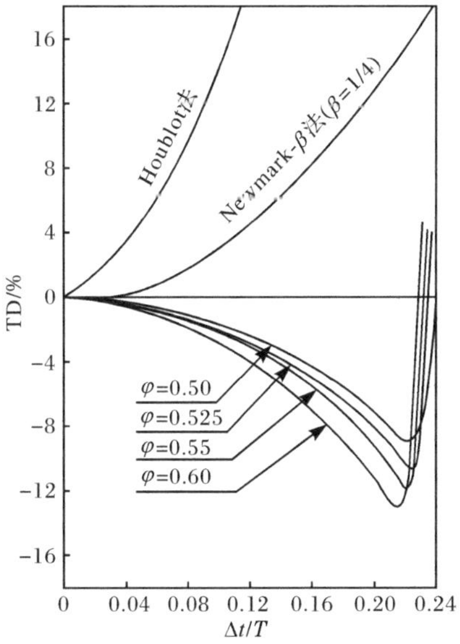

图 4.2　翟方法的周期误差

由图 4.1 可见，参数 φ 起着调节人工阻尼的作用。当 $\varphi>1/2$ 时将产生人工阻尼，从而使高频成分人为地衰减，而且这种衰减随着 φ 值的增大显著增大，一般

可取 $0.5\leqslant\varphi\leqslant 0.55$ 以获得不同的阻尼性能；当 $\varphi=1/2$ 时无人工阻尼；当 $\varphi<1/2$ 时引起负阻尼。这些特性均与 Newmark 隐式法相类似。

由图 4.2 可见，当 $\Delta t/T\leqslant 0.22$ 时，翟方法的计算周期与实际周期相比呈缩小趋势，且随 φ 值增大而有所增大，但其相对周期误差较小。以 $\varphi=1/2$ 为例，翟方法的误差约为 Newmark-β($\beta=1/4$)法的一半。在 $\Delta t/T\approx 0.22$ 附近，周期误差出现较大突变，因此计算中一般应保持 $\Delta t/T<0.22$，而这与稳定性要求具有较好的一致性。

4.2.2 新型预测—校正积分法[2]

考虑到显、隐积分方法特性的互补性，作者曾在显式的翟方法基础上，使之与 Newmark-β 隐式法联合使用，从而既提高了精度，又保持了显式积分的特征，获得了满意效果。

1. 新型预测—校正积分的基本模式

首先以翟方法的显式积分格式(4.2)预测位移和速度，利用式(4.5)计算加速度预测值，然后采用 Newmark-β 隐式积分式(4.3)校正位移和速度，并再次利用式(4.5)求得加速度校正值。具体过程如下①。

(1) 预测

$$\begin{cases}\{X\}_{\mathrm{p},n+1}=\{X\}_n+\{V\}_n\Delta t+(1/2+\psi)\{A\}_n\Delta t^2-\psi\{A\}_{n-1}\Delta t^2\\ \{V\}_{\mathrm{p},n+1}=\{V\}_n+(1+\varphi)\{A\}_n\Delta t-\varphi\{A\}_{n-1}\Delta t\end{cases}\tag{4.33}$$

(2) 计算

$$\{A\}_{\mathrm{p},n+1}=[M]^{-1}(\{P\}_{n+1}-[K]_{n+1}\{X\}_{\mathrm{p},n+1}-[C]_{n+1}\{V\}_{\mathrm{p},n+1})\tag{4.34}$$

(3) 校正

$$\begin{cases}\{X\}_{n+1}=\{X\}_n+\{V\}_n\Delta t+(1/2-\beta)\{A\}_n\Delta t^2+\beta\{A\}_{\mathrm{p},n+1}\Delta t^2\\ \{V\}_{n+1}=\{V\}_n+(1-\gamma)\{A\}_n\Delta t+\gamma\{A\}_{\mathrm{p},n+1}\Delta t\end{cases}\tag{4.35}$$

(4) 计算

$$\{A\}_{n+1}=[M]^{-1}(\{P\}_{n+1}-[K]_{n+1}\{X\}_{n+1}-[C]_{n+1}\{V\}_{n+1})\tag{4.36}$$

在首步积分中，令 $\varphi=\psi=0$，即可启动积分计算。

2. 高精度的预测—校正积分模式

进一步，根据显、隐式积分公式的截断误差式(4.18)及式(4.19)。按文献[20]的方法进行误差补偿，则可获得一种高精度的预测—改进—校正—改进积分

① 下角标 p 代表预测值(predictor)。

模式①。

(1) 预测[同式(4.33)]

$$\begin{cases}\{X\}_{p,n+1}=\{X\}_n+\{V\}_n\Delta t+(1/2+\psi)\{A\}_n\Delta t^2-\psi\{A\}_{n-1}\Delta t^2\\ \{V\}_{p,n+1}=\{V\}_n+(1+\varphi)\{A\}_n\Delta t-\varphi\{A\}_{n-1}\Delta t\end{cases}$$

(2) 改进

$$\begin{cases}\{X\}_{m,n+1}=\{X\}_{p,n+1}+\varepsilon_{xp}(\{X\}_{p,n}-\{X\}_{c,n})\\ \{V\}_{m,n+1}=\{V\}_{p,n+1}+\varepsilon_{vp}(\{V\}_{p,n}-\{V\}_{c,n})\end{cases}\tag{4.37}$$

(3) 计算

$$\{A\}_{p,n+1}=[M]^{-1}(\{P\}_{n+1}-[K]_{n+1}\{X\}_{m,n+1}-[C]_{n+1}\{V\}_{m,n+1})\tag{4.38}$$

(4) 校正

$$\begin{cases}\{X\}_{c,n+1}=\{X\}_n+\{V\}_n\Delta t+(1/2-\beta)\{A\}_n\Delta t^2+\beta\{A\}_{p,n+1}\Delta t^2\\ \{V\}_{c,n+1}=\{V\}_n+(1-\gamma)\{A\}_n\Delta t+\gamma\{A\}_{p,n+1}\Delta t\end{cases}\tag{4.39}$$

(5) 改进

$$\begin{cases}\{X\}_{n+1}=\{X\}_{c,n+1}+\varepsilon_{xc}(\{X\}_{p,n}-\{X\}_{c,n})\\ \{V\}_{n+1}=\{V\}_{c,n+1}+\varepsilon_{vc}(\{V\}_{p,n}-\{V\}_{c,n})\end{cases}\tag{4.40}$$

(6) 计算[同式(4.36)]

$$\{A\}_{n+1}=[M]^{-1}(\{P\}_{n+1}-[K]_{n+1}\{X\}_{n+1}-[C]_{n+1}\{V\}_{n+1})$$

其中,误差补偿系数 ε 如表 4.2 所示。为启动积分计算,只需在首步积分中令 $\varphi=\psi=\beta=\gamma=0$。

表 4.2　各种积分参数下的误差补偿系数

积分参数	ε_{xp}	ε_{vp}	ε_{xc}	ε_{vc}
$\varphi=\gamma=1/2$	—	$-5/6$	—	$1/6$
$\varphi\neq\gamma$	—	$(1/2-\varphi)/(\varphi-\gamma)$	—	$(1/2-\gamma)/(\varphi-\gamma)$
$\psi=\beta=1/6$	$-3/4$	—	$1/4$	—
$\psi\neq\beta$	$(1/6-\psi)/(\psi-\beta)$	—	$(1/6-\beta)/(\psi-\beta)$	—

显然,只要$[M]$为对角阵,预测—校正法始终无需求解线性代数方程组。然而,由于预测—校正法每步积分需要循环计算两次,故在相同步长下其积分速度比相应的显式法几乎慢一倍。

4.2.3　非线性问题的数值积分形式

应用上述积分方法分析非线性系统时,只需将动力学方程简单地写成其增量形式,在不同的积分时段内采用不同的$[C]$、$[K]$矩阵,而在每一时段内的积分与

① 下角标 m、c 分别代表改进值(modifier)和校正值(corrector)。

线性情况并无二样。

现以翟方法为例加以阐述。对于任一积分时段$[n\Delta t,(n+1)\Delta t]$，根据系统在起讫瞬时的动力平衡条件，可以方便地建立起增量平衡方程

$$[M]\{\Delta A\}_n+[C]_n\{\Delta V\}_n+[K]_n\{\Delta X\}_n=\{\Delta P\}_n \tag{4.41}$$

式中，$\{\Delta X\}_n$、$\{\Delta V\}_n$、$\{\Delta A\}_n$ 分别为第 n 时段内的位移、速度、加速度矢量之增量；$[C]_n$、$[K]_n$ 则表示与该时段内速度和位移相对应的阻尼和刚度特性。在实际应用中，由于 Δt 甚小，通常认为$[C]_n$、$[K]_n$ 在同一积分时段内为常量，并以该时段起点之值来替代，从而可以避免迭代运算。

由显式格式(4.2)得

$$\begin{cases}\{\Delta X\}_n=\{V\}_n\Delta t+\dfrac{1}{2}\{A\}_n\Delta t^2+\psi\{A\}_{n-1}\Delta t^2\\ \{\Delta V\}_n=\{A\}_n\Delta t+\varphi\{A\}_{n-1}\Delta t\end{cases} \tag{4.42}$$

代入增量方程式(4.41)并经整理后得到

$$\{\Delta A\}_n=[M]^{-1}\{\Delta\widetilde{P}\}_n \tag{4.43}$$

式中

$$\begin{aligned}\{\Delta\widetilde{P}\}_n=&\{\Delta P\}_n-[K]_n\{V\}_n\Delta t-\left([C]_n+\frac{1}{2}[K]_n\Delta t\right)\{A\}_n\Delta t\\&-(\varphi[C]_n+\psi[K]_n\Delta t)\{\Delta A\}_{n-1}\Delta t\end{aligned} \tag{4.44}$$

而

$$\{\Delta P\}_n=\{P\}_{n+1}-\{P\}_n \tag{4.45}$$

根据初始条件式(4.7)、式(4.8)，并在起步时令 $\varphi=\psi=0$，便可由式(4.42)计算位移和速度增量，按式(4.43)计算加速度增量，而该时段积分终了时刻的运动参量为

$$\begin{cases}\{X\}_{n+1}=\{X\}_n+\{\Delta X\}_n\\ \{V\}_{n+1}=\{V\}_n+\{\Delta V\}_n\\ \{A\}_{n+1}=\{A\}_n+\{\Delta A\}_n\end{cases} \tag{4.46}$$

它们又为下一积分时段提供了初始条件。

4.2.4 新型数值积分方法的数值精度考核

为了考核翟方法及预测—校正法在具体问题中的应用可行性与数值计算精度，我们进行了多个算例分析。

算例 1 线性问题

$$\begin{cases}\ddot{x}+x=0\\ \dot{x}(0)=0\\ x(0)=1\end{cases} \tag{4.47}$$

其精确解是

$$x = \cos t \tag{4.48}$$

积分步长取 0.05s 时各种情形的计算结果与精确解吻合甚好。积分步长扩大 10 倍($\Delta t=0.5$s)后，预测—校正法的积分结果仍十分接近于精确解，翟方法($\varphi=0.5\sim0.55$)的积分结果如图 4.3 所示，图中还示出了精确解及其他常用方法的计算结果，以便比较。

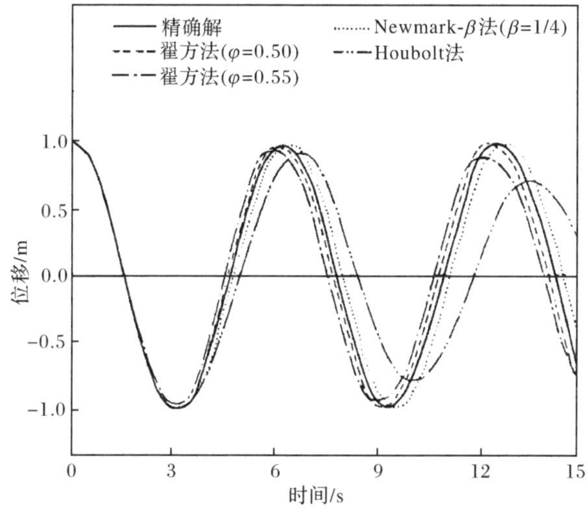

图 4.3　线性问题的积分结果比较

算例 2　分段线性系统

$$\begin{cases} \ddot{x} + kx = 0 \\ \dot{x}(0) = 10 \\ x(0) = 0 \end{cases} \tag{4.49}$$

其中 k 的变化情况如图 4.4 所示。这是一个简单非线性问题，尚能获得精确解[21]，因而便于我们直接考核。

作者采用多种积分参数进行了计算，结果发现，翟方法的积分参数取 $\varphi=\psi=1/2$ 时具有最好的计算精度(无人工阻尼)和数值稳定性[1]，而其与精度最高的隐式公式($\gamma=1/2$，$\beta=1/12$)相匹配时可以达到最佳效果，此时对应于“最佳预测—校正公式”[2]。在以下的计算中，积分参数均取此组值。

表 4.3 列出了积分步长分别取 $\Delta t_1=0.005$s 和 $\Delta t_2=0.05$s 时所获得的具体数字结果，并与隐式法($\beta=1/4$)结果及精确解进行了对比。

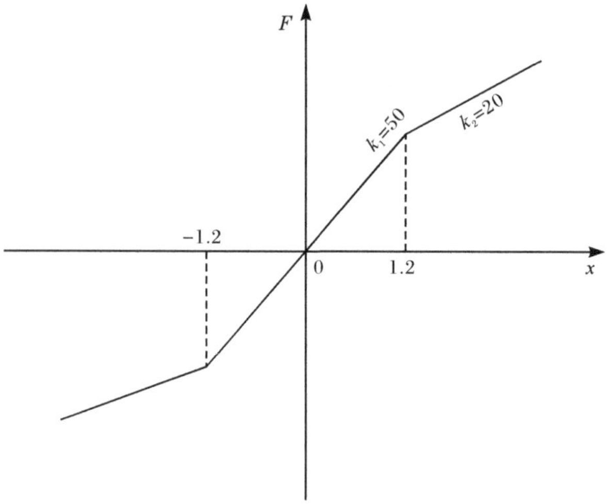

图 4.4 分段线性弹簧刚度特性

表 4.3 分段线性系统积分结果的比较

$\frac{t}{\Delta t_1}$	精确解	$\Delta t_1=0.005$s			$\Delta t_2=0.05$s		
		翟方法	隐式法	预测—校正法	翟方法	隐式法	预测—校正法
10	0.489 65	0.489 75	0.489 60	0.489 65	0.500 00	0.484 85	0.489 58
20	0.918 73	0.918 91	0.918 65	0.918 73	0.937 50	0.910 93	0.918 25
30	1.234 16	1.234 39	1.234 10	1.234 16	1.257 81	1.226 59	1.234 48
40	1.400 91	1.401 15	1.400 81	1.400 92	1.425 23	1.397 16	1.401 11
50	1.408 29	1.408 52	1.408 09	1.408 30	1.431 39	1.409 36	1.408 57
60	1.255 91	1.256 12	1.255 67	1.255 92	1.275 98	1.263 06	1.256 07

可见，当积分步长为 0.005s 时，翟方法和隐式法的精度类似，均具有三位数字与精确解相同，而预测—校正法的计算结果则与精确解几乎一致；当积分步长增至 0.05s 时，翟方法的最大误差也仅为 2%，而预测—校正法仍具有三位有效数字与精确解相同。因此说明，$\varphi=\psi=1/2$ 的翟方法精度不低于 $\beta=1/4$ 的隐式法，而预测—校正法的精度则更高。

算例 3 强非线性系统

$$\begin{cases} \ddot{x}+(100+1000x^2)x=0 \\ \dot{x}(0)=60 \\ x(0)=0 \end{cases} \tag{4.50}$$

Park 在文献[22]中给出了此算例几种积分方法的数值结果。为便于比较，这里也采用同样积分步长 $\Delta t=0.015$s。积分结果如图 4.5 所示，其中翟方法与其他方法的比较示于(a)之中，预测—校正法与翟方法、隐式法的比较示于(b)之中。

由图 4.5(a)可见，翟方法的结果均优于 Houbolt 法、Newmark-β 法($\beta=1/4$)及 Park 法。由图 4.5(b)可知，新型预测—校正法的计算结果更接近于收敛解，这是由于周期误差的互补效果，翟方法的计算曲线超前于实际曲线，而隐式法的计算曲线滞后于实际曲线，二者的共同作用则使计算曲线趋近于实际曲线。

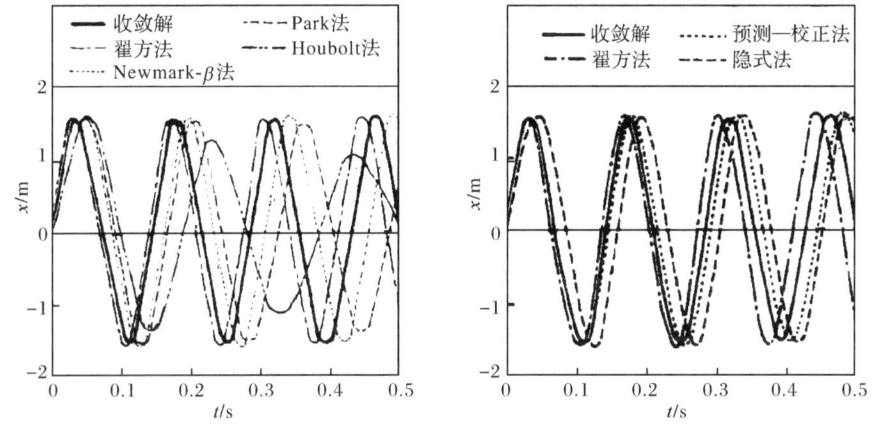

(a) 翟方法与其他方法的比较　　(b) 预测—校正法与其他方法的比较

图 4.5　非线性系统的积分结果比较

4.2.5　结论

基于著名的 Newmark(隐式)法，构造了一类新的显式二步积分方法(翟方法)和一类预测—校正积分法，具有如下特点：

① 翟方法与 Newmark-β 法具有同级(二阶)精度。

② 翟方法与其他显式法一样，都是条件稳定的，其最大稳定步长大于中心差分法，特别地，当 $\varphi=\psi=1/2$ 时，最大稳定步长与中心差分法相同，均为 $\Delta t_{cr}=2/\omega$。

③ 翟方法和 Newmark-β 法具有类似的算法阻尼特性：当 $\varphi=1/2$ 时无人工阻尼；当 $\varphi>1/2$ 时将产生人工阻尼，从而使高频成分人为地衰减；当 $\varphi<1/2$ 时将引起负阻尼。

④ 翟方法的周期误差小于 Newmark-β 法，以 $\varphi=1/2$ 为例，误差约为 Newmark-β 法($\beta=1/4$)的一半。

⑤ 新型预测—校正法保持了显式法的基本特点，而其计算精度比相应的显式法得到明显改善，但其计算速度约为翟方法的一半。

⑥ 当取 $\varphi=\psi=1/2$ 时，翟方法具有良好的综合特性；当取 $\varphi=\psi=\gamma=1/2$ 及 $\beta=1/12$时，预测—校正法具有很高精度。

⑦ 二类方法均可以是“自起步”的，无须附加初始值计算程序。

二类方法积分过程甚为简捷，尤其是积分中只要$[M]$为对角阵而不管$[C]$的形式如何，均可不解高阶方程组，因而大大提高了积分计算速度，并有效地节省了计算机内存。诚然，二类方法积分步长的选取须受到稳定性条件的限制，而积分步长的限制又可由每步积分时间的极大缩短而远远得到补偿。应用实践表明，新方法适用于大型非线性动力学问题的数值计算及动态仿真分析，可以在普通微型机上解决一些大型工程实际问题。

4.3 复杂非线性问题计算稳定性的数值试验方法

4.3.1 关于非线性系统的数值积分稳定性

目前，对于线性动力学系统，确定其数值积分稳定性及精度特性的方法业已成熟。然而，对于非线性系统，这种分析显得十分复杂，至今尚无统一理论。一般是对非线性系统的增量方程仍运用线性稳定条件进行积分步长的确定。但是，研究发现[23]，对于线性系统来说是稳定的积分，对于非线性系统而言却不一定是稳定的。一种较为盛行的观点认为[23]，隐式时间积分对非线性问题往往不再保持其原有的无条件稳定性。因此，不管采用何种积分方法，非线性分析中时间积分步长都必须谨慎选取。

对于工程中出现的复杂非线性问题，欲从理论上预知其临界稳定积分步长，几乎是不可能的。为此，作者曾经建议采用数值试验方法来寻找非线性问题的数值积分稳定步长[2]，并在重载列车动力学的非线性分析中取得成功[3]。这里将对此方法作一简单介绍，以便在 4.4 节车辆—轨道耦合动力学的数值分析中予以应用。

4.3.2 数值试验方法

我们知道，任何数值算法都存在两种类型的误差——截断误差和舍入误差。显然，截断误差随积分步长 Δt 的增大而增大；舍入误差与此相反，Δt 越小，计算总步数越多，从而误差累积越严重。所谓稳定性问题，理论上是指解对变量的连续依赖程度，实际上就是指随着积分时间的向前推进，误差的传播效果问题。如果在某个时间步长下，误差不随时间的推移而积累，则此步长下计算就是稳定的；反之，在另一步长下，误差在计算过程中越积越大，最终导致计算结果完全偏离真实值，则此时计算就是不稳定的。

综合上述基本特性，可以认为，任何一个条件稳定的算法，都隐含一个误差分布曲线，在其控制下计算结果随步长大致呈图 4.6 所示趋势变化，当 $\Delta t > \Delta t_{cr}$（临界步长)时,截断误差及其传播效果引起数值发散;当 $\Delta t_e<\Delta t<\Delta t_{cr}$ 时,尽管计算稳定,但截断误差影响太大致使结果同样失去意义;当 $\Delta t_0<\Delta t<\Delta t_e$(最大有效步长)时,计算数值在精确值附近平稳变动,且 Δt 越小误差越小,计算是有效的;当 $\Delta t<\Delta t_0$(充分小步长)时,对于椭圆型微分方程式(4.1),由于机器舍入误差的关系可能使精度有所降低,但不会产生数值不稳定现象,而对于抛物型微分方程(不在本书讨论之列),却会出现不稳定现象(图 4.6 中虚线所示)。

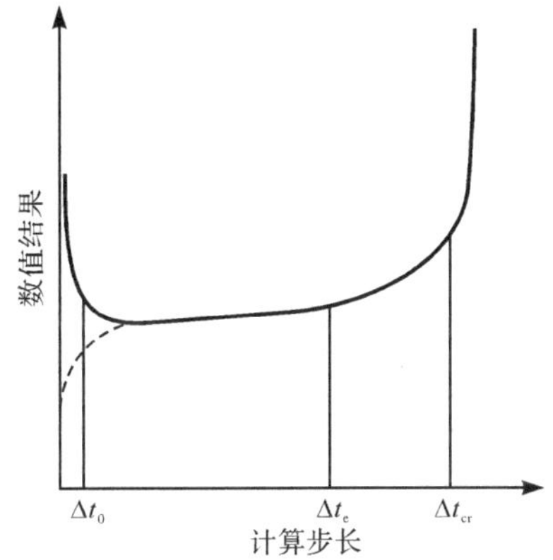

图 4.6　理论分析的数值趋势

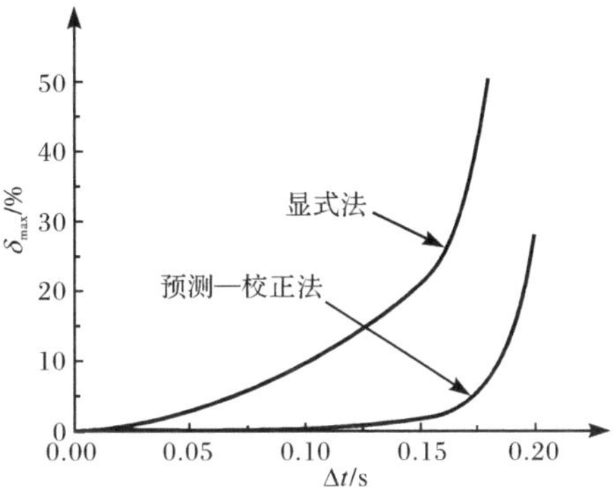

图 4.7　算例的误差分布曲线

因此,研究非线性问题的数值积分稳定性,可以采用一种“笨”而可靠的方法——数值试验方法,据此总可以得出稳定范围与有效计算步长区段。作为示例,图 4.7 给出了本章第 4.2 节算例 2 的误差分布曲线。这一结果与理论分析的结果是一致的。从图 4.7 可以看出,预测—校正法的精度特性比显式法有明显改善,对于此算例来说,二者的最大有效计算步长依次为 0.05s 和 0.15s。

判断一个实际问题的数值分析结果可信与否,不能简单地取某个步长(不论大小)计算一次定论,而应变动时间步长计算若干次,然后观察其结果是否接近。从工程应用的角度来看,只要在三个相距一定间隔的步长下所获得的计算结果十分接近,相对偏差为工程应用所允许,即可取中间那个步长下的计算结果作为问题的合理近似解。对于高精度的计算,或者为了深入分析的需要,可以进行各种步长下的详细数值计算,由此而获得精确结果及最大有效计算步长等信息。

作为对该方法实际应用有效性的验证,文献[3]详细介绍了数值试验方法在长大/重载列车动力学研究中的具体应用情况。

4.4　新方法在车辆—轨道耦合动力学数值分析中的应用

对于高自由度、强非线性的车辆—轨道耦合动力学系统,[M]为对角阵,

[C]为非对角阵，二种新型数值积分方法可充分展示其高效快速的优越性。

4.4.1　数值积分步长的确定

应用中最为重要的问题是时间积分步长的确定。我们采用数值试验方法，对各种积分步长($\Delta t=1\times10^{-6}\sim3\times10^{-4}$s)进行了详尽的数值试算，绘出了计算图线，从而得出了相应的稳定计算步长和最大有效计算步长。

以车辆—轨道垂向耦合动力学为例，图 4.8 和图 4.9 分别是翟方法(新型显式法)和新型预测—校正法分析轮轨系统高频接触振动时的典型数值实验结果。图中 P_1、P_2 为轮轨高、低频作用力，a_w 是轴箱振动加速度，a_b 是道床振动加速度，下同。由图可见，翟方法和预测—校正法应用于车辆—轨道垂向耦合动力学问题时，具有大致相同的数值稳定性，二者的临界稳定步长均为 0.15ms，而最大有效计算步长可取为 0.1ms。对比图 4.8 和图 4.9 不难发现，新型预测—校正法的积分试验曲线较显式法的平坦，具有延缓数值发散的趋势，以系统振动加速度曲线为例，显式法数值发散的步长范围是 0.15～0.20ms，如图 4.8(b)所示，而预测—校正法，这一范围延后至 0.25～0.30ms，如图 4.9(b)所示。由此说明预测—校正法的数值精度比显式法的确有所改善。

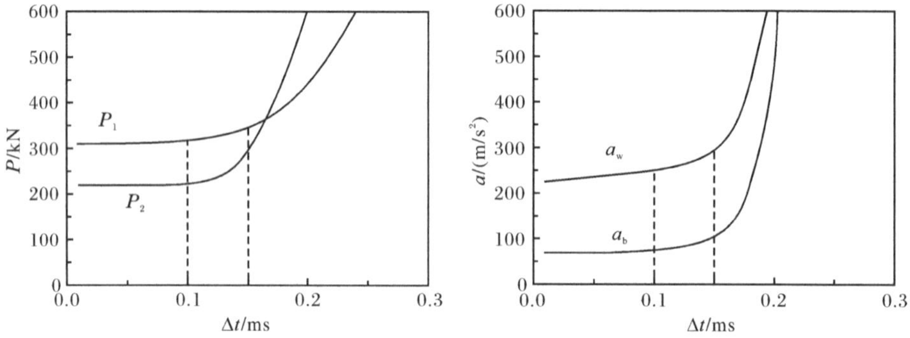

(a) 积分步长对轮轨力的影响　　(b) 积分步长对轮轨系统加速度的影响

图 4.8　翟方法在车辆—轨道垂向耦合动力学计算中的稳定性

作为对小步长累积误差的检验，取极小步长 $\Delta t_0=1\times10^{-6}$s 进行了计算，发现其数值结果与最大有效步长下的结果相差甚小，表明二种积分方法的累积误差是极其微弱的。

关于车辆—轨道横向耦合动力学的数值分析，采用翟方法或新型预测—校正法的基本模式，数值试验结果显示其最大有效计算步长为 5×10^{-5}s(货车一轨道系统)和 1×10^{-4}s(客车—轨道系统)。

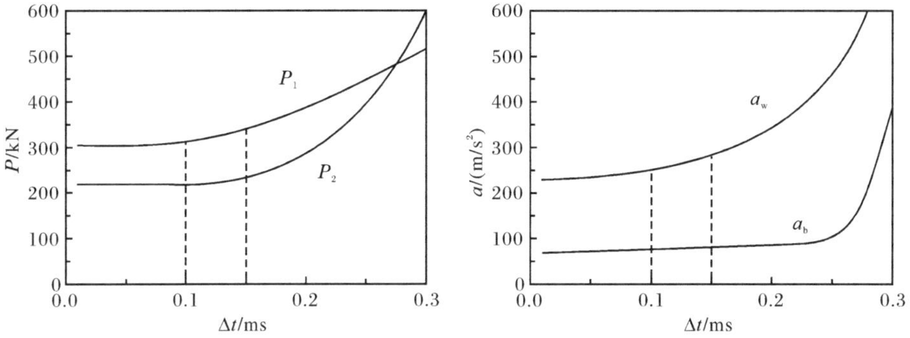

(a) 积分步长对轮轨力的影响　　(b) 积分步长对轮轨系统加速度的影响

图 4.9　新型预测—校正法在车辆—轨道垂向耦合动力学计算中的稳定性

4.4.2　轨道计算长度的确定

关于车辆—轨道耦合模型中轨道计算长度 l 的取值问题，曾于第二章第 2.3 节中提出，这里拟由数值试验方法加以确定。

对于车辆—轨道垂向统一模型，考虑移动(车辆)载荷，我们在 l=20～120m 范围内进行了详细的数值计算，结果如图 4.10 所示，图中 a_r、a_s 分别是钢轨、轨枕振动加速度。由图 4.10 可知，对于移动载荷的情形，较合适的轨道计算长度可取为 100m，当 l 大于 100m 之后，计算结果几乎不受影响。这一长度，除去车辆全长及不平顺波长之外，第一位轮对激振点和第四位轮对激振点分别至前后钢轨简支端(参见第二章中图 2.14)的距离均不低于 30m，应该说是“无限长”的。

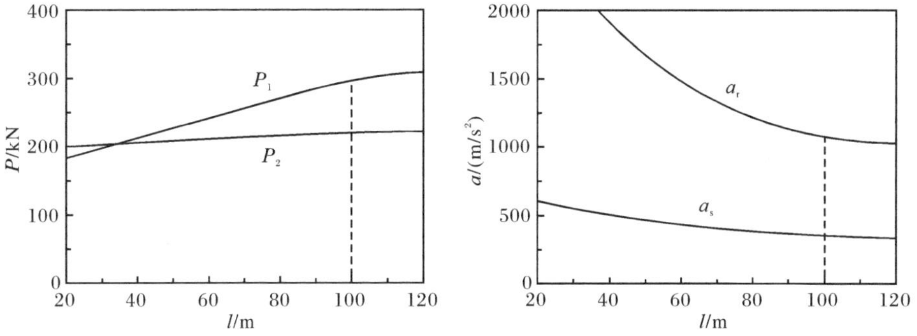

(a) 轨道长度对轮轨力的影响　　(b) 轨道长度对轨道加速度的影响

图 4.10　车辆—轨道垂向耦合模型中轨道计算长度的数值试验结果

对于车辆—轨道空间耦合模型，由于所需计算的车辆运行里程往往较长(如车辆直线运行平稳性计算、车辆通过线路平纵断面动力性能计算等)，一般可简单地采用定点激振，即车辆相对轨道不作移动，而是轨道沿纵向的参数变化及线路不平顺作与行车方向相反的相对运动，因此轨道计算长度可缩短至 50m 以下。若垂向模型也采用定点激振方式，则相应的轨道计算长度仅需 50m 即可。

4.4.3　钢轨模态阶数的确定

为了合理地选取钢轨的模态阶数，我们变化模态数目 NM，在 1～100 范围内分别进行了数值试验。图 4.11 是车辆—轨道垂向耦合模型中钢轨模态数值试验结果（轨道长 100m）。综合图 4.11(a)及(b)可知，当 $NM \geqslant 60$ 时，数值结果趋于稳定。可见，对于具有高频特性的轮轨振动的数值模拟，其收敛的模态阶数最少必须取 60，为满足一般要求，最好取 $NM=90$。此外，相应于定点激振（轨道长 50m）的钢轨模态可取为 45。类似地，可获得车辆—轨道空间耦合模型中钢轨的合理模态数目。

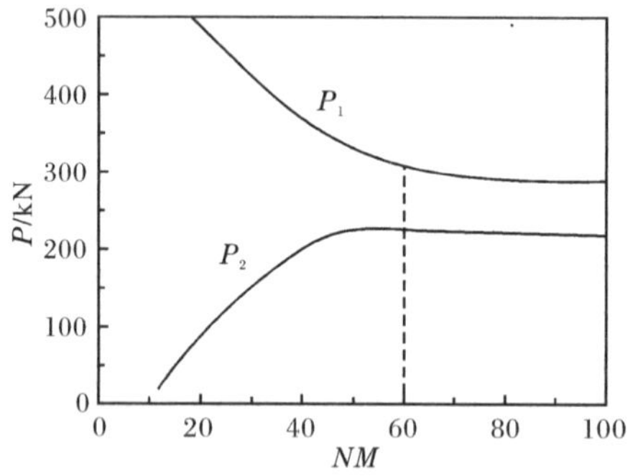

(a) 模态阶数对轮轨力的影响

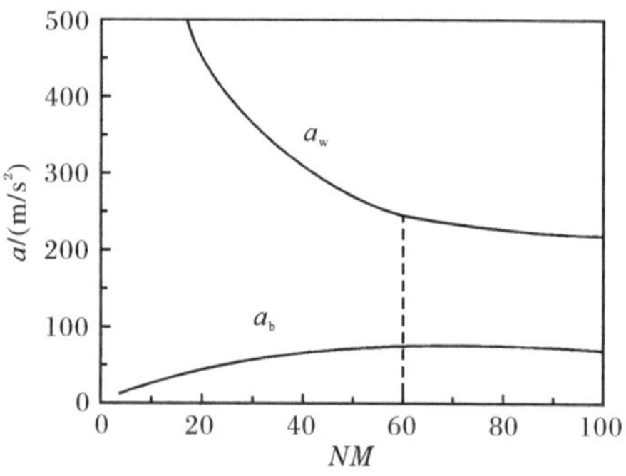

(b) 模态阶数对轮轨系统加速度的影响

图 4.11　车辆—轨道垂向耦合模型中钢轨模态数值试验结果

值得指出的是，轨道计算长度 l 与钢轨模态阶数 NM 存在某种匹配关系。通过数值分析所获得的合理匹配关系是 $NM=0.5N$，N 是 l 范围内的支点数。据此，当实际计算中由于某种需要而改变 l 值时，则应通过上述关系同时改变 NM 值。

参 考 文 献

[1] Zhai W M. Two simple fast integration methods for large-scale dynamic problems in engineering. International Journal for Numerical Methods in Engineering, 1996, 39(24): 4199～4214

[2] 翟婉明. 非线性结构动力分析的 Newmark 预测—校正积分模式. 计算结构力学及其应用, 1990, 7(2): 51～58

[3] 翟婉明，黄志辉. 列车动力学的非线性数值分析方法. 西南交通大学学报，1991，(1)：82～90

[4] Bathe K J, Wilson E L. Numerical Method in Finite Element Analysis. London: Pretice-Hall, 1976

[5] Gogineni B R, Garg V K. A dynamic method for longitudinal train action. Report No: R-297, AAR Technical Center, Chicago, Illinois, 1978

[6] Dahlquist G. A special stability problem for linear multistep method. Tidskrift för Informationsbehanding(BIT), 1963, 3: 27～43

[7] Rio G, Soive A, Grolleau V. Comparative study of numerical explicit time integration algorithms. Advances in Engineering Software, 2005, 36(4): 252～265

[8] Rezaiee-Pajand M, Alamatian J. Implicit higher-order accuracy method for numerical integration in dynamic analysis. Journal of Structural Engineering, ASCE, 2008, 36(6): 973～985

[9] Zhang J, Gao Q, Tan S J, Zhong W X. A precise integration method for solving coupled vehicle-track dynamics with nonlinear wheel-rail contact. Journal of Sound and Vibration, 2012, 331: 4763～4773

[10] Rezaiee-Pajand M, Alamatian J. Nonlinear dynamic analysis by dynamic relaxation method. Structural Engineering and Mechanics, 2008, 28(5): 549～570

[11] Zhou J, Zhou Y. A new simple method of implicit time integration for dynamic problems of engineering structures. Acta Mechanica Sinica, 2007, 23: 91～99

[12] Rezaiee-Pajand M, Alamatian J. Numerical time integration for dynamic analysis using a new higher-order predictor-corrector method. Engineering Computations, 2008, 25(6): 541～568

[13] Chen G. A new rotor-ball bearing-stator coupling dynamics model for whole aero-engine vibration. Journal of Vibration and Acoustics, ASME, 2009, 131(4): 061009-1～9

[14] Alamatian J. A modified multi time step integration for dynamic analysis. International Journal of Engineering-Transactions B: Applications, 2012, 25(4): 303～314

[15] Varandas J N, Hölscher P, Silva M A G. Dynamic behaviour of railway tracks on transitions zones. Computers and Structures, 2011, 89: 1468～1479

[16] Rezaiee-Pajand M, Sarafrazi S R, Hashemian M. Improving stability domains of the implicit higher order accuracy method. International Journal for Numerical Methods in Engineering, 2011, 88: 880～896

[17] Banimahd M, Woodward P K, Kennedy J, et al. Behaviour of train-track interaction in stiffness transitions. Proceedings of the Institution of Civil Engineers-Transport, 2012, 165: 205～214

[18] Newmark N M. A method of computation for structural dynamics. Journal of the Engineering Mechanical Division, ASCE, 1959, 85(2): 67～94

[19] Hilber H M, Hughes T J R, Taylor R L. Improved numerical dissipation for time integration algorithms in structural dynamics. Earthquake Engineering and Structural Dynamics, 1977, 5: 283～292

[20] 李庆杨，王能超，易大义. 数值分析. 第二版. 武汉：华中工学院出版社，1982

[21] 郑兆昌，丁奎元. 机械振动(中册). 北京：机械工业出版社，1986
[22] Park K C. An improved stiffly stable method for direct integration of nonlinear structural dynamic equations. Journal of Applied Mechanics, ASME, 1975, 42(2): 464～470
[23] Belytschko T. Transient analysis. *In*: Pikey W, et al. Structural Mechanics Computer Programs. University Press of Virginia, 1974, 255～276

第五章　车辆—轨道耦合动力学的计算机仿真

由于车辆—轨道耦合动力学系统的复杂性，无法从理论上求得其解析解，我们只能借助于计算机进行数值分析，而开发相应的计算机仿真软件则是实施数值分析的基础。本章介绍基于第二章的车辆—轨道耦合动力学模型和第三章的车辆—轨道耦合系统激励模型，并运用第四章的新型快速显式数值积分方法研制的车辆—轨道垂向相互作用仿真分析系统 VICT 以及车辆—轨道空间耦合动力学仿真分析系统 TTISIM，它们均具有我国自主知识产权①。

5.1　车辆—轨道垂向相互作用仿真分析系统 VICT

VICT 是英文“Vertical Interactions between Cars and Tracks”的缩写，意为“车辆与轨道的垂向相互作用”。该软件主要用于研究机车车辆对轨道结构的动力作用问题。

5.1.1　VICT 系统的结构

VICT 系统采用 FORTRAN 语言编制而成。其主要结构形式为一种模块式交互结构，这种结构以一个主控制程序(VICT)为核心，15 个一级子程序和若干个二级子程序为基础，并采用数十个基础数据文件共享的形式[1]，其相互关系如图 5.1 所示。

其中各子程序及其相关文件的含义和功能分述如下：

INPUT——原始数据输入子程序。根据机车车辆型号和轨道结构类型选择相应的基础数据文件(文件名. DAT)，其中 NEWCAR. DAT 和 NEWTRACK. DAT 是预留待建的新车、新轨数据文件。在此基础上，INPUT 将计算出模型所要求的各种参数值。

LEQS——机车方程子程序。包括 LEQS1～3 三个子程序，分别用于形成轴悬式机车、弹性轴悬式机车和六轴机车的运动微分方程组。

VEQS——车辆方程子程序。包括 VEQS1～3 三个子程序，分别用于形成三种不同类型的铁道车辆(按第二章的分类)的运动微分方程组。

TEQS——轨道方程子程序。根据所截取的轨道计算长度与钢轨模态阶数，

---

① 国家版权局计算机软件著作权授权号分别为 2005SR01734(VICT)和 2005SR01735(TTISIM)。

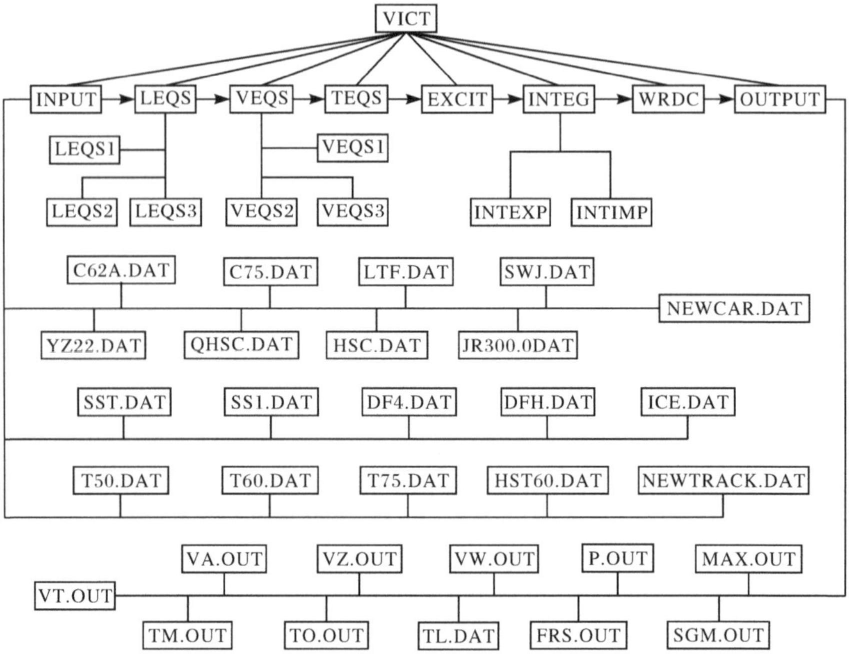

图 5.1　VICT 仿真系统结构

自动形成经过变换的钢轨振型坐标常微分方程组和轨枕、道床振动微分方程组。

EXCIT——系统激扰子程序。用户可按第三章所述四种激励类型(包括随机激扰)加以选择,随后 EXCIT 即可按其数学描述输入所需激扰。

INTEG——数值积分子程序。包括作者提出的新型快速显式数值积分方法(INTEXP)和 Newmark 隐式积分方法(INTIMP)两个子程序。预测—校正积分由二者联合使用而实现。

WRDC——轮轨垂向耦合关系子程序。根据车轮位移及轮轨接触点处的钢轨位移,由 Hertz 非线性接触理论,确定各瞬时的轮轨作用力与轮轨接触应力。

OUTPUT——数值结果输出子程序。所有各步积分的数值结果均被顺序存入各自的数据文件(文件名.OUT)。

5.1.2　VICT 系统的仿真计算流程

在输入原始数据之后,VICT 仿真系统自动形成机车车辆方程与轨道方程;在输入系统激励之后,即可对系统方程进行数值积分,求取系统各部件振动位移、速度响应;随后应用轮轨垂向耦合关系确定轮轨垂向力;存入该步计算结果,并进入下一时间积分循环直到计算终了。其仿真计算流程如图 5.2 所示。

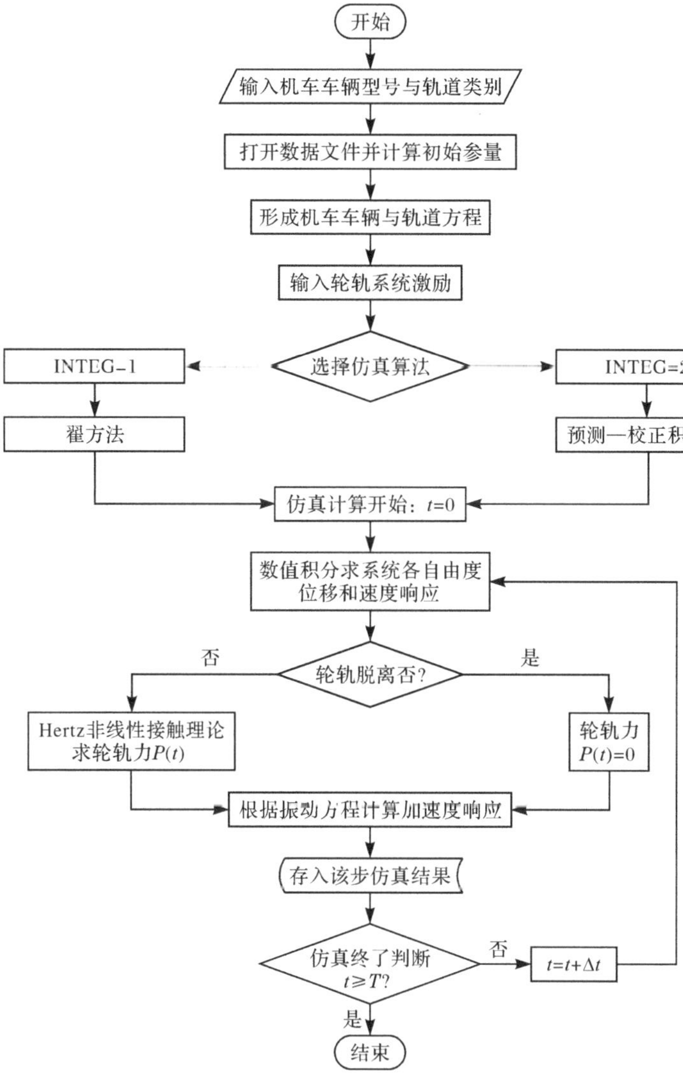

图 5.2　VICT 仿真计算流程图

5.1.3　VICT 系统的功能

VICT 仿真系统不仅可以模拟机车车辆通过轨道接头(包括低接头、错牙接头、焊接接头、大轨缝等)、道岔及车轮扁疤、轨面擦伤等脉冲激扰源时的轮轨冲击作用,而且可以分析偏心车轮、轨头压陷、马鞍形磨耗及波浪形磨耗等谐波形激扰所引起的轮轨动力作用,还能够针对轨下结构缺陷(如扣件松脱、轨枕空吊、道床板结、路桥过渡段等)所造成的轨道纵向动力不平顺进行仿真分析,此外还可输入轨道随机不平顺(轨道谱)进行随机振动分析。

VICT 系统所获得的仿真结果包括:车体、转向架构架和轮对的位移、速度和加速度随时间的变化历程;钢轨、轨枕和道床的位移、速度与加速度响应;轮轨作用力的时间历程;轨道应力(轮轨接触应力、道床顶面应力和路基基床表面应力等);以及钢轨支点动反力和其他各连接部件的动作用力响应。

VICT 系统由于采用了新型快速数值积分法(翟方法)作为仿真算法,因而在仿真速度和计算内存方面具有明显的优越性。对于具有 500 个左右自由度的机车车辆与轨道垂向相互作用问题,VICT 仅需一台普通计算机即可进行快速仿真分析,仿真时间一般在几分钟之内。

5.2　车辆—轨道空间耦合动力学仿真分析系统 TTISIM

TTISIM 是英文"Train/Track Interaction SIMulation"的缩写,意为"列车/轨道相互作用仿真"。该软件主要用于研究机车车辆在实际弹性轨道结构上的运行安全性与平稳性。

5.2.1　TTISIM 系统的结构

车辆—轨道空间耦合动力学仿真分析系统 TTISIM 是基于第二章所建立的车辆—轨道空间动力学模型而设计的,由三大模块——车辆子模块、轨道子模块和轮轨关系子模块构成,如图 5.3 所示。从图 5.3 中可以看出,轮轨关系在车辆—轨道耦合系统中起纽带作用,将车辆与轨道两子系统耦合成一个相互作用、互为反馈的整体。

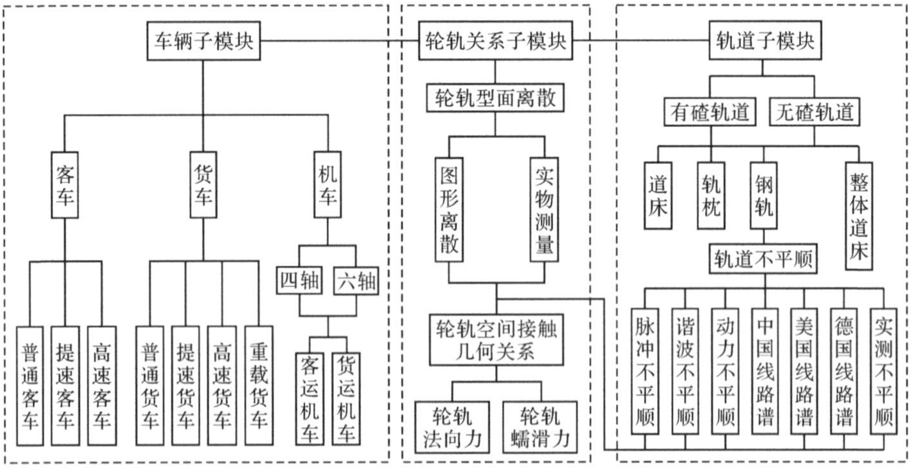

图 5.3　TTISIM 系统中的模块化结构

TTISIM 系统也是采用 FORTRAN 语言编制而成，以一个主控程序(TTISIM)为核心，27 个一级子程序、19 个二级子程序为基础，并采用数十个基本数据文件共享的形式，其相互关系如图 5.4 所示。

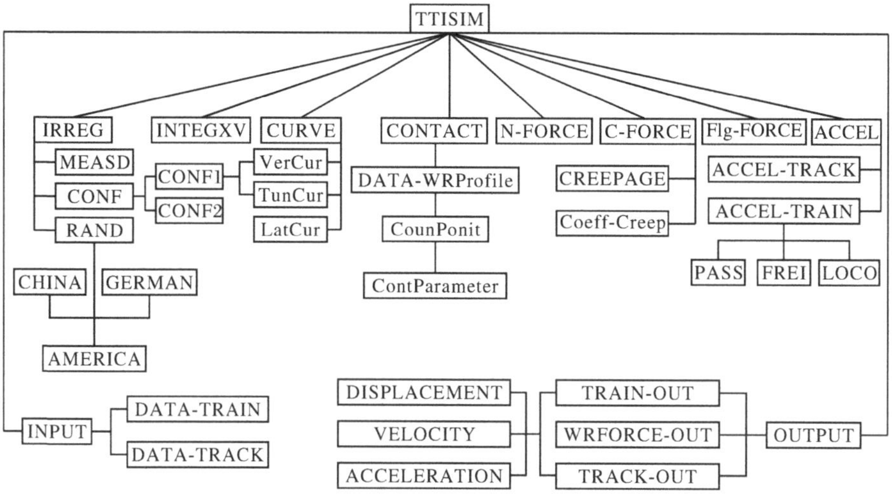

图 5.4　TTISIM 仿真系统结构

图 5.4 中各子程序及主要相关文件的含义和功能分述如下：

INPUT——原始数据输入子程序。根据机车车辆类型和轨道类别分别选择相应的基本数据文件，另外为新建机车车辆系统参数和新型轨道结构参数而预留了相应的数据文件。

IRREG——生成轨道不平顺激扰的子程序。可以选择实测轨道不平顺、确定性不平顺和轨道随机不平顺。确定性不平顺主要包括脉冲不平顺、谐波不平顺、动力型不平顺、道岔区域冲击不平顺及竖曲线不平顺等等，它又含有两个子程序：CONF1 是在整个钢轨上加入上述某一种周期不平顺；如果希望在钢轨某一位置上设置一个或几个波长谐波不平顺，则调用 CONF2。轨道随机不平顺主要有中国现有轨道谱、美国 AAR 标准线路谱和德国高、低干扰线路谱，频域功率谱将通过等效变换而得到轨道不平顺的时域样本。

INTEGXV——数值积分子程序。采用作者提出的新型快速显式数值积分方法(翟方法)，分别对机车车辆与轨道各部件的运动方程进行数值积分运算。

CURVE——设置曲线轨道的子程序。包括了竖曲线、道岔曲线及平面曲线。竖曲线由坡度、长度及竖曲线半径等参数构成。平面曲线包括圆曲线半径、缓和曲线线型及超高等的设置，其中缓和曲线的基本线型采用了我国铁路上常用的三次螺旋曲线。道岔区域导轨曲线一般按照平面曲线处理，但是没有缓和曲线长及超高。

CONTACT——计算轮轨接触几何关系的子程序。这是整个系统的核心部分，传统计算方法是通过迭代轮对侧滚角来寻找接触点的，而本程序打破了这一限制，使计算速度大大提高。对于轮轨轮廓离散，分别设置了钢轨型面数据文件和车轮踏面数据文件。

N-FORCE、C-FORCE、Flg-FORCE——分别计算轮轨法向接触力、切向蠕滑力/力矩和轮缘与钢轨接触力的子程序。

ACCEL——计算机车车辆和轨道各部件振动加速度的子程序。包括 ACCEL-TRACK（轨道）和 ACCEL-TRAIN（机车车辆）两个子程序。根据各部件运动的微分方程而求出各自的加速度，对于机车车辆的加速度，它又包括 PASS（客车）、FREI（货车）和 LOCO（机车）三个子程序。

OUTPUT——输出数据文件子程序。在 TTISIM 仿真软件中，分为机车车辆输出（TRAIN-OUT）、轨道输出（TRACK-OUT）和轮轨相互作用力输出（WRFORCE-OUT），前二者含有所有刚体的位移、速度和加速度。共有 19 个输出文件。

5.2.2 TTISIM 系统计算流程

TTISIM 仿真分析系统的计算流程如图 5.5 所示。

5.2.3 TTISIM 系统的功能

TTISIM 系统的主要功能有：

① 分析机车车辆（客车、货车、机车）在弹性轨道结构上的蛇行运动稳定性。

② 分析机车车辆在弹性轨道结构上的运行平稳性（乘车舒适性）。

③ 分析机车车辆动态通过曲线轨道的安全性。

④ 分析机车车辆与轨道的横向相互作用特性。

TTISIM 系统输入的外部激励可以是确定性轨道不平顺，如轨道高低、水平、方向、轨距不平顺及其复合不平顺、线路三角坑、路桥过渡段折角不平顺、线路平纵断面几何参数等，也可以是线路随机不平顺（实测线路谱或标准轨道谱）[2]。

TTISIM 系统所获得的仿真结果包括：轮轨垂向力、轮轨横向力及其导出的脱轨系数、轮重减载率、轮轴横向力；车体、构架和轮对的振动位移、加速度及其导出的车体垂向、横向平稳性指标；钢轨、轨枕和道床的振动位移、加速度响应及其导出的轨距动态扩大量；钢轨—轨枕动反力等。

综上可见，TTISIM 系统与 VICT 系统一起，为新型机车车辆动力学性能预测及参数优化设计，旧车动力性能改进设计，机车车辆对线路动力作用分析评估，机车车辆与轨道结构动力性能最佳匹配设计，轨道几何状态维护及安全管理，提供了强有力的理论分析工具。

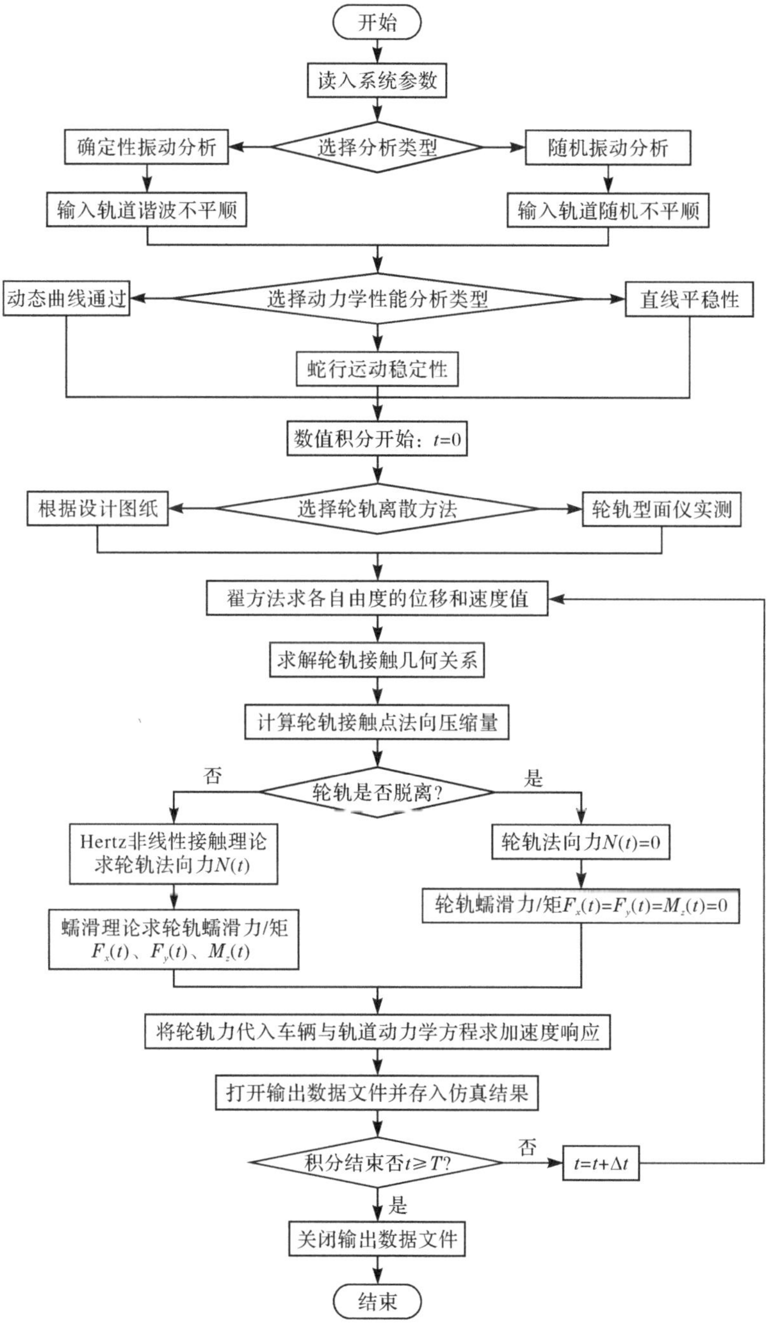

图 5.5　TTISIM 系统计算流程框图

5.3 机车车辆在线路上动态运行行为的可视仿真

计算机仿真技术的发展，特别是计算机图形可视化技术的迅速发展，为车辆—轨道耦合动力学仿真分析系统的完善和提高提供了强有力的技术支持。在以往的车辆—轨道耦合动力学和传统的车辆动力学仿真中，大多集中在模型的数值仿真方面，即只关心数值计算结果而忽略了结果的显示与直观判断，而且多以计算模块的形式出现，系统的集成性和综合性稍差。运用计算机图形可视技术，可以建立一个综合模拟整车动态运行的计算机仿真平台，将车辆与轨道各部件的几何关系及其动态变化特性与耦合动力学计算结果有机地结合起来，同时建立形象直观的可视化输入、输出界面，从而实现列车与线路系统的无风险动力学仿真试验，进行动态安全性评价，参数设计与优化研究等。这一工作将使我国铁路动力学仿真技术跃上一个新台阶，使之与国际大型仿真软件接轨，也是 21 世纪动力学仿真研究的一大趋向。

鉴于此，我们采用图 5.6 所示的模式，将车辆—轨道耦合系统结构参数、几何图形与动力学计算核心程序 TTISIM 集成装配起来[3]。图 5.6 中，系统设计方法是系统集成的关键和纽带，这里采用面向对象的设计方法。TTISIM 仿真分析系统相当于一个求解器，是动力学计算分析的核心，系统的三维几何模型和 TTISIM 仿真系统相对独立。面向对象不但规定了几何模型各构件之间的几何约束关系，还规定了几何模型和仿真计算软件的相互对应关系，形成模型解释机制，模型经相应的解释后，产生了系统模型结构的数据对应表和构件的几何表面模型，一并装配在模型树和三维仿真场景中。仿真的相关数据和图形的操作都可以依据场景中的模型构件表示作相应的处理。

在可视化仿真系统的实现中，一般可采用 MultiGen、3DMAX 等商用三维建模软件作为场景建模工具，通过人机交互的方式完成三维场景模型的建立，也可自行开发场景模型建模工具，生成所需要的三维场景模型。

对于车辆—轨道耦合仿真系统，根据几何参数构建车体、构架、轮对三维图形，对于车轮需根据其踏面外形数表专门建模，以便精确反映动态轮轨接触几何关系。轨道被离散成一系列质量块单元，每个轨道离散块由离散钢轨、轨枕、扣件、胶垫和离散道床等构成，除钢轨之外，其余部件对应着对象库里的轨枕离散对象和道床离散对象，每个对象附着各自的动力学特性参数，而对于钢轨等形状时刻变化的模型，在采用 Windows 为操作系统平台的图形系统中，可选用 OpenGL 等底层的三维图形 API 实时生成，以模拟轨道结构的动态振动行为。

通过这种参数化的表示，建立了一种依据车辆和轨道参数变化的实时车辆、轨道系统三维组件库，如图 5.7 所示。再根据位置参数和几何参数，并将相应的

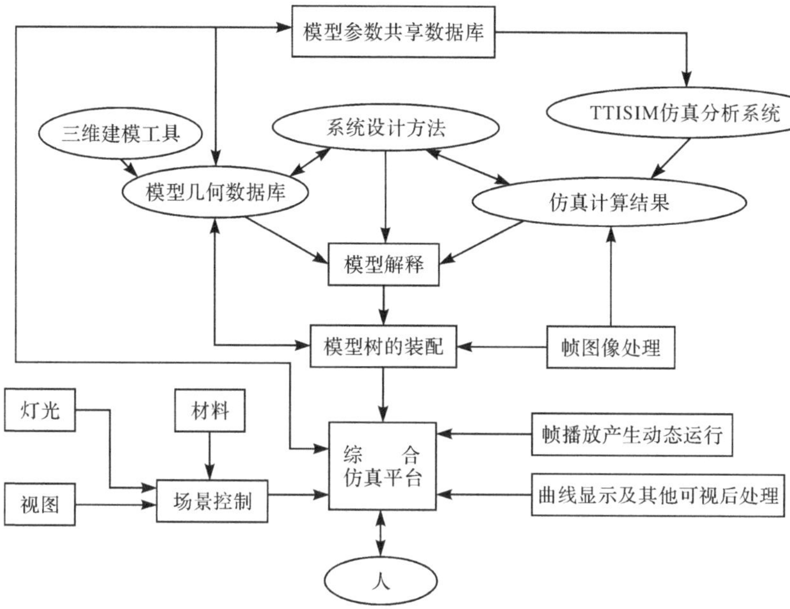

图 5.6　车辆—轨道耦合动力学可视化仿真系统结构

模型组件与对象库一一对应起来，使各对象及对象之间的动力学参数链接在组件几何结构上，再考虑各对象之间的约束关系，一并组合装配在模型树中，形成集参数、几何模型及输入输出为一体的模型。

(a) 车体

(b) 转向架

(c) 轨道

图 5.7　车辆—轨道模型组件几何结构的计算机模拟

至此，通过引入三维建模技术和可视化技术，建立起车辆—轨道耦合动力学三维可视仿真系统(图 5.8)，可以形象直观地显示机车车辆在线路上的动态运行行为，可以从不同角度观察其振动形态，特别是可以方便而清晰地显示任意时刻车轮与钢轨的动态接触几何关系(图 5.9)，如接触点的位置、轮缘是否贴靠钢轨、车轮是否爬轨等。可以根据用户需要，显示列车运行过程中行车安全性指标、乘车舒适性指标的动态变化历程，还可自动进行动态安全评估。此外，还可根据评估结果，通过图示界面方便地修改车辆或线路设计参数，重新进行仿真分析与评估，直到所设计的车辆或线路动力性能满意为止。

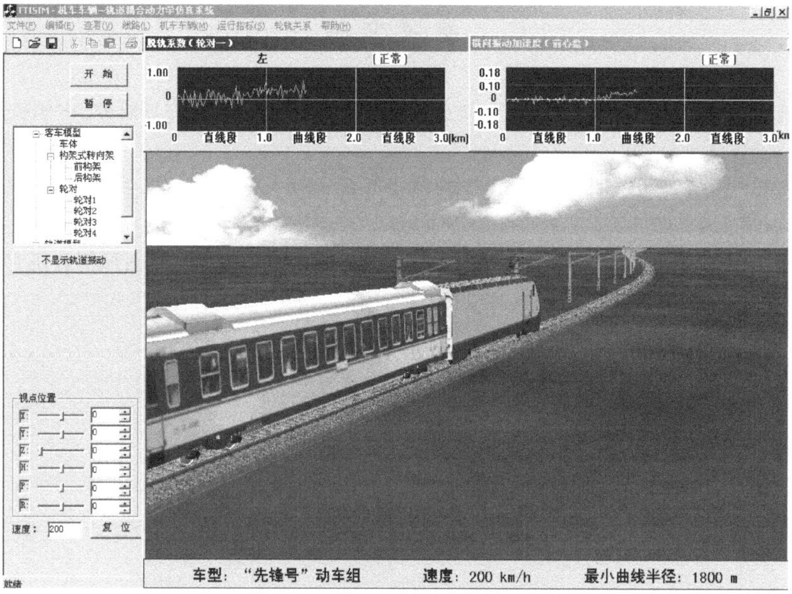

图 5.8　机车车辆在线路上动态运行可视仿真场景

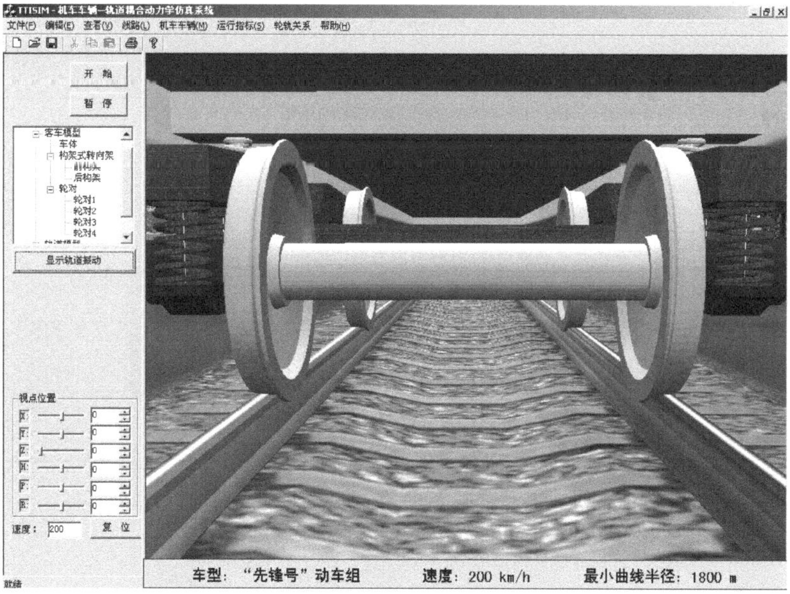

图 5.9　轮轨动态接触几何关系局部显示图

参 考 文 献

[1] 翟婉明，孙翔，詹斐生. 机车车辆与轨道垂向相互作用的计算机仿真研究. 中国铁道科学，1993，14(1)：42～50

[2] 王开云，丁国富，翟婉明. 机车车辆—轨道空间耦合动力学性能仿真系统. 系统仿真学报，2004，16(6)：2737～2740

[3] 丁国富，翟婉明，张治，等. 车辆—轨道耦合系统中基于变参数的三维图形仿真研究. 计算机辅助设计与图形学报，2002，14(2)：115～119

第六章　车辆—轨道耦合动力学现场试验

现场试验和理论分析是车辆—轨道耦合动力学研究的两种基本手段，二者相辅相成，缺一不可。一方面，现场试验是验证车辆—轨道耦合动力学理论模型及其仿真系统正确性的基础及必要环节；另一方面，经过试验验证的理论模型及仿真系统将具有强大功效，可以实现车辆—轨道耦合系统动力性能优化设计，并能大大缩短设计周期，减少对昂贵的现场试验的依赖；此外，现场试验又是考核车辆—轨道系统设计安全可靠性的最终环节。本章首先介绍车辆—轨道耦合动力学现场试验方法，特别侧重于车辆与轨道动态作用现场试验方法；在此基础上，重点介绍作者及其研究团队主持完成的若干典型现场试验，包括高速列车轮轨动态作用试验、重载铁路万吨列车对轨道动态作用试验，以及高速动车组车辆和典型货车车辆在线路上运行时的振动特性试验。

6.1　车辆—轨道耦合动力学现场试验方法

车辆—轨道耦合动力学现场试验主要包括机车车辆动力学性能实车线路运行试验和机车车辆与轨道动态作用现场试验两个方面。前者属常规试验，已有一系列试验标准（规范）可资参考；而后者尚处在研究发展之中，随着铁路不断提速及向高速、重载方向迅速发展，机车车辆与轨道之间的动态作用越益增强，该方面试验越显重要，因此本节重点介绍机车车辆与轨道动态作用现场试验方法。

6.1.1　车辆在线路上运行动力学现场试验方法

车辆在线路上运行动力学性能试验的主要内容有：车辆运动稳定性、车辆运行安全性和车辆运行平稳性。

关于试验方法，对于常规速度试验，可参照国家标准《铁道车辆动力学性能评定和试验鉴定规范》（GB5599-85）[1]、铁道行业标准《铁道机车动力学性能试验鉴定方法及评定标准》（TB/T2360-93）[2]等。而对于高速试验，可参照我国关于高速试验列车的研究成果《高速试验列车动力车强度及动力学性能规范》（95J01-L）[3]、《高速试验列车客车强度及动力学性能规范》（95J01-M）[4]以及近年来颁布的《高速动车组整车试验规范》（铁运[2008]28 号）[5]和《高速铁路工程动态验收技术规范》（TB10761-2013）[6]，其测试方法与常速试验基本相同，而评定标准则有所不同。

1. 车辆运动稳定性试验方法

通过试验评定车辆在线路上横向运动稳定性时，一般采用测量转向架构架横向振动加速度时域响应来评判。对于测量得到的转向架构架横向加速度信号，进行 0.5～10Hz 滤波处理后，当加速度峰值连续出现六次以上达到或超过极限值(一般为 8～10m/s^2)时，判定该试验速度下车辆失稳，否则认为是稳定的。

2. 车辆运行安全性试验方法

车辆运行安全性可采用脱轨系数、轮重减载率和倾覆系数等指标加以评定，这些指标均可通过测取轮轨作用力而换算得到。

采用测力轮对可以连续(或间断)测量得到轮轨垂向力 P、横向力 Q，由此可导出脱轨系数 Q/P 及轮重减载率

$$\frac{\Delta P}{P_0}=\frac{P_0-P}{P_0} \tag{6.1}$$

式中，P_0 为静轮重。

如果采用多个测力轮对，则可进一步得到倾覆系数

$$D=\frac{P_d}{P_0} \tag{6.2}$$

式中，P_d 为车辆同一侧车轮的动荷载；P_0 是相应车轮的静荷载。需要测量车辆同一侧所有车轮的倾覆系数，才能对车辆的抗倾覆安全性做出评定，详见第十章。

3. 车辆运行平稳性试验方法

车辆运行平稳性分为垂向平稳性和横向平稳性，一般通过测量车体垂向、横向振动加速度，采用车体振动加速度最大值及经换算而得的平稳性指标来评定，具体评定标准见第十章。

测量车辆车体振动加速度采用低频特性好的加速度传感器。测量客车车体垂向、横向振动加速度的传感器安装在距 1、2 位心盘一侧 1000mm 的车体地板面上，如图 6.1 所示。测量货车车体加速度的传感器安装在 1 位或 2 位心盘内侧距心盘中心线小于 1000mm 的车底架中梁下盖板上(图 6.2)或车体地板上(空车时可采用)。测量机车车体振动加速度的传感器安装在车体底架纵中心线的前后牵引梁端部，司机室振动加速度测点设在前后司机室地板中央。

6.1.2 车辆与轨道动态作用现场试验方法

车辆与轨道动态作用试验的关键是测试运行车辆对轨道结构的动力作用指标，主要包括轮轨动态作用力的测试、轨道结构动态变形测试和轨道结构振动

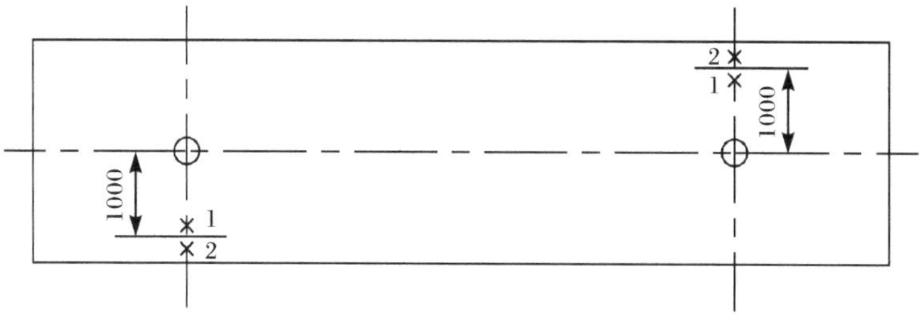

1—垂向加速度测点;2—横向加速度测点

图 6.1　客车车体加速度测点布置(单位:mm)

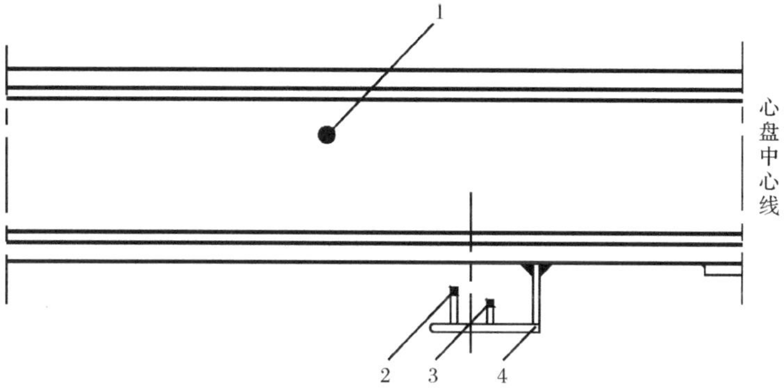

1—中梁;2—垂直加速度测点;3—横向加速度测点;4—安装铁

图 6.2　货车车体加速度测点布置

测试。

测量运行车辆对轨道动态作用必须在铁路现场进行,通过在被测线路固定测区的轨道上布置相关测试元件(传感器),现场采集试验列车经过测区时被测参量的动态信号,经过数据处理进行分析评价。目前国内外已有许多相关测试技术[7~9],通过现场摸索、试验与应用实践[9~11],日臻成熟。

1. 轮轨动态作用力现场测试方法

轮轨动态作用力是衡量机车车辆对轨道动态作用的最重要指标,包括轮轨垂向作用力和轮轨横向作用力。根据剪力法原理,采用在钢轨的适当位置布置相应的应变片(可采用成 90°正交的应变花)的办法,可以测量低频特性的轮轨垂向力、横向力。

测量轮轨垂向力时,应变花贴于轨腰两侧的中和轴上,在离两个轨枕跨中各 110mm 的两个断面上分别贴片,应变片的方向与钢轨纵向成 45°角,具体贴片位置及应变片组桥方式如图 6.3 所示。

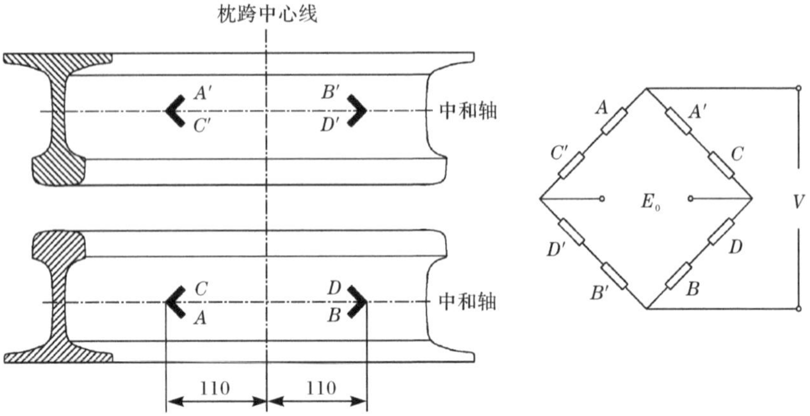

图 6.3　测量轮轨垂向力的贴片方法与组桥方式(单位:mm)

测量轮轨横向力时,应变花贴于轨底上表面离轨底边缘 20mm 处,在离两个轨枕跨中各 110mm 的两个断面上分别贴片,应变片的方向与钢轨纵向成 45°角,具体贴片位置及应变片组桥方式如图 6.4 所示。

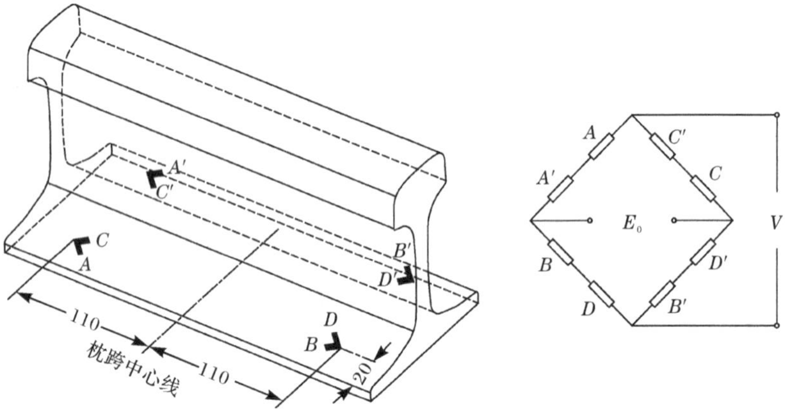

图 6.4　测量轮轨横向力的贴片方法与组桥方式(单位:mm)

2. 轨道结构动态变形现场测试方法

轨道结构动态变形量也是反映机车车辆对轨道动态作用强弱的重要参数,主要包括钢轨垂向、横向振动位移,轨距动态扩大量(同一断面上两股钢轨横向振动位移之差),以及轨枕(轨道板)垂向、横向振动位移等。

采用弹片式位移计可以方便地测量列车通过时轨道各部件动态位移响应。为了适应铁路现场轨道结构空间条件,可以自制尺寸适宜、便于安装的弹片式位移计[9]。采用弹簧钢材料加工出等厚度弹簧片，并设计成变截面的等强度悬臂梁，如图 6.5 所示，在悬臂梁中间两表面上对称粘贴应变片 A、A'，组成半桥（桥路中 R_0 为标准电阻，一般取 120Ω），便可通过测量悬臂梁的弹性变形反求出悬臂端（与轨道部件弹性密贴）的动态位移，此即被测轨道部件之位移。在现场可利用标准厚度的塞尺进行悬臂端位移的标定。

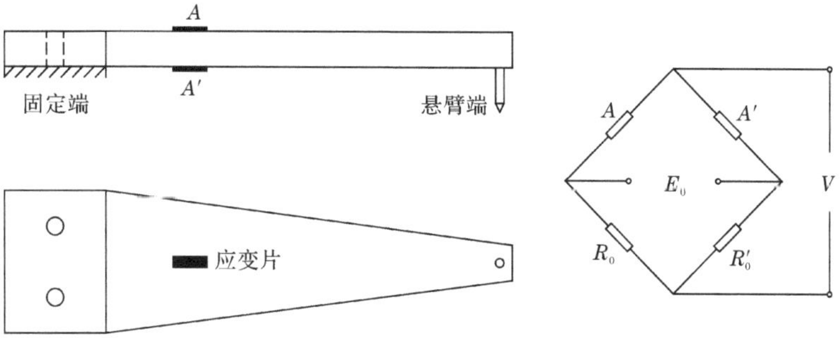

图 6.5　弹片式位移计等强度梁及应变片组桥方式

在轨道变形测量过程中，确定位移计测量基准并能正确安装固定至关重要。对于普通有砟轨道，可采用固结于路基深部的位移桩（钢棒）作为绝对位移测量基准。通过制作各种安装支架将位移计固定于位移桩上，从而实现被测轨道部件垂向、横向位移的测试，具体参见本章第 6.3 节的有关现场照片。当被测轨道为桥上或隧道内无砟轨道时，一般可采用相应的位移支架实现钢轨与轨道板（道床板）之间、轨道板与梁体（基础板）之间的相对位移量测试[9]。

3. 轨道结构振动现场测试方法

轨道结构振动是机车车辆对轨道动态作用的结果，可以采用轨道振动加速度来衡量。一般可采用压电式加速度传感器测量轨道各部件振动加速度。根据钢轨、轨枕（轨道板）、道床冲击振动加速度的常见最大值范围以及所关心的动态作用频率范围（非噪声测量），建议根据表 6.1 所列量程范围选取适合于轨道结构各部件测量的加速度传感器。

表 6.1　轨道振动测试用加速度传感器性能指标

测试对象	钢轨	轨枕	轨道板	道床
工作频率/Hz	0～5000	0～1000	0～2000	0～500
最大量程/g	1000	100	100	20

关于测点布置，对于有砟轨道结构可按图 6.6 所示位置布置，其中，钢轨振动加速度传感器位于轨底上表面距轨底边缘 20mm 处（A 点），轨枕振动加速度传感

器位于线路外侧轨枕上表面距钢轨中心线 250mm 处(B 点)，道床振动加速度传感器位于钢轨中心线正下方距轨枕底面 150mm 处(C 点)。

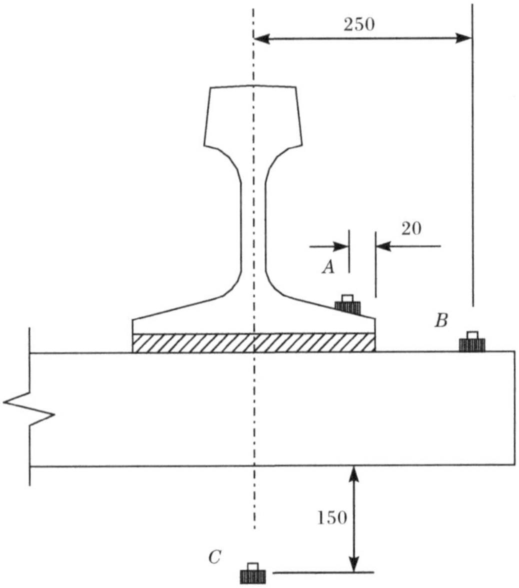

图 6.6　轨道结构振动加速度测点布置(单位:mm)

需要特别指出的是，轨道振动加速度的测量难点在于道床加速度的测量。由于道床加速度传感器必须埋入道砟内，为防止加速度传感器与道砟直接接触而遭损坏，我们特意制作了一个铁制保护盒(图 6.7)，将加速度传感器固定在盒内，保护盒底部设计为正方形薄板，其目的是便于定位，以保证道床加速度传感器处于垂直方向；而为了正确测取道床加速度，保护盒的外形尺寸必须与道砟颗粒大小相近，以免改变道床结构；此外，道床加速度传感器需要提前埋设到道床之中，待道床密实稳定之后方可开始测试。否则，都会导致测试结果失真。经过我们多次实践，这种测试方法取得了良好效果。

对于无砟轨道结构振动测量，不同之处主要是轨道板(或道床板)振动加速度的测量，其测点位置可选在钢轨外侧的轨道板上表面，距钢轨中心线 450mm 处。

图 6.7　道床加速度传感器保护盒

6.2　车辆在线路上动态运行行为的典型现场试验

6.2.1　典型高速动车组车辆运行动力学试验

为了更好地掌握高速动车组在实际线路上运行时车辆的振动特性，为高速铁路安全运行提供基础数据，西南交通大学牵引动力国家重点试验室测控技术组于2010年8月开始对正常载客运营的某型CRH高速动车组进行跟踪测试。基于跟踪测试结果，本小节仅对该型高速动车组以350km/h速度在无砟轨道上正常运营时车辆系统振动加速度响应特征予以分析介绍。

被测车辆为动车组的第1～4节，分别测试了车体、构架和轴箱等部件的振动响应。图6.8和图6.9是各种传感器安装在相应部件上的现场照片，其中，车体加速度测试传感器安装在车体枕梁下表面(图6.8)，构架加速度测试传感器布置在构架弹簧筒上部(图6.9)，轴箱加速度测试传感器安装在轴箱端盖上部(图6.9)。

1. 高速车辆系统的振动特性

通过实际的线路运行测试，可测得高速动车组主要部件的振动情况，进而可对高速车辆运行平稳性和运动稳定性等动力学性能进行评价。这里仅介绍高速动车组以350km/h速度在轨道上运行时一组典型的车体、构架和轴箱振动加速度响应的测试结果。

图6.10和图6.11分别给出了车体垂向和横向振动加速度的时频响应测试结

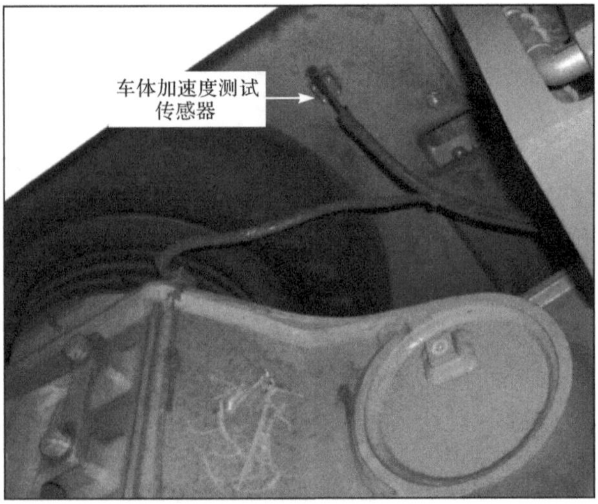

图 6.8　高速动车组车体振动加速度传感器的布置

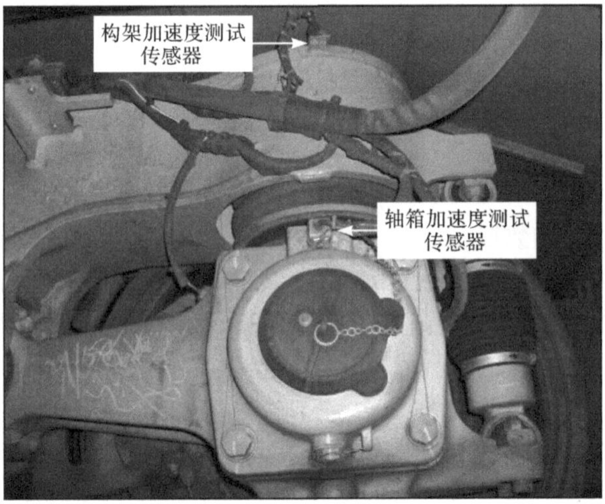

图 6.9　高速动车组转向架构架及轴箱振动加速度传感器的布置

果。从图 6.10(a)可以看出,车体(枕梁处)的垂向加速度最大值低于 0.075g。由图 6.10(b)可知,车体垂向振动有三个明显的主频:第一个主频在 1Hz 附近,为车体的垂向悬挂自振频率;第二个主频在 10Hz 附近,接近于车体的一阶垂向弯曲结构自振频率;第三个主频为 34Hz,主要是车轮圆周引起的周期性强迫振动所致,其中包括车轮一阶不圆顺、轮对动不平衡、车轮表面局部缺陷等可能因素引发的振动。图 6.11 的结果显示,车体横向振动加速度普遍小于 0.05g,亦有三个明显的主频，第一个主频为 1.9Hz，由悬挂系统的自振频率决定，第二个频率为 13Hz，与车体扭转结构自振频率非常接近，第三个频率为 34Hz，可见，车轮圆周引起的强迫振动也影响到了车体的横向振动。总的来看，高速行车条件下车体振动量小，其垂向和横向振动加速度均远小于《高速动车组整车试验规范》[5]中规定的 2.5m/s^{2}限值，反映出高速列车具有优秀的乘坐舒适度品质。

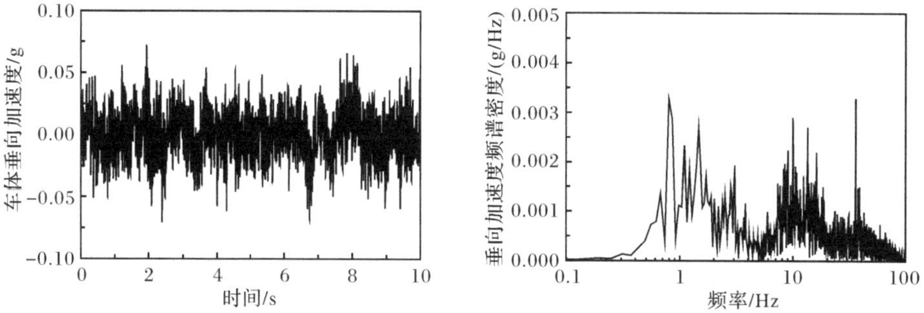

(a) 时间历程　　(b) 频谱

图 6.10　高速动车组以 350km/h 速度运行时车体垂向振动加速度的实测结果

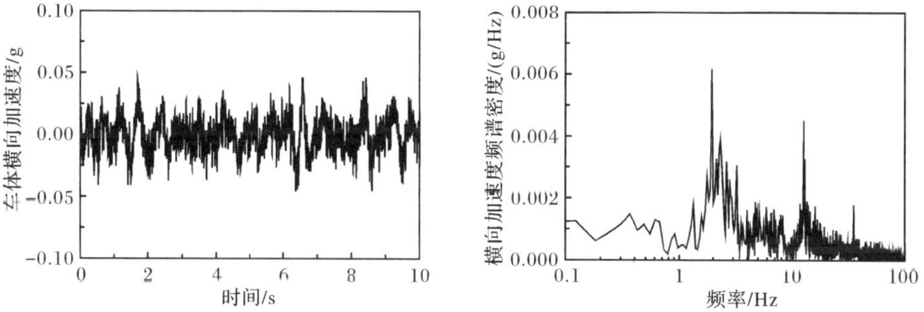

(a) 时间历程　　(b) 频谱

图 6.11　高速动车组以 350km/h 速度运行时车体横向振动加速度的实测结果

图 6.12 和图 6.13 分别是构架垂向和横向振动加速度响应的测试结果。由图 6.12 可见，构架的垂向振动较车体的垂向振动剧烈，其垂向加速度在±2.5g 的范围内变化，振动能量主要分布在 15～35Hz 范围内，该频率范围涵盖了构架的低阶弹性模态，其中，34Hz 处由车轮圆周引起的强迫振动占据了较大成分。由图 6.13 可知，构架横向振动加速度最大值低于 2.5g，构架横向振动的主频与垂向振动主频类似。

图 6.14 和图 6.15 分别是轴箱的垂向和横向振动加速度时间响应及其频谱。从图 6.14 可以看出，轴箱垂向振动较为剧烈，加速度最大值接近 13g，由于轮轨间具有较大的接触刚度，在线路不平顺激扰下轮轨界面产生的高频接触振动极易传

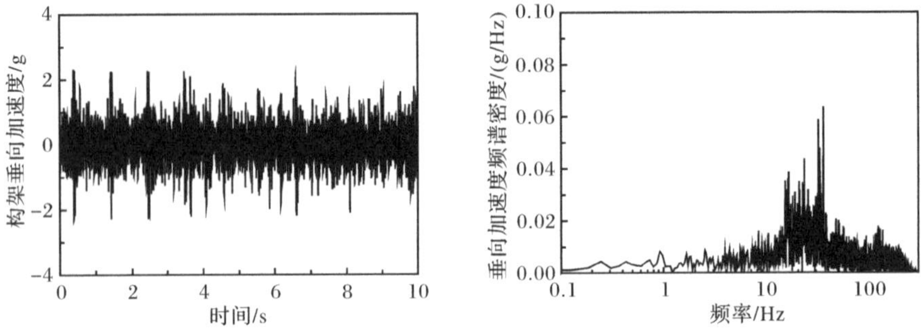

(a) 时间历程　　(b) 频谱

图 6.12　高速动车组以 350km/h 速度运行时构架垂向振动加速度的实测结果

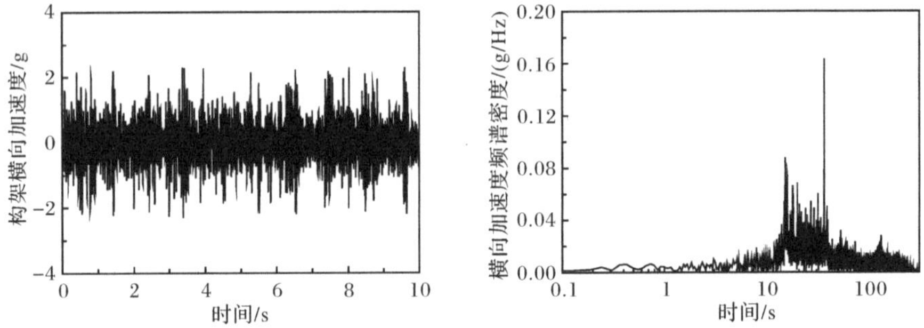

(a) 时间历程　　(b) 频谱

图 6.13　高速动车组以 350km/h 速度运行时构架横向振动加速度的实测结果

递到轴箱体上。轴箱的垂向振动分布在 700Hz 以下较宽的频率范围内，其中有两个比较明显的主频率段，第一个为 30～50Hz 的中低频段，主要与车轮圆周引起的振动和构架自身的弹性振动相关，第二个为 350～500Hz 的高频段，反映了轮轨间的赫兹弹性接触高频振动和轮对整体弹性振动。轴箱横向振动明显小于轴箱垂向振动，如图 6.15 所示，轴箱横向振动能量主要分布在 290～650Hz 的频带范围内，290Hz 以下的振动加速度普遍较低，34Hz 附近也存在一个很小的峰值，表明车轮圆周带来的周期激扰同样影响了轴箱横向振动。

实测结果表明，振动由轮轨界面向上传递时，经过一系悬挂和二系悬挂装置的减振，轴箱、构架和车体的垂向及横向振动幅度依次迅速衰减，其中轴箱传递到构架的振动约衰减至 1/5～1/3，构架传递到车体的振动则呈一个数量级衰减，构架和车体 50Hz 以上的高频振动得到了有效遏制。

值得说明的是，上述测试结果中包含车体、构架和轮对等结构部件的弹性振动模态，在车辆多刚体系统动力学仿真分析中，并不能反映此类高频振动成分，若要反映结构弹性振动，需要对车辆系统进行弹性体建模分析。

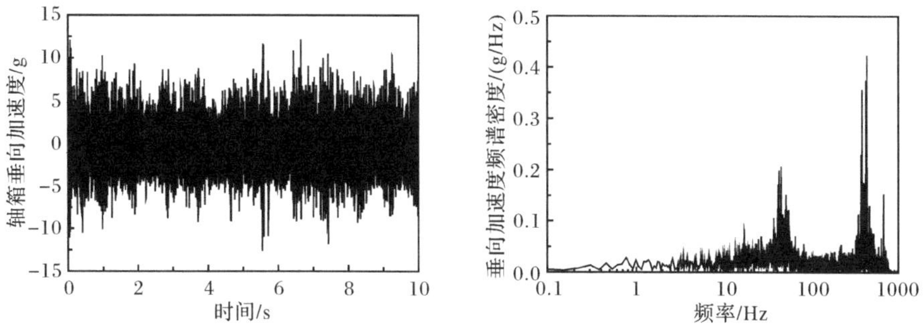

(a) 时间历程　　(b) 频谱

图 6.14　高速动车组以 350km/h 速度运行时轴箱垂向振动加速度的实测结果

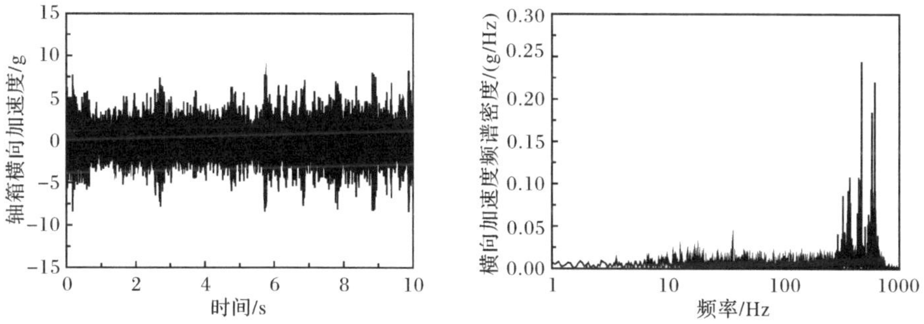

(a) 时间历程　　(b) 频谱

图 6.15　高速动车组以 350km/h 速度运行时轴箱横向振动加速度的实测结果

2. 高速车辆的运动稳定性评定

利用上述测试的构架横向振动加速度可以评定高速车辆在线路上的横向运动稳定性，这是检测车辆在实际线路上运行时可达到的最高运行速度的主要试验途径，其基本原理是通过监测构架振动加速度来评判转向架是否发生了不能迅速衰减的连续横向振荡。我国早期的动力学试验规范中并未对车辆运行稳定性的评定作出规定，近年来发布的《高速动车组整车试验规范》[5]和《高速铁路工程动态验收技术规范》[6]明确规定了车辆运动稳定性的评定方法，对于测量得到的构架横向加速度信号，通过实施 0.5～10Hz 频率范围内的带通滤波，并考察加速度峰值是否连续六次以上达到或超过 8～10m/s^2，从而判定其运动稳定性。

采用该评定方法，对图 6.13(a)中的构架横向加速度进行 0.5～10Hz 的带通滤波，得到的加速度波形如图 6.16 所示，由此可见，滤波后的构架横向加速度最大值远低于 8m/s²,表明该型高速动车组以 350km/h 速度运行时具有良好的运动稳定性。

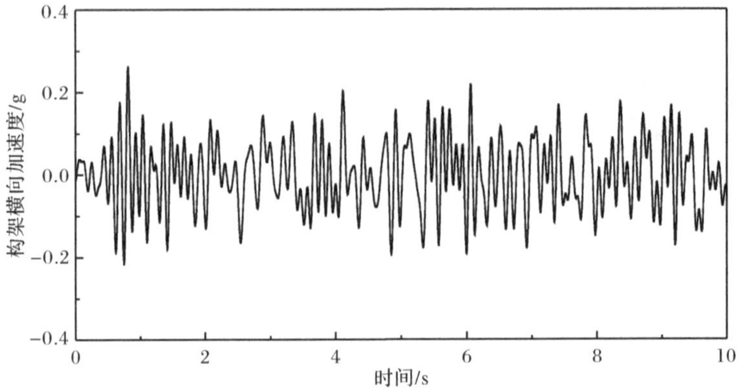

图 6.16　0.5～10Hz 带通滤波后的构架横向振动加速度

以上测试结果表明,该型动车组以 350km/h 速度在高速铁路无砟轨道上运行时,构架和车体振动经两系悬挂系统的隔离和衰减均保持在较低水平,动车组具备优良的运行平稳性和运动稳定性。

6.2.2　典型货车车辆运行动力学试验

关于机车车辆在线路上运行动力学现场试验,中国铁道科学研究院会同有关铁路局曾完成了大量重要的提速、重载及高速行车试验,属常规动力性能试验,可参考有关试验报告,如文献[12]～[14]。这里拟介绍一类较为特殊的车辆动态运行行为现场试验,即 2004 年 6 月我们在朔黄铁路线上完成的典型货车车辆运行动力学试验[15],捕捉到了我国三大件转向架(转 8A 型)货车横向蛇行运动形态。

试验车辆为 C_{64} 货车空车,状态良好,编号为 12591。试验列车编组为两台 SS_{4B} 机车牵引 66 辆 C_{64} 货车空车,被试车辆编入机车后第 45 辆车位。

试验测量了车辆各部件(车体、转向架侧架、轮对)横向振动加速度,以及车体与侧架横向相对位移。车体加速度传感器位于车体内地板面上;侧架加速度传感器位于前转向架右侧架的固定刚性夹板上表面(图 6.17);轮对加速度传感器位于第一位轮对右侧轴箱上(图 6.17)。

车体与侧架横向相对位移采用拉线式位移传感器测量。拉线一端固定于车体侧墙内角钢上,另一端固结于自制的侧架钢杆上(与侧架垂直刚性固结),整个拉线横向呈水平状态,如图 6.18 所示。

分别测试了试验列车以 60km/h、70km/h 和 75km/h 速度运行时车辆各部件

图 6.17　侧架与轴箱振动加速度传感器的布置

图 6.18　车体与侧架横向相对位移的测试

横向振动加速度及车体与侧架横向相对位移，发现：当 C_{64} 货车空车以 75km/h 速度运行时，车体出现了剧烈的横向蛇行运动现象，表现为车体横向振动加速度波形呈规则性的周期变化(图 6.19)，且振动幅值异常大(最大值为 0.74g)，超出允许限值(0.5g)，相应的横向平稳性指标达到 5.01(不合格)；转向架侧架出现较剧烈的横向振动(图 6.20)，侧架横向振动加速度峰值达到 10.81g；车体与侧架横向相对位移也较正常工况(低于 70km/h 速度)大幅度增长,而且呈现出周期性振荡,时大时小,如图 6.21 所示。综合以上动态行为特征,可以认为整个车辆系统在 75km/h 速度运行条件下已接近蛇行失稳状态。通过对车体横向振动加速度波形进行频谱分析(图 6.22)可知,车体横向蛇行运动主频为 2.69Hz。

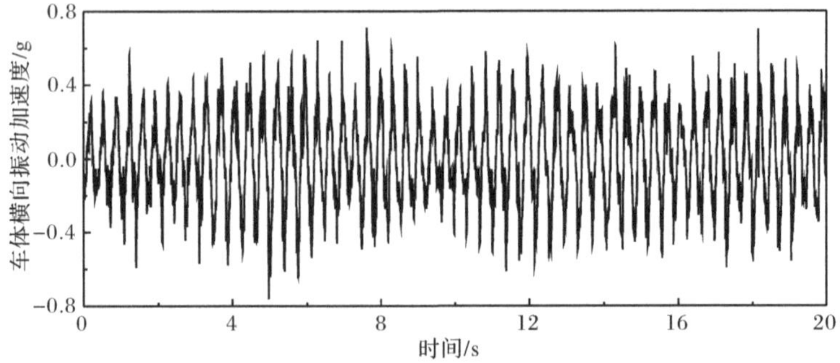

图 6.19　试验车以 75km/h 速度运行时车体(心盘处)横向振动加速度实测波形

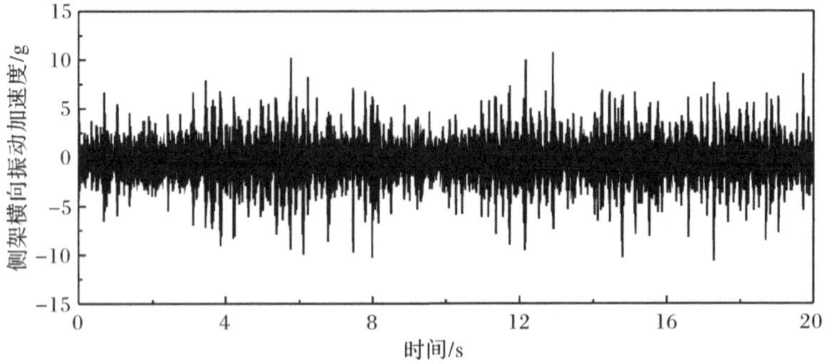

图 6.20　试验车以 75km/h 速度运行时侧架横向振动加速度实测波形

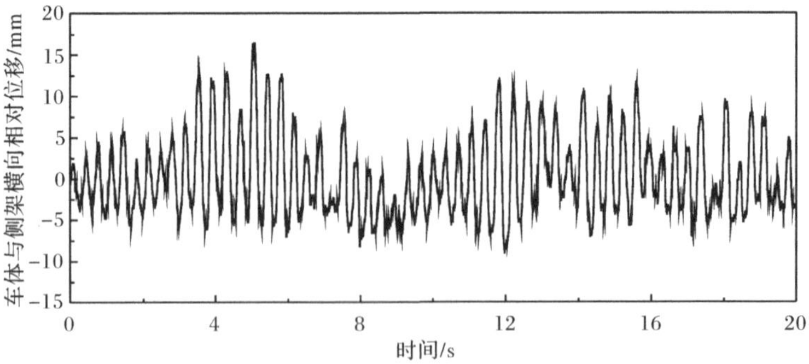

图 6.21　试验车以 75km/h 速度运行时车体与侧架横向相对位移实测波形

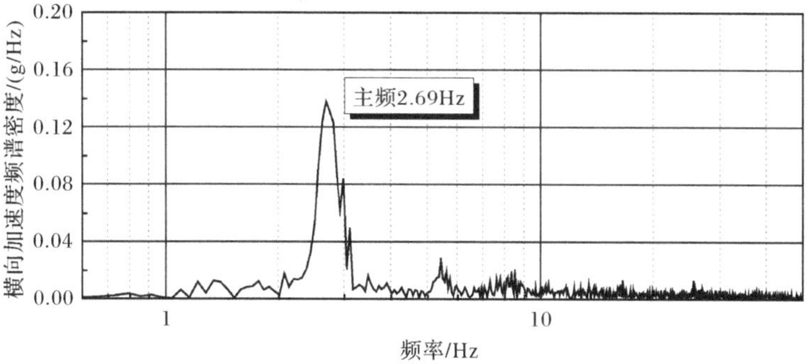

图 6.22　试验车以 75km/h 速度运行时车体(心盘处)横向振动加速度频谱图

以上测试结果与车辆—轨道耦合动力学理论分析结果具有较好的一致性，理论分析显示，我国三大件转向架(转 8A 型)货车空车横向蛇行运动临界速度仅为 78km/h[16]。可见，C_{64}货车空车以 75km/h 速度运行，确实已到了蛇行失稳的边缘状态，是不安全的。

6.3　车辆与轨道动态作用的典型现场试验

6.3.1　秦沈客运专线高速列车轮轨动态作用现场试验

秦沈客运专线是我国建成的第一条客运专线，设计时速 200km，其中包括 66.8km长的高速试验段(设计时速高达 300km)。2002 年底，铁道部组织进行了高速行车综合试验，创造了 321.5km/h 的中国铁路最高试验速度记录。作者主持了双何特大桥(K197＋412)上板式无砟轨道和跨兴闫公路特大桥(K206＋668)上有砟轨道轮轨动态作用试验，这里仅以无砟轨道现场试验为例加以介绍。

试验目的是考核高速轮轨动态作用安全性及新型无砟轨道结构设计合理性。为此，全面测试了轮轨垂向力、轮轨横向力、钢轨支点压力、钢轨与轨道板的垂向位移、钢轨横向位移及轨距动态扩大量、钢轨及轨道板的垂向加速度等动力性能指标。测点布置如图 6.23 所示，图 6.24～图 6.27 是各种传感器及相应测试装置安装完毕的现场照片。

本次试验测量了“中华之星”高速试验列车(2M＋4T)分别以 160km/h、180km/h、200km/h、220km/h、225km/h 五挡速度通过双何特大桥无砟轨道测区(4000m 半径曲线)时轮轨动态作用性能指标，试验场景如图 6.28 所示。作为示例，图 6.29～图 6.36 给出了 200km/h 速度下各项动态作用指标的实测时间历程。由图可以清晰地看出动力车与拖车通过测区时对轨道结构部件所产生的动态冲击作用形态特征，动力车的作用明显大于拖车之作用(动力车轴重较大)。实测结果表明，“中华之星”高速试验列车以 200km/h 速度通过双何桥上板式轨道时，所有各项轮轨动态作用参数均在各自安全限值范围之内，且普遍具有较大的安全裕量。例如，轮轨垂向力峰值为 111.34kN，远小于《秦沈客运专线桥上无砟轨道设计技术条件》中确定的设计动轮载 300kN；轮轨横向力基本上在 30kN 以下，小于其允许限值（对本试验列车，动力车、拖车分别为 78kN 和 51.16kN），脱轨系数 0.27 和轮重减载率 0.29 均远小于其各自安全限值。有关本次现场试验的详细结果可参考文献[9]。

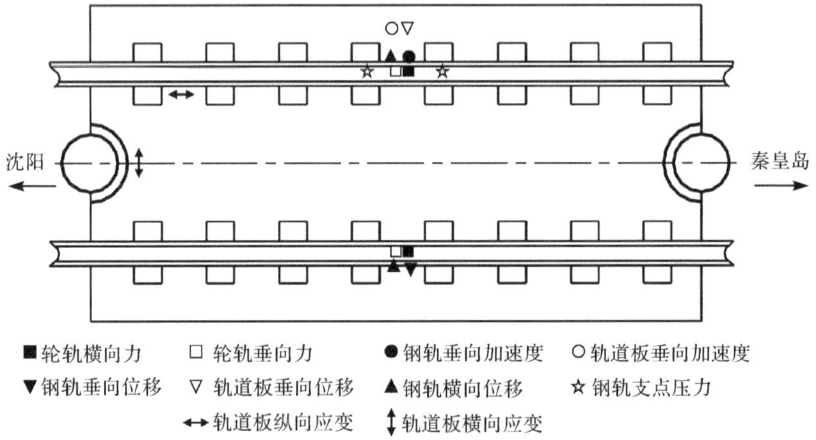

图 6.23　主测试断面（桥上第二跨跨中）测点布置示意图

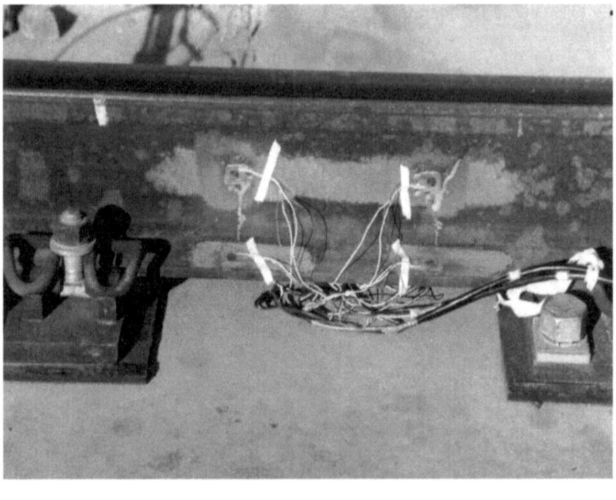

图 6.24　轮轨垂向力、横向力的测试

图 6.25　已铺装好的轨下测力垫板

图 6.26　桥上无砟轨道位移的测试装置

图 6.27　板式轨道振动加速度传感器的布置

图 6.28　“中华之星”高速试验列车通过双何特大桥无砟轨道测区

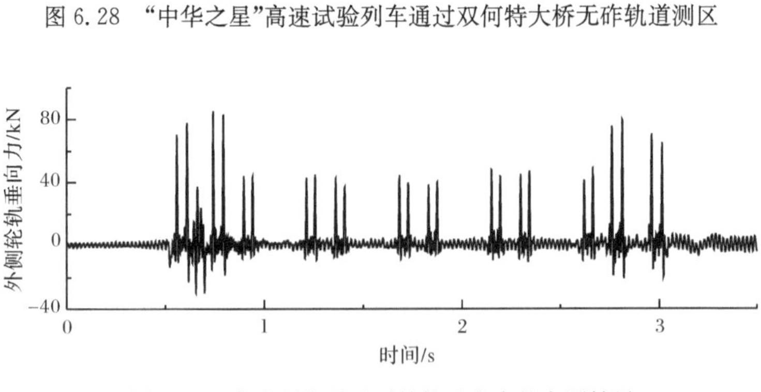

图 6.29　高速列车通过时轮轨垂向力的实测结果

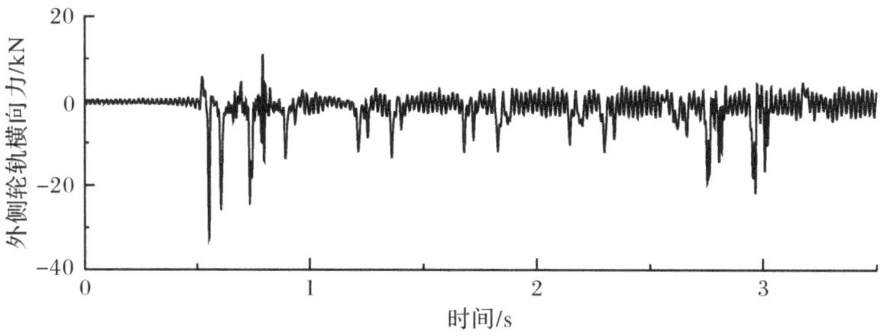

图 6.30　高速列车通过时轮轨横向力的实测结果

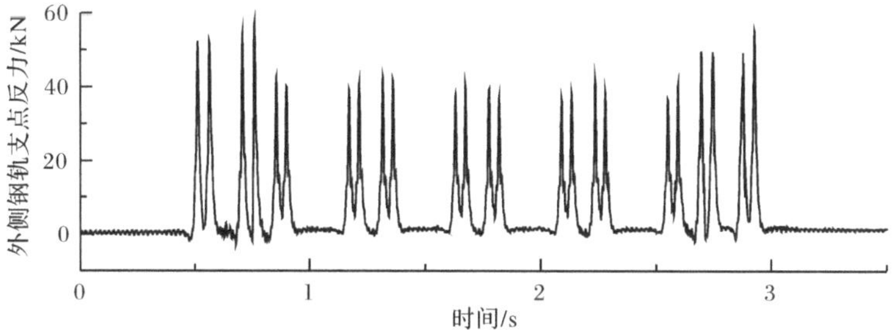

图 6.31　高速列车通过时钢轨支点压力的实测结果

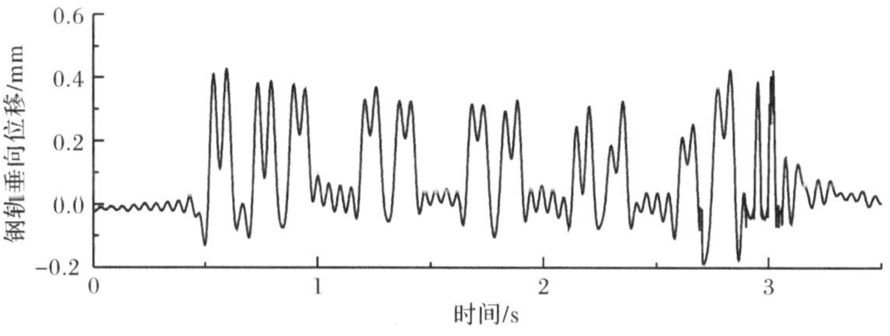

图 6.32　高速列车通过时钢轨垂向位移的实测结果

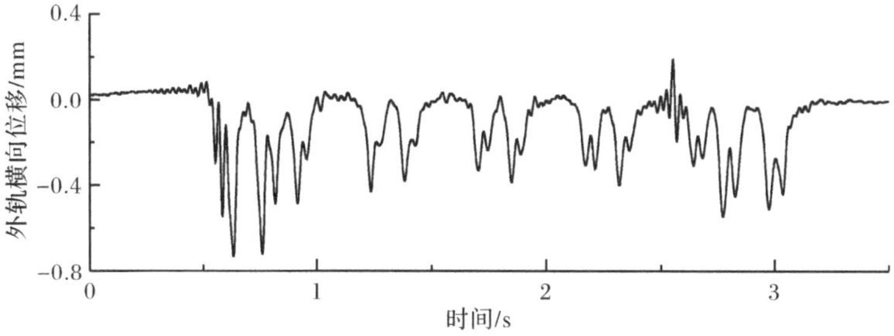

图 6.33　高速列车通过时钢轨横向位移的实测结果

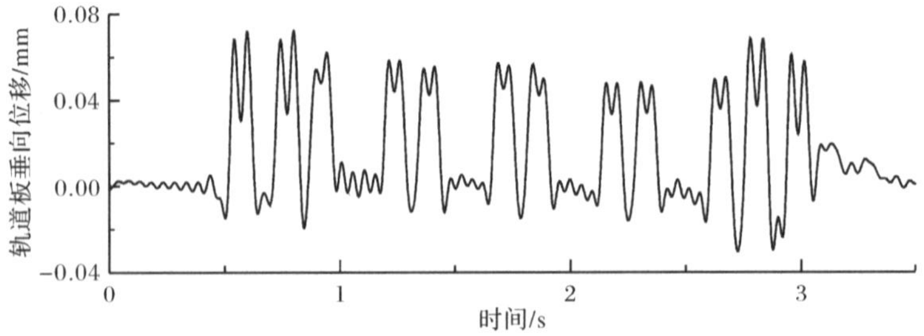

图 6.34　高速列车通过时轨道板垂向位移的实测结果

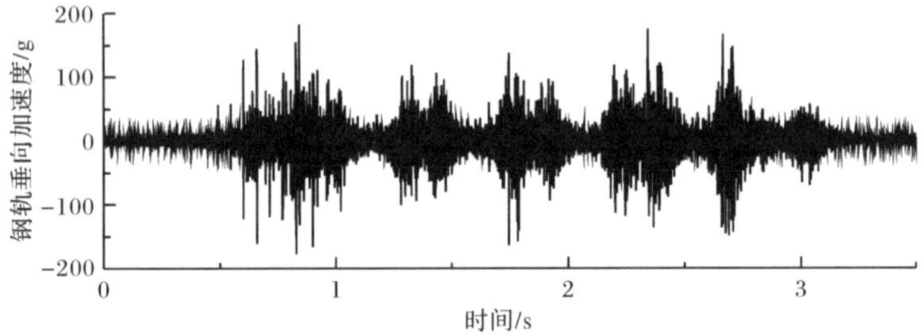

图 6.35　高速列车通过时钢轨垂向加速度的实测结果

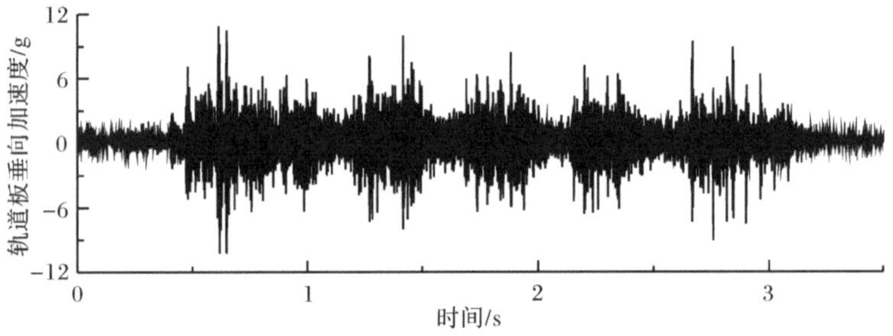

图 6.36　高速列车通过时轨道板垂向加速度的实测结果

6.3.2　大秦重载铁路万吨列车对轨道动态作用现场试验

大秦(大同—秦皇岛)铁路是我国第一条重载运煤专用线。20 世纪 90 年代，为了提高运输能力，相继进行了两次万吨级重载列车运行试验，这里介绍 1993 年 10 月我们在大秦线茶坞工务段上堡工区上行线 K318＋70 处进行的轨道动力试验，如图 6.37 所示。试验目的是评估万吨列车对轨道结构动态作用影响情况，为顺利开行万吨级重载列车提供基础数据。

图 6.37　大秦重载铁路万吨列车轮轨动态作用试验现场

试验以万吨列车通过钢轨接头(存在 0.5mm 高差的逆向错牙)为工况,着重测试轨道结构部件(钢轨、轨枕、道床)所受冲击振动情况。按 6.1.2 节图 6.6 设置加速度传感器,其中钢轨振动测试采用了日本产高性能 AS-A 型加速度计。图 6.38～图 6.40 分别给出了万吨列车运煤货车 C_{61}(轴重 21t,装用三大件式转 8A 型转向架)以 52km/h 速度通过测点时钢轨、轨枕和道床冲击振动加速度响应。

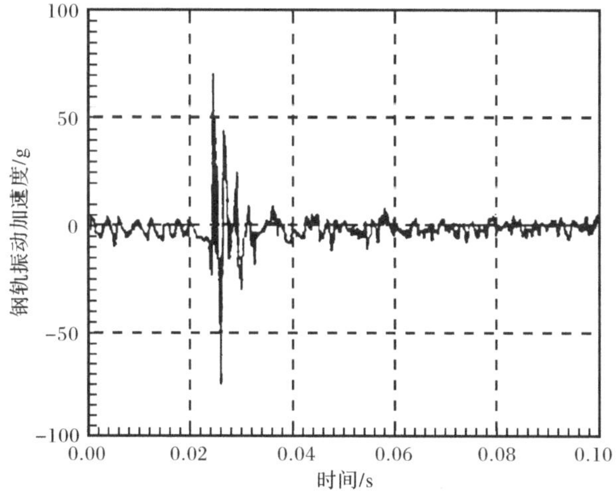

图 6.38　万吨列车通过接头时钢轨冲击振动加速度响应的实测结果

实测结果表明,万吨列车以较低速度运行时对轨道结构的动态作用影响并未比普通列车的作用明显增大,钢轨、轨枕和道床冲击振动加速度峰值依次为 76.12g、13.16g 和 2.64g,这是因为万吨列车的车辆数量虽然较普通列车有成倍增多,但组成万吨列车的货车 C_{61} 与普通列车相同。然而,车辆数量的增大将导致

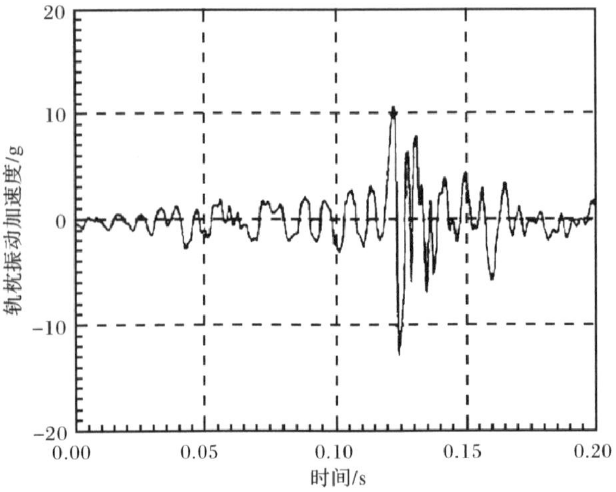

图 6.39　万吨列车通过接头时轨枕冲击振动加速度响应的实测结果

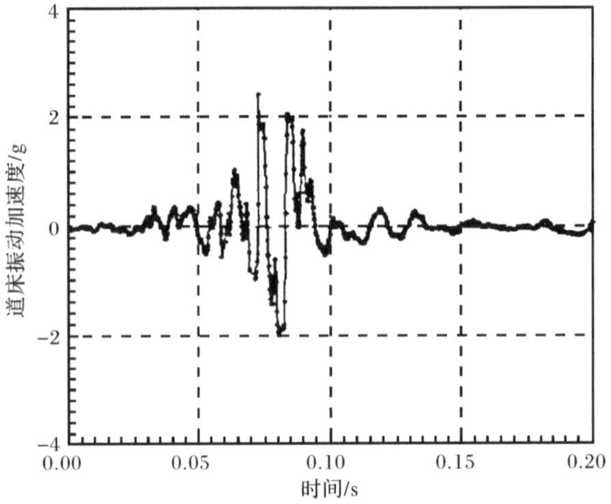

图 6.40　万吨列车通过接头时道床冲击振动加速度响应的实测结果

轨道结构承受相同动力作用的频度剧增，累积影响明显增强，因此需要加强重载线路的日常养护。

6.3.3　山区铁路(成渝线)小半径曲线轮轨动态相互作用现场试验

山区铁路曲线多、半径小，成为限制运能和影响行车安全的关键因素。为了实现山区铁路的扩能改造，提高小半径曲线行车安全性，在铁道部科技研究开发计划支持下，在成都铁路局的组织下，作者带领课题组于 2003 年 4 月在成渝线永州工务段K444处和成都工务段K70处,分别实施了不同线路条件下山区铁路小半径曲线轮轨动态相互作用现场试验。本次试验着重考核对小半径曲线轨道结构进行强化后的轮轨动态作用安全性,并与强化前的木枕线路加以对比,从而评估其强化效果。这里仅以永川工务段内K444+519.17~K444+765.55测区为例作一简要介绍。

该测区曲线半径仅为287m,外轨超高125mm。为便于对比,圆曲线中点至成都方向的曲线轨道上铺设木枕(1920根/km),圆曲线中点至重庆方向的曲线轨道上铺设Ⅲb-C型混凝土枕(1760根/km),因此设置了两个测试断面,如图6.41所示。第一、第二测试断面的测点布置如图6.42所示,分别测试轮轨垂向力、横向力,钢轨垂向、横向位移,轨枕垂向、横向位移,钢轨、轨枕垂向振动加速度等轮轨动态作用指标。图6.43和图6.44给出了轨道位移测试的现场照片,主要说明采用位移桩固定的弹片式位移计安装情况。

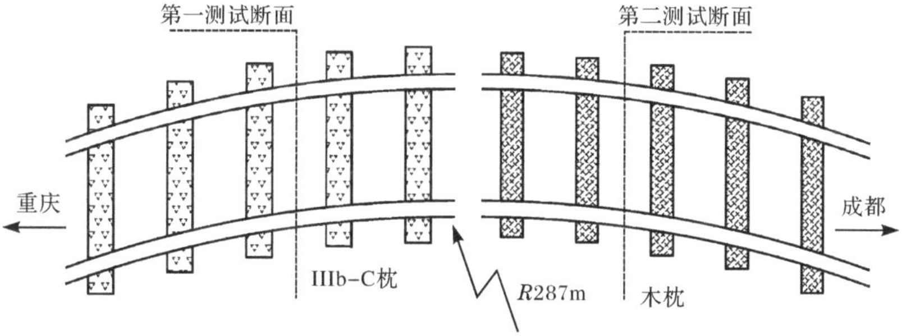

图6.41 成渝铁路K444试验地段平面示意图

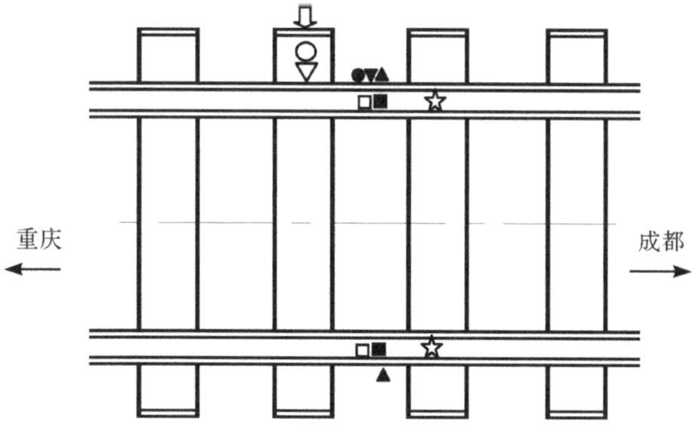

(a) 第一测试断面(铺设IIIb-C型枕)

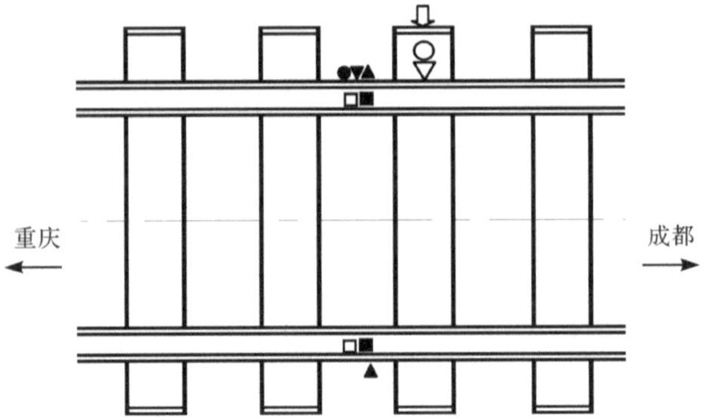

(b) 第二测试断面(铺设木枕)

■ 轮轨横向力　□ 轮轨垂向力　▲ 钢轨横向位移　▼ 钢轨垂向位移　⇩ 轨枕横向位移
▽ 轨枕垂向位移　● 钢轨垂向加速度　○ 轨枕垂向加速度　☆ 钢轨支点压力

图 6.42　成渝铁路 K444 试验地段各测试断面测点布置示意图

图 6.43　钢轨横向位移测试

对过往列车通过测试断面的各项动力指标进行了测量(图 6.45),测试列车共计 30 趟次,其中货物列车(SS_3 机车+C_{62A} 货车)18 趟次,旅客列车(SS_3 机车+普通客车)12 趟次。列车通过速度在 49.5~70km/h 之间。

鉴于测量数据量大、工况种类繁多,这里仅给出一组典型测试结果,如图 6.46~图 6.48 所示。该组结果是旅客列车以 65.5km/h 速度通过第一测试断面(IIIb-C 型混凝土轨枕强化轨道)测得的。该组结果重在说明机车车辆通过小半径曲线时异常突出的轮轨横向动态相互作用特征,详细测试结果可参考文献[10]。

图 6.44　轨枕位移测试

图 6.45　列车通过成渝线小半径曲线测区的试验场景

由图 6.46 可见，该工况下机车通过半径 287m 曲线混凝土轨枕线路时外侧轮轨横向动作用力最大值已超出 100kN，客车作用下轮轨横向力也已接近 50kN。在如此大的横向力作用下，钢轨出现了较为严重的横向弹性变形(图 6.47)，同时导致了较为明显的轨枕横向振动(图 6.48)。曲线上内外侧钢轨的横向弹性变形，将导致轨距的动态变化。本次试验详细测量了客、货列车以 49.5～68.5km/h 速度通过半径 287m 曲线第一、第二测试断面时，机车(SS_3)、货车(C_{62A})和客车(YZ_{22})作用下木枕轨道和混凝土枕轨道轨距动态扩大值(弹性挤开量)，结果如表 6.2 所示，其中以机车通过时轨距动态扩大量最为严重，木枕线路最大值竟达到

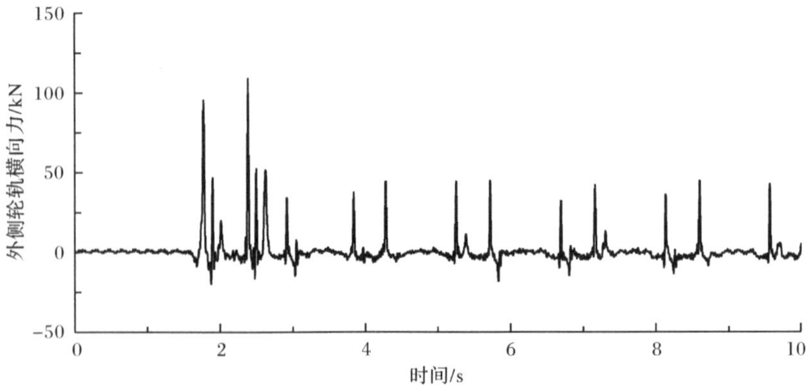

图 6.46　曲线外侧轮轨横向力的实测结果

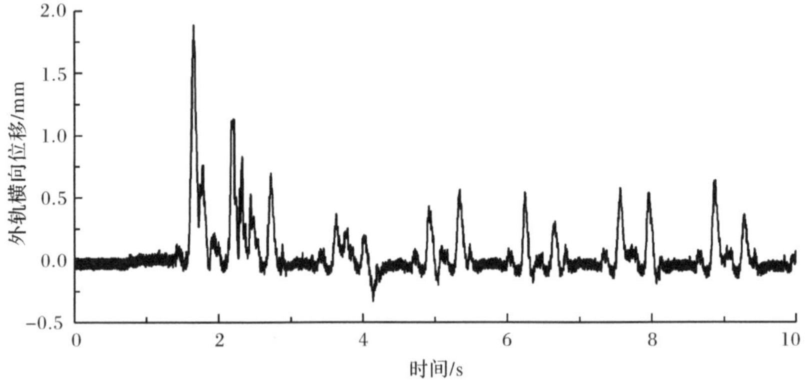

图 6.47　曲线外侧钢轨横向位移的实测结果

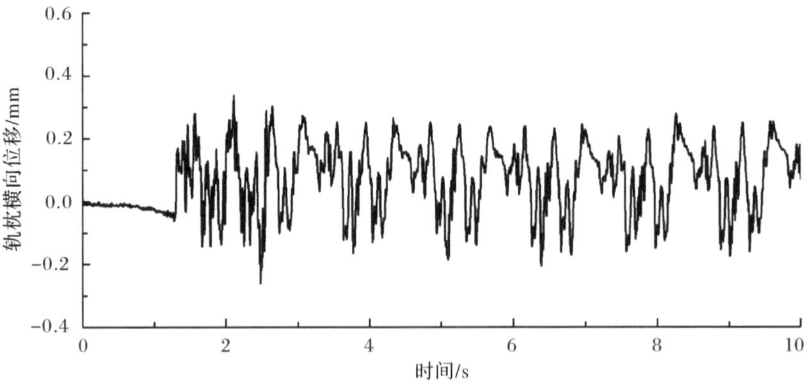

图 6.48　轨枕横向位移的实测结果

11.8mm，混凝土枕（Ⅲb-C 枕）线路也有3.02mm，可见小半径曲线上轮轨横向动态相互作用十分强烈，必须要采取相应的技术措施确保行车安全，具体可参见第十五章。

表 6.2　山区铁路小半径(*R*287m)曲线轨距动态扩大量实测结果(单位：mm)

机车车辆类别	机车	货车	客车
木枕轨道	11.8	6.37	3.84
混凝土枕轨道	3.02	2.15	1.69

参 考 文 献

[1] GB5599-85. 铁道车辆动力学性能评定和试验鉴定规范. 北京：中国计划出版社，1985

[2] TB/T2360-93. 铁道机车动力学性能试验鉴定方法及评定标准. 北京：中国铁道出版社，1993

[3] 95J01-L. 高速试验列车动力车强度及动力学性能规范. 北京：铁道科学研究院，1995

[4] 95J01-M. 高速试验列车客车强度及动力学性能规范. 北京：铁道科学研究院，1995

[5] 铁运[2008]28 号. 高速动车组整车试验规范. 北京：中华人民共和国铁道部，2008

[6] TB10761-2013. 高速铁路工程动态验收技术规范. 北京：中国铁道出版社，2013

[7] TB/T2489-94. 轮轨水平力、垂向力地面测试方法. 北京：中国铁道出版社，1994

[8] 佐藤吉彦. 新轨道力学. 徐涌等译. 北京：中国铁道出版社，2001

[9] 江成，翟婉明. 秦沈客运专线桥上无砟轨道综合试验研究报告. TY-1728，北京：铁道科学研究院，2003

[10] 翟婉明，王开云，等. 山区铁路小半径曲线强化轨道的动力试验研究报告. TTRI-2003-11. 成都：西南交通大学列车与线路研究所，2003

[11] 牵引动力国家重点实验室. 氧化锌晶须轨下胶垫线路动力学试验报告. 成都：西南交通大学牵引动力国家重点实验室，2001

[12] 铁道科学研究院，郑州铁路局. 郑武线最高速度 240km/h 高速列车综合运行试验研究报告. TY-1345. 北京：铁道科学研究院，1998

[13] 铁道科学研究院等. 胶济线、浙赣线和鹰厦线提速试验研究报告. TY-1349. 北京：铁道科学研究院，1999

[14] 铁道科学研究院，北京铁路局. 大秦线 C_{63A} 货物列车脱轨试验报告. TY-1162. 北京：铁道科学研究院，1997

[15] 翟婉明，王开云，蔡成标，等. 朔黄铁路桥梁横向振动综合测试及理论分析研究报告. TTRI-2004-01. 成都：西南交通大学列车与线路研究所，2004

[16] 翟婉明，王开云，陈建政. 铁路货车横向非线性动态行为的理论与试验研究. 机械工程学报，2008，44(11)：138～144

第七章　车辆—轨道耦合动力学模型的试验验证

任何一个理论模型都必须经过试验验证，方能确认其正确性。对于工程技术问题，试验验证尤为重要，只有经过现场试验验证过的理论模型及分析软件，才能应用于实际工程之中，以确保重大工程的安全可靠性。本章拟以第六章所介绍的典型现场试验以及我国铁路提速试验、高速试验、脱轨试验等近十次重大轮轨系统动力学现场试验为基础，分别对车辆—轨道垂向统一模型及其 VICT 仿真分析系统、车辆—轨道空间耦合模型及其 TTISIM 仿真分析系统进行系统的验证分析。

7.1　车辆—轨道垂向统一模型的试验验证

为了校验车辆—轨道垂向耦合动力学理论模型的正确性，同时检验车辆—轨道垂向相互作用仿真分析系统 VICT 的可靠性，我们将理论分析结果与不同条件的大量现场试验测量结果进行了对照。验证所依据的现场试验主要包括：

① 1983 年 6 月铁道科学研究院在北京东郊环行试验线上所做的“车辆和轨道动力学综合性试验”。

② 1984 年铁道科学研究院进行的“综合性轮轨相互作用动力试验”。

③ 1990 年西南交通大学在丰沙（丰台—沙城）线进行的“波磨轨道动力学试验”。

④ 1993 年 10 月西南交通大学在大秦（大同—秦皇岛）重载铁路上所进行的“万吨列车对轨道动力作用试验”。

⑤ 1994 年 9～11 月铁道科学研究院在广深（广州—深圳）准高速铁路上进行的“轨道不平顺对准高速行车影响的动力试验”。

⑥ 2001 年 10 月西南交通大学在成昆（成都—昆明）线上进行的“高弹性轨下胶垫对轨道结构减振试验”。

现择其主要结果加以介绍。

7.1.1　车辆振动的理论分析结果与试验结果对照

1994 年年底铁道科学研究院在广深线上所获得的准高速行车试验结果[1]，对验证车体垂向振动加速度的分析结果极为方便。试验测量了各种不同波长 λ 和不同波深 a 组合情形下的轨道几何不平顺对准高速车辆振动加速度的影响，如表

7.1所示。根据实际试验条件，我们运用 VICT 软件进行了相应的仿真计算。计算中选取我国提速车辆为分析对象，其参数见附录 3 附表 3；轨道参数按 60kg/m 全长淬火钢轨无缝线路选取，见附录 4；车速和轨道高低不平顺尺寸与表 7.1 中的试验条件完全一致。仿真计算结果列于表 7.1 之中，由表可见，在各种状态轨道不平顺激扰下，理论与实测的车体垂向振动加速度峰值均很接近。

表 7.1　车辆车体垂向振动加速度的实测值与计算值对比

试验条件	高低不平顺	波长 λ/m	10	12	12	24	24
		波深 a/mm	10	9	9	16	20
	试验速度 v/(km/h)		160	135	150	160	160
试验测量值/g			0.12	0.06	0.08	0.12	0.13
理论计算值/g			0.104	0.078	0.085	0.096	0.120

1983 年 6 月铁道科学研究院在环行试验线所进行的试验，较为详细地测取了我国主型货车 C_{62A}（轴重 21t）和大轴重货车 C_{75}（轴重 25t）通过轨道接头时轴箱振动加速度值[2]，因此可用于校验车辆轮对冲击振动加速度的计算结果。图 7.1(a)和(b)分别是 C_{62A} 车辆和 C_{75} 车辆以不同速度通过轨道（50kg/m 轨）低接头（总折角 $2\alpha=0.02$rad）时，车辆轴箱振动加速度的实测值和 VICT 系统仿真值，仿真所用车辆与轨道参数见附录 3、附录 4。

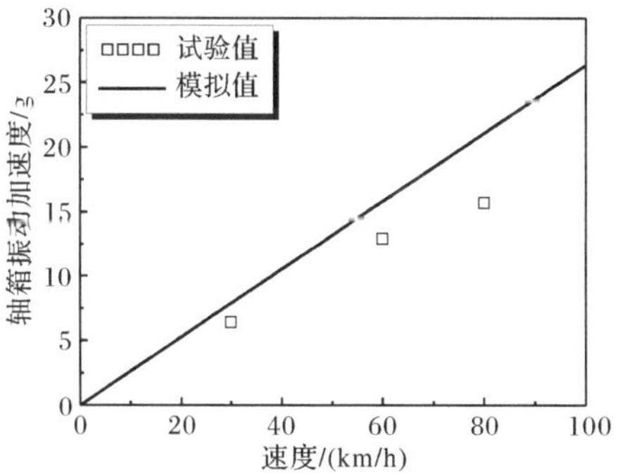

(a) C_{62A} 车辆

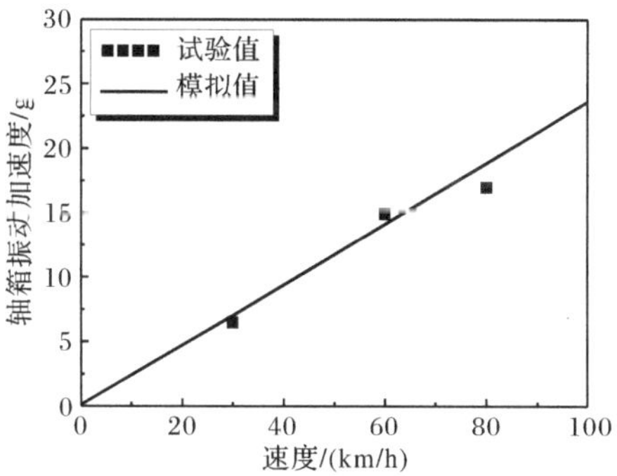

(b) C_{75} 车辆

图 7.1　车辆轴箱振动加速度的模拟值和实测值比较

7.1.2　轨道结构振动的理论分析结果与试验结果对照

轨道各部件的振动加速度是衡量轨道结构振动的主要指标，是验证分析的关键内容。我们首先基于大秦铁路万吨列车对轨道动力作用的试验结果进行验证分析。试验地段轨道条件为：U_{74} 型 60kg/m 钢轨；J-2 型混凝土轨枕，质量 $M_s=$

251kg，配置 1840 根/km；ω 型弹条扣件，普通轨下胶垫，厚 10mm，实验室内实测胶垫刚度 $K_p=7.8\times10^7$N/m；碎石道床，厚 450mm。模拟所用轨道参数见附录 4 附表 14。试验车辆为我国运煤货车 C_{61}，轴重 21t，三大件式转 8A 型转向架，货车参数与 C_{62A}类似，见附录 3 附表 4。试验工况为万吨列车以 52km/h 速度逆向通过错牙(高度 0.5mm)轨道接头。表 7.2 对比了该工况下轨道各部件(钢轨、轨枕、道床)冲击振动加速度峰值的实测值与理论计算值，理论结果与试验结果之间具有很好的一致性。

表 7.2　大秦铁路轨道接头处冲击加速度的实测值与计算值比较

比较指标	钢轨加速度/g	轨枕加速度/g	道床加速度/g
试验值	76.12	13.16	2.64
计算值	79.58	12.62	2.65

其次我们引用文献[3]的试验结果，比较了普通货车(轴重 21t)以不同速度逆向通过 1mm 错牙接头时轨道各部件振动加速度的计算值和试验值，如图 7.2 所示，图中的试验值由文献[3]所给出的试验回归方程获得。可见，理论值与试验值总体吻合较好，其中又以钢轨加速度最为吻合，轨枕加速度次之，道床加速度再次之。造成道床加速度偏差的原因有可能与试验回归方程中常数项的确定有关。显然，当车辆静止于轨道($v=0$)时，不会产生振动，道床加速度 $a_b=0$，而由文献[3]的试验回归方程 $a_b\neq0$，其常数项数值正好与偏差接近。

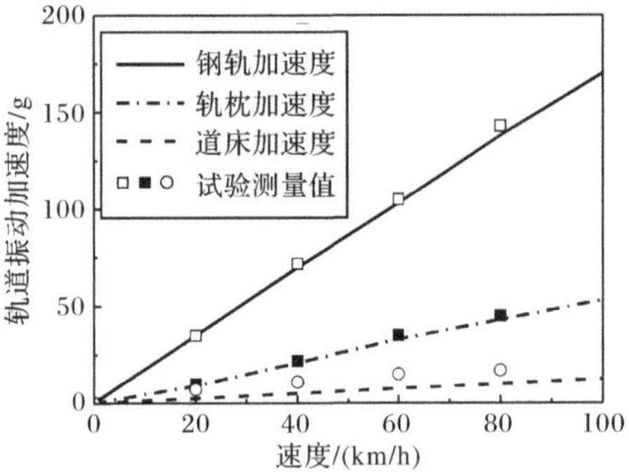

图 7.2　错牙接头处轨道振动加速度的计算值和试验测量值比较

此外，针对道床振动的特殊性，我们专门对道床振动加速度模拟结果进行了细致的验证分析。验证以我们在成昆线所做的轨道结构减振试验[4]为基础，试验中较为细致地测量了道床振动加速度。试验地段轨道条件为：60kg/m 钢轨无缝线路缓冲区；69 型混凝土轨枕，配置 1840 根/km；高弹性轨下胶垫；碎石道床，厚 450mm，普通石灰岩道砟。试验测点处钢轨接头有明显的轨头压陷，经测量压陷波长约 80mm，波深约 0.4mm。

图 7.3(a)是现场实测的我国主型货车(C_{62A}重车)以 60km/h 速度通过测区轨道接头时道床振动加速度响应一个完整的冲击波形，图 7.3(b)是相同条件下根据车辆—轨道垂向统一模型，采用 VICT 软件计算得出的结果。计算中道床参数依据道床修正模型(图 2.13)推得。根据中国铁路轨道参数测量结果，取道床密度 $\rho_b=1800kg/m^3$，道床弹性模量 $E_b=110MPa$，路基模量 $E_f=90MPa/m$(K_{30}值)，由此据式(2.5)～式(2.9)推算出道床参振质量 $M_b=531.4kg$，道床刚度 $K_b=137.75MN/m$，路基刚度 $K_f=77.5MN/m$。模型推算出的道床刚度处于同济大学铁道学院在室内轨道足尺模型上测出的厚度为 400～500mm、密度为 1760～1900kg/m³ 的道床刚度范围(110～185MN/m)之内，也与铁道科学研究院在既有线路上测得的道床稳定期内轨枕支承刚度约 140MN/m[5] 十分接近，由此说明道床修正模型可以较合理地反映散粒体道床垂向支承刚度值，而该参数对道床振动分析至关重要。

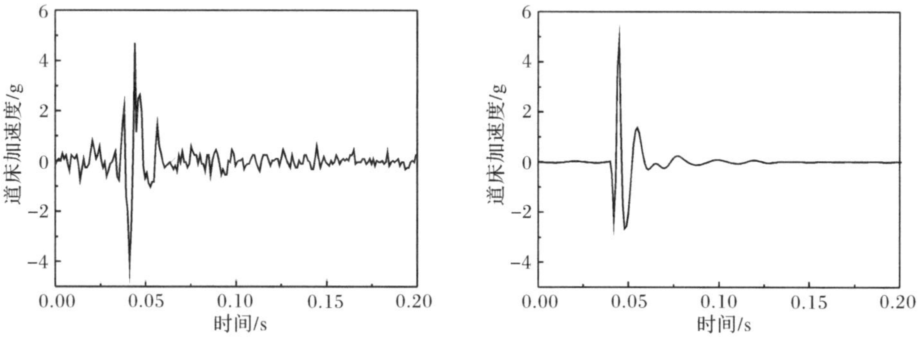

(a) 实测结果　　(b) 计算结果

图 7.3　实测与计算的道床振动加速度时域波形对比

对比图 7.3(a)及(b)可见，二者时域波形颇为相似，其响应峰值也十分接近，分别为 4.69g(试验值)和 4.97g(理论值)。图 7.4 是根据图 7.3 结果通过快速傅里叶变换得到的道床振动加速度频谱密度。图 7.4 显示，计算得到的频谱特征与实测结果有较好的一致性，尽管二者在细节上有一些差异。道床振动加速度的实测主频域为 70～100Hz，而理论分析得出的主频域是 80～110Hz，理论与试验结果也吻合甚好。

轨道变形也是反映轨道动力特性的一种指标，而路桥过渡段的轨道变形最为突出，这里就以此为例作简要验证分析。如第三章第 3.3 节所述，丹麦国家铁路(DSB)Strandmoelle 桥梁与路基连接段的动力作用恶化问题长期困扰着线路养护维修部门，为此 DSB 曾先后于 1990 年、1995 年和 1997 年进行了动力测试。作者

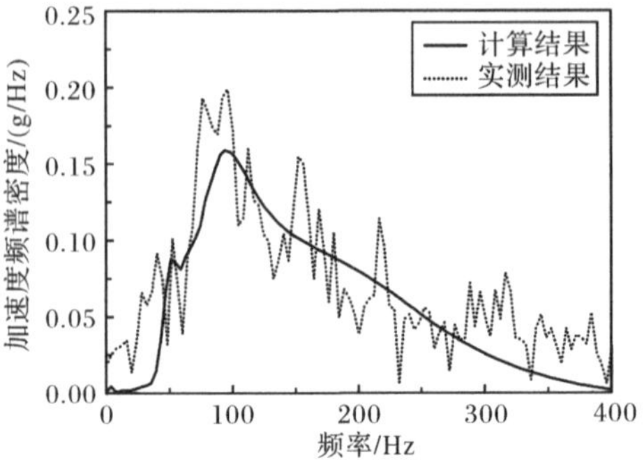

图 7.4 计算与实测的道床振动加速度频谱对比

曾于 1998 年在丹麦工业大学就此开展了合作研究，运用 VICT 仿真软件计算了桥头过渡段不同部位的轨道位移，计算与实测结果颇为一致[6]，具体如表7.3所示。

表 7.3 DSB 路桥过渡段钢轨位移的计算与实测结果比较

位置(参见图 3.31)	路基段(半轨枕区)	过渡段(木枕区)	桥台段(长轨枕区)
实测结果/mm	0.7	1.0	0.4
计算结果/mm	0.72	1.06	0.41

7.1.3 轮轨动作用力的理论分析结果与试验结果对照

郑州铁路局科研所曾研制成功车轮扁疤动态检测装置，可以测量出扁疤车轮通过测力钢轨段的轮轨动态作用力波形，图 7.5(a)是安装于洛阳东车站的车轮扁疤检测装置所测得的某过路货车(装用转 8A 型转向架)扁疤车轮引起的轮轨动作用力响应。该扁疤长 52.8mm，深约 1mm，是典型的磨耗后的旧扁疤。车辆通过测试段的速度是 27km/h。运用 VICT 软件，采用余弦函数近似描述这一旧扁疤不平顺，计算得到的结果如图 7.5(b)所示。比较图 7.5(a)及(b)可见，理论仿真较好地再现了实际车轮扁疤动态作用力的变化波形[7]。

轮轨作用力 P_1、P_2是反映车辆通过轨道接头等脉冲型激扰处轮轨垂向冲击作用的重要指标。图 7.6 是 C_{62A}车辆在 60kg/m 轨道上逆向通过 1.5mm 高差错牙接头时轮轨冲击力之比较；图 7.7 是 C_{75}和 C_{62A}车辆以不同速度通过 50kg/m 轨道低接头($2\alpha=0.02$rad)时 P_2力的计算结果与实测结果[2]。由此二图可见，在整个速度范围内，计算结果和实测结果均取得了较好的一致性。

对于谐波型激扰，我们比较了波浪形磨耗钢轨所引起的轮轨垂向力。试验在丰沙线(丰台—沙城)K38+25 曲线(半径 600m)地段，该处钢轨存在着短波长波

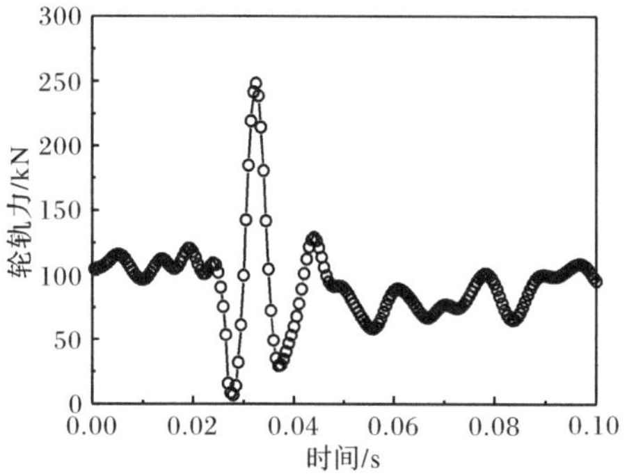

(a) 实测结果

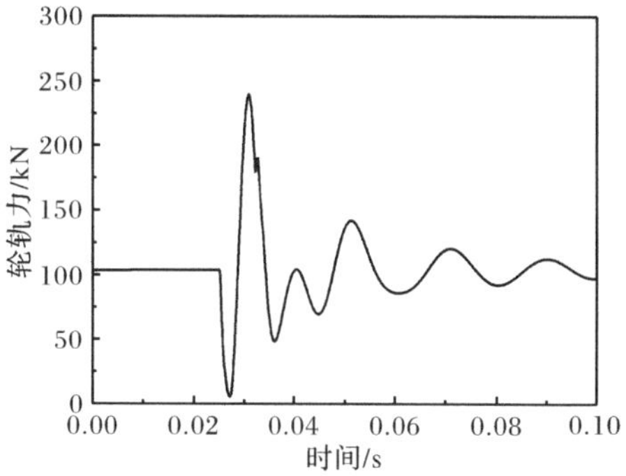

(b) 计算结果

图 7.5　典型扁疤车轮作用力波形的实测与计算结果比较

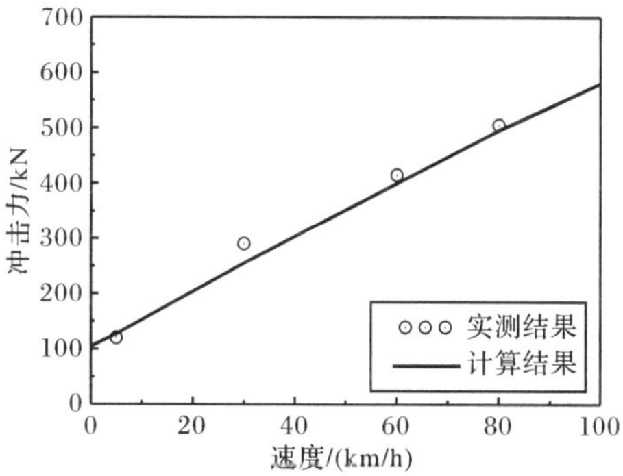

图 7.6　错牙接头处轮轨冲击力的实测结果与计算结果比较

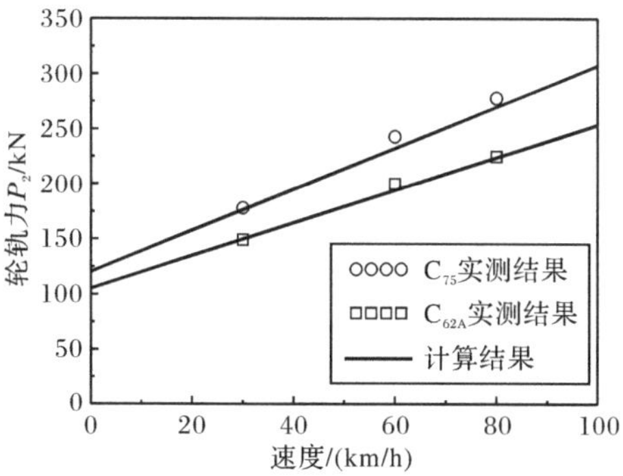

图 7.7　低接头处轮轨力 P_2的实测结果与计算结果比较

浪形磨耗现象，其波长为 200mm 左右。试验车速约为 40km/h，分别测试了波深 0.5mm、0.7mm、1.1mm 以及打磨后(波深近似为 0mm)四种情形的轮轨最大垂向力。图 7.8 是实测结果与计算结果的对比，二者颇为吻合。

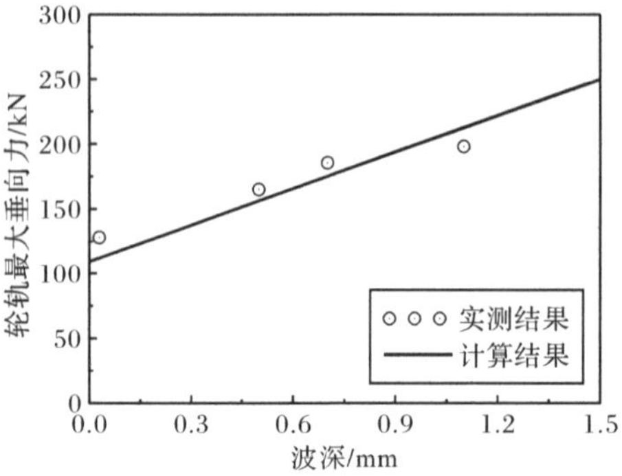

图 7.8　波浪形磨耗钢轨引起的轮轨最大垂向力的比较

7.1.4　车辆—轨道垂向统一模型验证结论

综上可见，通过对不同试验条件和工况下不同动力指标的验证分析，无论对于车辆振动，还是轨道振动，或者是轮轨力响应，亦无论是响应波形还是最大值，车辆—轨道垂向统一模型理论计算结果与实际试验结果都能良好地吻合。正如德国 Knothe 教授（国际车辆系统动力学协会前副主席）和英国 Grassie 博士在他们合写的述评论文中所述："该模型提供了计算与试验进一步吻合的可能性"[8]。

至此可得结论：车辆—轨道垂向统一模型是正确可靠的，具有令人满意的分析精度，应用 VICT 仿真系统分析车辆与轨道之间的垂向耦合振动及轮轨动力作用是切实可行的。

7.2　车辆—轨道空间耦合模型的试验验证

为了验证车辆—轨道空间耦合模型及 TTISIM 软件的正确性和可靠性，特别是验证轮轨空间动态耦合关系的正确合理性，本节从多方面进行了试验验证分析。这些试验主要是近年来铁道科学研究院和西南交通大学等先后完成的有关列车提速、高速及轮轨动态作用等方面的大型现场试验，主要包括：

① 1999 年 12 月在北京环形铁道试验线进行的"货物列车直线脱轨试验"。

② 2000 年 12 月"京秦线时速 200km 提速改造工程实车运行试验"。

③ 2002 年 12 月"秦沈客运专线桥上无砟轨道综合试验"。

④ 2003 年 4 月在成渝线上进行的"山区铁路小半径曲线轮轨动态作用试验"。

7.2.1　京秦线时速 200km 提速试验验证

根据铁道部的安排，北京铁路局协同铁道科学研究院于 2000 年 12 月 5 日～

10 日实施了京秦(北京—秦皇岛)线时速 200km 提速改造工程实车运行试验。试验测试了 160～210km/h 速度条件下直线、曲线以及道岔等处行车安全性指标[9]。本节以典型曲线段和 200km/h 直线试验段的试验结果为基础,验证车辆—轨道空间耦合动力学模型与 TTISIM 软件对车辆曲线通过性能及直线运行性能仿真计算的可靠性。

试验线路状况为:60kg/m 钢轨,Ⅱ型混凝土轨枕,普通碎石道床。仿真计算所采用的轨道结构参数取自于附录 4。为了更好地验证车辆/轨道横向相互作用理论模型,我们重点选取试验区间内有代表性的曲线地段——京秦线上行 K121＋233～K121＋575。该曲线轨道的构造为:圆曲线半径 1200m,圆曲线长 142.25m,缓和曲线长 100m,外轨超高 100mm。该曲线段正常限速为 120km/h,而提速试验时实际通过速度达 160km/h。轨道不平顺因缺乏京秦线提速试验段的实测数据,在仿真计算中采用了与之相近的郑武线时速 200km 以上试验段实测轨道不平顺数据。试验车辆为四方车辆厂生产的四轴双层客车。

图 7.9～图 7.12 给出了试验车以 160km/h 速度通过该地段曲线时轮轨相互作用力响应、车体振动加速度响应、脱轨系数的试验测量结果及其相应的理论仿真计算结果。总体来看,仿真计算的响应波形与试验测量的响应趋势颇为一致。从图 7.9 中可以看出,试验测量的轮轨横向力最大值为 20kN,而仿真计算轮轨横向力的最大值为 25kN。实测和理论计算的轮轨垂向力也较吻合,最大值分别是 128.5kN(实测)和 122.6kN(计算),最小值分别是 37.7kN(实测)和 40.6kN(计算),如图 7.10 所示。对于车体振动响应情况(图 7.11),无论是横向还是垂向,实测结果的最大值均较理论仿真计算结果的最大值要大些。由于实测与理论计算的轮轨力较一致,因此根据轮轨横向、垂向力计算得出的脱轨系数也非常相符,如图 7.12 所示。

此外,我们还选取了时速 200km 的直线试验段(下行 K110＋158～K110＋508)的测量结果进行了对比验证。试验车以 200km/h 速度通过该直线段时轮轨作用力响应、车体振动响应、脱轨系数的试验测量结果及相应的仿真计算结果分别如图 7.13～图 7.16 所示。由图可见,仿真计算的响应波形与试验测量的响应趋势吻合良好。试验车辆在直线上高速运行时轮轨动作用力的变化不大,对于轮轨横向力(图 7.13),实测和计算结果均在 15kN 以下,而轮轨垂向力的波动范围均在 55～115kN 之内(图 7.14)。对于车体振动,实测与理论计算的横向振动加速度响应[图 7.15(a)]均在－0.05～0.05g 范围内波动,而垂向振动加速度的试验测量结果较理论计算结果大[图 7.15(b)]。图 7.16 给出了根据轮轨力计算而得出的脱轨系数的变化情况,试验结果与理论计算结果较为一致。

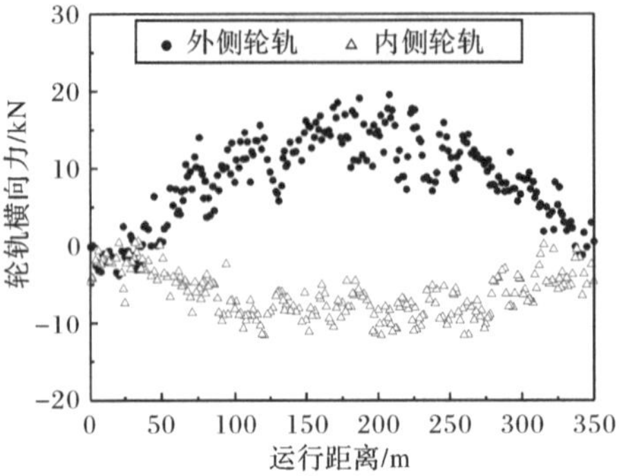

(a) 试验测量结果

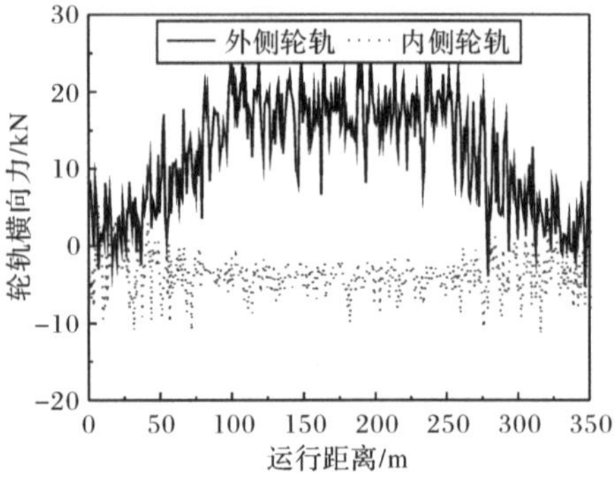

(b) 仿真计算结果

图 7.9　曲线段轮轨横向力的试验结果与理论结果比较

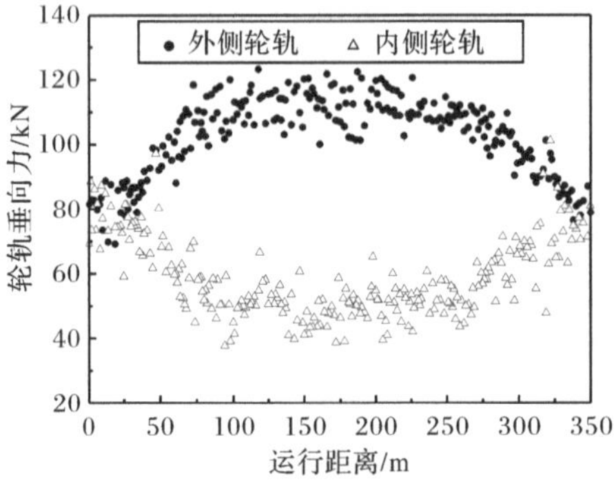

(a) 试验测量结果

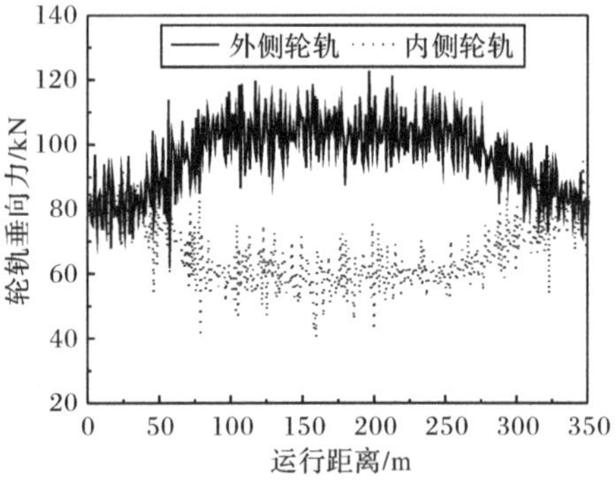

(b) 仿真计算结果

图 7.10　曲线段轮轨垂向力的试验结果与理论结果比较

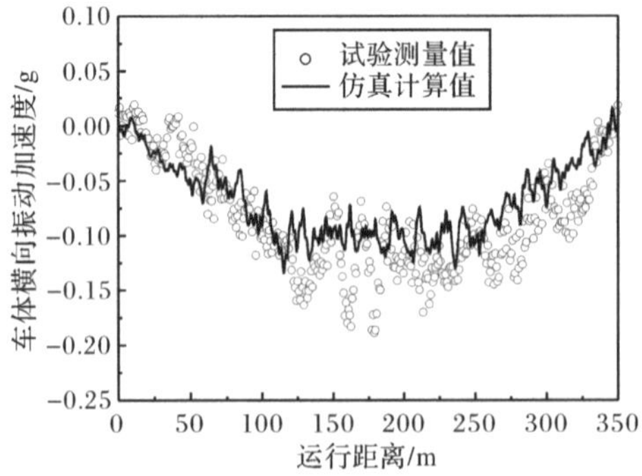

(a) 横向振动加速度

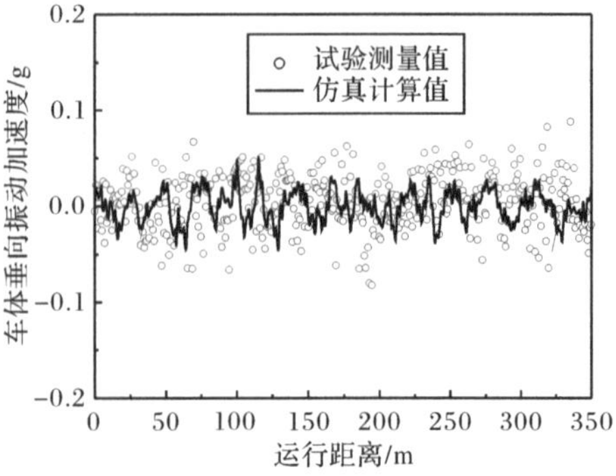

(b) 垂向振动加速度

图 7.11　曲线段车体振动加速度的试验结果与理论结果比较

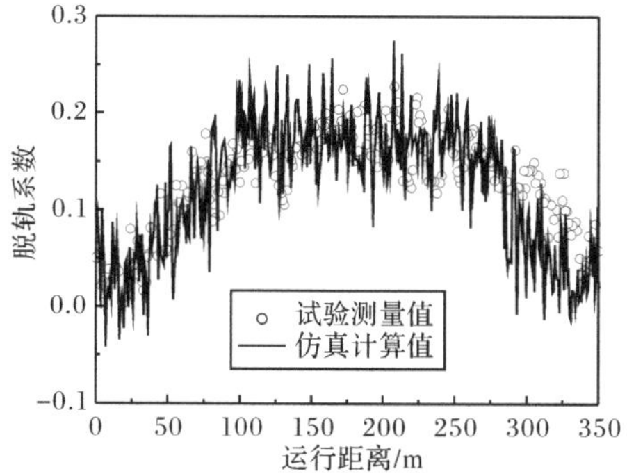

图 7.12 曲线段脱轨系数的试验结果与理论结果比较

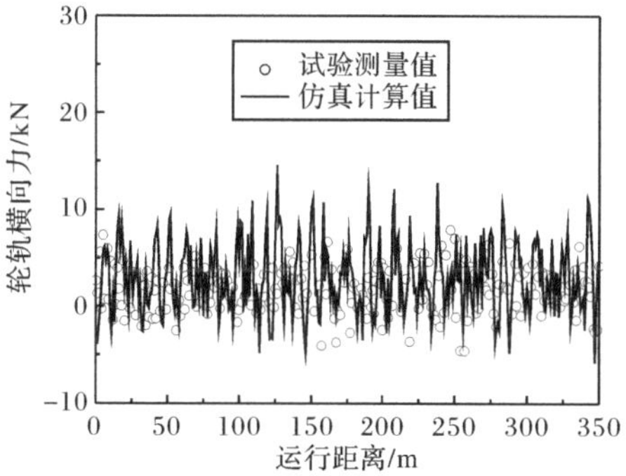

图 7.13 直线段轮轨横向力的试验结果与理论结果比较

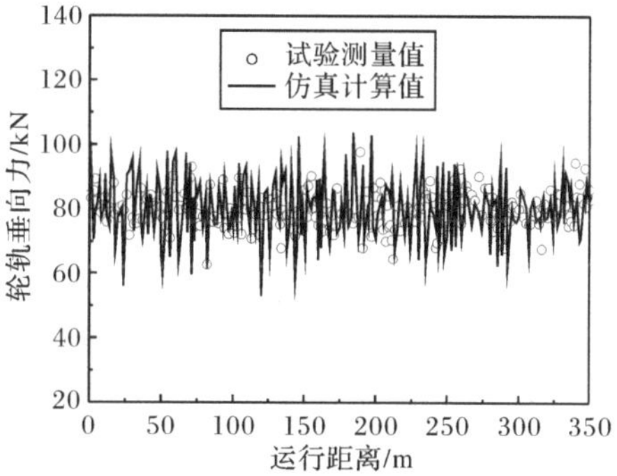

图 7.14 直线段轮轨垂向力的试验结果与理论结果比较

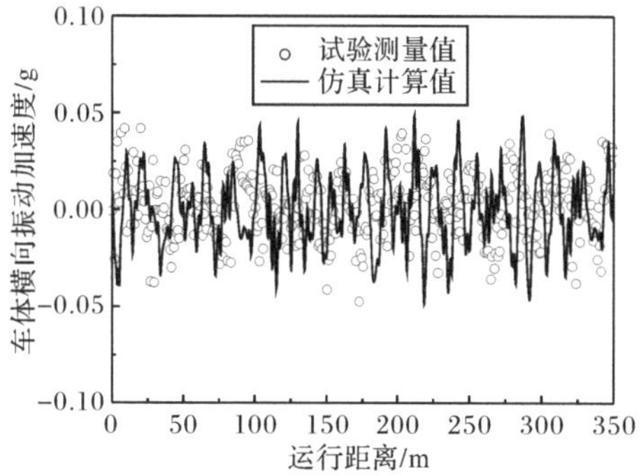

(a) 横向振动加速度

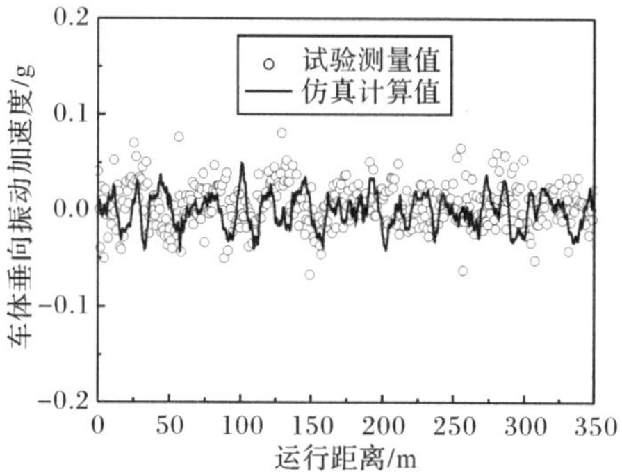

(b) 垂向振动加速度

图 7.15 直线段车体振动加速度的试验结果与理论结果比较

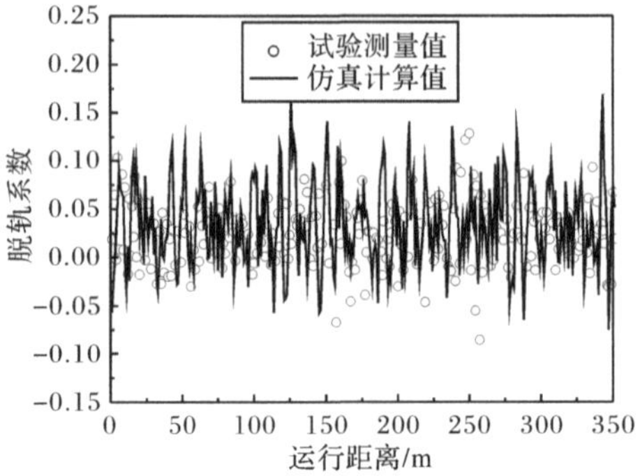

图 7.16　直线段脱轨系数的试验结果与理论结果比较

由上可见，试验车辆快速通过曲线和直线试验段时，试验测量与理论计算的轮轨力响应和车体振动响应都取得了较好的一致性。当然，由于仿真计算时所采用的郑武线高速试验段实测不平顺与京秦线试验段实际不平顺不可能完全相同，因而试验测量与理论仿真计算的结果不可避免地存在一些微小差异。需要指出的是，本次试验测量的轮轨力响应每隔 1.4m 左右才有一个数据点，因而所有轮轨力的测试响应频率及脱轨系数的变化频率均较相应的理论计算频率低。

7.2.2　秦沈客运专线高速试验验证

2002 年底组织进行的秦沈客运专线高速试验，除了在地面进行轮轨动态作用测试外(具体情况参见第六章第 6.3.1 节)，还进行了车上试验。车上试验主要测试了轮轨横向力、脱轨系数、车体横向及垂向振动平稳性指标等关键动力性能指标。本节采用“中华之星”高速试验列车通过秦沈客运专线 K197＋412 附近曲线测区时车上动力学性能指标测试结果[10]，对理论计算结果加以验证。曲线轨道的设置如下：曲线半径 4000m，缓和曲线长 390m，外轨超高 115mm。“中华之星”试验列车通过该曲线测区的试验速度分为 160km/h、180km/h、200km/h、220km/h 和 225km/h 五挡。计算分析时，采用了秦沈客运专线实测轨道不平顺作为轮轨系统激励，计算速度范围为 160～240km/h。图 7.17～图 7.21 分别对比了高速动力车轮轨横向力、轮轴横向力、脱轨系数、轮重减载率、车体平稳性指标的试验值与理论值。

对比图 7.17～图 7.21 中结果可知：各种速度下的理论值与试验值总体吻合良好，其中又以平稳性指标吻合最好(图 7.21)；理论值与试验值的差异主要出现在 200km/h 速度处的轮轴横向力和 160km/h、180km/h 速度处的轮重减载率(这些速度下试验值偏大)，其他各处差异均很小。由此表明，车辆—轨道空间耦合动力学模型及其仿真系统能够较好地分析高速行车条件下轮轨动态相互作用特征及车辆运行平稳性。

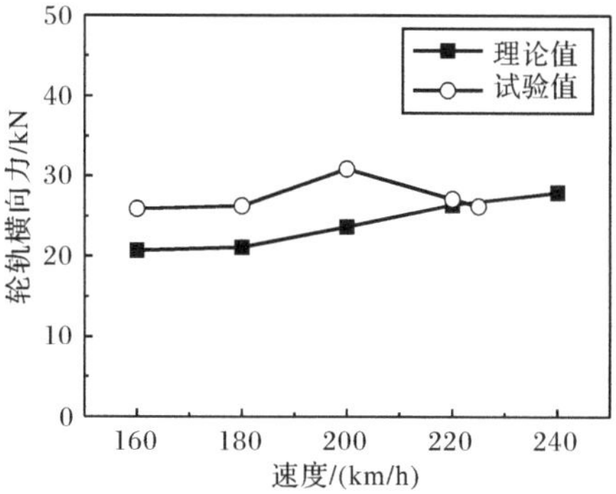

图 7.17　秦沈线轮轨横向力的试验值与理论值比较

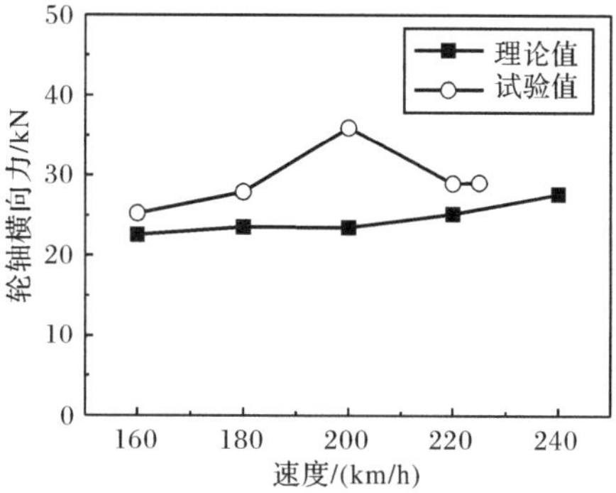

图 7.18　秦沈线轮轴横向力的试验值与理论值比较

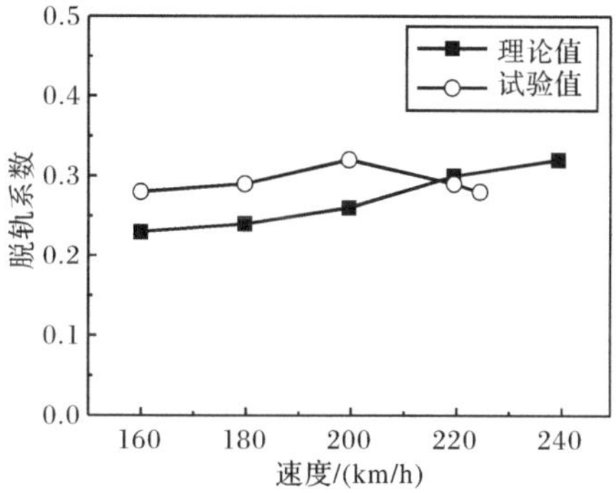

图 7.19　秦沈线脱轨系数的试验值与理论值比较

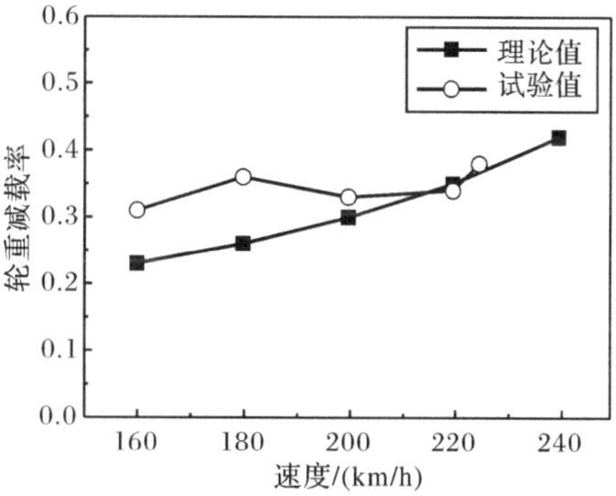

图 7.20　秦沈线轮重减载率的试验值与理论值比较

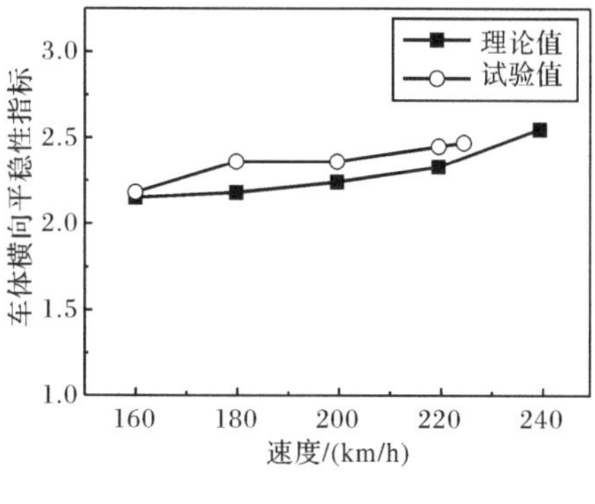

(a) 车体横向平稳性指标

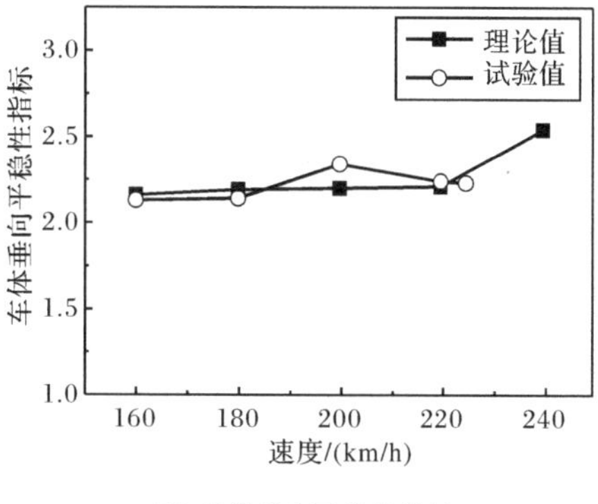

(b) 车体垂向平稳性指标

图 7.21　秦沈线上高速动力车车体平稳性指标的试验值与理论值比较

7.2.3　货物列车直线段脱轨试验验证

20 世纪 90 年代末我国铁路实施提速初期，出现了货物列车空车在直线段脱轨的新问题，成为当时影响铁路行车安全的主要矛盾。为此，铁道部组织铁道科学研究院于 1999 年 12 月 18 日至 2000 年 1 月 26 日在北京环形试验线直线段进行了货车脱轨试验。试验过程中，从车上和地面轨道同时对轮轨动力学响应进行测试，以期实现对货车空车动力学性能的综合评定[11]。

试验发现，主型货车 C_{62} 空车在直线试验段以 78km/h 速度运行时出现了明显的蛇行运动，使轮对来回撞击钢轨，导致轮轨横向力变化非常之大，试验测量的最大值超过了 50kN，如图 7.22(a)所示。我们运用车辆—轨道空间耦合动力学模型对 C_{62} 货车空车以 78km/h 的速度在直线轨道上运行的工况也进行仿真计算。轨道结构选用我国传统轨道结构(有砟道床轨道)：60kg/m 钢轨，混凝土轨枕，普通碎石道床。车辆和轨道基本参数见附录 3 和附录 4。计算中采用美国 AAR 标准的五级线路轨道谱模拟环形试验线直线轨道随机不平顺。图 7.22(b)是理论计算得到的轮轨横向力响应。计算结果同样显示出该车辆在该直线轨道上运行时产生了剧烈的蛇行运动，计算得到的最大横向力达 53kN。理论与实际相一致。

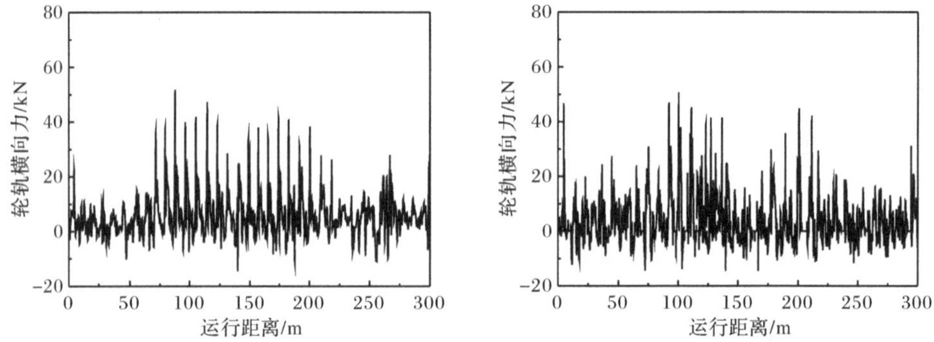

(a) 试验测量结果　　(b) 理论计算结果

图 7.22　C_{62} 货车(空车)以 78km/h 速度在直线轨道运行时轮轨横向力响应

图 7.23(a)及(b)分别是该工况下轮轨垂向力响应的试验测量结果与理论计算结果。试验测量的轮轨垂向力在 5～80kN 内变化；而理论计算的轮轨垂向力的变化范围为 0～70kN，二者十分接近。试验和计算均表明车轮严重减载，轮轨瞬时脱离的可能性极大，对行车安全构成严重威胁。

应该说，车辆—轨道耦合动力学仿真计算得到的轮轨垂向力、横向力响应波形与直线段脱轨试验中所测量到的波形已很相似，这是一般计算难以达到的。但

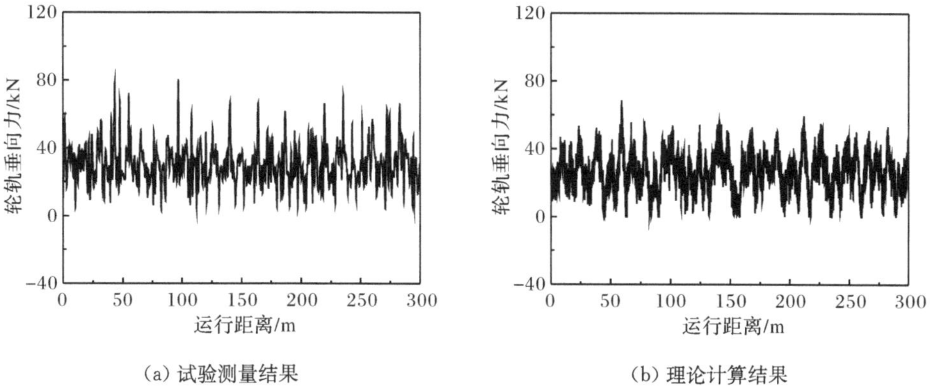

图 7.23　C_{62}货车(空车)以 78km/h 速度在直线轨道运行时轮轨垂向力响应

同时需要指出的是，由于试验测量时外界的影响因素太多，线路的轨道不平顺又不尽相同，试验的车辆各部件之间存在磨耗，实际参数与仿真计算的参数有些差别，因而仿真计算和试验测量之间存在差异的现象是不可避免的。但两者可以对同一问题揭示出相同的本质，即 C_{62} 货车空车在相当于美国五级轨道谱的线路上以 78km/h 的速度运行时，会发生剧烈的蛇行运动。

7.2.4　山区铁路小半径曲线轮轨动态作用试验验证

本节以西南交通大学列车与线路研究所在成渝线上所作的山区小半径曲线轮轨动态作用地面试验[12]（具体试验情况参见第六章 6.3.3 节）为基础，专门对轨道动力响应计算结果进行验证分析。

试验地段曲线条件：曲线半径 287m，缓和曲线长 70m，曲线外轨超高 125mm，轨距加宽 15mm。另外，曲线轨道一半铺设木枕，另一半铺设Ⅲb-C 新型混凝土枕。这里仅以混凝土轨枕线路试验结果为例对理论结果进行对比分析。

表 7.4～表 7.6 分别统计了不同机车车辆（均为过往列车）以不同速度（49.5～68.5km/h）通过测区时试验测量的钢轨位移、轨枕位移及轨道振动加速度的最大值及相应的理论计算结果。

表 7.4　钢轨位移最大值的试验结果与计算结果比较(单位：mm)

机车车辆	垂向位移		横向位移		轨距动态扩大量	
	试验结果	计算结果	试验结果	计算结果	试验结果	计算结果
机车	2.08	2.55	3.45	3.37	4.98	4.10
货车	1.72	1.82	3.04	2.31	2.78	3.38
客车	1.63	1.46	1.99	1.59	1.92	1.95

表 7.5　轨枕位移最大值的试验结果与计算结果比较(单位:mm)

机车车辆	垂向位移		横向位移	
	试验结果	计算结果	试验结果	计算结果
机车	1.83	2.06	0.49	0.68
货车	1.41	1.40	0.38	0.36
客车	1.29	1.23	0.24	0.33

表 7.6　轨道振动加速度最大值的试验结果与计算结果比较(单位:g)

机车车辆	钢轨		轨枕	
	试验结果	计算结果	试验结果	计算结果
机车	58.37	56.83	4.12	3.82
货车	42.51	37.34	2.98	3.21
客车	29.96	18.64	2.04	2.99

据表 7.4～表 7.6 中结果可知:机车、货车、客车作用下轨道动力响应的计算结果与试验结果总体上取得了较好的一致性。以对轨道动态作用最大的机车运行工况为例,钢轨横向位移(小半径曲线轮轨横向作用的重要指标)的试验与计算结果分别为 3.45mm 和 3.37mm,轨枕垂向位移的试验与计算结果分别为 1.83mm和 2.06mm,钢轨、轨枕振动加速度计算值也与试验值较为接近,差异均不大。由于是最大值的统计结果,有些工况下的指标也难免出现一定差异。总体来看,车辆—轨道空间耦合动力学模型,由于详细考虑了轮轨动态耦合作用关系及轨道结构参振等因素,能够较好地分析各种运营工况下的轨道结构振动特性,特别是轨道结构横向动态特性。

7.2.5　车辆—轨道空间耦合模型验证结论

试验验证结果表明,基于车辆—轨道空间耦合模型计算得到的机车车辆和轨道动力学性能指标均能与试验测试结果取得较好的一致性,其仿真软件 TTISIM 不仅能够较真实地模拟不同类型机车车辆以不同速度在不同状态线路上运行时的安全性和舒适性(特别是轮轨横向相互作用性能),还能用于分析研究不同工况下轨道结构动力性能。

可以预见,经过试验验证的车辆—轨道耦合动力学理论及仿真分析系统,在我国铁路提速、重载及高速铁路工程中具有广阔的应用前景。

参 考 文 献

[1] 铁道科学研究院铁道建筑研究所.高速铁路轨道不平顺日常养护维修管理标准的研究.北

京:铁道科学研究院,1995
[2] 王浦强. 大轴重车辆对轨道垂向动作用力的影响. 铁道车辆,1984,(11):8～14
[3] 曾树谷. 重载轨道结构的动力试验. 铁道学报,1988,10(2):66～77
[4] 牵引动力国家重点实验室. 氧化锌晶须轨下胶垫线路动力学试验报告. 成都:西南交通大学牵引动力国家重点实验室,2001
[5] 曾树谷. 铁路散粒体道床. 北京:中国铁道出版社,1997:201～225
[6] Zhai W M, True H. Vehicle-track dynamics on a ramp and on the bridge: Simulation and measurements. Vehicle System Dynamics,1999,33(Suppl):604～615
[7] Zhai W M, Cai C B, Wang Q C, et al. Dynamic effects of vehicles on tracks in the case of raising train speed. Journal of Rail and Rapid Transit,2001,215(2):125～135
[8] Knothe K, Grassie S L. Modeling of railway track and vehicle/track Binteraction at high frequencies. Vehicle System Dynamics,1993,22(3/4):209～262
[9] 铁道科学研究院,北京铁路局. 京秦客运通道提速改造工程第一次实车运行试验研究报告. TY-1487. 北京:铁道科学研究院,2000
[10] 江成,翟婉明. 秦沈客运专线桥上无砟轨道综合试验研究报告. TY-1728. 北京:铁道科学研究院,2003
[11] 铁道科学研究院. 环行线货物列车直线段脱轨试验研究报告. TY-1408. 北京:铁道科学研究院,2000
[12] 翟婉明,王开云,等. 山区铁路小半径曲线强化轨道的动力试验研究报告. TTRI-2003-11. 成都:西南交通大学列车与线路研究所,2003

第八章　车辆—轨道耦合模型与传统模型结果比较

探明车辆—轨道耦合动力学模型(以下简称“耦合模型”)与传统车辆动力学模型(简称“传统模型”)在具体计算结果上的差异，对进一步认识开展车辆—轨道耦合动力学理论研究的必要性，具有极为重要的作用和意义，同时也可为界定车辆动力学理论模型和车辆—轨道耦合动力学理论模型的适用范围提供基础。本章将从车辆运动稳定性、运行平稳性及曲线通过性能三大方面对两种模型的计算结果分别进行分析比较。

8.1　车辆运动稳定性计算结果的比较

8.1.1　车辆运动稳定性的数值计算方法

车辆系统运动稳定性的评价指标是车辆失稳临界速度。顾名思义，当车辆运行速度高于临界速度时系统将失稳，而低于临界速度时系统是稳定的，临界速度是一个介于收敛和失稳之间的状态参数。

车辆系统在直线轨道上具有图 8.1 所示的极限环[1]，图中实线表示稳定的极限环，虚线表示不稳定的极限环，横坐标轴表示系统的平衡位置。如果车辆速度 $v<v_D$，对于任何大小的外界扰动，车辆系统的振动均收敛到平衡位置；如果车辆速度 $v>v_B$，对于任何大小的外界扰动，车辆系统均出现极限环振动；如果车辆速度 $v_D<v<v_B$，系统是极限环振动还是稳定于平衡位置，与外界的扰动有关。在大的扰动作用下，随着速度的增加，车辆系统首先会出现 D 点的极限环振动，D 点对应的速度 v_D 为系统非线性临界速度；在较小的扰动作用下，随着速度的进一步增加，车辆将出现 A 点的极限环振动，A 点对应的速度 v_A 为线性临界速度。在车辆系统动力学研究中，非线性临界速度 v_D 为车辆运动稳定性能的一个主要考核指标。

对于采用复杂非线性动力学模型的铁道车辆而言，难以用解析的方法求得其非线性临界速度 v_D。为此，我们不妨采用更为直观的办法，即直接对运动方程进行数值积分获得时间响应，根据车辆系统时间响应的收敛与否判定系统是否处于失稳临界状态。具体计算确定临界速度的方法如下：首先在轨道上施加一段随机不平顺，使整个车辆系统的振动被激发起来，然后让车辆在平直无不平顺的轨道上运行，观察某一速度下车辆系统动态响应特征，变化速度反复计算，直到系统的

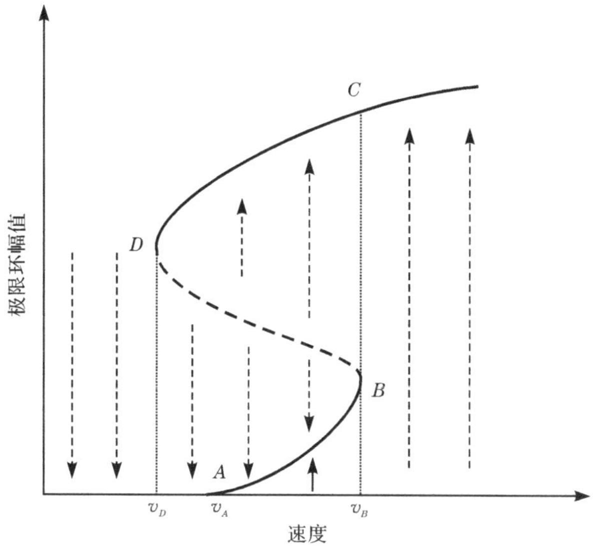

图 8.1　非线性车辆系统极限环图

响应不再衰减到平衡位置而是趋于稳定的极限环时，则此时的速度即为车辆失稳临界速度[2]。由于车辆系统出现蛇行失稳后各刚体的运动具有相同形状的分叉和极限环特性，即在同一速度下各刚体的运动同时出现 Höpf 分叉和鞍结分叉[3]，因此，可以通过车辆系统某一个刚体（如第一位轮对）自由度的时间历程和相平面图对车辆临界速度进行分析和判定。

现以某型高速客车的临界速度计算为例加以说明。在弹性轨道上加入一段(200m)轨道随机不平顺线路谱，使该车辆系统的振动被激发后，让其在平直无不平顺的轨道上运行，考察第一位轮对横向运动的情况。通过反复提高车辆运行速度，最后发现，当车速为 361km/h 时，被激发起来的轮对横向位移随着时间的延续，逐渐地衰减到平衡位置（零位置），如图 8.2(a)所示；而当车速仅增加 1km/h 至 362km/h 时，被激发起来的轮对横向位移随着时间的延续，不会衰减或收敛到平衡位置，而是做等幅的周期运动，如图 8.2(b)所示，此时的速度便是实际的临界速度。在相应的振动相平图（图 8.3）中，当车速为 361km/h 时，轮对被激发起来的横向位移和速度逐渐地衰减到平衡位置（零位置），相轨迹收敛于极限环的奇点，如图 8.3(a)所示；而当车速为 362km/h 时，轮对被激发起来的横向位移和速度不会衰减或收敛到平衡位置，而是趋于稳定的极限环，如图 8.3(b)所示。因此，该车临界速度为 362km/h。

8.1.2　耦合模型与传统模型计算的临界速度结果比较

根据上述方法，分别运用车辆—轨道耦合动力学理论和传统的车辆动力学理论，对我国主要类型机车车辆的临界速度进行了计算。表 8.1 列出了具有代表性的三种车辆——高速客车、普通货车(装用传统 Z8A 转向架)和提速机车的临界速度计算结果。

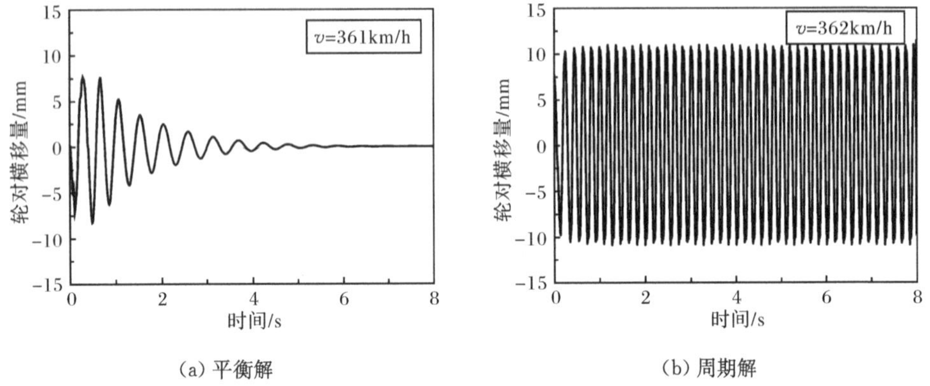

图 8.2　车辆失稳临界状态附近轮对横向运动时间历程图

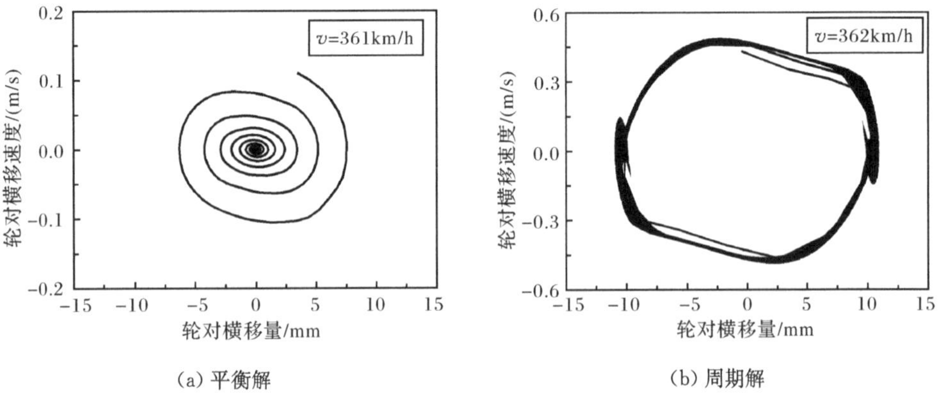

图 8.3　车辆失稳临界状态附近轮对横向运动相平图

表 8.1　耦合模型与传统模型计算得到的临界速度比较(单位：km/h)

机车车辆类别	耦合模型结果	传统模型结果
高速客车	362	391
普通货车(重车)	113	118
提速机车	162	176

据表 8.1 结果可知：

(1) 对于高速客车，采用耦合模型计算得到的临界速度为 362km/h，而采用传统模型得到的结果为 391km/h，后者较前者增加了 8.01%。

(2) 对于我国常见的普通货车(重车工况)，如果采用耦合模型计算，其非线性临界速度为 113km/h，而采用传统模型计算值为 118km/h，较耦合模型结果高 4.42%。

(3) 基于耦合模型和传统模型计算得到的提速机车临界速度分别为 162km/h 和 176km/h，传统模型相对耦合模型的计算结果高出了 8.64%。

上述分析结果表明，采用传统模型计算得到的机车车辆临界速度要高于车辆—轨道耦合动力学模型的计算结果。究其原因，主要是因为在耦合模型中，轨道弹性阻尼结构体系参与了系统的振动，钢轨具有横向运动自由度，左、右钢轨对轮对的横向约束能力没有传统模型中固定钢轨的约束能力强，因而轮对更易出现蛇行失稳，致使车辆的临界速度没有假设轨道刚性不动时高，这是符合客观实际的。

8.1.3　小结

① 采用传统模型计算得到的机车车辆临界速度高于耦合模型的计算结果，二者相对差值在 10%以下。

② 虽然两种模型的计算结果差异不是太大，但由于传统模型假设轨道刚性不动，夸大了实际钢轨对轮对的横向约束能力，因而过高地估计了车辆失稳临界速度，其计算结果是偏于危险的，故在实际设计中必须留有更大的安全裕量。

8.2　车辆运行平稳性计算结果的比较

在分析计算车辆运行平稳性差异时，选取了具有代表性的三种类型机车车辆作为计算对象，分别是高速客车、快速货车及提速机车，对应的运行速度分别为 300km/h、120km/h 和 160km/h。激发车辆振动的轨道谱分别采用德国高速低干扰轨道谱(高速客车计算工况)和中国提速干线轨道谱(快速货车及提速机车计算工况)。

表 8.2 和表 8.3 分别列出了采用耦合模型和采用传统模型计算得到的机车车辆车体(距心盘横向 1m 位置地板处)横向、垂向振动加速度最大值及相应的平稳性指标。

表 8.2　采用耦合模型与传统模型计算得到的车体振动加速度比较(单位：m/s^2)

机车车辆类别		耦合模型结果	传统模型结果
高速客车	横向	0.49	0.50
	垂向	0.73	0.76

续表

机车车辆类别		耦合模型结果	传统模型结果
快速货车	横向	4.21	4.59
	垂向	4.51	4.54
提速机车	横向	1.56	1.60
	垂向	1.07	1.08

表 8.3　采用耦合模型与传统模型计算得到的车体平稳性指标比较

机车车辆类别		耦合模型结果	传统模型结果
高速客车	横向	2.33	2.36
	垂向	2.61	2.63
提速机车	横向	3.19	3.20
	垂向	2.90	2.91
快速货车	横向	3.62	3.64
	垂向	3.84	3.87

为了细致分析两种模型对车体振动计算结果的差异，我们以快速货车车体振动加速度的时间历程为例，分别给出了两种模型的计算波形，如图 8.4 和图 8.5 所示。

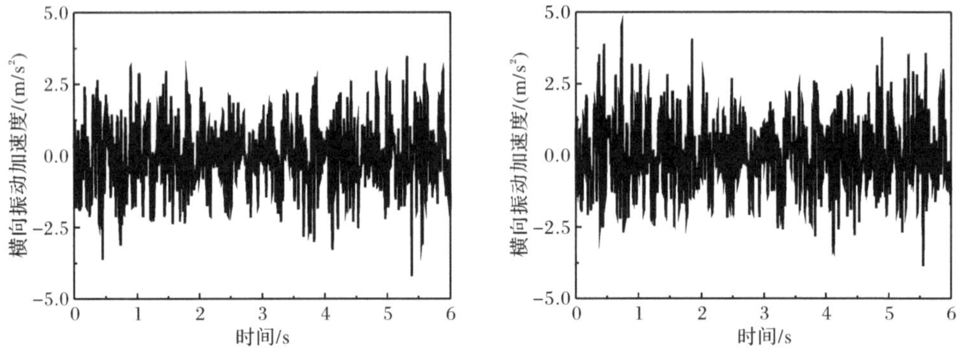

(a) 耦合模型结果　　(b) 传统模型结果

图 8.4　货车车体横向振动加速度响应计算结果的比较

综合以上结果，采用耦合模型和传统模型计算得到的车体振动特性，无论是振动波形还是最大值，无论是横向振动还是垂向振动，二者均十分接近，差异甚微。如果要比较差异的话，横向振动上的差异较垂向振动差异稍大一点；传统模型计算的平稳性指标略高于耦合模型。

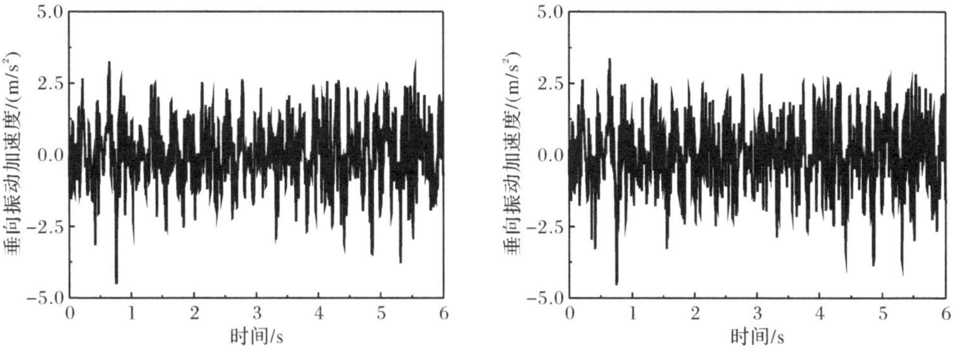

(a) 耦合模型结果　　(b) 传统模型结果

图 8.5　货车车体垂向振动加速度响应计算结果的比较

出现上述结果的原因在于机车车辆的一、二系悬挂系统有效地衰减(隔离)了来自线路方面的较高频率振动,从而使轨道结构振动对位于二系悬挂以上的车体振动影响大大弱化。

因此,采用任何一种模型(车辆—轨道耦合动力学模型或车辆动力学模型)均能满足铁道机车车辆运行平稳性的计算分析和评估要求,并且由于传统模型没有考虑轨道结构因素而具有简单、数值运算快的优点。当然,如若关心机车车辆二系悬挂以下结构部件(构架、轮对、牵引电机等)振动特性,则两种模型的计算结果仍具有不同程度的差异[4]。

8.3　车辆曲线通过性能计算结果的比较

本节拟以机车车辆低速通过小半径(R250m)曲线轨道和高速通过大半径曲线轨道(R6000m)两种工况下的动力学性能指标为考察对象,讨论采用耦合模型和传统模型计算结果之间的差异,为机车车辆曲线通过动力学性能分析及安全评估提供更加科学的依据。

8.3.1　车辆低速通过小半径曲线时动力性能计算结果之比较

在比较采用两种模型计算机车车辆通过小半径曲线轨道的动力学性能结果时,不失一般性,选取半径仅为 250m 的曲线轨道,其缓和曲线长 80m,外轨超高设置为 120mm,车辆选用我国普通客车,其曲线通过速度为 60km/h,轨道激扰采用美国 AAR 五级线路谱(模拟小半径曲线居多的普通线路状态)。

下面着重从轮轨横向力、轮轨垂向力及轨距动态扩大量等性能指标分析计算结果的差异。

1. 轮轨横向力的比较

图 8.6 给出了采用两种模型计算得到的轮轨横向力的时间响应。从图 8.6 中可以清晰看出,采用传统模型计算得到的轮轨横向力明显大于耦合模型的计算结果,尤其是在圆曲线上更加明显,在圆曲线上,前者的最大值为 127.49kN,较后者(最大值为 107.82kN)高出了 18.2%。

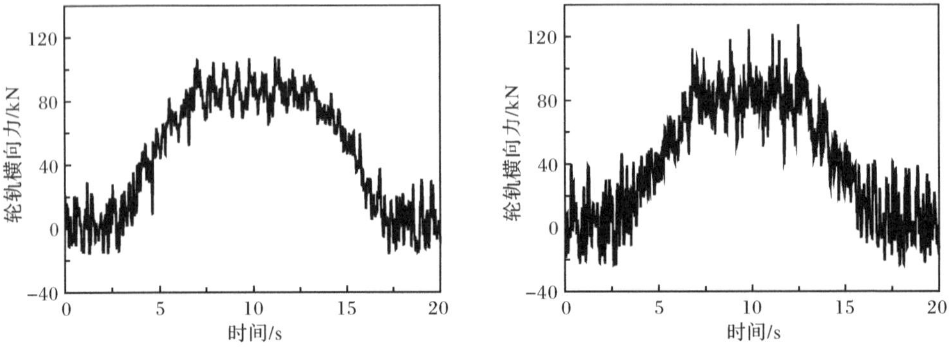

(a) 耦合模型结果　　(b) 传统模型结果

图 8.6　外侧轮轨横向力的时间响应比较

图 8.7 是将上述时间历程通过功率谱估计而获得的功率谱密度。由图 8.7 可见,在 20Hz 以下,两种模型得到的轮轨横向力功率谱密度较吻合,而当频率大于 20Hz 时,二者之间的差异很明显,尤其在 100Hz 附近,采用传统模型得到的轮轨横向力功率谱密度值远大于耦合模型计算值。其主要原因是,传统模型中,具有弹性/阻尼效应的轨道结构体系没有参振,不能吸收中、高频振动能量,而耦合模型则考虑了这一效应。

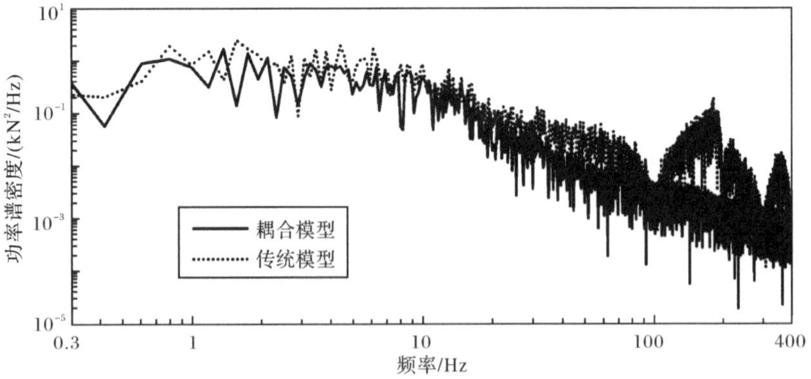

图 8.7　外侧轮轨横向力的功率谱密度比较

2. 轮轨垂向力的比较

图 8.8 给出了采用两种模型计算得到的轮轨垂向力时间历程。对比图 8.8 中两种结果可知，传统模型计算结果大于耦合模型的计算结果；前者的最大值为 135.54kN，后者的最大值为 123.15kN，前者较后者大了 10.1%。

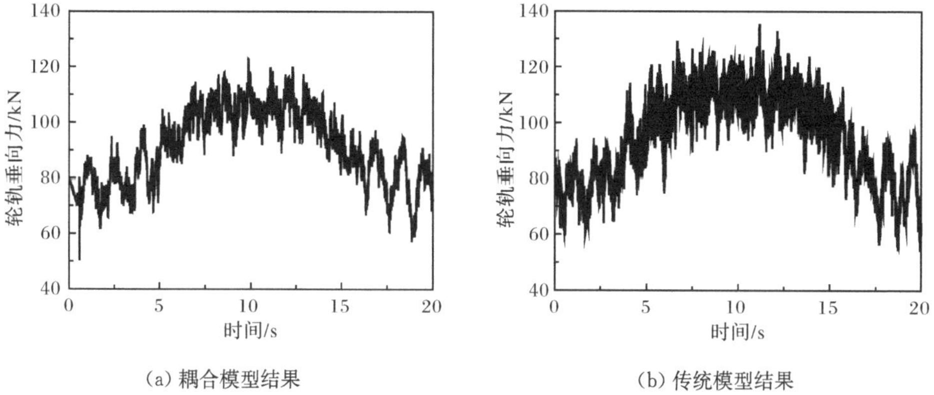

图 8.8　外侧轮轨垂向力的时间响应比较

图 8.9 给出了轮轨垂向力功率谱密度的对比情况。由图可见，在 40Hz 以下，两种模型得到的轮轨垂向力功率谱密度没有明显的差异，而在 40Hz 频率以上，采用传统模型得到的功率谱密度值明显大于耦合模型的相应值，尤其在 100Hz 以上差异极为明显。这是由于耦合模型考虑了轨道结构的弹性、阻尼效应，能够充分吸收中、高频振动能量，而传统模型则不能。

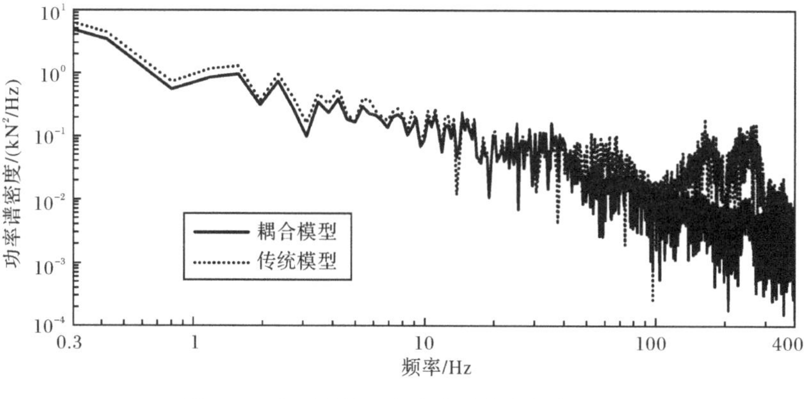

图 8.9　外侧轮轨垂向力的功率谱密度比较

3. 轨距动态扩大量的比较

实际运营经验表明,机车车辆通过曲线轨道(尤其是小半径曲线)时,在轮轨垂向力及横向力的共同作用下,轨道结构各部件将发生弹性变形和振动,其中包括钢轨扭转变形(翻转)、轨距动态扩大(左右侧钢轨横向振动位移之差)等,这些因素将进一步影响列车的运行安全性。传统的车辆动力学模型,由于没有考虑轨道结构参振,因而无法分析研究轨道结构动态变形及其对轮轨动态相互作用的影响。

这里仅以轨距动态扩大为例,给出了车辆—轨道耦合动力学模型的计算结果,如图 8.10 所示。由图可见,在车辆通过曲线轨道的整个过程中,轨距始终是一个动态变化量,本工况下轨距的最大变化量为 1.32mm。关于轨距动态扩大的实测结果及详细理论分析,可参见第六章第 6.3.3 节和第十五章。

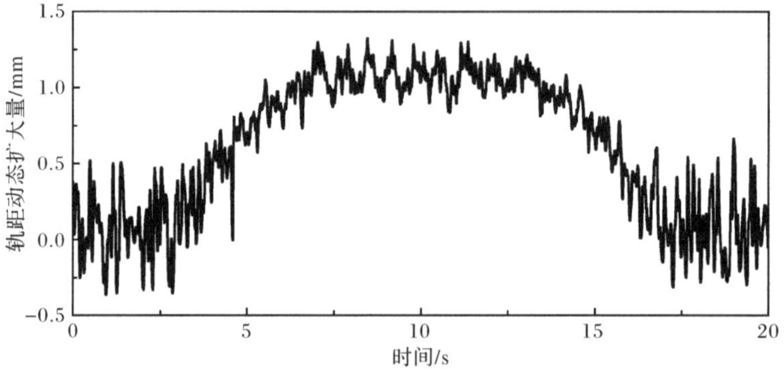

图 8.10 采用耦合模型计算得到的轨距动态扩大量

文献[5]的研究结果表明,轨距扩大对轮轨接触几何状态有较大程度的影响。因此,对于传统模型而言,由于不能反映钢轨动态变形及轨距动态扩大,其轮轨接触几何状态与耦合模型中有较大差别,从而导致轮轨力/蠕滑力的较大差异,这也从另一角度解释了两种模型计算的轮轨动作用力存在较大差异的原因。

8.3.2 车辆高速通过大半径曲线时动力性能计算结果之比较

计算工况设置为:曲线半径 6000m,缓和曲线长 180m,外轨超高 70mm,机车车辆选用"中华之星"高速动力车,曲线通过速度为 250km/h,轨道随机不平顺选取德国高速铁路低干扰轨道谱。

采用耦合模型和采用传统模型计算得到的关键动力性能指标一并列于表 8.4。对比表中结果可以看出,采用传统模型得到的轮轨横向力、轮轨垂向力及轮轴横向力依次是 28.03kN、180.79kN 和 18.18kN,分别较耦合模型的计算结果大

14.97%、28.32%和15.28%，脱轨系数及轮重减载率等安全性指标，也是传统模型的计算结果偏大。另外，耦合模型计算的轨距动态扩大量为0.51mm(传统模型不能计算该指标)。

表 8.4　采用耦合模型与传统模型计算得到的动力学性能指标比较

动力学性能指标	耦合模型结果	传统模型结果
轮轨横向力/kN	24.38	28.03
轮轨垂向力/kN	140.89	180.79
轮轴横向力/kN	15.77	18.18
脱轨系数	0.29	0.36
轮重减载率	0.31	0.46
轨距动态扩大量/mm	0.51	—*

* 该指标传统模型无法计算。

由此表明，对于高速列车通过大半径曲线轨道的工况而言，采用传统模型得到的动力学性能指标值明显大于采用耦合模型的计算结果，与车辆低速通过小半径曲线情形一致，只是高速时二者之间的差幅更大，一般在15%～20%之间，个别可达30%左右。

8.3.3　几点结论

① 无论是车辆低速通过小半径曲线轨道还是高速通过大半径曲线轨道，采用传统车辆动力学模型计算得到的轮轨动态相互作用性能指标及安全性指标，均明显大于耦合模型的计算结果，差异在10%～30%范围内。

② 传统模型能较好地计算较低频率的轮轨动态作用力(20Hz以下的横向力，40Hz以下的垂向力)，但由于没有考虑轨道结构参振，在中、高频率范围内的计算结果与实际情形有一定差异。

③ 导致上述差异的根本原因在于两种模型对轨道结构的考虑完全不同。耦合模型考虑了弹性、阻尼轨道结构体系参振，一方面可以吸收一部分轮轨高频振动能量，另一方面能反映实际中存在的轨距动态扩大因素及其对轮轨接触几何状态(进一步对轮轨作用力)所产生的影响，因而与假设轨道为刚性不动边界的传统模型具有较大差异。

参考文献

[1] Hans T, Kaas P C. A bifurcation analysis of nonlinear oscillation in railway vehicles. *In*: Proceedings of the 8th IAVSD Symposium, 1983: 320～329

[2] 王开云，翟婉明，蔡成标. 车辆在弹性轨道结构上的横向稳定性分析. 铁道车辆，2001，39(7)：1～4

[3] 邬平波，曾京. 确定车辆系统线性和非线性临界速度的新方法. 铁道车辆，2000，38(5)：1～4

[4] 翟婉明. 车辆—轨道耦合动力学. 第二版. 北京：中国铁道出版社，2002

[5] 王开云，翟婉明，蔡成标. 轮轨型面及系统参数对轮轨空间接触几何关系的影响. 铁道车辆，2002，40(2)：14～18

第九章　车辆—轨道耦合振动的基本特征

车辆与轨道作为一个整体耦合系统，有着其自身的振动形态。本章应用车辆—轨道耦合动力学的计算机仿真系统 VICT 和 TTISIM，对四种类型的轮轨系统激励（脉冲型激扰、谐波型激扰、动力型不平顺和轨道随机不平顺）所引起的车辆—轨道耦合振动响应，进行详细的计算与分析，从而对铁道车辆与轨道结构的耦合振动形态以及轮轨相互动力作用特征，获得一般规律性认识。

9.1　车辆—轨道耦合系统的冲击响应

9.1.1　垂向冲击振动响应

铁路轮轨系统存在着多种形式的垂向脉冲型激扰源，如钢轨接头、车轮擦伤等（详见第三章第 3.1 节），它们的作用性质相同，均是引起轮轨系统产生突发的瞬态冲击振动。不失一般性，我们以我国传统有砟轨道低接头冲击为例阐述其垂向冲击振动形态特征。

图 9.1 是车辆通过普通有砟轨道低接头时轮轨垂向作用力的典型时间响应曲线。由图可见，轮轨力在整个时间历程中出现了两个峰值，按照英国铁路的定义[1]，称之为 P_1、P_2 力。P_1 力为高频瞬态冲击力，其作用频率一般在 500Hz 以上，这样的频率大体相当于车辆簧下质量与钢轨质量之间所发生的 Hertz 接触振动频率。P_1 力随着脉冲源的出现而迅速产生，一般出现在冲击开始后 0.5ms 左右瞬时，如此快的作用来不及向车上及轨下传递即已消失，因而直接由车轮和钢轨承受，对轮轨破损造成不利影响。与此相反，P_2 力是整个车辆系统与线路系统受脉冲激扰而出现的中低频响应力，由于其作用频率低（一般在 30～100Hz 之间），持续时间较长（通常在冲击开始 3ms 以后），变化较为缓慢，因而能够充分地向轨道下部结构传播，对轨道变形及轨下基础结构的破坏起主要作用。

图 9.2 给出了轨道冲击振动位移响应。可见，轨道垂向动态变形图线变化缓慢，频率低，与 P_2 力响应曲线颇为“合拍”，最大位移出现在冲击开始后 4～6ms 期间，说明轨道垂向位移与 P_2 力密切相关。图 9.2 还清晰地显示出振动自上而下的传递现象，钢轨、轨枕及道床位移（分别用 Z_r、Z_s、Z_b表示）幅值递减。

在垂向脉冲激扰作用下，轨道各部件垂向振动加速度响应如图 9.3～图 9.5 所示。由图可见，轨道结构从上到下，钢轨、轨枕、道床的冲击振动加速度幅值依

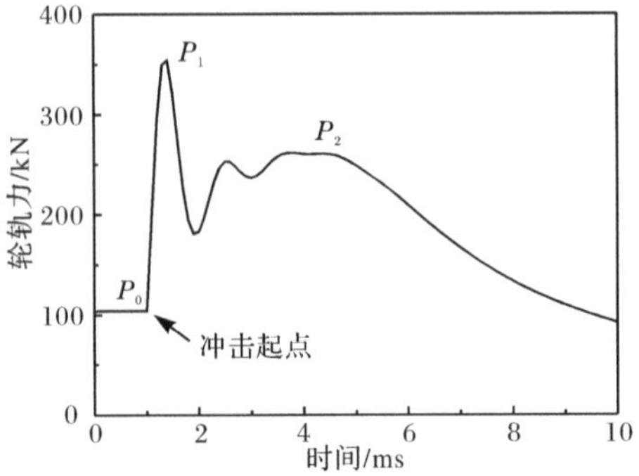

图 9.1 脉冲激扰下的轮轨垂向冲击力响应

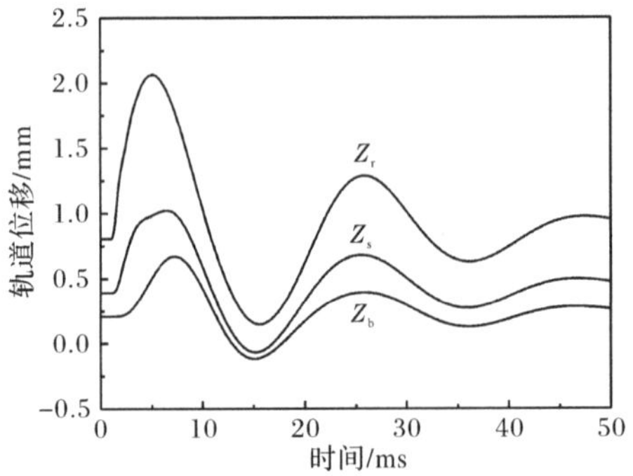

图 9.2 脉冲激扰下的轨道位移响应

次迅速递减，其比例关系大致是 30∶7∶1；振动频率也逐次降低，其冲击主频的比例关系约为 6∶2∶1。诚然，轨道各部件振动加速度的频率、幅值及其比例关系与轨道结构参数(如轨道质量、扣件弹性、道床阻尼等)有关，对于不同类型轨道将有所不同，但其定性规律是一致的。

图 9.6 是脉冲激扰下轨道垂向振动加速度沿轨道纵向的分布规律。由此可见，轨道的高频振动沿纵向衰减很快。一般而言，轨道在某脉冲激扰源作用下所引起的振动，大体上可影响到其前后各十跨轨枕范围，超出这一范围，振动的传播强度极弱。激扰源影响最为显著的区域是其前后各三跨轨枕范围，图 9.7 是该范围内钢轨—轨枕反力的分布示例。由此可见，若相邻车轮在行进过程中同时受到激扰(不论其形式如何)，则其对轨道的作用将出现叠加现象。另一方面，一个车轮的冲击振动将经由车辆(构架及车体)和轨道(钢轨)两种途径向相邻车轮传递，引起耦合振动。显然，采用传统的单轮—轨道模型，无法模拟此类叠加/耦合作用，而必须要应用整车—连续轨道耦合模型才能较为合理地反映实际的车辆—轨道相互作用关系。

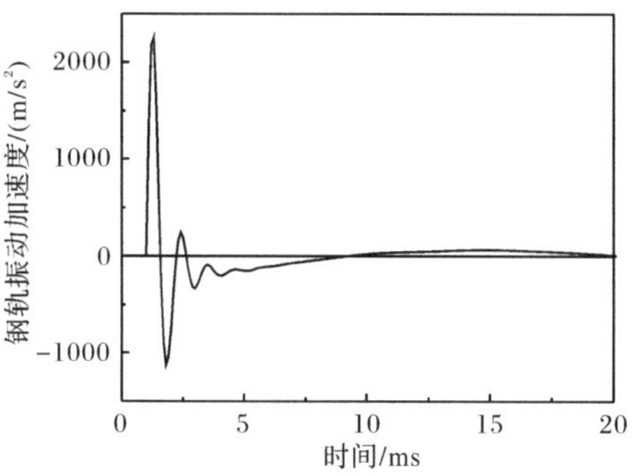

图 9.3　钢轨冲击振动加速度响应

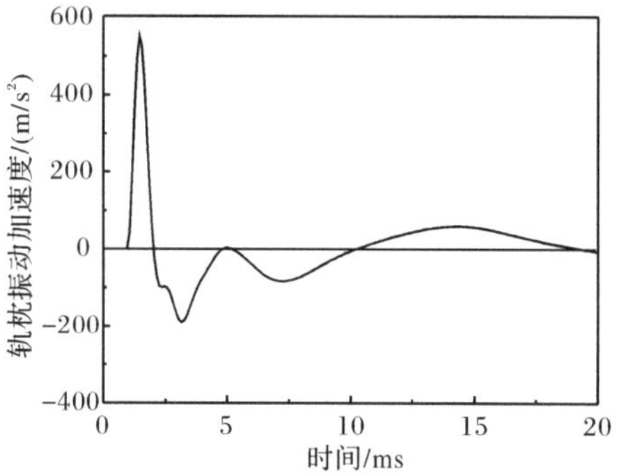

图 9.4　轨枕冲击振动加速度响应

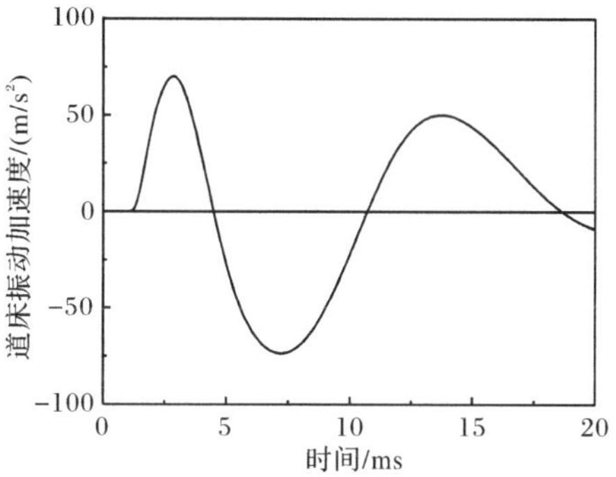

图 9.5　道床冲击振动加速度响应

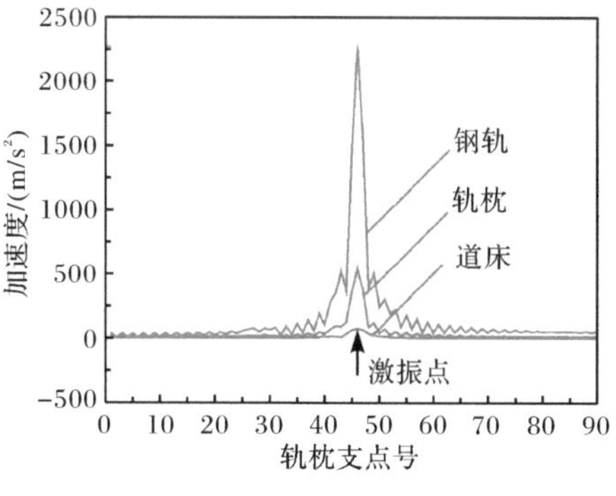

图 9.6　轨道垂向振动加速度沿轨道纵向的分布规律

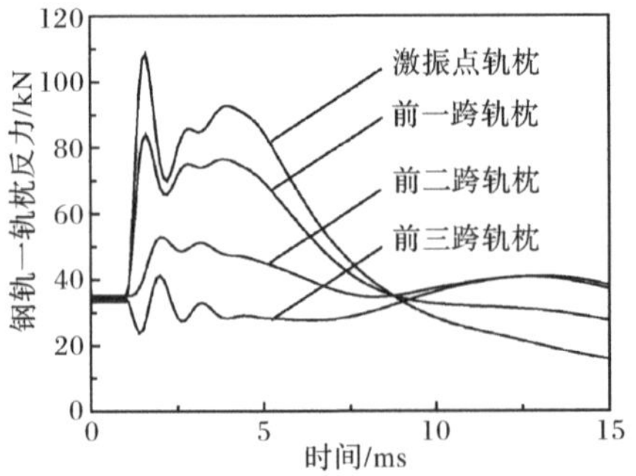

图 9.7　脉冲激振源前(后)三跨支点处钢轨—轨枕反力分布

车辆结构自下而上的垂向振动，与车辆的悬挂方式有关。对于客车或具有两系悬挂的货车，轮对、构架及车体的垂向振动加速度衰减极快(图 9.8)，以数量级的规律递减；对于仅具有二系(中央)悬挂的货车，最大的特点是构架振动十分强烈；而对于仅具有一系(轴箱)悬挂的货车，则有效地降低了构架振动，与此同时，车体振动仍然很弱。

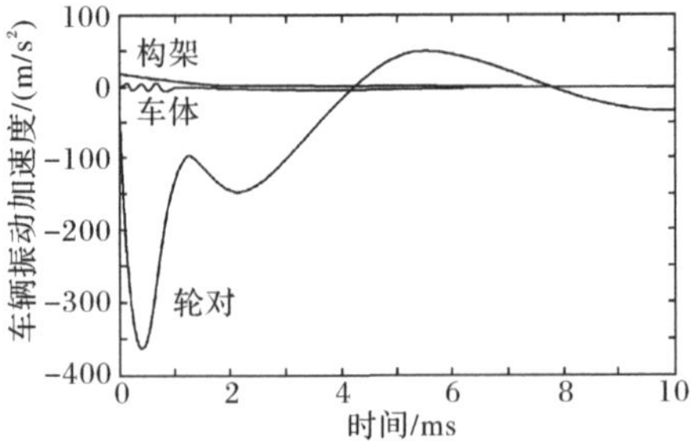

图 9.8　具有两系悬挂的车辆结构振动加速度响应

9.1.2　横向冲击振动响应

车辆侧向通过轨道道岔时，将导致十分复杂的轮/岔横向动态相互作用，并引起整个车辆—轨道耦合系统的横向冲击振动[2,3]。本节就以此为例，针对某机车以 50km/h 速度侧向通过我国 60kg/m 钢轨 12 号提速道岔(固定型辙叉)工况，结合车辆—轨道空间耦合动力学计算结果，阐述车辆与轨道的横向冲击振动形态特征。

图 9.9 和图 9.10 分别是机车侧向过岔时第一位轮对内、外侧轮轨横向力和垂向力变化情况。由图 9.9 可见，当机车轮对进入转辙区时，首先对尖轨冲击形成突发的横向冲击，本计算工况下，虽然机车通过速度仅为 50km/h，但外侧轮轨横

向力最大值已接近60kN;当轮对进入导曲线后,轮轨横向力逐渐趋于稳定;随后在辙叉区再次受到横向冲击,但冲击作用较尖轨处要小;而当车辆驶离辙叉区后,轮轨横向力迅速减小,恢复平稳状态。由图9.10可见,轮轨垂向力也在尖轨处和辙叉处出现两次冲击,但后者明显大于前者,其原因是固定辙叉区存在有害空间,车轮的滚动迹线不连续而导致比较强烈的轮/叉垂向冲击现象,该计算工况下轮轨垂向冲击力峰值为160kN。

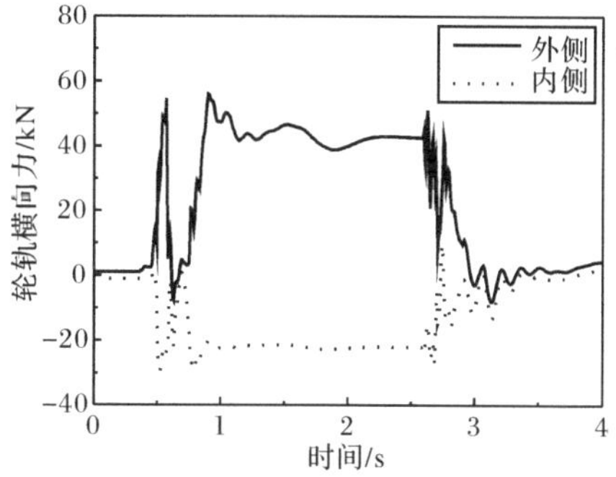

图9.9 机车侧向过岔时轮轨横向力响应

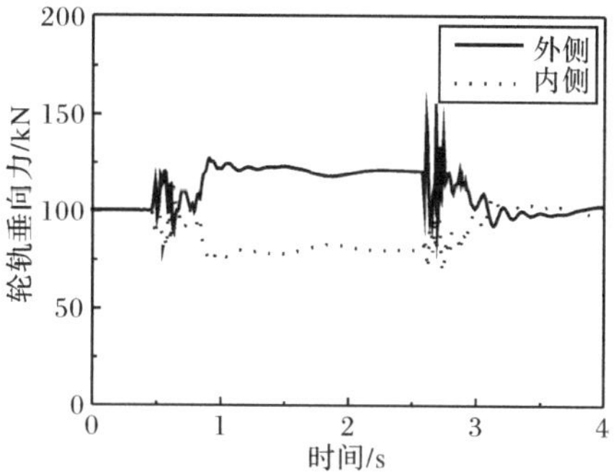

图9.10 机车侧向过岔时轮轨垂向力响应

剧烈的轮轨横向冲击,导致了较大的脱轨系数(如图9.11所示,这里的最大值为0.68),对行车安全产生不利影响,这也是限制车辆侧向通过道岔速度的关键因素。

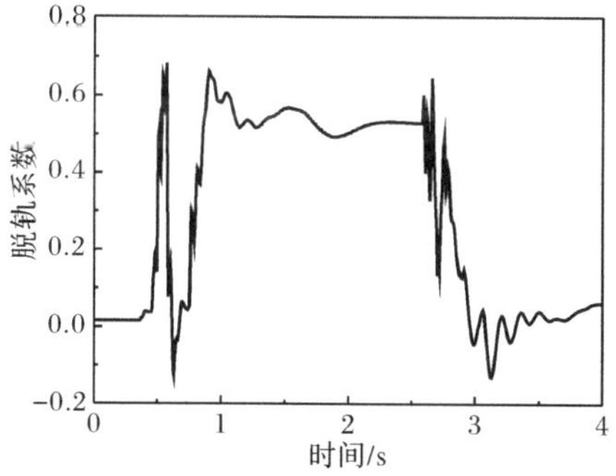

图9.11 机车侧向过岔时外侧车轮脱轨系数的时间历程

剧烈的轮轨横向冲击,还引起了较强的车辆横向振动。图9.12是车体(转向架心盘上方)横向振动加速度响应。从图9.12可以看出,车体在转辙区和辙叉区都产生了较大的横向振动,车体横向振动加速度最大值出现在轮对经过转辙区时冲击尖轨之后,其量值较大(这里为1.3m/s^2)。图9.13是车体(转向架心盘上方)垂向振动加速度响应,最大值出现在辙叉区域。相比之下,侧向过岔时车体垂向振动较弱。

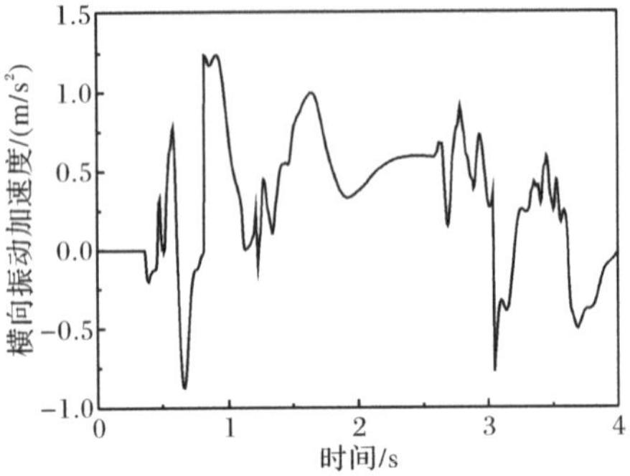

图 9.12 机车侧向过岔时车体横向振动加速度响应

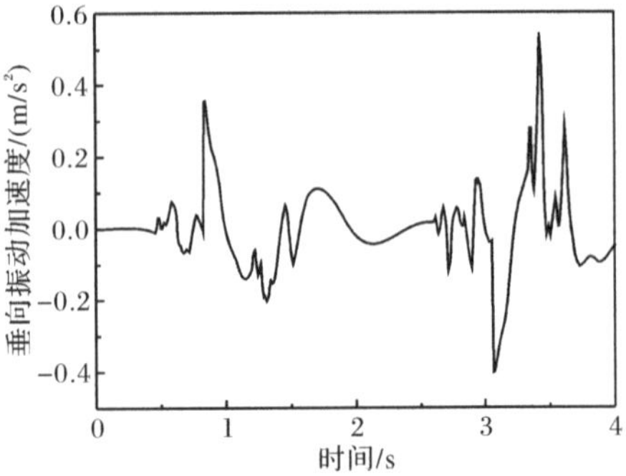

图 9.13 机车侧向过岔时车体垂向振动加速度响应

9.2 车辆—轨道耦合系统对谐波型激扰的振动响应

9.2.1 垂向谐波振动响应

轮轨系统在谐波型激扰(如轨头压陷、车轮不圆顺等)作用下所引起的垂向动力响应,完全不同于垂向脉冲响应。轮轨垂向作用力响应不再出现 P_1、P_2 力特征,代之以最大作用力 P_{max},如图 9.14 所示。在谐波不平顺作用下,轮载出现了谐波状波动,反复减载、增载,逐渐回复至正常状态。值得指出的是,若轮重减载严重,将不利于行车安全(有关其安全评价标准可见第十章),因此 P_{min}很小时也必须予以重视。

由于激扰作用过程较为缓慢,P_{max}的作用性质类似于 P_2,能够充分地向车上、轨下传播,致使车辆与轨道结构引起类似的简谐衰减振动,如图 9.15 和图 9.16 所示。就轨道结构振动而言,这种谐振由上而下的衰减较弱,如钢轨、轨枕、道床的振动加速度比例关系大致为 2.3∶1.5∶1.0,可见谐波激扰对轨下深层基础(道床)的影响是颇为强烈的。图 9.17 所示为单一谐波激扰下轨道各部件垂向振动位移(钢轨 Z_r、轨枕 Z_s、道床 Z_b)响应,其形态与冲击响应图 9.2 类似,但此时振动位移随时间的衰减较慢。

谐波型不平顺所引起的车辆—轨道垂向耦合振动,随着其波长的减小而迅速增大,随着其波深的增大而显著增大。图 9.18 给出的是波深 a=1mm 时波长 λ=100mm、200mm、300mm 三种情形下道床振动加速度的响应比较;图 9.19 则是波长 λ=300mm 时波深 a=0.5mm、1.0mm、2.0mm 三种情形下道床振动加速度的响应比较。

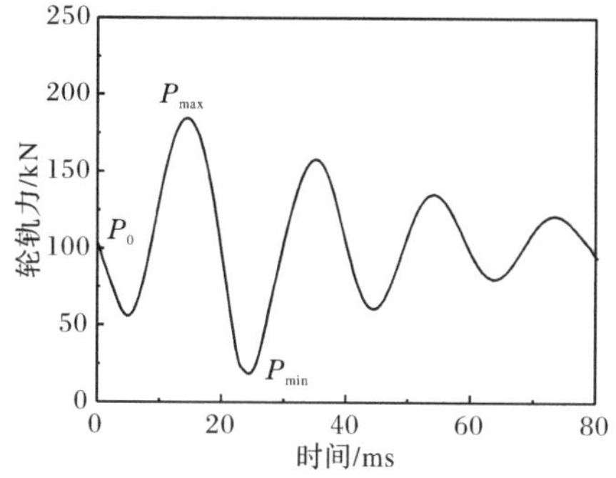

图 9.14　单一谐波激扰下的轮轨垂向力响应

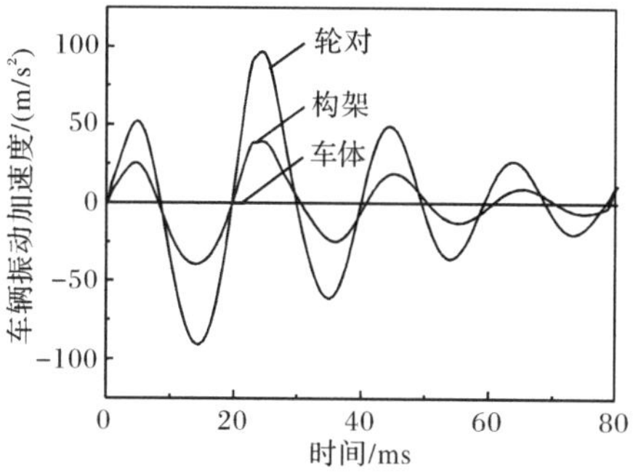

图 9.15　单一谐波激扰下车辆系统振动加速度响应

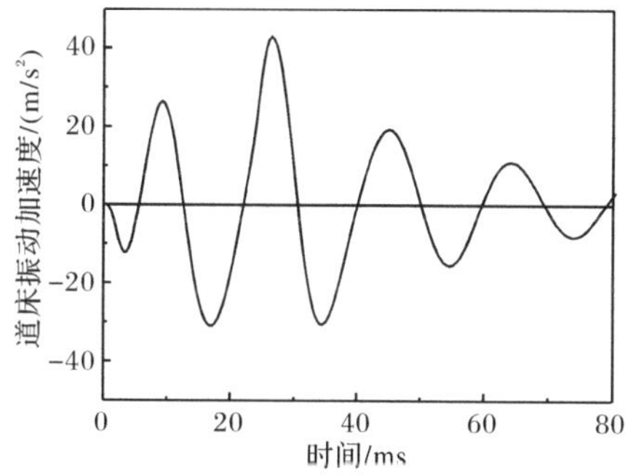

图 9.16　单一谐波激扰下道床振动加速度响应

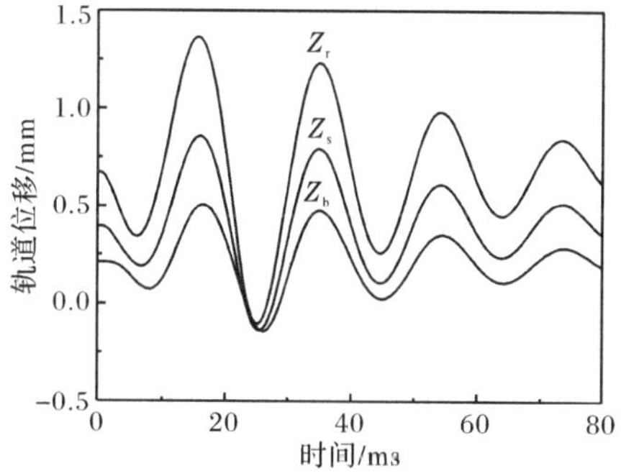

图 9.17　单一谐波激扰下轨道垂向位移响应

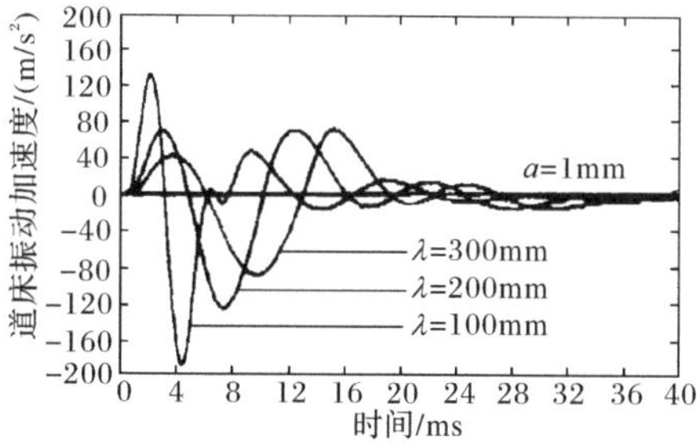

图 9.18　不同波长下的道床振动加速度的响应

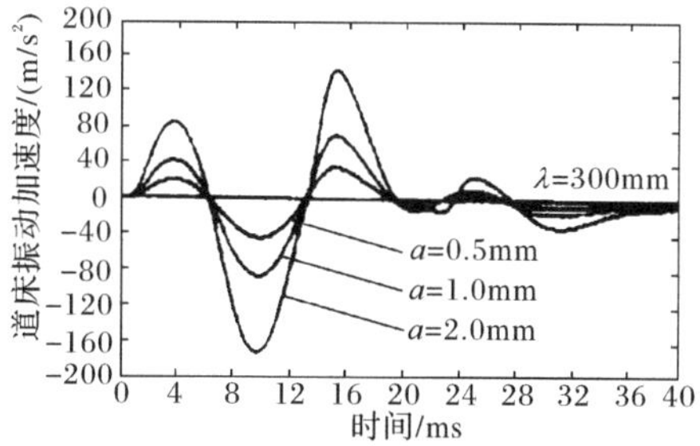

图 9.19　不同波深下的道床振动加速度的响应

连续周期波激扰将导致系统的周期性强迫振动。图 9.20 是钢轨长波长($\lambda=800$mm)波浪形磨耗引起的轮轨垂向力响应；图 9.21 则是同样波深($a=1$mm)下钢轨短波长($\lambda=250$mm)波浪形磨耗引起的轮轨垂向力响应。两种图线的对比充分表明了短波长不平顺的严重危害性。由图 9.21 可见,车轮与钢轨出现了瞬时相互脱离(轮轨力为零)现象,造成轮轨冲击振动,反复出现冲击尖峰,对钢轨和车轮造成极大伤害。而当波长小于其临界值(见第三章表 3.2)时,连续谐波不平顺将成为间歇性的脉冲激扰源,致使轮轨持续冲击不断,由于两次冲击时间间隔很短,前一次冲击响应尚未衰减完毕,接着又叠加上新一轮冲击,如图 9.22 所示。这种循环冲击作用,更加剧了钢轨波浪形磨耗的发展。

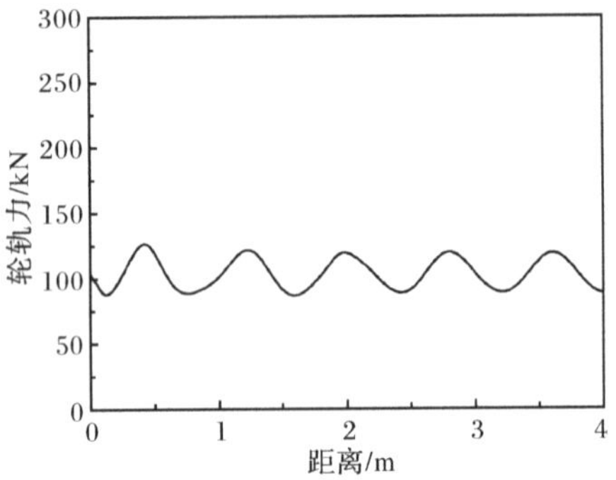

图 9.20　钢轨长波长波浪形磨耗引起的轮轨垂向力响应

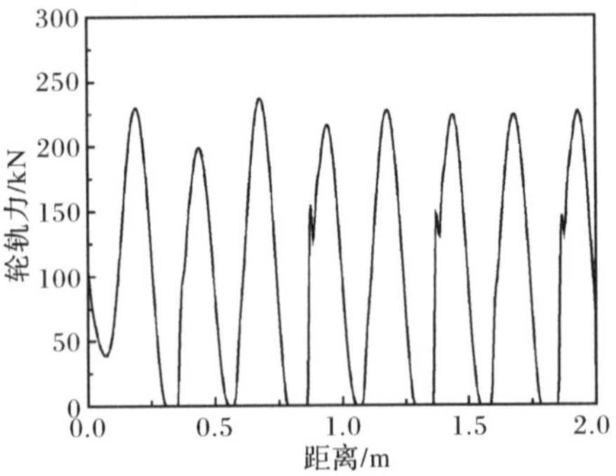

图 9.21　钢轨短波长波浪形磨耗引起的轮轨垂向力响应

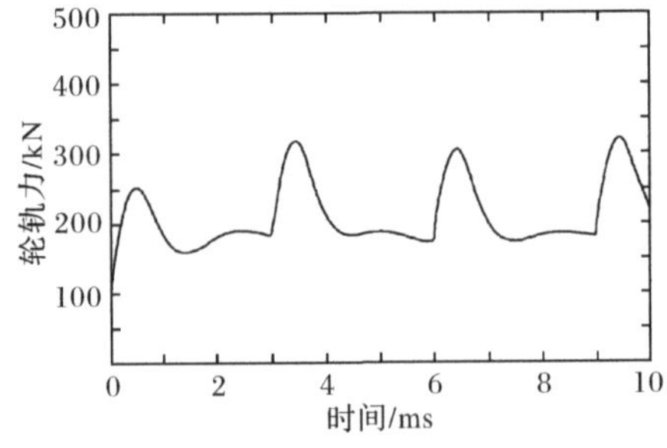

图 9.22　极短波长连续不平顺导致的轮轨冲击叠加现象

需要特别指出的是,偏心车轮是另一类连续周期性激扰源,它以偏心轮离心力作为激励输入,同样引起车辆—轨道耦合系统的周期性振动,并产生轮轨附加动作用力,如图 9.23 所示。高速行车条件下,偏心轮引起的轮轨垂向动力作用将十分严重,参见第十五章第 15.2 节。

9.2.2　横向谐波振动响应

车辆—轨道耦合系统在横向谐波激扰下的响应特征,总体上呈谐波形态,但

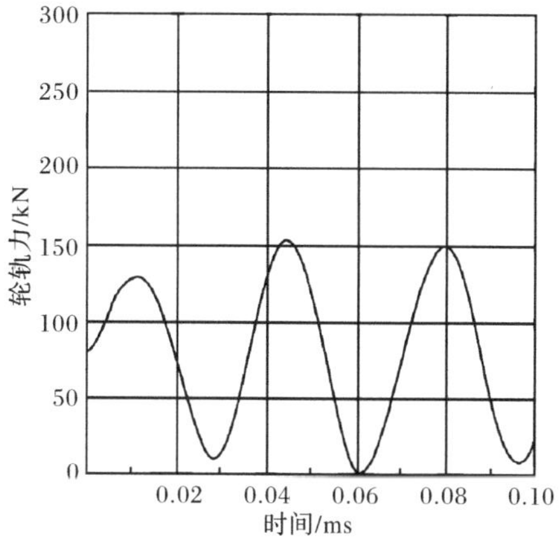

图 9.23　偏心轮引起轮轨垂向力的周期性变化

由于轮轨横向接触几何和轮轨蠕滑的复杂性，致使轮轨横向力、轨道横向位移等动力作用参数变化形态复杂。

图 9.24 描述了客车通过轨道单一谐波方向不平顺（波长 8m，全波幅 16mm）区域时轮对横向运动位移的时间历程。由图 9.24 可知，轮对出现了与轨道方向不平顺十分类似的谐波运动，轮对横向运动方向与轨道方向不平顺相同，最大横移量也与激扰幅值接近，经过一个周期的运动后，轮对横向位移开始逐渐衰减至正常位置。轮对横向运动影响了轮轨接触几何关系，进而影响到轮轨蠕滑率/力，导致了较为复杂的轮轨横向动作用力的变化，如图 9.25 所示。

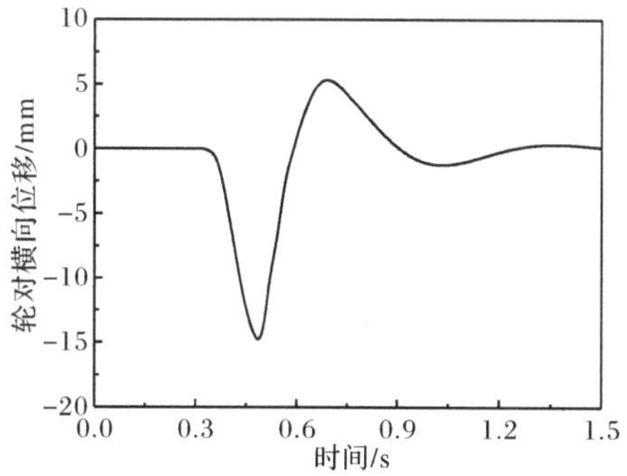

图 9.24　单一方向不平顺激扰下轮对横向位移响应

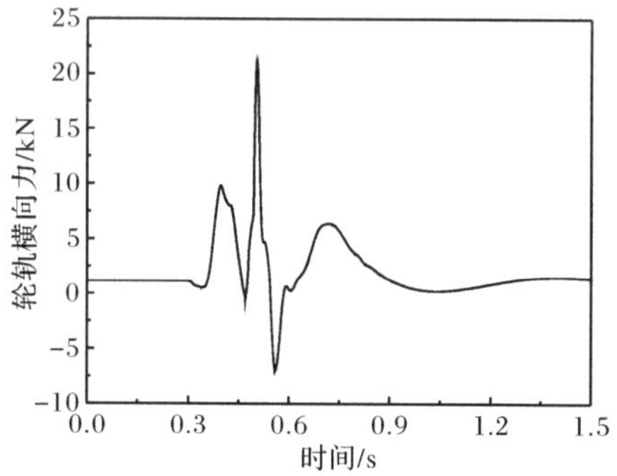

图 9.25　单一方向不平顺激扰下轮轨横向力响应

在轮轨横向动作用力的影响下，车辆—轨道系统出现了明显的横向振动。图 9.26 是车体横向振动加速度响应，可见其振动幅度较大，且呈简谐衰减振动形态；图 9.27 是钢轨横向振动位移响应，钢轨也出现了较明显的横向动态弹性变形。

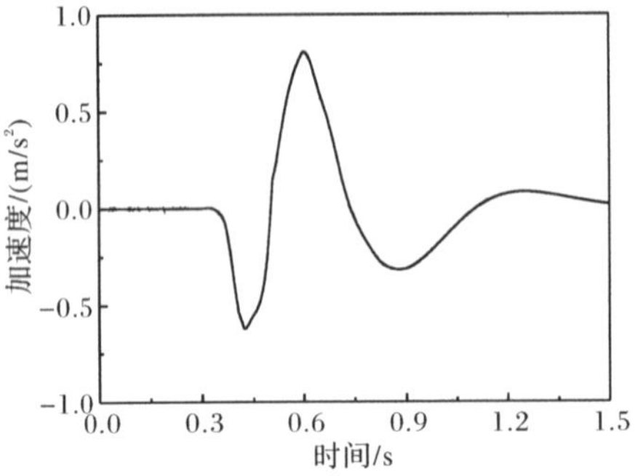

图 9.26 单一方向不平顺激扰下车体横向振动加速度响应

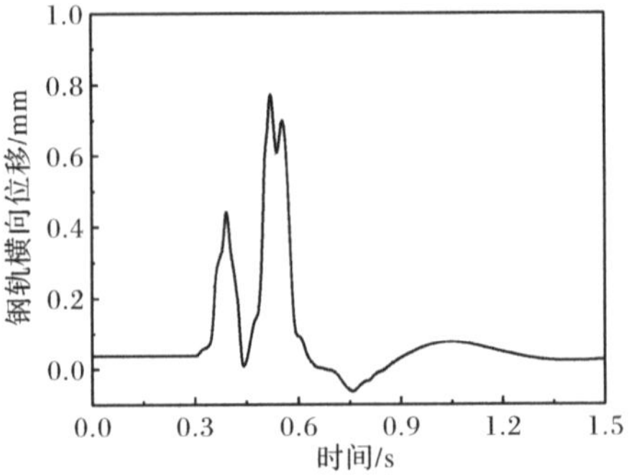

图 9.27 单一方向不平顺激扰下钢轨横向振动位移响应

9.3 轨道动力型不平顺对车辆—轨道耦合振动的影响

当轨下基础结构存在缺陷形成弹性不均匀等动力型不平顺时，轮轨动力作用将进一步加剧，且车辆—轨道耦合系统的振动，特别是轨道结构的振动，随之增强。以下给出对于同一脉冲激扰作用条件下，有、无动力型不平顺两种情形时系统响应的比较。

9.3.1 扣件失效的影响

当扣件折断、松脱或完全失效时，钢轨振动显著加剧。计算结果显示，钢轨振动加速度可增加 30%以上，而且响应曲线衰减很慢，如图 9.28 所示；轮轨力变化剧烈，车轮减载大且突然(图 9.29)，对钢轨疲劳寿命和对行车安全均不利。

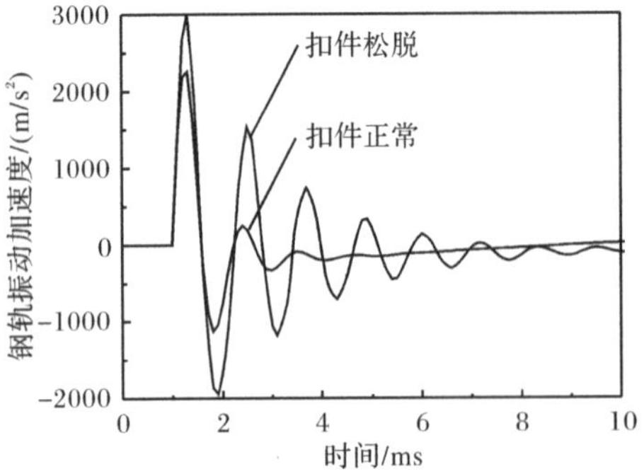

图 9.28 扣件松脱对钢轨振动加速度的影响

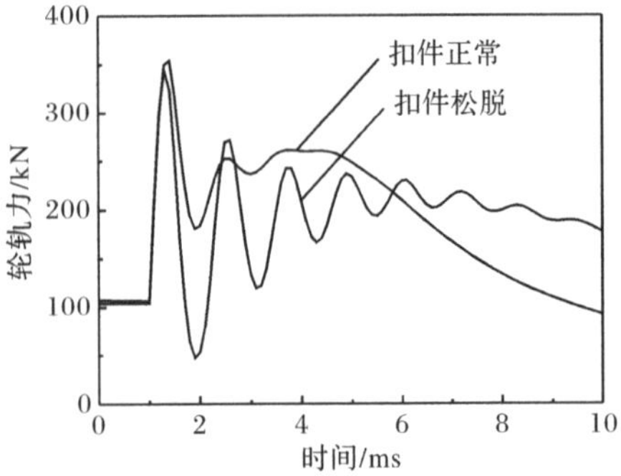

图 9.29 扣件松脱对轮轨力的影响

9.3.2　轨枕空吊的影响

轨枕空吊大大加剧了轨枕本身的振动，如图 9.30 和图 9.31 所示。轨枕振动加速度增加 15%左右，而振动位移增加近三倍，与此同时，钢轨位移也增大近一倍。

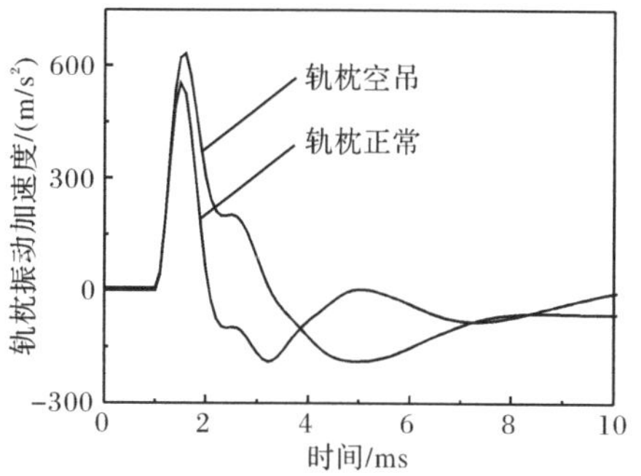

图 9.30　轨枕空吊对轨枕振动加速度的影响

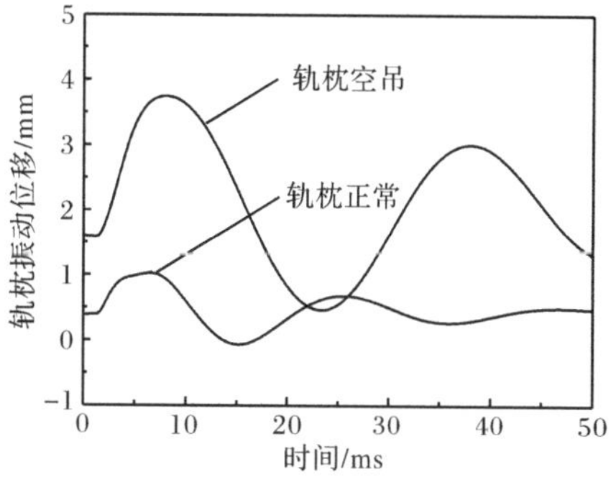

图 9.31　轨枕空吊对轨枕振动位移的影响

9.3.3　道床板结的影响

道床板结使道床弹性大幅度下降，从而恶化了轨下基础的动力作用。一般情况下，道床板结可使轮轨力 P_2 增大 20%左右，而道床振动加速度则增大 50%之多，分别如图 9.32 和图 9.33 所示。其后果是进一步加剧道床板结程度。

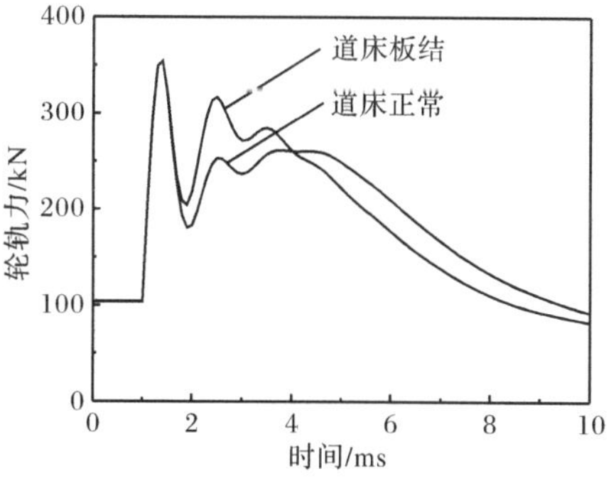

图 9.32　道床板结对轮轨力的影响

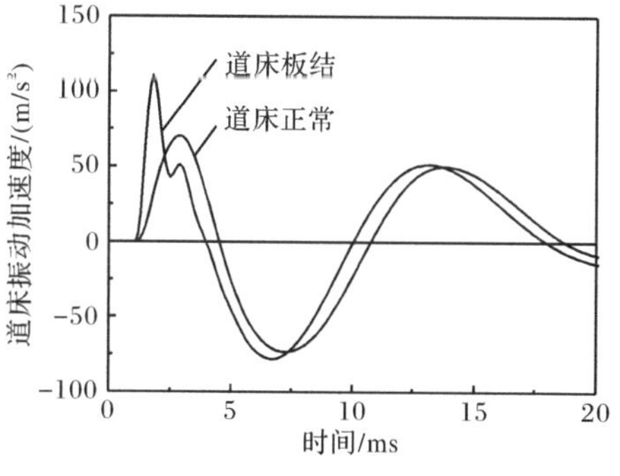

图 9.33　道床板结对道床振动加速度的影响

9.4　车辆—轨道耦合系统随机振动响应

9.4.1　车辆—轨道耦合系统随机振动分析方法

线性系统随机振动理论发展至今已较成熟，一般以频域分析法为主。线性系统或通过线性化手段得到的等效线性系统，最终可用二阶常系数线性微分方程组描述，即

$$[M]\{\ddot{q}\}+[C]\{\dot{q}\}+[K]\{q\}=[K_f]\{Z_0\} \tag{9.1}$$

式中，$[M]$、$[C]$、$[K]$分别为系统质量矩阵、阻尼矩阵、刚度矩阵；$[K_f]$为系统转换矩阵；$\{Z_0\}$为系统激励输入向量；$\{q\}$是系统广义位移向量。

令$[Z_0]=[I]e^{i\omega t}$，并假设系统的频率响应函数矩阵为$[H(\omega)]$，则$[q]=[H(\omega)]e^{i\omega t}$，代入式(9.1)得

$$(-\omega^2[M]+i\omega[C]+[K])[H(\omega)]=[K_f][I] \tag{9.2}$$

令

$$[A]=-\omega^2[M]+i\omega[C]+[K] \tag{9.3}$$

有方程

$$[A][H(\omega)]=[K_f][I] \tag{9.4}$$

通过求解式(9.4)的非齐次复系数线性代数方程组的解，可以得到频率响应函数矩阵$[H(\omega)]$[4]。

根据随机振动理论，系统的输入功率谱密度$S_{in}(\omega)$和输出响应功率谱密度函数$S_{out}(\omega)$之间有关系

$$[S_{out}(\omega)]=[H^*(\omega)][S_{in}(\omega)][H(\omega)]^T \tag{9.5}$$

式中，$[H^*(\omega)]$为$[H(\omega)]$的共轭矩阵；$[H(\omega)]^T$为$[H(\omega)]$的转置矩阵。

如果仅仅对车辆—轨道垂向系统进行随机振动分析，我们可以将车辆—轨道垂向系统简化为线性弹簧阻尼系统，再将轮轨非线性接触弹簧进行等效线性化处理，从而可以采用上述线性系统随机振动频域分析法进行求解。即通过获取系统的频率响应函数，再将轨道不平顺激扰函数用功率谱密度函数加以描述作为系统输入，从而求得系统的垂向响应谱密度。

但是，对于车辆—轨道空间耦合振动系统，由于涉及轮轨空间动态接触几何关系、轮轨切向蠕滑力和轮轨法向正压力等多种复杂非线性环节，因此上述的频域求解法已不适用。进行等效线性化处理必将导致很大的误差，已失去意义，而目前针对非线性系统，特别是大型复杂非线性系统，进行随机振动分析的有效方法是数值积分法。其基本原理是，采用时频转换方法将轨道随机不平顺功率谱转换为相应的时域样本；在轨道不平顺各态历经的假设下，可以采用一段足够长的

时域样本来代表整个随机过程，将轨道不平顺的时域样本作为激励从轮轨界面输入到车辆—轨道耦合系统；运用时间数值积分方法获得车辆—轨道耦合系统的时间响应；再将时间序列用周期图法[5]进行功率谱估计，从而获得系统随机响应的功率谱。

9.4.2　车辆—轨道耦合系统随机振动响应特征

计算对象和条件为：广深线准高速客车（提速客车），参数见附录3附表6；轨道结构为60kg/m钢轨、混凝土轨枕、碎石道床轨道，参数见附录4；行车速度取160km/h；轨道不平顺为美国六级轨道谱，同时考虑0.01～1m的短波垂向不平顺。

1. 车体振动加速度

图9.34和图9.35给出了轨道高低、水平、方向和轨距四种不平顺同时作用下车体（心盘处）横向和垂向振动加速度功率谱密度。加速度谱密度曲线表明：车体横向振动加速度的主频为1.5Hz，垂向振动加速度的主频为1.98Hz。这说明车体振动加速度的主要振动频率范围为1～2Hz，而垂向振动的主频略高于横向振动，该结论与文献[6]和[7]的结果基本一致。

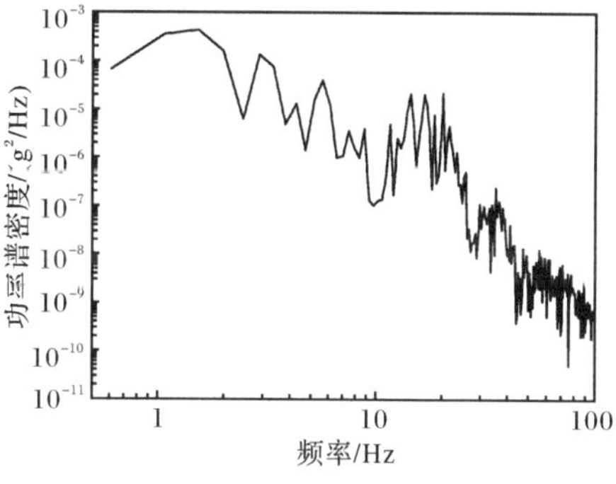

图9.34　车体（心盘处）横向振动加速度功率谱密度

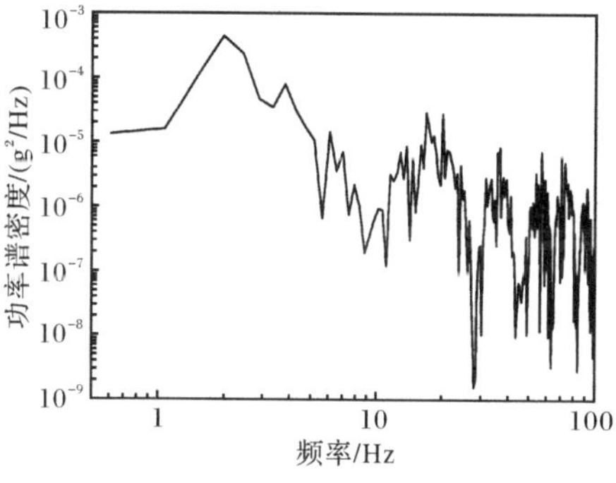

图9.35　车体（心盘处）垂向振动加速度功率谱密度

2. 轮对振动加速度

图9.36和图9.37分别是轮对横向和垂向振动加速度功率谱密度。由图9.36可见，轮对横向振动加速度的频率范围主要分布在数赫兹和数十赫兹之间，其主频在3Hz、5Hz、15Hz、25Hz和35Hz等处；而轮对垂向振动加速度主频则集中分布在60～120Hz范围内，如图9.37所示。显然，轮对横向和垂向振动的频率分布有很大的差异，其主要原因在于作用于轮对的横向力和垂向力不同，作用于轮对

的横向力主要是轮轨间的蠕滑力，而作用于轮对的垂向力则主要是轮轨间的局部和整体弹性变形所产生的赫兹接触力。

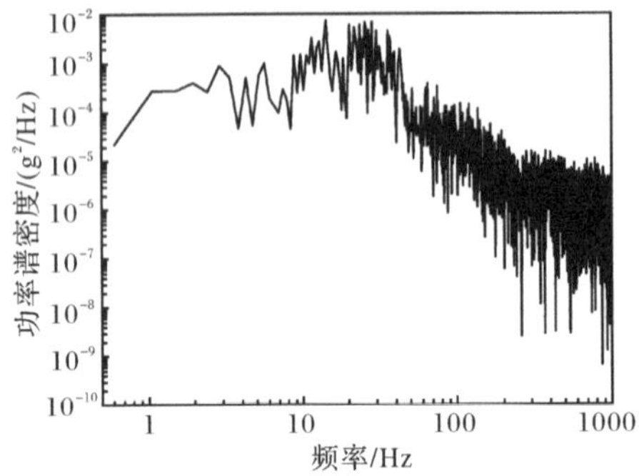

图 9.36　轮对横向振动加速度功率谱密度

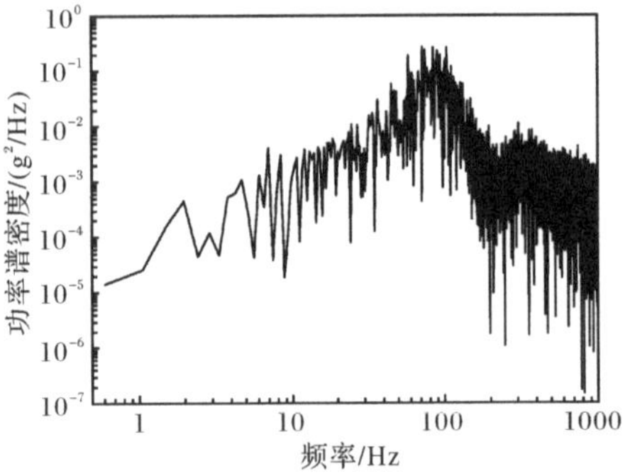

图 9.37　轮对垂向振动加速度功率谱密度

3. 轮轨作用力

轮轨横向力是轮轨法向力和切向蠕滑力的横向分量，而轮轨垂向力为轮轨法向力和切向蠕滑力的垂向分量。图 9.38 和图 9.39 分别给出了轮轨横向力和垂向力功率谱密度。

从图 9.38 中可以看出，轮轨横向力频率主要分布在 10Hz 以下的低频段，其主频分别为 2Hz、5Hz 和 8Hz。而从轮轨垂向力的功率谱密度(图 9.39)可以看出，轮轨垂向力有三个比较明显的主频率段，第一个为 1Hz 左右的低频，主要由车体的振动引起；第二个为 80Hz 左右的中频，反映了车轮与轨道共同弹性变形的耦合共振；第三个为 300Hz 左右的高频，反映了轮轨局部变形的赫兹接触高频振动。对比三个主频率段可知，反映轮轨耦合共振的轮轨垂向力占绝对优势。由此可见，轮轨横向力和垂向力的频域分布大不一样，认清轮轨作用力的基本特征对进一步提出降低轮轨动力作用的技术措施有重要的理论指导意义。

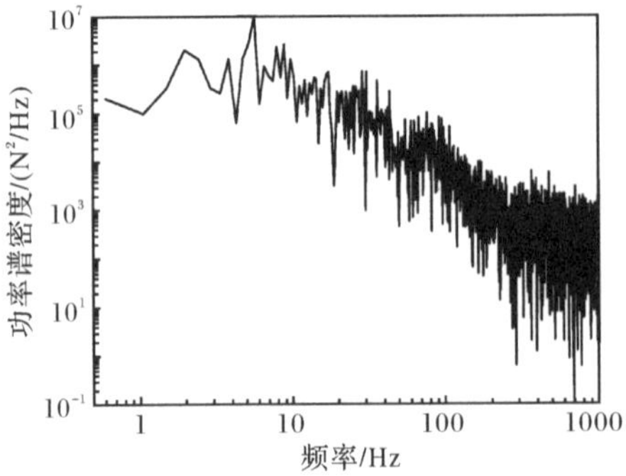

图 9.38　轮轨横向力功率谱密度

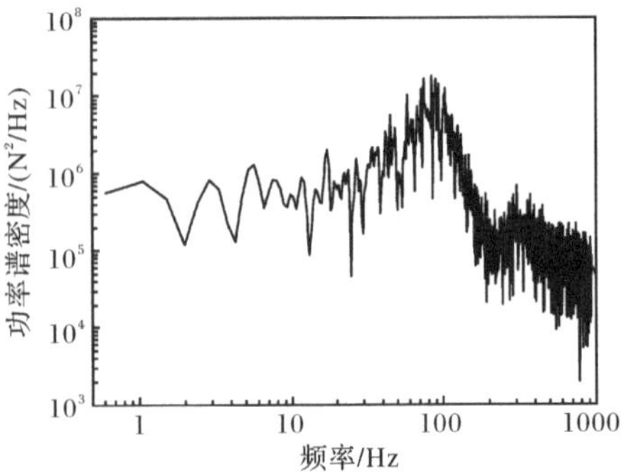

图 9.39　轮轨垂向力功率谱密度

4. 钢轨振动加速度

图 9.40 和图 9.41 分别表示了钢轨横向和垂向振动加速度功率谱密度。钢轨横向和垂向振动加速度均表现为数十、数百、甚至上千赫兹的中、高频振动，这一点说明钢轨横向和垂向振动规律基本相似。对比图 9.40 和图 9.41 可以看到，钢轨垂向振动加速度的主频比横向主频更高，其谱密度值也更大，其原因在于钢轨的垂向刚度比横向刚度要大，而且轮轨垂向作用力往往要比横向力大得多。该结论与文献[8]的试验结果基本一致。产生钢轨高频振动的根本原因是钢轨表面的垂向短波不平顺激发了钢轨的高阶振型，由此可见，轨面垂向短波不平顺在耦合系统随机振动分析中应予考虑。

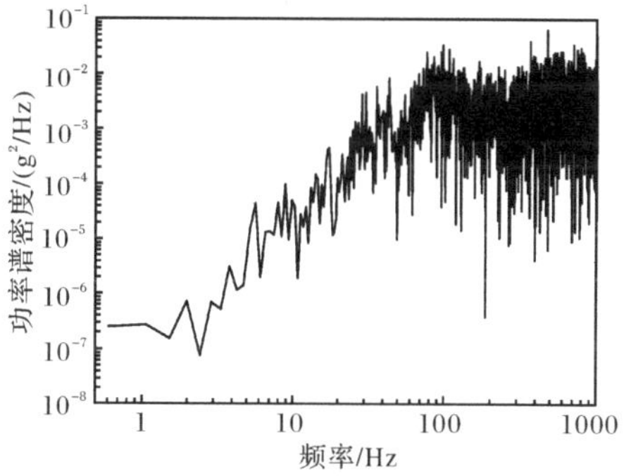

图 9.40　钢轨横向振动加速度功率谱密度

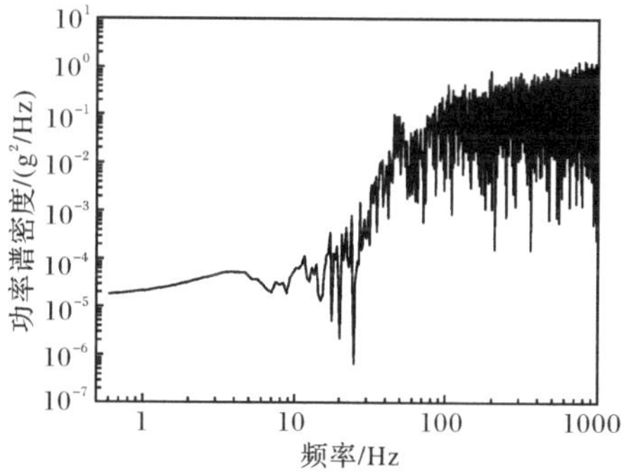

图 9.41　钢轨垂向振动加速度功率谱密度

5. 轨枕振动加速度

图 9.42 和图 9.43 分别是在轨道高低、水平、方向和轨距四种不平顺共同作用下，轨枕横向和垂向振动加速度功率谱密度。由图可见，轨枕横向振动的主要振动频率为 60～140Hz，轨枕垂向振动的主要振动频率分布在 40～100Hz 和 200～400Hz 范围内。显然，轨枕的横向和垂向振动规律不一样，其主要原因是轨枕在横向和垂向受两根钢轨不同方向力的作用。文献[8]通过试验测得轨枕垂向振动加速度主频为 30～80Hz 和 200～500Hz；文献[9]对大秦线 60kg/m 轨道实测结果显示，轨枕垂向振动加速度第一主频为 70～150Hz，第二主频为 310～360Hz；此外，相应的理论分析表明[9]，轨枕垂向振动加速度第一主频为 40～120Hz，第二主频为 240～340Hz。这些结果相互之间具有较好的相关性。而目前尚缺乏轨枕横向振动试验结果。

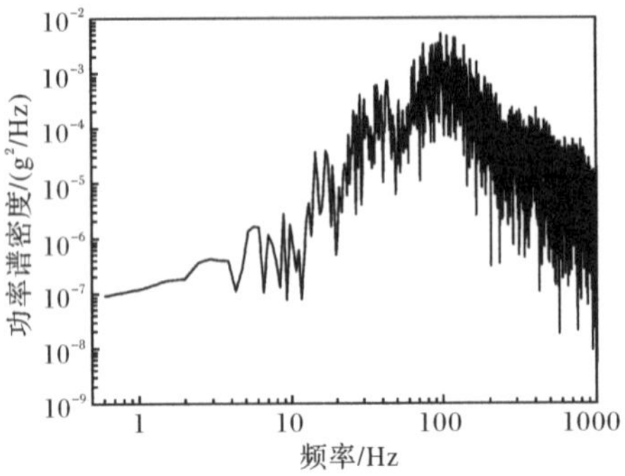

图 9.42　轨枕横向振动加速度功率谱密度

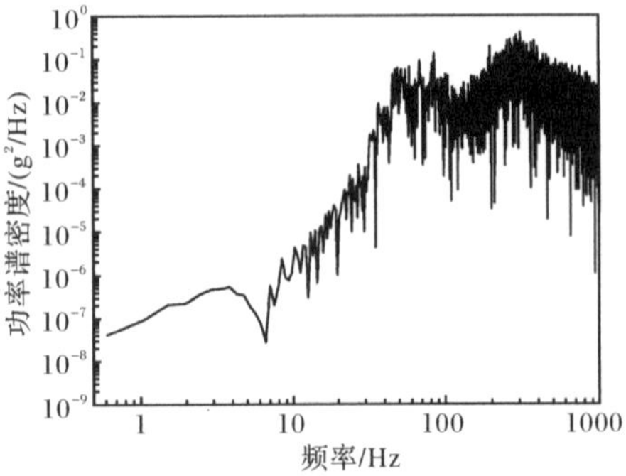

图 9.43　轨枕垂向振动加速度功率谱密度

6. 道床振动加速度

仅考虑道床的垂向振动，其加速度功率谱密度如图 9.44 所示。由图可见，道床垂向振动的主频约为 45～130Hz。文献[8]通过试验测得道床振动加速度主频为 30～80Hz，而我们对成昆线 60kg/m 轨道的实测结果表明，道床垂向振动加速度的主频范围为 70～100Hz[10]。这些结果相互之间也具有较好的一致性。

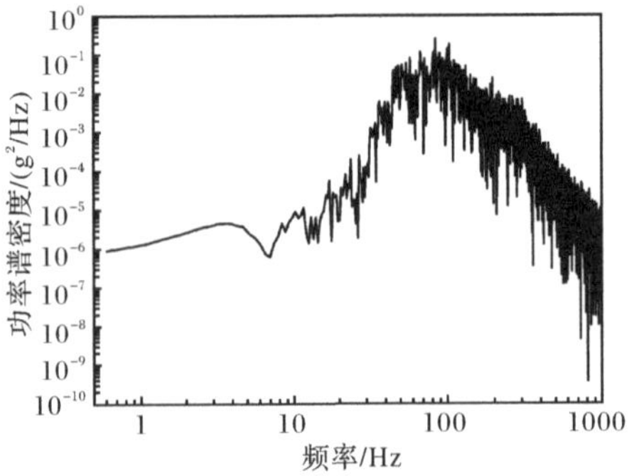

图 9.44　道床垂向振动加速度功率谱密度

7. 小结

采用车辆—轨道耦合动力学模型进行数值分析，得到了车辆—轨道系统横向和垂向随机响应基本规律。归纳起来，有如下几点结论：

① 车体垂向和横向振动加速度表现为 1～2Hz 的低频振动，横向主频略低于垂向主频。

② 轮对横向运动的主频在 1Hz 左右，表现出良好的低频随导性。

③ 轮对垂向振动加速度的主要频率范围为 60～120Hz，轮对横向振动加速度

的频率主要分布在 3Hz、5Hz、15Hz、25Hz 和 35Hz 附近。

④ 轮轨垂向力有三个明显的频率段：低频为 1Hz 左右，反映了车体的振动，中频为 80Hz 左右，反映了车轮与轨道共同弹性变形的耦合共振，高频为 300Hz 左右，反映了轮轨局部变形的赫兹接触高频振动；而轮轨横向力主频集中在 10Hz 以下，表现为低频力。

⑤ 钢轨垂向和横向振动呈现出数百上千赫兹的高频振动，轨面垂向短波不平顺是诱发钢轨高频振动的主要因素。

⑥ 轨枕垂向振动的主要振动频率分布在 40～100Hz 和 200～400Hz 范围内，轨枕横向振动主要振动频率范围为 60～140Hz。

⑦ 道床垂向振动主频分布在 45～130Hz 范围内。

9.4.3　轨道随机不平顺对车辆—轨道耦合系统横向随机响应的影响

现已探明，轨道高低不平顺是影响车辆—轨道耦合系统垂向振动的最主要因素。然而，影响车辆—轨道耦合系统横向振动的线路几何因素较为复杂，各种几何不平顺的影响程度迄今尚不清楚，为了揭示轨道高低、水平、方向和轨距四种常见不平顺对车辆、轨道横向随机振动的影响规律，本节将具体介绍运用车辆—轨道耦合动力学模型研究得到的基本结果[11]，并由此探明引起系统横向随机振动的主要激振源。计算对象和条件与本章第 9.4.2 节相同。

1. 轨道不平顺对车体横向振动的影响

图 9.45 表明了轨道高低、水平、方向和轨距不平顺单独作用以及四种不平顺共同作用对车体横向振动加速度的影响。由图可见，轨道方向不平顺激扰对车体横向振动加速度的影响占主导地位，而轨道水平不平顺的影响仅当频率高于 3Hz 后才变得重要；还可以看出，仅由轨道高低和轨距不平顺所引起的车体横向振动加速度谱密度值，远小于仅由轨道方向和水平不平顺所引起的相应值，显然轨道高低不平顺和轨距不平顺在整个频率段对车体横向振动加速度影响均极小。

2. 轨道不平顺对轮对横移运动的影响

图 9.46 表明了轮对横移运动功率谱密度。其横移响应集中在 3Hz 以下，主要分布在 1Hz 和 2Hz 附近的车体和转向架振型上。从图 9.46 可以看出，方向不平顺对轮对 2Hz 左右横移运动起着主要作用，而水平不平顺对轮对 1Hz 左右横移运动影响较大，由于轮对 2Hz 的横移运动比 1Hz 的要强烈，所以，方向不平顺对轮对横移的影响较水平不平顺的影响大。从图 9.46 中还可以看到，高低和轨距不平顺对轮对横移的影响在整个频率段均可忽略不计。该结论与文献[6]和文献[7]取得了较好的一致性。

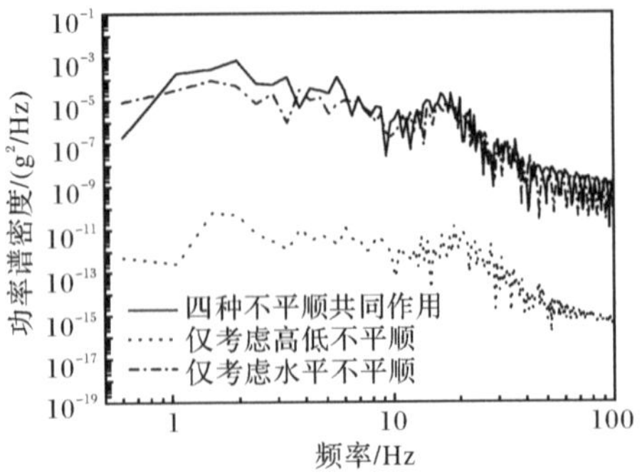

(a) 高低、水平不平顺的影响

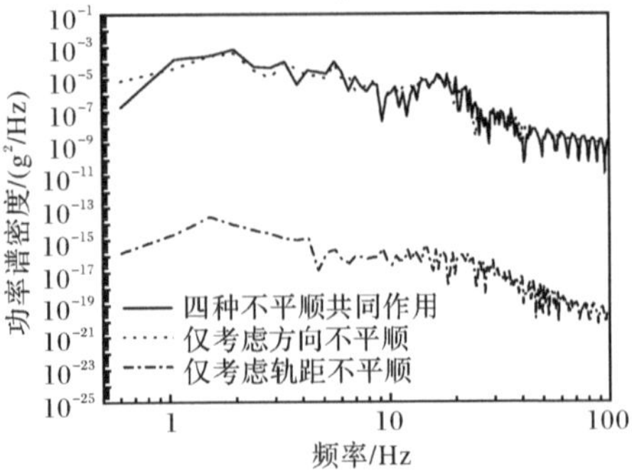

(b) 方向、轨距不平顺的影响

图 9.45　轨道不平顺对车体横向振动加速度功率谱密度的影响

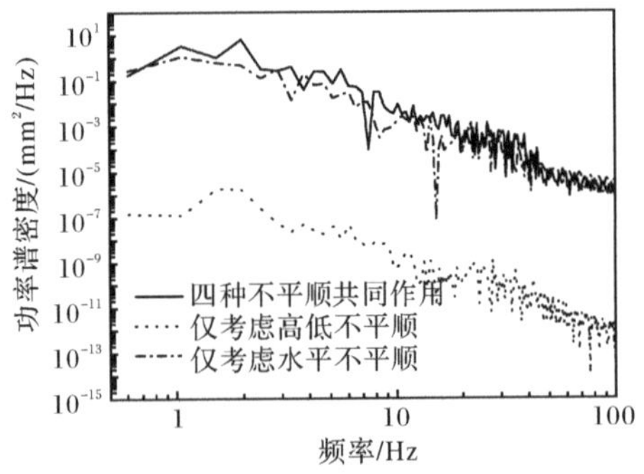

(a) 高低、水平不平顺的影响

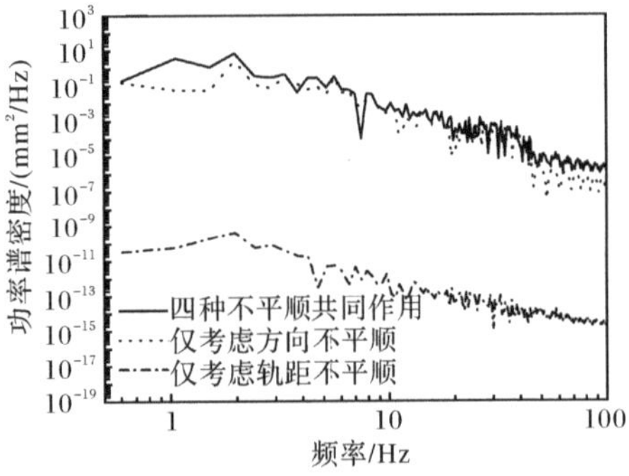

(b) 方向、轨距不平顺的影响

图 9.46　轨道不平顺对轮对横移运动功率谱密度的影响

3. 轨道不平顺对轮轨横向力的影响

图 9.47 显示了每种轨道不平顺对轮轨横向力的影响程度。从图 9.47(a)可以看出，轨道高低不平顺主要影响轮轨横向力的高频段；图 9.47(b)～(d)表明，轨道水平、方向和轨距不平顺主要影响轮轨横向力的低频段。从四种不平顺共同作用产生的轮轨横向力谱密度可以看出，轮轨横向力主要分布在 10Hz 以下的低频段，其主频分别为 2Hz、5Hz 和 8Hz，所以，轨道水平、方向和轨距不平顺对轮轨横向力有重要影响。

4. 轨道不平顺对钢轨横向振动的影响

从图 9.48 可以看出，钢轨横向振动加速度在 50Hz 以下的低频振动成分主要由轨道水平、方向和轨距不平顺引起，而轨面垂向(高低)短波不平顺则主要使钢

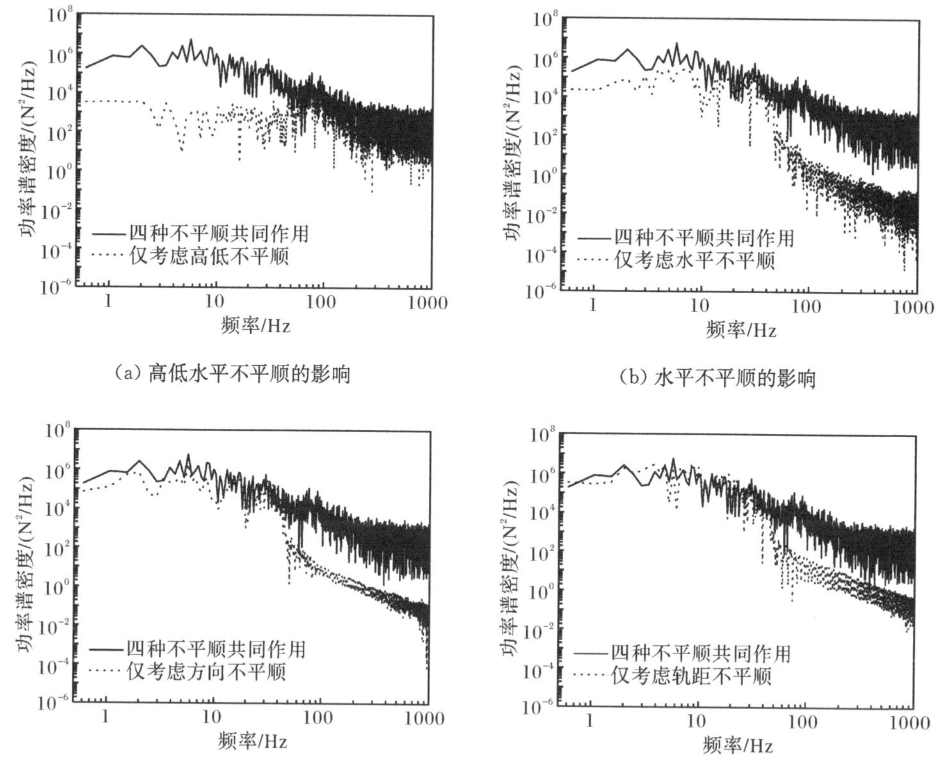

(a) 高低水平不平顺的影响　(b) 水平不平顺的影响

(c) 方向不平顺的影响　(d) 轨距不平顺的影响

图 9.47　轨道不平顺对轮轨横向力功率谱密度的影响

轨产生 50Hz 以上的中高频振动。由于钢轨横向振动主要表现为中高频振动，说明其主要由轨面高低短波不平顺所激发。由此可见，钢轨顶面垂向短波不平顺不但对钢轨垂向振动产生很大的影响，而且对钢轨的横向振动同样会产生相当大的影响。

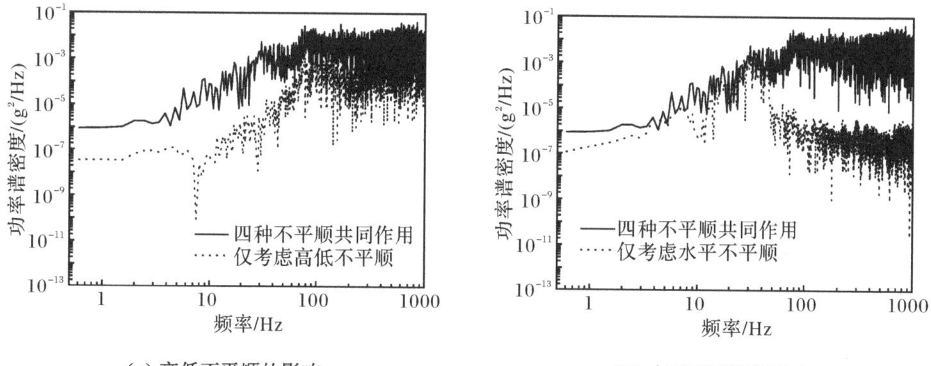

(a) 高低不平顺的影响　(b) 水平不平顺的影响

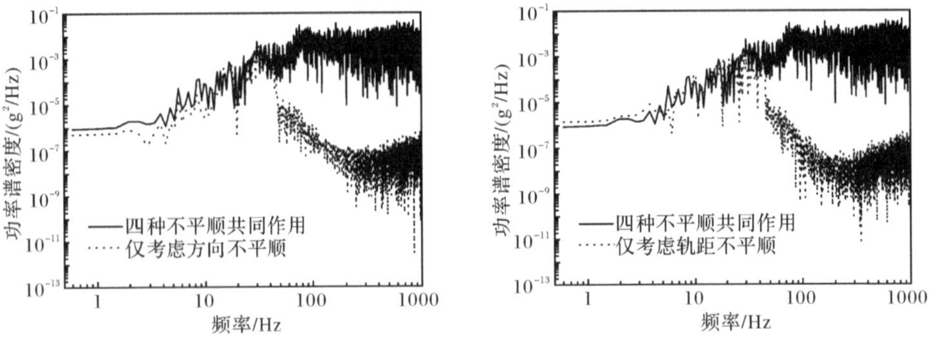

(c) 方向不平顺的影响　　(d) 轨距不平顺的影响

图 9.48　轨道不平顺对钢轨横向振动加速度功率谱密度的影响

5. 小结

通过运用车辆—轨道空间耦合模型，研究探明了轨道高低、水平、方向和轨距四种常见不平顺对车辆—轨道耦合系统横向随机响应的影响规律。归纳起来，有如下几点结论：

① 车体横向振动加速度主要受轨道方向不平顺影响，轨道水平不平顺主要影响 3Hz 以上的车体横向振动加速度；而轨道高低和轨距不平顺的影响完全可以忽略不计。

② 轮对相对于轨道中心线的横移运动主要受方向不平顺和水平不平顺的影响，2Hz 左右的横移运动主要受轨道方向不平顺的影响，而 1Hz 左右的横移运动主要受轨道水平不平顺的影响；高低和轨距不平顺对此影响可以忽略不计。

③ 轨道方向、水平和轨距不平顺对低频特征为主的轮轨横向力均有影响。

④ 钢轨横向振动加速度在低频段受轨道方向、水平和轨距不平顺影响，在高频段受轨面短波不平顺的激发。

参 考 文 献

[1] Jenkins H H, et al. The effect of track and vehicle parameters on wheel/rail vertical dynamic forces. Railway Engineering Journal, 1974, 3(1): 2～16

[2] 王平. 道岔区轮轨系统动力学的研究. 成都：西南交通大学博士学位论文，1997

[3] 任尊松. 车辆—道岔系统动力学研究. 成都：西南交通大学博士学位论文，2000

[4] 郑兆昌，丁奎元. 机械振动(中册). 北京：机械工业出版社，1986

[5] 徐昭鑫. 随机振动. 北京：高等教育出版社，1990

[6] 王福天. 车辆系统动力学. 北京:中国铁道出版社,1994
[7] Garg V K, Dukkipati R V. Dynamics of Railway Vehicle Systems. Ontario: Academic Press,1984
[8] Shenton M J. The vibrational environment of the rail, sleeper and ballast. Technical Memorandum. British Rail Research, Derby,1974
[9] 翟婉明. 铁路轮轨冲击振动模拟与试验. 计算力学学报,1999,16(1):93～99
[10] 翟婉明,林建辉,王开云. 铁路道床振动的理论模拟与试验研究. 振动工程学报,2003,16(4):404～408
[11] 陈果. 车辆—轨道耦合系统随机振动分析. 成都:西南交通大学博士学位论文,2000

第十章　车辆—轨道耦合系统动力学性能评价

如何评价车辆—轨道耦合系统动力学性能，也是车辆—轨道耦合动力学研究中的一个重要环节。只有采用正确合理的评价方法和评价标准，才能正确评估机车车辆及轨道系统运用安全可靠性，这对高性能机车车辆、轨道设计（或改进设计）至关重要。本章在讨论确定车辆—轨道耦合系统动力学性能评价指标体系的基础上，结合中国铁路实际情况，给出主要动力性能指标的评价标准，从而为车辆—轨道耦合动力学工程应用（本书下册）提供分析评价依据。

10.1　车辆—轨道耦合系统动力学性能评价指标体系

车辆在轨道上运行的最基本要求是安全；其次是平稳，以确保旅客乘坐舒适性、货物运送完整性；此外，如何以最低的运输成本（包括设计建造成本和运营养护成本）实现安全、平稳运行，也是我们追求的目标。

从动力学研究设计角度来看，前两项要求可以通过进行车辆运行安全性和车辆运行平稳性评定来达到，目前已有相关规范（标准）；第三项要求涉及面较广，目前尚无明确的评价方法和评价标准，而其重要性是不言而喻的，作者认为开展车辆与轨道动态作用性能的评价可以弥补此方面缺憾。因为控制车辆与轨道之间的动态作用便可改善轮轨系统的动态环境，一方面可以降低轮轨系统各部件疲劳损伤、破坏，另一方面可以减缓线路下沉变形，抑制轨道几何不平顺的增长，从而降低线路日常养护维修工作量和费用，与此同时还提高了行车安全性与平稳性。对于提速、重载线路及高速铁路，由于轮轨之间动力作用加剧，研究并控制车辆与轨道之间的动态作用更显重要。运用车辆—轨道耦合动力学分析方法，可以实现机车车辆的低动力作用设计和轨道结构的减振设计，不仅可以提高车辆在轨道上的运行品质，而且能够降低车辆对轨道的动力作用。

由上可见，评价车辆—轨道耦合系统动力学性能，应从车辆运行安全性、车辆运行平稳性、车辆与轨道动态作用性能三方面进行。

10.1.1　关于车辆运行安全性的评价

车辆运行安全性主要涉及车辆是否会出现脱轨和倾覆问题。车辆脱轨根据其产生过程不同可分为爬轨脱轨、跳轨脱轨、掉道脱轨等基本形式。爬轨脱轨是随着车轮的转动车轮轮缘逐渐爬上轨头而引起的脱轨，它是车辆运行中较常见的脱轨形式，也是各国学者研究的重点；跳轨脱轨是指车轮在滚动过程中受到瞬态冲击振动，导致车轮突然抬升而跳上钢轨产生脱轨。另一方面，列车在轨道上运行时，一侧或两侧车轮由于轮轨动力作用会发生轮重减载（轮轨垂向力低于静轮重）现象，实践表明，当轮重减载过大时，也容易引发车辆脱轨。在机车车辆动力学性能评价中，一般都以脱轨系数、轮重减载率、倾覆系数等指标来评定车辆运行的安全性[1~10]。

值得注意的是，对于脱轨系数及轮重减载率的脱轨评判指标，世界各国根据自身情况及研究成果与运用经验，采用了不尽相同的评价标准，这些标准也存在不同程度的缺陷和局限性[11~13]。本章主要以我国相关规范为基础，介绍车辆运行安全性的评价方法。

10.1.2　关于车辆运行平稳性的评价

车辆运行平稳性主要反映车辆振动程度。客车平稳性是评定旅客乘坐舒适程度的指标，列车运行中产生的振动是不舒适的重要来源，人处于振动环境中，不仅会引起疲劳，还会发生人体内部器官及全身组织与外界振动谐振的情况[14~16]，因此，评定客车运行平稳性实际上就是评定乘坐舒适度。货车平稳性主要用以评定车辆振动对货物的损坏程度，对货车平稳性加以控制的目的就是为了保证货物运送的完好性。

评价旅客乘坐舒适度最直接的指标就是车体振动加速度，为了更准确地对舒适度进行评价，不仅要考虑振动加速度的大小，还要考虑振动频率的影响。当采用考虑频率的车体加速度来评定舒适度时，世界各国有着不同的评价指标，如欧洲的 Sperling 指标、日本的舒适度系数、美国的 Janeway 指标、英国铁路的乘坐指数、法国的疲劳时间等。一般来说，对于短时间内的舒适度评价，车体振动加速度是一个最主要的指标，而对于长时间的舒适度评价则需要考虑振动加速度的幅值、频率以及持续时间等指标。我国铁路对机车车辆运行平稳性（旅客乘坐舒适性）分别按车体振动加速度和平稳性指标来评定。

10.1.3　关于车辆与轨道动态作用性能的评价

车辆与轨道动态作用主要是指运行车辆对轨道结构的动力作用。以前，国内外研究机构及运用部门往往习惯于轮轨动作用力的评价，忽视了车辆对轨道及线路结构动力响应方面的评价。随着铁路不断提速及向高速、重载方向迅速发展，列车对轨道结构的动力影响问题越发严重，而轨道结构伤损、线路变形破坏受到多种因素的影响，这些影响因素在车辆与轨道动态作用评价体系中应有尽可能全面而准确的反映。只有综合控制这些指标，才能防止因动力作用过大而导致线路异常变形、几何状态恶化，才能确保其运用可靠性。作者认为，评价车辆与轨道动态作用性能，应从轮轨动态作用力（应力）、轨道结构动态变形和轨道结构振动三方面综合考虑。

1. 轮轨动态作用力（应力）评价

轮轨动态作用力是衡量机车车辆对轨道动态作用的最重要指标，包括轮轨垂向作用力和轮轨横向作用力。目前，关于轮轨垂向作用力.一般沿用英国铁路所定义的轮轨垂向作用力 P_1、P_2[17] 作为衡量车辆对线路动力破坏效应的指标。P_1 力是由机车车辆簧下质量与钢轨质量之间所发生的高频接触振动而引起的冲击力，由于其频率高（大于 500Hz）、衰减快，因而来不及向车上及轨下传递，其结果是对钢轨和车轮产生强烈作用，是导致车轮扁疤、轨头破损、螺栓孔裂纹及鱼尾板折断的主要原因。P_2 力是整个机车车辆系统与轨道线路系统受脉冲激励而出现的中低频响应力（其频率通常在 30～100Hz 范围内），它能直接向轨下部件传播，因而对轨道变形及轨下基础破坏起主要作用。显然，P_1、P_2 力是评价轮轨垂向动力作用的两项关键指标。关于轮轨横向作用力，一般采用单侧轮轨横向力和整个轮轴横向力两种指标来评价。轮轨横向力是导致轨排横移、轨距扩大、曲线横向变形的主要根源，为此，我国《铁道机车动力学性能试验鉴定方法及评定标准》（TB/T2360-93）还采用了由轮轨横向力、垂向力导出的线路横向稳定性系数 C，来评定线路在机车横向力作用下可能产生的轨距扩大或轨排横移的程度。

线路应力是衡量车辆对轨道结构动态作用的另一种类型指标，包括轮轨接触应力 σ、道床顶面应力 σ_b 和路基基床表面应力 σ_f 等。国内外大量的研究工作表明，轮轨间的接触应力是导致轮轨踏面疲劳剥离，从而引起疲劳伤损的关键因素[18]。美国铁路工程学会（AREA）的一项调查结果显示，在被调查的 8703 根损伤钢轨中，有 60%与接触应力过大有关，大量的文献（如文献[19]）纷纷提出了充分考虑轮轨接触应力影响的钢轨安全疲劳寿命估算方法。由此可见，轮轨接触应力是与钢轨疲劳伤损密切相关的一项重要控制指标。道床动应力是衡量运行车辆对道床动力作用程度的指标，直接影响道床的残余变形与下沉，进一步影响到线路养护维修工作量。而路基基床表面应力可以用来衡量车辆对路基的动力作用，路基动应力过大，对路基下沉和稳定不利，从而影响到线路变形和几何形位的保持。因此，将道床应力、基床表面应力纳入轮轨动力作用评价指标体系之中，是十分必要的。

2. 轨道结构动态变形评价

轨道结构动态变形量也是反映车辆对轨道动态作用程度的重要参数，主要包括钢轨垂向动位移、横向动位移，轨距动态扩大量等。

一般情况下，钢轨动位移过大，说明车辆对轨道动态作用较强，过大的钢轨横向动位移直接影响高速运行横向平稳性。轨距动态扩大，将改变轮轨接触几何关系，引起轮轨横向动作用力变化，严重时甚至影响行车安全。

3. 轨道结构振动评价

运行车辆作用下轨道结构的振动大小也是衡量车辆—轨道动态作用强弱的基本指标。钢轨振动加速度过大，易于引起钢轨疲劳破损。轨枕振动加速度过大，能使轨枕螺栓松弛，甚至引起扣件破断，从而失去扣压力，还可能导致轨枕裂纹。道床振动加速度过大，可使道砟颗粒破碎，轮廓圆化，相互间嵌制力和摩擦力降低，从而加速道床残余变形累积，引起道床板结与沉陷，产生边坡坍塌等严重后果。所有这些均将带来轨道日常养护维修工作量的剧增。根据我国的观测统计资料[20]，75％的日常维修工作量是用于道床及与道床变形有关的作业上。试验结果表明，道床的残余变形（下沉率 β）与道床应力 σ_b 及道床加速度 a_b 的平方之积成正比，即 $\beta \propto \sigma_b a_b^2$。这就充分说明，道床振动加速度对道床乃至轨道的工作能力影响重大，因而我们认为道床振动加速度是轨道结构振动方面的关键指标。

10.1.4　车辆—轨道耦合系统动力学性能评价指标体系

根据以上分析讨论，作者归纳出一套综合评价车辆—轨道耦合系统动力学性能的指标体系，如图 10.1 所示。

上述评价指标体系包含三个一级评价指标、十一个二级评价指标和若干个三级评价指标，覆盖了车辆在轨道上运行时各主要方面的动力学性能评价，对于具体问题可根据其研究、设计目标不同灵活选用。

10.2　车辆运行安全性评价标准

10.2.1　脱轨系数

脱轨系数是某一时刻作用在车轮上的横向力 Q 和垂向力 P 的比值（Q/P）。我国国家标准《铁道车辆动力学性能评定和试验鉴定规范》（GB5599-85）[1]规定，为防止脱轨，车辆脱轨系数应符合的条件为

$$\begin{cases} Q/P \leqslant 1.2 & \text{（危险限度）} \\ Q/P \leqslant 1.0 & \text{（允许限度）} \end{cases} \tag{10.1}$$

我国铁道行业标准《铁道机车动力学性能试验鉴定方法及评定标准》（TB/T2360-93）[2]规定的机车脱轨系数界限值如表 10.1 所示。

- 动力学性能评价指标体系
  - 车辆运行安全性评价指标
    - 脱轨系数
    - 轮重减载率
    - 倾覆系数
  - 车辆运行平稳性评价指标
    - 车体加速度
      - 车体垂向加速度
      - 车体横向加速度
    - 平稳性指标
      - 车体垂向平稳性指标
      - 车体横向平稳性指标
  - 车辆与轨道动态作用评价指标
    - 轮轨垂向力
      - 轮轨高频冲击力
      - 轮轨低频作用力
    - 轮轨横向力
      - 单侧轮轨横向力
      - 轮轴横向力
    - 线路横向稳定性系数
    - 线路结构应力
      - 轮轨接触应力
      - 道床顶面应力
      - 路基基床表面应力
    - 轨道动态变形
      - 钢轨垂向动态位移
      - 钢轨横向动态位移
      - 轨距动态扩大量
    - 轨道结构振动
      - 钢轨垂向加速度
      - 轨枕垂向加速度
      - 道床垂向加速度

图 10.1　车辆—轨道耦合系统动力学性能评价指标体系

表 10.1　我国 TB/T2360-93 规定的机车脱轨系数界限值

评定等级	优	良　好	合　格
脱轨系数最大值	0.6	0.8	0.9

此外，我国关于高速试验列车性能评定的暂行规定《高速试验列车动力车强度及动力学性能规范》(95J01-L)[3]和《高速试验列车客车强度及动力学性能规范》(95J01-M)[4]中有如下规定：

对于高速动力车

$$\begin{cases} Q/P \leqslant 0.8 & (\text{脱轨系数大于 } 0.8 \text{ 的时间 } t \geqslant 0.07\text{s}) \\ Q/P \leqslant 0.056\dfrac{1}{t} & (\text{脱轨系数大于 } 0.8 \text{ 的时间 } t < 0.07\text{s}) \end{cases} \tag{10.2}$$

对于高速客车

$$\begin{cases} Q/P \leqslant 0.8 & (\text{脱轨系数大于 } 0.8 \text{ 的时间 } t \geqslant 0.05\text{s}) \\ Q/P \leqslant 0.04\dfrac{1}{t} & (\text{脱轨系数大于 } 0.8 \text{ 的时间 } t < 0.05\text{s}) \end{cases} \tag{10.3}$$

我国近年来发布的《高速动车组整车试验规范》[5]中规定：对于最高运行速度

200km/h 以上的电动车组，脱轨系数 $Q/P \leqslant 0.8$；《高速铁路设计规范（试行）》(TB10621-2009)[6]将此脱轨系数限值限定到设计行车速度为 250～350km/h 的旅客列车。

《高速铁路工程动态验收技术规范》(TB10761-2013)[7]也规定脱轨系数 $Q/P \leqslant 0.8$，但根据综合检测列车的间断式、连续式测力轮对检测方法，补充规定：对于间断式测力轮对，采样频率应不低于 $f=\frac{110v_{\max}}{3.6D\pi}$，对应的滤波频率为 $f=\frac{11v_{\max}}{3.6D\pi}$，其中，$v_{\max}$为最高试验速度(km/h)，$D$ 为轮径(m)；对于连续式测力轮对，脱轨系数应进行 40Hz 低通滤波后再作 2m 移动平均，即对于滤波后的测试数据，采用以一定测点间隔步进的测量窗口来计算其移动平均值，测量窗口长度为 2m[21]。

10.2.2　轮重减载率

我国国家标准 GB5599-85 规定用轮重减载率限制车轮的减载量，轮重减载率定义为减载侧车轮的轮重减载量与轮对的平均静轮重之比，记作 $\Delta P/\bar{P}$，其安全标准为

$$\begin{cases}\Delta P/\bar{P}\leqslant 0.65 & \text{(危险限度)}\\ \Delta P/\bar{P}\leqslant 0.60 & \text{(允许限度)}\end{cases} \tag{10.4}$$

我国《高速试验列车动力车强度及动力学性能规范》(95J01-L)[3]、《高速试验列车客车强度及动力学性能规范》(95J01-M)[4]及《高速铁路设计规范（试行）》(TB10621-2009)[6]中规定

$$\Delta P/\bar{P}\leqslant 0.60 \tag{10.5}$$

需要指出的是，脱轨系数和轮重减载率是主要针对轮对横向力 $H>0$ 和 $H=0$ 两种不同情况下评价车轮脱轨的指标，都是根据车轮的受力平衡条件得出的。一般情况下，应以脱轨系数作为行车安全性的评价指标，而上述轮重减载率的限值可视为静态或准静态条件下的评价指标，不适合于动态减载时的评定。

动态减载是指，机车车辆以较高速度运行时，由于车辆通过钢轨接头、轨面局部凹凸不平或道岔等地段可能产生冲击振动而引起较大的瞬态轮重减载现象。德国在高速列车试验中，动态轮重减载率限值为 0.9；美国采用的限值也为 0.9；日本在新干线铁路提速时，动态轮重减载率限值为 0.8；我国在南津浦线脱轨试验中规定为 0.8，而在大秦线脱轨试验以及郑武线 240km/h 高速试验中，动态轮重减载率限值为 0.9，均能保证行车安全。

我国现行的《高速动车组整车试验规范》[5]中规定，对于最高运行速度 200km/h 及以上的电力动车组，轮重减载率执行标准

$$\begin{cases}\Delta P/\bar{P}\leqslant 0.65 & （准静态）\\ (\Delta P/\bar{P})_{dyn}\leqslant 0.8 & （动态）\end{cases}\tag{10.6}$$

《高速铁路工程动态验收技术规范》(TB10761-2013)[7]根据综合检测列车测力轮对的检测方法，规定

$$\begin{cases}\Delta P/\bar{P}\leqslant 0.8 & （间断式测力轮对）\\ \Delta P/\bar{P}\leqslant 0.65 & （连续式测力轮对）\end{cases}\tag{10.7}$$

针对两种轮重减载率的检测方式，其相应的数据处理方法同第 10.2.1 节中该规范对脱轨系数数据处理的规定。

10.2.3 倾覆系数

倾覆系数用于评价车辆在侧向风力、离心力、横向振动惯性力同时作用下是否会导致车辆倾覆。定义倾覆系数 D 为

$$D=\frac{P_d}{P_0}\tag{10.8}$$

式中，P_d为单侧轮轨垂向动荷载；P_0为相应的轮轨垂向静荷载。

我国《铁道车辆动力学性能评定和试验鉴定规范》(GB5599-85)[1]及《高速试验列车客车强度及动力学性能规范》(95J01-M)[4]均规定

$$D<0.8\tag{10.9}$$

同时还规定，当车辆同一侧各车轮倾覆系数均达到或超过 0.8 时，方可确认为有倾覆危险。

10.3 车辆运行平稳性评价标准

10.3.1 车体振动加速度

1. 客车

当客车运行平稳性按车体平均最大振动加速度来评定时，GB5599-85 规定，在运行速度 $v\leqslant 140$km/h 时，车体平均最大振动加速度应符合的要求为

$$\bar{A}_{max}\leqslant 0.00027v+C\tag{10.10}$$

式中，$\bar{A}_{max}$为客车车体平均最大振动加速度(g)；v 为客车运行速度(km/h)；C 为常数，如表 10.2 所示。

表 10.2 客车车体平均最大振动加速度计算常数

运行平稳性等级	C	
	垂向振动	横向振动
优	0.025	0.010
良好	0.030	0.018
合格	0.035	0.025

对于我国高速铁路客车，按照《高速动车组整车试验规范》[5]的规定，车体垂向和横向振动加速度的试验评定限值均为 2.5m/s^2。

2. 货车

GB5599-85 根据货车振动强度的极限值确定了货车车体最大振动加速度标准：对于垂向振动为 0.7g，对于横向振动为 0.5g。

当货车运行平稳性按车体平均最大振动加速度来评定时，GB5599-85 规定，在运行速度 $v \leqslant 100$km/h 时，车体平均最大振动加速度应符合的要求为

$$\begin{cases} \bar{A}_{\max} \leqslant 0.00215v + C \quad (\text{垂向}) \\ \bar{A}_{\max} \leqslant 0.00135v + C \quad (\text{横向}) \end{cases} \tag{10.11}$$

式中，$\bar{A}_{\max}$为客车车体平均最大振动加速度(g)；v 为客车运行速度(km/h)；C 为常数，如表 10.3 所示。

表 10.3 货车车体平均最大振动加速度计算常数

运行平稳性等级	C	
	垂向振动	横向振动
优	0.06	0.08
良好	0.11	0.13
合格	0.16	0.18

3. 机车

我国《铁道机车动力学性能试验鉴定方法及评定标准》(TB/T2360-93)[2]采用最大振动加速度 $A_{\max}$和司机室振动加权加速度有效值 A_w来评定，指标定义公式为

$$A_{\max} = \bar{A} + 3\sigma \tag{10.12}$$

$$A_w = \sqrt{2\int_1^{80} G(f) \cdot B^2(f) \mathrm{d}f} \tag{10.13}$$

式中，$\bar{A}$，σ 分别为加速度所有峰值绝对值的平均值和均方差；f 为频率，$G(f)$为加速度平均功率谱密度；$B(f)$为加速度的频率加权函数，其计算公式如下：

对于垂向加速度，有

$$B(f)=\begin{cases}0.5\sqrt{f} & (f=1\sim4\text{Hz})\\ 1 & (f=4\sim8\text{Hz})\\ 8/f & (f=8\sim80\text{Hz})\end{cases} \tag{10.14}$$

对于横向加速度，有

$$B(f)=\begin{cases}1 & (f=1\sim2\text{Hz})\\ 2/f & (f=2\sim80\text{Hz})\end{cases} \tag{10.15}$$

指标的评定等级如表 10.4 所示。

表 10.4 我国机车振动加速度评定等级

评定等级	$A_{max}/(\text{m/s}^2)$		$A_w/(\text{m/s}^2)$	
	垂向	横向	垂向	横向
优	2.45	1.47	0.393	0.273
良好	2.95	1.96	0.586	0.407
合格	3.63	2.45	0.840	0.580

值得注意的是，计算 A_{max}时，加速度需要通过截止频率为 40Hz 的低通滤波，计算 A_w时，加速度需要通过截止频率为 100Hz 的低通滤波，但计算频率范围取 1～80Hz。

10.3.2 平稳性指标

我国机车车辆运行平稳性指标 W 采用 Sperling 指标，计算公式为

$$W=7.08\left[\frac{A^3}{f}F(f)\right]^{0.1} \tag{10.16}$$

式中，A 为车体振动加速度(g)；f 为振动频率(Hz)；$F(f)$为频率修正系数，如表 10.5 所示。

表 10.5 我国机车车辆平稳性指标计算公式的频率修正系数

垂向振动		横向振动	
0.5～5.9Hz	$F(f)=0.325f^2$	0.5～5.4Hz	$F(f)=0.8f^2$
5.9～20Hz	$F(f)=400/f^2$	5.4～26Hz	$F(f)=650/f^2$
＞20Hz	$F(f)=1$	＞26Hz	$F(f)=1$

由于车辆的振动是随机振动，其加速度和频率随时都在变化。实际评定时是将所要分析的加速度波形按频率分组，根据每一组的加速度和频率计算该组的平

稳性指标 W_i，整个波形的平稳性指标为

$$W=\sqrt[10]{(W_1^{10}+W_2^{10}+\cdots+W_N^{10})} \tag{10.17}$$

式中，N 为整个波段的分组总数。

TB/T2360-93 及 GB5599-85 中关于机车车辆的平稳性等级如表 10.6 所示，其中垂向和横向平稳性采用相同的评定等级。

表 10.6　我国机车车辆平稳性评定等级

平稳性等级	评定	机车	客车	货车
一级	优	<2.75	<2.5	<3.5
二级	良好	2.75～3.10	2.5～2.75	3.5～4.0
三级	合格	3.10～3.45	2.75～3.0	4.0～4.25

注：一般新造机车车辆应不低于二级标准。

对于高速动车组，我国《高速动车组整车试验规范》[5]规定：客车平稳性指标 $W\leqslant 2.5$，司机室平稳性指标 $W\leqslant 2.75$。《高速铁路设计规范（试行）》[6]和《高速铁路工程动态验收技术规范》[7]对高速客车平稳性指标的规定与表 10.6 中关于客车平稳性等级的评定相同。

另外，在《高速试验列车客车强度及动力学性能规范》(95J01-M)[4]中，旅客乘坐舒适性指标推荐使用乘坐舒适度（UIC513 的舒适度标准），同时保留平稳性指标以便在不同测试条件下使用，但目前仍以平稳性指标作为评判依据。乘坐舒适度计算公式为

$$N=6\sqrt{(a_{XP95}^{W_d})^2+(a_{YP95}^{W_d})^2+(a_{ZP95}^{W_b})^2} \tag{10.18}$$

式中，N 为舒适度指标，舒适度等级如表 10.7 所示；a 为加速度的均方根值；W_d 和 W_b 分别与按加权曲线 d、b 的频率加权值有关（参见 ISO2631 标准）；X,Y,Z 分别表示纵向、横向、垂向三个测量方向；P 表示地板面；95 表示分布概率分位点 95%。

表 10.7　乘坐舒适度等级划分表

舒适度等级	舒适度指标	评定结果
一级	$N<1$	非常舒适
二级	$1\leqslant N<2$	舒适
三级	$2\leqslant N<4$	还算舒适
四级	$4\leqslant N<5$	不舒适
五级	$N\geqslant 5$	非常不舒适

10.3.3 车辆通过曲线时的舒适度标准

当列车在曲线轨道上运行时，由于行车速度和曲线超高这对矛盾不可能完全统一，车辆及车内的乘客往往要受到未被平衡的离心加速度作用，在圆曲线部分受到恒定的离心加速度作用，而在缓和曲线部分则受到随时间变化的离心加速度作用，从而产生不舒适感。

为此，我国《铁道机车动力学性能试验鉴定方法及评定标准》(TB/T2360-93)[2]及《高速试验列车动力车强度及动力学性能规范》(95J01-L)[3]中规定，列车以各种不同限制速度通过不同半径的曲线区段时，车体未被平衡的离心加速度 a_{ec} 都应符合

$$a_{ec} \leqslant 0.784\text{m/s}^2 \tag{10.19}$$

10.4 车辆与轨道动态作用性能评价标准

10.4.1 轮轨垂向力

日本在既有线提速试验规范中对轮重最大值有明确规定，要求其小于轨道部件(混凝土轨枕、轨道板)的设计载荷。所谓设计载荷，是考虑了因车轮扁疤引起的轮轨动力冲击作用而采用的荷载。经过调查分析，车轮扁疤引起的轮载动静比约为1.7，考虑一定的安全系数后取为2.0，因此最大扁疤轮重可取为静轮重的3倍，并将其作为设计荷载。新干线采用轴重170kN的 P 标准活载，设计载荷为270kN；而既有线采用轴重160kN的 K 活载，设计载荷为255kN[22]。

英国铁路规定了机车车辆通过钢轨接头等瞬态冲击作用时的轮轨垂向力 P_1 和 P_2 的限制标准，如表10.8所示。

表10.8 英国铁路关于轮轨垂向力 P_1 和 P_2 的限制标准(单位：kN)

车种	车轮踏面外形	P_1	P_2	P_1+P_2
货车	锥形	400	250	600
	磨耗形	425	250	625
机车	锥形	480	340	820
	磨耗形	510	340	850

德国联邦铁路规定，就线路负荷而言，非冲击性的中低频轮轨垂向力(类似于 P_2 力)不允许超过极限值170kN。

我国《高速动车组整车试验规范》[5]规定，对于最高运行速度200km/h以上的电动车组，轮轨垂向力最大限值也为170kN。

10.4.2　轮轨横向力

我国《铁道车辆动力学性能评定和试验鉴定规范》(GB5599-85)[1]中，轮轨横向力的限值主要是根据木枕线路道钉所能承受的横向力极限或钢轨弹性扣件的横向设计荷载确定的，即

$$\begin{cases} Q \leqslant 29+0.3P_{st} & (危险限度) \\ Q \leqslant 19+0.3P_{st} & (容许限度) \end{cases} \tag{10.20}$$

式中，P_{st}为车轮静荷载(kN)。事实上，当今铁路轨道已普遍采用混凝土轨枕，因此应尽快针对混凝土轨枕线路制订合理的 Q 力标准。混凝土轨枕线路单侧 Q 力的最大允许值应根据扣件横向抗力特性及钢轨倾翻限度等通过试验并结合轨道结构强度设计规范加以确定[12]。欧美根据试验一般取 0.4 倍轴重作为横向力的允许限度，即要求

$$Q \leqslant 0.4P_w \tag{10.21}$$

式中，P_w为静轴重(kN)。

10.4.3　轮轴横向力

对于无缝线路稳定性问题的研究表明，过大的轮轴横向力是导致轨排横移、无缝线路动态失稳产生胀轨跑道现象的主要原因。因此，除了保证线路的纵、横向阻力外，限制轮对作用于线路的最大横向力也是很重要的一个方面。

我国《铁道车辆动力学性能评定和试验鉴定规范》(GB5599-85)[1]中轮轴横向力 H 存在明显的缺陷，根据文献[12]，对轮轴横向力的限值可采用计算公式

$$\begin{cases} H \leqslant 0.85\left(10+\dfrac{P_w}{3}\right) & (木枕线路) \\ H \leqslant 0.85\left(15+\dfrac{P_w}{3}\right) & (混凝土轨枕线路) \end{cases} \tag{10.22}$$

我国《高速试验列车动力车强度及动力学性能规范》(95J01-L)[3]和《高速试验列车客车强度及动力学性能规范》(95J01-M)[4]中，对 GB5599-85 轮轴横向力的限度已作了修改，规定如下：动力车及车辆轮轴横向力允许限度采用式(10.22)中的第一个公式。

针对最高运行速度 200km/h 及以上的电动车组，我国《高速动车组整车试验规范》[5]、《高速铁路设计规范(试行)》(TB10621-2009)[6]和《高速铁路工程动态验收技术规范》(TB10761-2013)[7]均规定高速客车的轮轴横向力的允许限值采用计算公式

$$H \leqslant 10+\frac{P_w}{3} \tag{10.23}$$

其中，针对综合检测列车可选择的间断式和连续式测力轮对检测方法，《高速铁路工程动态验收技术规范》(TB10761-2013)[7]规定的轮轴横向力的数据处理方法与第 10.2.1 节脱轨系数的处理方法一致。

10.4.4 线路横向稳定性系数

线路横向稳定性系数 C 表示线路在机车横向力作用下，可能产生的轨距扩大或轨排横移的程度，TB/T2360-93 对线路横向稳定性系数 C 的计算公式为

$$\begin{cases} C=\dfrac{|Q_L+Q_R|}{10+\dfrac{P_L+P_R}{3}} & (\text{木枕线路}) \\ C=\dfrac{|Q_L+Q_R|}{15+\dfrac{P_L+P_R}{3}} & (\text{混凝土轨枕线路}) \end{cases} \tag{10.24}$$

式中，Q_L和 Q_R分别为作用于同一轮对下左、右侧轮轨横向力(kN)；P_L和 P_R分别为作用于同一轮对下左、右侧轮轨垂向力(kN)。

线路横向稳定性系数 C 的评定界限如表 10.9 所示。

表 10.9　线路横向稳定性系数 C 的评定界限

优	良好	合格
0.70	0.85	1.0

10.4.5 轮轨接触应力

根据英国铁路规定，在轮轨垂向荷载 P_1力、P_2力和轮轨静载荷作用下，轮轨接触应力 σ_{P_1}、σ_{P_2}和 σ_{P_0}不得超过表 10.10 所示限值。

表 10.10　英国铁路关于轮轨接触应力的限值(单位：MPa)

车种	车轮踏面外形	σ_{P_1}	σ_{P_2}	σ_{P_0}
货车	锥形	2300	2300	1500
	磨耗形	1600	1600	1000
机车	锥形	2280	2030	—
	磨耗形	1470	1280	—

10.4.6 道床应力

我国《铁路工务技术手册——轨道》[23]规定，道床顶面应力

$$\sigma_b \leqslant 0.5\text{MPa} \tag{10.25}$$

10.4.7　路基应力

我国《铁路工务技术手册——轨道》[23]规定，既有铁路和新建铁路路基基床表面应力应满足标准

$$\begin{cases}\sigma_f \leqslant 0.15\text{MPa} & \text{(既有线)} \\ \sigma_f \leqslant 0.30\text{MPa} & \text{(新建线)}\end{cases} \tag{10.26}$$

参 考 文 献

[1] GB5599-85. 铁道车辆动力学性能评定和试验鉴定规范. 北京：中国计划出版社，1985

[2] TB/T2360-93. 铁道机车动力学性能试验鉴定方法及评定标准. 北京：中国铁道出版社，1993

[3] 95J01-L. 高速试验列车动力车强度及动力学性能规范. 北京：铁道科学研究院，1995

[4] 95J01-M. 高速试验列车客车强度及动力学性能规范. 北京：铁道科学研究院，1995

[5] 铁运[2008]28 号. 高速动车组整车试验规范. 北京：中华人民共和国铁道部，2008

[6] TB10621-2009. 高速铁路设计规范(试行). 北京：中国铁道出版社，2010

[7] TB10761-2013. 高速铁路工程动态验收技术规范. 北京：中国铁道出版社，2013

[8] 王福天. 车辆系统动力学. 北京：中国铁道出版社，1994：12～16

[9] 夏禾，张楠. 车辆与结构动力相互作用. 第二版. 北京：科学出版社，2005：115～124

[10] 蔡成标. 高速铁路列车—线路—桥梁耦合振动理论及应用研究. 成都：西南交通大学博士学位论文，2004：107～111

[11] 翟婉明. 货物列车动力学性能评定标准的研究与建议方案(一)——防脱轨安全性评定标准. 铁道车辆，2002，40(1)：13～18

[12] 翟婉明. 货物列车动力学性能评定标准的研究与建议方案(二)——轮轨横向力评定标准. 铁道车辆，2002，40(2)：9～10

[13] 翟婉明. 货物列车动力学性能评定标准的研究与建议方案(三)——轮轨垂向力及车钩力的评定标准. 铁道车辆，2002，40(3)：10～13

[14] 詹斐生. 平稳性指标的历史回顾(上). 铁道机车车辆，1994，(4)

[15] 詹斐生. 平稳性指标的历史回顾(中). 铁道机车车辆，1995，(1)

[16] 詹斐生. 平稳性指标的历史回顾(下). 铁道机车车辆，1995，(2)

[17] Jenkins H H，et al. The effect of track and vehicle parameters on wheel/rail vertical dynamic forces. Railway Engineering Journal，1974，3(1)：2～16

[18] 颜秉善，王其昌. 钢轨力学与钢轨伤损. 成都：西南交通大学出版社，1989

[19] Abbort R A. On the prediction of fatigue life of rail. AREA，1978，(1/2)

[20] 曾树谷. 重载轨道结构的动力试验. 铁道学报，1988，10(2)：66～77

[21] Elkins J A，Carter A. Testing and analysis techniques for safety assessment of rail vehicles.

Vehicle System Dynamics，1993，22：185～208

[22] 王其昌，韩启孟.板式轨道设计与施工.成都：西南交通大学出版社，2002

[23] 铁道部工务局.铁路工务技术手册——轨道.北京：中国铁道出版社，1998，235～239